土壌リテラシーを育成する土壌教育の開発

——幼少期から成人に至る生涯学習を視点として——

福田　直著

風間書房

目　次

図表及び写真目次

序　章　研究の意義と方法

第1章　土壌リテラシーの概念規定と土壌教育の歴史

第2章　初等中等教育における土壌教育の現状と課題

第４章　土壌への関心を高め，理解を進める土壌教材の開発及び土壌授業の改善

第 5 章　土壌リテラシーを高める土壌教育実践とその評価

第 6 章　土壌リテラシーを育成する教科横断型土壌教育の構築と実践

第 7 章　幼稚園児および小学生，大学生，成人の土壌教育

第 8 章　諸機関等と学校教育との連携に基づく土壌教育の模索と実践及び課題

序章　研究の意義と方法

第1節　研究主題と意義

21世紀最大の課題は，地球環境問題であると言われる。近年，特に土壌危機が叫ばれ始めている。土壌は，陸域の表面を厚さ数cm～数mに亘って覆っている非固結物質であり，地球上のほぼ全生物が直接的あるいは間接的に影響を受けている自然物である。また，土壌は大気圏，水圏，地圏，生物圏の全てに接し，生態系を構成する極めて重要な自然構成要因である。この土壌が，劣化や侵食，汚染などの危機に曝され，そこに生息する動植物や微生物の生存を脅かしつつある。原生人類（ホモ・サピエンス）は，約20万年前に誕生し，約1万年前に狩猟採集生活から植物を栽培し，動物を家畜とする農耕牧畜生活に転換し始めた。やがて，次第に定住生活がもたらされ，集落形成していった。そして，肥沃な土地（土壌）や水をめぐる人類社会間の戦いが生じた。その後，石器時代を経て，青銅器時代，鉄器時代を迎えた。約5,000年前にはナイル川流域のエジプト文明，チグリス・ユーフラテス川流域のメソポタミア文明，約4,500年前のインダス川流域のインダス文明，約3,500年前の中国の黄河流域の黄河文明が発祥し，世界四大文明と呼ばれている。これらの4地域は，いずれも温暖な気候で肥沃な土地，水に恵まれた場所であった。しかし，その後の文明の進展に伴って森林伐採が進み，農耕や牧畜の無秩序な発展によって土壌破壊が生じ，文明は衰退していった。18世紀中頃，イギリスで産業革命が始まり，手工業から機械工業への変動は農業社会から工業社会へと転換させていった。その後，産業革命は世界に広がっていき，近代社会を生み出した。

19世紀には農業技術革新が爆発的に起こり，20世紀に入ると農機具が実用的に使われ，播種機や収穫機，運搬機，耕運機などが発明されていき，大型化していった。また，穀物などの品種改良が進み，第二次世界大戦後には肥料と農薬の使用が増していくとともに農業生産性は急速に増大していった。このような農業技術の発達により，農業の省力化，少人数化が進み，例えば米国では農業労働人口の割合は1900年の40％から2000年には２％にまで削減した。しかし，これらの農業技術の活用は次第に土壌劣化を引き起こす要因となり，過耕作や過放牧などが加わって，深刻な土壌破壊・汚染が地球的規模に広がっている。その主因は，人類の土壌への様々な不適切かつ過剰な働きかけにあることが指摘されている。国連食糧農業機関（Food and Agriculture Organization）は，「世界の土壌の４分の１が著しく劣化している。」,「毎年500～1,000万 ha の農地が失われている。」,「わずか20年間に世界で5,000億トンの表土が流失した。」,「表土が1mm 減るごとに農業生産力は２～５％減少する。」などを公表し，土壌危機の深刻さを喧伝している（FAO, 2011a；2011b，宮﨑，2016）。また，熱帯林は１年間に約1,420万 ha づつ減少していると言われており（環境省自然環境局自然環境計画課，2000），伐採後に土壌の風化は急速に進み，降雨による土壌流出，侵食などの土壌破壊が進む。その後，砂漠化に至っている地域が見られる。また，第二次大戦後，化学肥料と農薬の使用により，食糧収穫量は飛躍的に増大したが，次第に土壌機能を低下させ，土壌生態系のバランスを崩すこととなり，土壌劣化の一因となったと考えられている。世界の食料生産は，2005～2007年の平均水準に比べ，2030年には40％以上，2050年には70％増加させる必要がある（谷山，2010）。しかし，土壌侵食が引き起こされると，その土地での土壌回復は極めて難しくなると言われている。

世界の土壌劣化・侵食の進行や耕作面積拡大の鈍化などに加えて，気象異変などにより，食糧増産は停滞し始めている。現在，飢餓人口は７億9,500万人に達していることが報告されている（国際連合食糧農業機関ら，2015）が，今後さらに増加していくことが懸念されている。そして，医療の発達や途上国の栄養状態・衛生状態の改善，世界の平均寿命の延伸，幼児死亡率縮小などが進み，世界人口は1900年の約15億人，1950年に約25億人，その後急増し，2017年には約76億人に達している。国連は，「2050年には96億人，2100年には約109億人に達する。」と予測している（公益財団法人 アジア人口・開発協会，2013）。そのため，食料と水の確保が急務とされている。また，新興国や途上国の中には肉類，乳製品の需要が増加しており，その増産を図る必要から土壌への負担が過剰となっている。国連は，「2013年12月20日に総会により採択された決議」資料の中で，進行する土壌悪化問題を生命生存の危機と捉え，人類が共同で悪化を阻止し，改善に向けて取り組む目的で，2015年を「国際土壌年」とすることを決議した（八木ら，2014；国際農林業協働協会，2015a）。また，12月5日を「世界土壌デー」とすることが同時に採択された。この決議では，適切な土壌管理が加盟各国の経済成長，生物多様性，持続可能な農業と食糧の安全保障，貧困撲滅，女性の地位向上，気候変動への対応および水利用の改善への貢献を含む経済的および社会的な重要性を認識し，そして砂漠化，土地劣化および干害の脅威に対する取組は地球規模であり，かつ，これらの問題は発展途上国をはじめとする全ての国々が持続的な発展を遂げるために解決していくべき課題であることを認識し，全ての段階において，最適な科学的情報を用いるとともに，持続的開発の全ての側面に基づいて，限りある土壌資源について認知度を高め，その持続性を増進することの緊急の必要性を認識することに加盟国や関連する組織などが自発的に務めるよう呼びかけている（United Nations，2014；日本土壌肥料学会，2015）。そして，「国際土壌年」を機に土壌認識の向上及び適切な土壌管理を支援する社会意識の醸成，土壌教育の普及啓発を強く求めている。その後，IUSS（International Union of Soil Sciences，2013）はこの活動の重要性に鑑み，2015年から2024年までを「国際土壌の10年」として，1年で活動を終えることなく継続することについて決議した（白戸，2016）。

土壌は，物質循環の要であり，生物多様性を育む場である。食糧生産や木材生産，様々な資材の宝庫でもある。そして，地球の自然構成要因の一つであり，地球生態系を支え，人類をはじめとする生命の生存基盤である。この貴重な土壌が，今まさに危機に瀕している。ディビッド・モントゴメリー（2010）は，古代文明社会が土壌の破壊により，滅亡したことを指摘している。

我が国は，食料の約6割（食糧の約7割），木材の約7割を海外に依存している。しかし，その生産基盤が劣化しており，気候変動などの影響も加わって地球の自然や食糧生産などを危くしている。一方，人口増大は急速に進んでおり，食糧確保が難しく，不足が懸念されている。また，土壌を基盤に生きている生物種の絶滅が急速に進んでおり，生物多様性危機が深刻となっている。それは，私たち人間の生存をも脅かしていると考えることができる。私たちの食料の95%は直接的または間接的に土から生産されたものと推定されている（国際農林業協働協会，2015b）からである。一方，我が国の児童・生徒の土への関心は低く，理解や知識が乏しいのが実態である（福田，1987；1991；2006a；2006b；2010b）。また，成人の土壌危機への関心・認識は低い（福田，2010c；2014b）。現在，児童・生徒～成人の土離れ傾向は進んでいると考えられるが，この傾向は都心地域と農山村地域の間でも大差は見られない（福田，2004b）。このことから，多くの人たちは土壌リテラシー（リテラシーは知識があり活用できる能力を指す言葉で，土壌リテラシーとは土壌の知識を理解し，その知識を保全などに活用することができる能力を表す）を身につけていない状況にあることが推定される。この能力が備わっていない背景には，我が国の農林業社会から工業社会への転換や薪炭から石炭・石油への変化により，自然あるいは農林業に関わる仕事や生活が激減していったことや学校教育の中で土壌内容やその取扱いが減じていったこと，などがある。その結果，子どもの頃の自然体験や土体験，土の教育が失われていったと考えられる。人々の農業離れや土離れは全国的に進み，土への関心・理解が減じてしまっている。

大政（1977）は,「われわれの生活に最も近くて，われわれの知識から最も遠い存在は『土』である。」と指摘している。現在，土の知識は遠いままであり，土の存在は私たちの普段の生活から離脱しており，限りなく遠ざかっている。21世紀を担う児童・生徒が土への関心を高め，土を正しく知り，理解することは，世界の人口増加に伴う食糧や水不足が懸念されている中，極めて重要である。また，国連が求める土壌リテラシーを育成する上でも児童・生徒の土壌についての関心・理解の醸成は不可欠である。子ども～大人の土壌への関心，理解，土壌リテラシーの向上を図るには，土壌教育は重要な教育プロセスである。そして，限りある土壌資源の管理・保全を意識した態度，評価能力，行動につなげていくことが求められる。

土壌教育とは,「学校や社会，家庭などにおいて土壌の感性を育み，土壌理解を進め，その知識と知恵を育て，土壌リテラシーの育成を図る教育活動」であると捉えている。特に，学校における土壌教育は,「児童・生徒が土に触れたり，土を使った観察・実験などを通して土に対する興味・関心を高め，土の学習を通して土の必要な知識を獲得し，土の大切さ，重要性に気づくために行われる教育活動」であり，土壌リテラシーの基盤を形成する上で極めて大切である。

これまで，学校現場における土壌研究あるいは実践は理化学性や生物，生成，鉱物，有機物などの一面からアプローチされており，学際的な自然物である土壌を教科横断的あるいは総合的に捉える土壌教育の研究・実践，指導はほとんど報告されていない。また，土壌教育そのものの歴史は浅く，研究や実践の報告は少ない。そのため，土壌教育の定義や方法，内容などが定まっていないのが現状である。土壌資源の危機に瀕している現在あるいは将来を鑑みると，人々が深刻な土壌劣化や侵食，塩類化などの土壌問題に関心を持ち，その原因を学習し，知識，理解を高め，問題解決に向けた土壌の保全・管理につながる態度や評価能力を身に着け，具体的な行動を起こしていくことが必要である。それには，土壌リテラシーの育成は不可欠である。今日の土壌問題は，過度な人間活動や貧困，欲望，気候変動など，様々な要因によって引き起こされている。それ故，深刻な土壌問題解決には多様な領域や範疇の知見を集約することが重要であり，従来の教科科目型授業（教科・科目の学習活動を主体とした授業を指す）ではなく，教科横断型の教育手法などを取り入れたカリキュラムマネジメントに基づく授業構築が必要となる。また，生涯学習〔人々が自己の充実・啓発や生活の向上のために，自発的意思に基づいて行うことを基本とし，必要に応じて自己に適した手段・方法を自ら選んで，生涯を通じて行う学習（中央教育審議会，1981）〕の観点から，日本あるいは世界の土壌の最新情報を常時提供し，多くの人々がその情報に関心を持ち，知識を得る機会，場を設けていくことが重要である。さらに，学校だけの教育実践ではなく，他機関との連携に基づく教育手法の構築が求められる。これらの教育手法が学校教育で実践されることはほとんど見られなかったが，グローバル化や情報化，少子高齢化などの社会変化が激しいこれからの社会では，必須の人材育成となることが考えられる。そして，中央教育審議会（2012）の答申を受けて，『合教科・科目型』及び『総合型』の導入が現行学習指導要領下で進められている。

本研究では，21世紀の深刻な地球課題である土壌危機に鑑み，諸外国の土壌教育の実情や我が国の土壌研究者の考えなどを参考として児童・生徒から成人の発達に応じた土壌リテラシーの育成を図る土壌教育の在り方を模索し，その方法や内容を開発，確立すること，学校教育等における様々な実践を通して土壌教育の授業を構築することを目的とする。そのため，本研究では次の6点を明らかにしていきたい。

第1に，土壌リテラシーの概念規定を明確にするとともに，その育成の基礎となる土壌教育の歴史を概観し，土壌リテラシーを育成する土壌教育の在り方を提示する。

第2に，初等中等教育における学習指導要領の中の土壌指導内容の変遷及び国内外の教科書に見られる土壌記載事項・内容の比較から課題を探り，提起する。

第3に，初等中等教育における土壌教育の現状を児童・生徒及び教師対象のアンケート調査等から分析し，その課題を明らかにするとともに，諸課題を踏まえた土壌教育の在り方を提言する

第4に，土壌教材の開発を試み，開発された教材を活用した授業実践及び評価を通して新たな土壌教育を開発する。

第5に，主体的・対話的な深い学びを追及する教科横断型等の土壌教育を開発し，実践を通して構築する。

第6に，生涯学習の視点から諸機関と学校教育との連携に基づく土壌教育を模索し，開発・構築する。

第2節　研究方法と論文構成

本研究では，土壌リテラシーの育成に向けた土壌教育の開発を探るため，次のような方法で研究を行った。

①児童・生徒の土壌に対する関心・理解の実態や教師・大人の土壌認識を明らかにするため，アンケート調査を実施し，分析した。また，諸外国の児童・生徒及び教師についても調査し，我が国と比較分析を行った。

②諸外国の土壌教育の実態を知るため，実際に使用されている様々な教科書の土壌記載の内容及び観察実験などについて調査し，日本の教科書との比較分析を行った。

③土壌研究者の考える土壌教育の内容・項目などを調べるため，日本土壌肥料学会に所属する会員対象のアンケート調査を実施し，分析・考察して，土壌教育のミニマム・エッセンシャルズを策定した。

④児童・生徒の関心・理解を高める，教師に取り上げられる土壌の観察・実験教材の開発を試みた。そして，開発した教材を活用した授業を実践し，

児童・生徒の土壌への関心・理解等あるいは教師の教材評価を精査・確認した。

⑤学校と関係諸機関との連携に基づく土壌教育や学校における教科横断型土壌教育を模索・構築し，その実践を通して考察し，評価する。そして，土壌リテラシーの基礎を築く時期にあたる幼児期とその自覚・発揮が始まる大学期以降の成人期の土壌教育実践を報告し，幼少期から成人までの間の土壌リテラシーの育成に向けた土壌教育の開発に取り組み，その実践を検証した。

本研究では，新学習指導要領の改訂の趣旨を鑑み，土壌リテラシーの育成に向けた土壌教育を主体的，対話的な深い学びにつながるものとする視点で開発した。

【論文構成と研究図式（図序-1）】

序　章　研究の意義と方法

①研究の目的，方法を明確にして，論文構成を示す。

②土壌に関する先行研究を示し，国内外の土壌教育，土壌リテラシー研究について研究動向を明確にする。

第１章　土壌リテラシーの概念規定と土壌教育の歴史

①土壌リテラシーを概念規定する。

②土壌教育の歴史的経緯をまとめる。

第２章　初等中等教育における土壌教育の現状と課題

①児童・生徒の土壌に対する関心・理解・知識，教師の土壌に対する関心・知識・指導，社会人の土壌認識などを調査分析する。

②学習指導要領の変遷に基づく土壌教育の変容とその課題から土壌指導の視点を明らかにする。

第３章　土壌リテラシーの育成に向けた土壌教育の在り方と方策

①日本及び諸外国の土壌教育の相違を，教科書調査，児童・生徒及び教師へのアンケ

ート調査の結果の比較により明らかにする。

②土壌研究者の取り上げたい土壌内容・項目調査を参考として，土壌教育のミニマム・エッセンシャルズを策定する。

③土壌リテラシーの育成に向けた土壌教育の方策として，幼児期から成人までの発達段階に応じた土壌教育の確立及び諸機関と学校教育との連携に基づく土壌教育の構築を模索する。

第4章　土壌への関心を高め，理解を進める土壌教材の開発及び土壌授業の改善

①定性的視点に基づく土壌教材開発の必要性をまとめる。

②①を踏まえた土壌教材を開発する。

第5章　土壌リテラシーを高める土壌教育実践とその評価

①生徒の発想を生かした土壌授業を構築する。

②第4章で開発した土壌教材を活用して授業実践を行い，児童・生徒の学習成果から実践評価を明確にする。

第6章　土壌リテラシーを育成する教科横断型土壌教育の構築と実践

①21世紀型能力の育成に向けた土壌教育の在り方を模索する。

②高等学校における教科横断型土壌教育を構築し，その授業実践による「従来型」と「教科横断型」の授業法の比較・評価を行うとともに教科横断型土壌教育の課題を明確にする。

③ SSH 校における教科横断型授業実践から土壌リテラシーの育成を考察する。

第7章　幼稚園児および小学生，大学生，成人の土壌教育

①幼稚園児，小学生，大学生，成人の土壌教育の実践を報告する。

②生涯学習の観点から土壌リテラシーの育成を考察する。

第8章　諸機関等と学校教育との連携に基づく土壌教育の模索と実践及び課題

①日本土壌肥料学会，博物館，農林水産省との連携に基づく土壌教育の模索と実践を報告する。

②諸機関等と学校との連携の様々な形態とその課題を明確にする。

終　章　本研究の成果と今後の課題

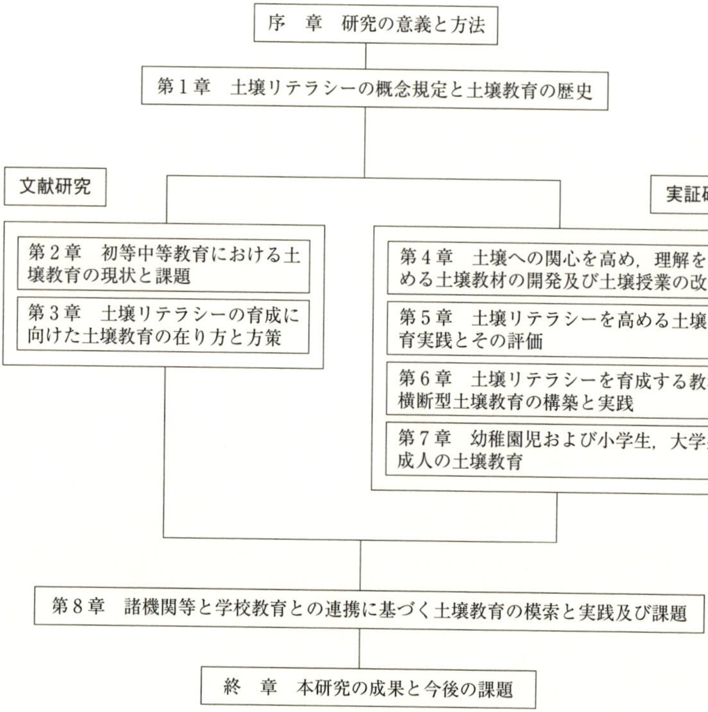

図序-1　研究図式

第３節　先行研究

人類と土壌との関わりは，有史以前からあったと考えられる（付属資料）。紀元1.5万年前から始まった寒冷化・乾燥化の気候変動によって森林が減退し，狩猟採集生活では食料確保が難しくなった。その後１万年前に訪れた温暖化への変化が農耕牧畜生活への転換をもたらした（明石，2005）。やがて，人類の生活は，農耕地や住居，土器などの資材としての活用が進むに連れて，土壌と深く関わるようになったと考えられる。その後，人口増加とともに農林業の基盤としての土壌の重要性が増し，土壌の様々な特性を経験的に学び，それぞれの秘伝として伝授されていったと推察される。世界四大文明は，5.0～3.5千年前にエジプト，メソポタミア，インダス，黄河のそれぞれの流域に発祥し，豊富な流水により肥沃な土壌が農耕や牧畜を発達させ，灌漑農業の成立が文明発達をもたらした。やがて，古代文明は人口増大による森林伐採が進み，森林破壊による土壌劣化が主因で滅亡したと指摘されている（佐藤，1997）。

その後，土壌の肥沃性を高める厩肥や緑肥の利用，魚肥，骨粉，人糞尿などの活用，グアノ（1802年），チリ硝石（1830年頃），カリ鉱床の発見・使用（1851年），焼畑や輪作の応用など（高橋，1984）を経て，18世紀半ばの産業革命前後から人口増加が進み，食糧増産は必要不可欠な事態となった。そのため，土壌の持つ栄養素が研究され始め，1840年リービッヒが無機栄養説（熊澤，1978）を唱えると，それまでの腐植栄養説に代わって19世紀には土壌や無機質肥料の科学的な研究，解明はさらに進み，肥料が製造されるとともに農薬の合成・製造が行われていった。その後，1843年過リン酸石灰，1913年硫安，1948年尿素・塩安の合成肥料の製造（高橋，1984）へと発展し，化学肥料，農薬の大量生産，大量消費が実現して農業生産性の増大をもたらした。第二次大戦後，世界人口は急速に増加し始め，それに伴って肥料，農薬投与は増加し，灌漑施設整備が図られて，食糧生産は飛躍的に増加していった。しかし，これらに加えて大型機械の導入による土壌圧密などにより，土壌劣化が進行していった。アメリカでは，農業の大規模経営化が進展する一方，土壌劣化が著しく，環境教育の普及とほぼ同じ時期に土壌教育が出現し，学校教育に取り込まれていった。その後，土壌教育は世界に広がっていった。しかし，その一方で20世紀後半には環境破壊や汚染が広がり，急速に深刻化していった。土壌は食糧増産のため，過耕作，過放牧などによって酷使され続け，疲弊し，劣化していった。そして，FAO（世界食糧機構）は人口増大が続く中，近未来に食糧生産のニーズを満たすことが困難になると警鐘を鳴らしている（日本土壌肥料学会編，2015）。

人類は，叡智を傾け，人口の増加とともに食糧増産に向けて土壌機能を高める様々な研究や実践を繰り返してきた。しかし，近年世界の人口増加を支える土壌生産力の限界が問題となってきている。今後，世界が土壌の有限性，土壌資源の重要性を考え，土壌を管理・保全する行動を起こしていかなければ，土壌の有用性は失われ，食糧生産機能を始め，水の貯留機能，物質循環機能，生物多様性の保持機能などが喪失しかねない事態を引き起こしてしまう懸念がある。地球は，「土の惑星」であり，土壌は地球表面を覆う薄皮のような存在である。世界および日本は，20世紀後半に自然構成要因の一つである土壌の果たす役割が大きく，人類あるいは地球上の生物の生命活動を支えている土壌に着目し，やっと土壌保全が喫緊の課題であることに気づき，「Soil Education」を実行し，土壌リテラシーの育成を図る様々な施策に取り組み始めた。

第１項　海外における土壌教育研究

1883年にドクチャエフ（Vasilii V. Dokuchaev，1846-1903，土壌生成分類学の創始者）は，「ロシアの黒土」を出版され，新しい土壌観を提示した。1962年に出版されたレーチェル・カーソン（Rachel Louise Carson，1907-1964，環境問題を告発した生物学者）の「沈黙の春（Silent Spring）」は世界的な反響を呼び，これを機に環境破壊や汚染の関心が高まっていった。日本では，有吉佐和子（1931-1984）が「複合汚染」（有吉，1975）で「工業廃液や合成洗剤で河川は汚濁し，化学肥料と除草剤で土壌は死に，有害物質は食物を通じて人体に蓄積され，生まれてくる子供たちまで蝕まれていく。」と著し，化学肥料が土を汚染し，人の健康を害することを警告し，環境問題が知られるようになった。そして，アメリカでは1970年に環境教育法が制定され，環境教育は初等教育から高等教育に至る学校教育のみならず，広く社会教育分野にまで及んだ。そして，学校におけるすべての教育基礎科目の中に環境教育が組込まれた。一方，我が国では環境教育が一つの教科あるいは科目として教育課程に位置付けられることはなく，様々な教科・科目の中に環境に関する内容が分散して取り上げられている。そのため，環境教育を実践する場合，様々な教科・科目を横断的に扱うことが重要となる。それ故，環境教育は「綜合的な学習の時間」(1998年の学習指導要領改訂で新設された）で取り上げられ，実践されるようになった。

その後，産業発展に伴い，温暖化，オゾン層の破壊，酸性雨，森林喪失，砂漠化などの様々な環境問題が地球的規模に広がり始め，1972年にスウェーデン・ストックホルムで「国連人間環境会議」が開催され，世界113カ国の代表の参加のもと，環境問題について世界で初めての政府間会合が持たれ，討議が行われた。そして，「かけがえのない地球 (Only One Earth)」をスローガンとした「人間環境宣言」及び「環境国際行動計画」が採択された。その中で，「自己を取り巻く環境を自己のできる範囲内で管理し，規制する行動を一歩ずつ確実にすることのできる人間を育成する。」ことの目標が掲げられ，「環境教育」の重要性が明記された（佐島ら，1992)。この目標達成に向けて，1975年にはベオグラード憲章が採択され，環境教育の意義，目標などが掲げられ，その推進が強調された。その後，環境教育は世界に広がっていった。そして，環境教育が実践され始めた後，間もなく土壌破壊・汚染問題が世界的に表出していった。最初に海外で土壌教育が取り上げられた国はアメリカであり，1970年以降には土壌教育に関わる論文や活動等が出現し始めた。第二次大戦後，土壌科学研究は急速に進み，「Soil Science Education」に関する研究論文は増えていったが，1970年に入って土壌教育実践に取り組むようになると「Soil Science Education」とともに「Soil Education」に関する論文等が見られるようになっていった。

そして，「Soil Education」は幼稚園から小学校，中学校，高等学校で幅広く実践されていった。これらの論文を見ると，土壌教育の関する論文は環境教育との関わりで授業実践されたものが多い。すなわち，学校教育や博物館等で土壌を教材として取り上げ，授業や展示・解説等で扱う場合，その多くは環境教育との関わりで取り上げられ，実践されている。例えば，米国ではスミソニアン自然史博物館で展示「掘ってみよう！」（2008年～2010年）が開催され，土壌モノリス（土壌断面標本）が展示され，「土とは何か」が解説された（Drohan, P. J. et al., 2010）。また，USDA（United States Department of Agriculture：1862年に設立された米農務省）は食糧や農業，経済発展，科学，自然資源保全などの様々な問題に取り組んでいるが，「子供と十代のための土壌教育」の題目の中では土壌教育に関する情報提供を行っている。SSSA（Soil Science Society of America：米国の土壌科学協会）は，子どもや教師向けの土壌教育の情報提供に取り組んでいる。このように，博物館や協会，学会などが，積極的に土壌教育を実践している。フランスやドイツなどでは，1980年代後半に土壌教育研究が始まり，その後活動や実践が広がっていった。

土壌教育は，国際土壌科学連合（IUSS；旧国際土壌科学会 ISSS は1924年設立）における「社会と環境を支える土壌の役割」の部会に「土壌教育と社会的普及」並びに「土壌科学の歴史，哲学および社会学」委員会が設置されており，そこで土壌教育の社会的普及が検討され，図られるようになっている。ドイツでは，1997年に学校や成人教育における土壌に関するワーキング委員会が設立された（Herrmann. L. 2006a；2006b）。そして，今世紀初めには土壌教育を推進する組織を設立し，取り組んでいくことを公約している。各国は，世界の土壌劣化の進行に伴う食糧生産リスクを懸念し，土壌保全対策への取り組みを強化し始めている。そして，国民の土壌意識を高め，土壌リテラシーを備えた人材育成のための土壌教育の充実に向けて取り組んでいる。

第2項　国内における土壌教育研究

久馬（2015）は，「江戸時代に著された会津農書や百姓伝記など，多くの農書の中には土の善し悪し，その見分け方などについて非常に多くの記述がある。」と指摘する。また，「土のそれぞれを色によって分けているが，常に黄，白，赤，青，黒の順とし，黄色を最良としているのは，五行説の考え方による。」と述べており，中国の五色土台の考えを反映している（久馬，2011）。明治期に入ると，政府は農学教育の確立に向けて多くの外国教師を招聘した。札幌農学校にはアメリカのクラーク（William Smith Clark，1826-1886），農事修学場にはイギリスからキンチ（Edward Kinch，1812-1890）やドイツのケルネル（Oskar Kellner，1851-1911），フェスカ（Max Fesca，1846-1917）らである（熊澤，1986）。その後，麻生慶次郎や大工原銀太郎らが土壌学講座を引き継いでいった。

我が国では，戦後の経済発展とともに環境破壊・汚染が急速に進み，1950年代から1960年代に「四日市喘息」，「水俣病」（長崎と新潟で発生），「イタイイタイ病」の「公害病」が次々と発生した。1969年に改定された中学校学習指導要領では，保健体育の中で「公害と健康」が取り上げられるなど，公害教育が展開された。その後，自然保護教育を経て，前述の「国連人間環境会議」を機に普及した環境教育に転じていった。公害教育は汚染被害の実態と原因，自然保護教育は人間活動と自然生態，環境教育は持続性の追求とアプローチが主体であり，それぞれの目標が異なっていた。その頃から次第に公害に対する法整備が整っていき，1967年に公害対策基本法，1968年に大気汚染防止法，1970年に水質汚濁防止法が次々と制定されていった（土壌汚染対策法の制定は2002年）。そして，1975年に制定されたベオグラード憲章を受けて，1977年には小学校学習指導要領及び中学校学習指導要領，1978年には高等学校新学習指導要領が改訂され，環境教育が示された。しかし，1980年代に入って我が国の経済はさらに発展し，環境問題は一層深刻となっていった。

我が国における土壌教育の消極性を初めて指摘したのは，松井（1977）であり，「『母なる大地の主役である』土が理科教育の場で冷遇されている。」と述べた。我が国に土壌教育が報告されるようになったのは，1980年代に入ってからである。日本土壌肥料学会は，1982年に土壌教育の普及啓発を目的として土壌教育検討会を設置した。発足当初，小学校や中学校における土壌教育の実態や教科書に見られる土壌記載の調査を実施した。その結果，学校での土の取り扱いは消極的であること，教科書に記載されている土の内容の一部に不適切な表現があることなどを明らかにした。その後，土壌教育検討会は土壌教育委員会と名称変更されたが，学校現場における土壌教育の調査を継続した。その結果，子ども達の土に対する関心・理解が乏しいこと，教師による土の指導が不十分であることなどをまとめ，土壌教育の実践普及啓発が重要であるとした。

そして，土壌教育に関する最初の論文は，1982年に発足した土壌教育強化委員会（1983）の小，中学校教師の土壌教育の考え方とその実態についての全国アンケート調査結果の報告であった。また，委員会調査から「授業で土を取り上げている理科教員が極めて少ない。」ことを明らかにした。その後，木内（1984）は「初中等教育において土壌に関する教育を強化するには，土壌を人類生存の基盤とする見地に立った教育をする必要がある。」とし，学校教員の土に関する知識向上や教科書体系に即した土の解説，教材開発，自然系博物館などにおける土壌展示の促進，教科書内容の検討，文部省への土壌教育強化を求める意見の申し入れなどを実践した。

福田（1987）は，土壌の教材化の必要性を受け止め，土壌の観察実験教材の開発を進めるとともに，小・中・高等学校における土壌の取扱い内容の試案を提示した。また，平井ら（1989）は「小学校6年生で土への関心が低下し，その傾向は中学・高校になると加速することを明らかにして，土壌教育活動において重要な世代は小学生である。」と指摘した。さらに，若手の土壌研究者からなる「土の世界」編集グループ（1990）は，土壌教育の普及書として「土の世界―大地からのメッセージ―」を刊行したが，教育現場から土の基礎基本を知ることができ，土を使った観察・実験が取り上げられていることから，好評を博し，授業だけではなく，教員研修会でも活用されたことが報告された。樋口（1990）は，日本と海外の小・中学校の教科書を比較し，日本では土を単元として扱っていないことを指摘し，土を体系的に学校教育で扱う必要性を強調した。この他，土壌を取り上げ，教えることの必要性を指摘する論文や報告などが少しづつ出現した。

これまで，国内外を問わず土壌を基礎科学的あるいは農業生産的な視点で研究された論文等は多数報告されているが，それに較べて土壌を教育学的視点で研究された論文等は極めてわずかである。その理由として土壌教育の歴史がまだ浅いこと，土壌を教育の題材として取り上げる研究者が少ないことなどがあげられる。しかし，土壌を教材活用した授業実践の成果をまとめた報告や論文は，土壌教育の普及とともに増えてきている。土壌を教材として取り上げ，実践あるいは研究された論文等は，主に各教育学会で報告されているが，その多くは教科書に取り上げられている土あるいは土壌の内容を活用した授業実践論文である。土壌保全の態度や行動育成を図る土壌教育論文等は極めて少なく，土壌リテラシーに関する論文等は皆無に等しい状況である。我が国では，土壌教育の普及は遅々としており，欧米のように次第に増えていく傾向とは異なっている。しかし，21世紀に入り，土壌汚染や劣化などの土壌問題が深刻視されるようになって土壌教育への関心は向上し，その教育活動が増え，学会誌等への投稿が少しづつ増えてきている。そして，「国際土壌年」の2015年には，全国各地で観察会や講演会，シンポジウム，移動博物館（平山ら，2016）等が実施され，土壌の普及啓発が積極的に展開された。次に，土壌研究ジャンル別の先行研究及び主要論文を挙げる。

⑴学校教育（理科教育等）

小学校，中学校，高等学校，中等教育学校，特別支援学校の教育は，学習指導要領に基づいて行われる。学校教育法施行規則第52条には，「小学校の教育課程については，この節に定めるもののほか，教育課程の基準として文部科学大臣が別に公示する小学校学習指導要領によるものとする。」〔第74条（中学校），第84条（高等学校），第109条（中等教育学校），第129条（特別支援学校）〕と記されている。学習指導要領は，ほぼ10年毎に改訂されるが，改訂によって指導項目・内容等が変わり，それに伴って教科書が変わるため，学校における土壌の取り扱い内容等は異なってくる。しかし，概ね小学校，中学校，高等学校等における土壌を教材とした教育実践は，植物育成と土壌との関わりや土壌生物の観察・実験に関するもの，土壌教材の開発などに関するものが多い。福田（1987）は，小学校から高等学校までの各学校段階間や各教科科目間の系統性や連続性，関連性について課題があることを指摘し，その解決に向けたカリキュラム試案を示している。また，土壌の教材化に取り組み，多数の教材開発を行ったことが論文報告されている。福田（2015b）は，日本土壌肥料学会に所属している土壌研究者らを対象としたアンケート調査から，土壌体験や土壌を使った観察・実験，土壌の性質・機能を授業で取り上げること，土壌断面観察などの重要性を指摘しており，学校教育における土壌教育実践の必要性が強調されていることを報告している。

学校段階別に土壌教育に関する論文を見ると，小学校では植村（1977），松井（1979），小林ら（1992），秦ら（1998），少林ら（1997；1998），平井ら（2011），新谷ら（2011）など，中学校では奥村ら（1994），高橋（2002；2003），滋賀県総合教育センター（2004），益田（2005），風呂（2006）など，高等学校では氷川（2001），福田（1988c；1991；1994a；1994c；1995a；1995b；1996b；1998a；1999；2004b；2010b；2010c），伊藤（2008），羽生ら（2015）などがある。

⑵高専・大学・試験研究機関・博物館における土壌教育

1982年に日本土壌肥料学会に土壌教育検討会が設置されると，土壌教育が検討され，学校教育における土壌の取扱いに様々な課題があることを明らかにしている。その後，平井ら（1989），櫻井（1990）は児童・生徒のアンケート調査結果から土壌教育の必要性を指摘した。彼らを中心とした若手土壌研究者46名（「土の世界」編集グループ）は，1990年に大学や試験研究機関学校，博物館などで授業や観察会，展示の中で扱われている土壌を取り上げ，実践される内容やトピックスをまとめた書籍（「土の世界―大地からのメッセージ」）

を出版した。この書籍は，土を理解し，土を守り，地球環境を救うための大地からのメッセージを46名の著者が記し，中学生や高校生から一般の人々にまで薦めたい普及啓発を目指した出版物であった。学校現場などで大きな話題となったが，土壌教育の発展につながることはなかった。福田（1996a）は，全国の自然系博物館を調査した結果から，土壌に関する観察会や館内展示・解説，リーフレット等が見られる博物館が極めて少ないことを報告した。また，福田は展示解説「土の話ー土は生きているー」（1993c）やリーフレット「土のできかた」（1993d）などの博物館資料を多数作成した。

樋口ら（1987），永塚（1989），平井ら（1989），秦ら（1998），東（1990），櫻井（1990），樋口（1990），平山（1990），平山ら（2000），福田（1993a；1994d；1994d；1996a；1999；2001；2007；2012；2013a；2013b；2014a；2014b），矢野ら（2002），鴻池ら（2003），中井ら（2006），平井（2007），浅野ら（2007），中井（2008），小崎（2008），小崎ら（2009），秦ら（2010），矢内（2010），平山ら（2016）など。

⑶土壌教材

土壌教育の推進には，土壌教材の開発は欠かせない。しかし，土壌の教材化は遅れていることが指摘されている。その理由は，土壌が不均質な自然物であり，多様性に富むことからその扱いが難しいと考えられていることにある。ドクチャーエフは1833年に出版された彼の博士論文『ロシアのチェルノーゼム』において，「土壌とは，地殻の表層において岩石・気候・生物・地形ならびに土地の年代といった土壌生成因子の総合的な相互作用によって生成する岩石圏の変化生成物であり，多少とも腐植・水・空気・生きている生物を含み，かつ肥沃度をもった独立の有機ー無機自然体である。」と定義した（永塚，2011）。そして，土壌生成因子は母材，地形，生物，気候，時間，水，人為などであり，地形や地域・場所により不均一・不均質で異なっている。そのため，土壌は多様性に富んでおり，教材としては扱いにくい自然物とされている。しかし，実際の土壌に触れ，土壌を使った授業あるいは観察・実験の開発は，土壌教育を進める上で極めて重要である。学校教育現場で最も多く取り上げられている開発事例は土壌動物に関する実験や授業であり，青木（1989，1999，2005）の手法を用いた観察・実験が数多く報告されている。しかし，中学校理科第二分野の分解者として取り上げられる土壌動物はハンド・ソーティング法やツルグレン法で採取あるいは抽出した後，観察し，動物種の同定に主眼が置かれており，土壌と乖離して扱われている（佐藤ら，2017；福田，2017b)。また，土壌についての説明はほとんどないため，生徒の土壌理解は進まない。福田（1987；1988a；1990b；1992a）は，土壌断面のミニモノリスの作製や土壌呼吸の簡易測定法，植物遷移と土壌形成の野外実習など，様々な教材開発に取り組み，その手法を確立した。また，秦ら（2010）は授業における土壌教材の活用法を開発した。

松井（1977；1979)，浜崎ら（1983)，平井（1989)，T.Fukuda（1990；1991)，平山（1991)，橋本ら（1999)，氷川（2001)，福田（1986；1987；1988a；1992a；1994b；1995a；1995e；1997a；1999；2004a)，福田ら（2010)，滋賀県立総合教育センター（2004)，栗田（2004；2006)，浅野ら（2007)，菅野ら（2008；2009)，中井（2008)，北林（2009)，秦ら（2010)，森田（2011)，畦ら（2012)，荒木ら（2015）など。

(4)指導方法・分析方法（土壌テキスト）

土壌テキストは，土壌専門家や農業従事者，農業改良普及員等が土壌診断や土壌分析等で使用することから作成されており，専門的解説書であることが多い。また，土づくり指導者育成テキスト，土壌医・土づくりマイスター・土づくりアドバイザー検定テキストなどは，研修や資格試験などの教本として作成されている。近年，土壌を普及啓発する目的で作成されたテキストが日本土壌肥料学会やペトロジー学会などから出版されているが，内容が高度な専門書のジャンルに属する。土壌教育指導書として，日本土壌肥料学会は，「土をどう教えるか—新たな環境教育教材」（浅野ら，2009a；2009b）や「土壌の観察・実験テキスト」（日本土壌肥料学会土壌教育委員会編，2006；2014）などを出版したが，大学や小学校，中学校，高等学校，博物館などで幅広く活用されている。

京都大学農学部農芸化学教室編（1965），ペドロジスト懇談会編（1984），土壌標準分析測定法委員会編（1986），稲松（1987），平山（1991），福田（1993c；1993d；1994d；1996h；1997b），中野ら（1995），土壌標準分析測定法委員会編（1986），日本ペドロジー学会編（1997），小原ら（1998），土壌環境分析法編集委員会編（1997），日本土壌肥料学会土壌教育委員会編（1986；1997；2006；2013；2014），森林土壌研究会編（1982），浅野ら（2009a；2009b），全国農業協同組合連合会肥料農薬部（2010），東京大学農学部編（2011），日本土壌協会編（2012；2013；2014），日本土壌肥料学会編（2013；2014），JA全農肥料農薬部編（2014）など。

⑸土壌教育・土壌リテラシー

土壌教育に係る論文は，2005年以降多くなっている。この年には，日本土壌肥料学会に新部門が設置され，土壌教育に係る部会が発足した。そして，当会員がまず関心を持ち始め，積極的に観察会や出前授業，講演会，シンポジウム等を実施し，その成果をまとめ，報告した。その後，教育現場や博物館，試験場等で土壌教育実践が広がっていった。また，福田（2004b；2006a；2006b）は児童・生徒の土離れが進んでいること，学習指導要領の改訂によって小学校第3学年理科から「石と土」が削除されたこと，学校教育の場で土が取り上げられ授業などで扱われることに極めて消極的であることなどを報告した。その結果，児童・生徒の土壌に対する興味や関心，理解への育成に危機感を抱いた土壌研究者らが，土壌教育に関心を持つことにつながった。

福田（1995f；1995g；1995h；2014a；2014d；2015a；2015b；2015d；2015e；

2017a；2017b）は，世界の土壌劣化の進展を解決するには次世代を担う児童・生徒への土壌教育が大事であることを痛感し，土壌リテラシーの育成に向けた教材や授業法を報告している。これらの報告を参考として日本土壌肥料学会会員や学校教員，大学教員の実践，取組が増えてきている。また，土壌リテラシーを育成する土壌教育の開発に取り組み，出前授業等で実践・検証し，改善を加えながら，その手法を確立している。

土壌教育強化委員会（1983），木内（1984；1987），永塚（1989），平井ら（1989；2014），樋口（1990；2004；2005），東（1990），T.Fukuda（1990；1991），矢野（2002），田村（2002a；2008；2011），綿井ら（2005），東ら（2006），菅野ら（2009），橋本ら（2010），菅野（2010），矢内（2010），浅野（2012），佐々木ら（2012），平山ら（2013；2016），福田（1986；1987；1988a；1989b；1989c；1990a；1996c；1996h；2004b；2006a；2006b；2010a；2010b；2010c；2014a；2014b；2014c；2015a；2015b；2015d；2015e；2017b），羽生ら（2015），小舘（2015），田中ら（2015），荒木ら（2015），赤江（2016），田村ら（2016）など。

(6)環境教育

1970年代後半から環境教育が盛んに研究され，実践されるようになったが，水と大気，野生生物に関する実践や論文等が多く，土壌に関する実践研究は1990年代から少しづつ見られるようになった。中学校や高等学校の課題研究のほとんどは，大気や水に関わる内容であったが，「総合的な学習の時間」が新設されて以降，土壌を課題研究テーマに取り上げる教科書が増えた。そして，21世紀に入り，土壌教育は環境教育的視点で捉えられるようになり，その実践，研究は増えていった。福田（1989a；1990c；1994b；1996b；1997a；2015c）は，学際的な範疇に属する土壌を環境教育的視点で捉え，様々な実践を通して「総合的な学習の時間」の中で教科横断的に扱う手法を確立した。

福田（1988b；1989a；1990c；1994b；1995d；1996b；1997a；1997b；2004a；2014d；2015c），樋口（1990），陽（1991，1995，2004，2005），植山（1993），小

林ら（1993），三石ら（1998），土壌版レッドデータブック作成委員会（2000），平山ら（2000），矢野（2002），矢野ら（2002），樋口（2004；2005），宮崎ら（2004），滋賀県総合教育センター（2004），森ら（2006），小崎（2008），小﨑ら（2008；2009），都筑（2009），宇田川（2009），田村（2011），宇土ら（2012），IUSS（2013），田村ら（2002b；2016）など。

(7)文化土壌

土壌を文化史として捉える論文や書籍が見られる。土壌は，地球表面を覆う薄膜であり，生命を支える自然要因，農林業の基盤であるとともに焼き物やレンガ，瓦，セラミックスなどの生活資材・工業資材として利用されている。また，思想，宗教，霊，方言，文明・文化，歴史，芸術，民族，医療，健康，美容など広範に亘って，人間生活と密接に結びついている（福田，2011a；2013c；2016b）。さらに，景観や心理との関わりで捉えたり，近年は資源としてレッドデータ化し始めている自然物である。陽（2015）は，日本土壌肥料学会の文化土壌学部会をリードしており，農業や神話，文化，健康を中心に土壌を取り上げる多数の論文が見られる。

海外ではV. G. カーターら（1995）やジャレド・ダイアモンド（2005），デイビッド・モントゴメリー（2010）など，文明から見た土の存在を語る著作書籍が見られる。土壌と人類史との関わりから，歴史的資源，文化的資源としての一面を認識することは，土壌リテラシー育成上，重要であると考える。

松井ら（1993），藤原（1991），KBI 出版編（1994），カーター，V. G. ら（1995），栗田ら（2001），井波（2002），ジャレド・ダイアモンド（2005），小野（2005），松本（2006），陽（2006，2007a，2007b，2007c，2008a，2008b，2010），浅川ら（2008），陽ら（2009），日本土壌肥料学会編（2010b），デイビッド・モントゴメリー（2010），福田（2011a；2013c；2014d；2015c；2016b），ピーター・トムプキンスら（1998），公益財団法人 農業・環境・健康研究所（2014），大橋（2015）など。

(8)普及啓発（書籍等）

土壌を普及啓発する書籍は，その大半が「土壌学」などの専門書である。20世紀初めには，外国から土壌研究者が招聘された。米国のクラーク，英国のキンチ，独逸のケルネル，フェスカなどであり，日本の土壌研究の礎が築かれていった。その後，国内の研究者が輩出し，恒藤規隆の「日本土壌論」(1904)，麻生慶次郎・村松舜祐の「土壌学」(1907)，大工原銀太郎「土壌学講義」(1916年上巻，1919年中巻)，鈴木重礼「土壌生成論」(1917) などが刊行された。1912年には肥料懇談会（1934年に日本土壌肥料学会に改称）が設立され，食糧増産を図る土壌あるいは肥料，植物栄養に関する研究が盛んとなった。第二次世界大戦後は，化学肥料や農薬の製造が増大し，その使用の増加に連れて食糧生産量は拡大していった。しかし，20世紀後半には土壌汚染が広がり，土壌の劣化が進んだ。21世紀に入っても世界人口は増加し続け，気象異変なども加わって食糧生産は伸び悩み，食糧不足が懸念され始めている。国連は，土壌危機が訪れている中，土壌管理や保全の必要性を強調している。特に，次世代に健全な土壌を引き渡し，持続可能な農業を実現していくようにすることが，現生人の果たすべき役目である。それには，土壌危機を受け止め，土壌劣化を保全する対策を考えなければならない。また，土壌劣化を引き起こす人間活動を改善していく必要がある。そして，土壌への負荷を減じる人々の生き方あるいは価値観を醸成することが重要である。このような生き方などの変容には，幼少期から土への関心を育み，土の知識を高め，土を正しく理解していく，土壌教育を推進していくことに取り組まなければならない。

近年，幼少期からの土の感性や土の大切さ，性質・機能，農林業などとの関わりなどをわかりやすく解説する土壌教育に関わる書籍が出版されはじめている。日本土壌肥料学会は，「土をどう教えるか―現場で役立つ環境教育教材―」（浅野ら，2009a，2009b）及び「土壌の観察・実験テキスト」（日本土壌肥料学会土壌教育委員会編，2006：2014）を出版し，小・中・高等学校教師等に土壌の指導方法を示した。絵本として，松尾ら（1989；1990a；1990b；1992），栗田ら（2006），「土の絵本」（日本土壌肥料学会編，2002）などが出版され，土壌教育の普及に多大な貢献をしている。さらに，カーター・V. G. ら（1995）やデイビッド・モントゴメリー（2010），ジャレド・ダイアモンド（2012），P. ロバーツ（2012）などの書籍は，土壌危機の警告書として世界的な反響があり，ベストセラーとなっている。福田（1996c～1996h）は，教師向けの基礎教養講座である「土の科学」を日本理科教育学会誌に連載し，全国の小・中・高校教師から強い関心を寄せられた。

船引（1972），前田ら（1974），前田編（1976），佐々木ら（1974），大政（1951；1977），シーア・コルボーンら（1977），川口（1977），松井（1979；1988），渡辺監修（1979），倉林（1980，1986），久馬ら（1984；1987；1997），中嶋（1985），山根（1988），大羽ら（1988），西尾（1989），松尾ら（1989；1990a；1990b；1992），岩田（1985；1991；2005），岡島（1989），日本林業技術協会編（1990），小山（1990），「土の世界」編集グループ（1990），松井ら（1993），KBI 出版編（1994），都留（1994），小池ら（1994），高橋（1994），カーター・V. G. ら（1995），福田（1992b；1993c；1995i），福田（1996c；1996d；1996e；1996f；1996g；1996h；1996i），山岡（1997），木村（1997），塚本（1998），大野（1998），和田（1997），三石ら（1998），駒村ら（2000），梅澤（2000），畑（2001），栗田ら（2001），浅海（2001），梅宮ら（2001），日本土壌肥料学会編（1981；1983；2002；2009；2010a；2010b；2015），町田ら（2003），高橋（2004），東（2004），栗田（2004；2006），住ら（2004），松中（2004），小野（2005），塚本ら（2005），谷本（2005），松本（2006），浅野ら（2007），金子（2007），土壌汚染技術士ネットワーク（2009），浅野ら（2009a，2009b），久馬（2005；2010），デイビッド・モントゴメリー（2010），全国農業協同組合連合会肥料農薬部（2010），青山（2010），ジャン・ブレーヌ（2011），渡辺（2011），畑編（2011），ジャレド・ダイアモンド（2012），後藤監修（2012），P. ロバーツ（2012），杉山（2013），藤原（2013），保坂ら（2013），佐藤ら（2013a；2013b；2013c），松

中（2013），藤原監修（2013），日本土壌肥料学会土壌教育委員会編（2006；2014），日本土壌肥料学会監修（2014），日本土壌協会監修（2014），日本土壌肥料学会「土のひみつ」編集グループ編（2015），陽（1994；2015），山野井（2015），田中ら（2015），横山監修（2015），藤井（2015）など。

(9)学習指導要領における土壌の取扱い等

学習指導要領総則（文部科学省，2008b；2008c；2009a）には，「各学校においては，教育基本法及び学校教育法その他の法令並びにこの章以下に示すところに従い，生徒の人間として調和のとれた育成を目指し，地域や学校の実態及び生徒の心身の発達の段階や特性等を十分考慮して，適切な教育課程を編成するものとし，これらに掲げる目標を達成するよう教育を行うものとする。」ことが示されている。すなわち，学校教育は国が告示した学習指導要領に則って行わなければならない（小学校は学校教育法20条「小学校の教科に関する事項は，第十七条及び第十八条の規定に従い，文部科学大臣が，これを定める。」と同法施行規則25条「小学校の教育課程については，この節に定めるもののほか，教育課程の基準として文部大臣が別に公示する小学校学習指導要領によるものとする。」，中学校は学校教育法38条と同法施行規則54条の２，高等学校には学校教育法43条と同法施行規則57条の２）。学校の授業等で土壌が取り上げられ，扱われることを進めていくには，小学校，中学校，高等学校学習指導要領に土あるいは土壌が積極的に取り上げられることが必要である。学習指導要領の改訂に向けて，教科書等への土壌内容の取扱いや記載事項に関する要望や提言は少ないが，福田（2009a；2015b）は土壌教育の推進を図るため，学習指導要領改定時に各学校段階における土壌の取扱いの要望や提言を文部省，文部科学省に行ってきた。そして，2015年には次期改定に向けて日本土壌肥料学会として要望書をまとめ，文部科学省に提出した。

福田（2009a；2015b；2015c），水原（2010），平井ら（2015）。

〔普及啓発書〕

「土をどう教えるか—現場で役立つ環境教育教材—上巻・下巻」（古今書院）

「土の絵本　5巻」（農山漁村文化協会）

第１章　土壌リテラシーの概念規定と土壌教育の歴史

改訂世界土壌憲章の前文（国際連合食糧農業機関，2015）には，「土壌は地球上の生命の基盤だが，人間が土壌資源にかける圧力が限界に到達しようとしている。注意深い土壌の管理は，持続可能な農業に欠くことのできない要素であり，貴重な気候調節の手段となり，生態系サービスや生物多様性を保護するひとつの筋道にもなる。」との警告が述べられている。1982年発行の旧世界土壌憲章前文には「土地の食糧生産能力には限界がある。その生産力の限界は，土壌や気象条件，それに適用される管理方法によって規定される。その限界を超えて土地を『掘り返す』と，必ず結果的に生産力の低下を招くことになる。」と記されており，「20世紀末には発展途上国の土地の生産力の20パーセントが失われている可能性もある。」との指摘があった。その後，この指摘に対する大きな改善はなく，「劣化の程度が大きい土壌は世界の約４分の１に達し，中程度44％，改善されている土壌は10％に過ぎない」ことが報告された（FAO，2011a）。そして，今回の改定では個人や民間，団体，学会，政府に「主要な土壌の機能が損なわれないように持続可能な土壌管理」を求め，あらゆるレベルにおいて，それを確かな政策や具体的な行動に移していくことを勧告している。この実現には，人々が土壌保全・管理を考え，実行する土壌リテラシーを身に付けることが必要であり，その育成に向けた土壌教育を積極的に実践していくことが重要である。

第１節　土壌リテラシーの概念規定とその育成

土壌とは，地球を構成する地殻の陸地の最表層に存在するごく薄い部分に存在し，岩石の風化物や火山灰に動植物遺体あるいはその分解産物が加わって熟成されたものである。土壌の地表からの深さは1～2m程度であると考えられているが，地球全体を平均するとその厚さはわずか約18cmに過ぎない（陽，2015）。土壌を有する土壌圏は大気圏，生物圏，岩石圏（または地圏），水圏に接しており，それらは相互に影響し合っている（松中，2004）。これら4圏の全てに接しているのが，土壌圏である。土壌は，土とも呼ばれるが，「土」と「土壌」はほぼ同義語である。久馬（2010）は，「『土』とは自然に植物を養うものをいい，『壌』とは人が耕して作物を植えるところのもの」を言うとして，「天然の培地を『土』，農耕地の土を『土壌』という。」としている。また，陽（2010）は「『中国土壌分類和土地利用』という書物には，「『土』とは人間が手を加えていない自然の状態のもので，『壌』とは植物を栽培するために人間が一度『土』を砕いてやわらかな土にした耕作土をいう。」と定義されていることを述べている。我が国の学習指導要領では，小学校及び中学校では「土」（文部科学省，2008b；2008c），高等学校では『土壌』（文部科学省，2009a；2009b）を用語として用いている。そこで，本論では可能な限り学習指導要領に基づいて，「土」あるいは「土壌」を使用する。

第1項　土壌リテラシーの概念規定

近年，「リテラシー（literacy）」という用語が盛んに使用されるようになっている。情報リテラシーや科学リテラシー，コンピュータ・リテラシー，環境リテラシー，文化リテラシー，言語リテラシー，メディア・リテラシーなどである。用語の「リテラシー」は，識字能力を指し，正しく活用できる能力という意味で使われている。しかし，近頃リテラシーの意味は変容しており，「知識活用能力や課題解決能力を包含する」言葉となっている（佐藤，2003；松下，2012a）。また，ユネスコはリテラシーを「自らの目標・目的達成を成し遂げるために知識や技能を高める能力，社会に対して貢献し続ける能力」と捉えている。

科学リテラシーは，OECD（Organisation for Economic Co-operation and Development：経済協力開発機構）が実施するPISA調査（Programme for International Student Assessment：学習到達度調査）の指標であるが，一時我が国では科学リテラシーの低下が問題となった（順位の推移：2000年2位，2003年2位，2006年6位，2009年5位，2012年4位，2015年2位）ことから，一般に知られるようになった。近年，私たちの日常生活と科学技術との関わりは深くなってきているが，国民の科学技術に対する関心・理解は若者を中心に低下の傾向にある。

21世紀は知識基盤社会であり，我が国では科学技術による社会的・経済的課題の解決や知的・文化的価値の創出を通じて，今後のAI（Artificial Intelligence：人工知能）やIoT（Internet of Things：センサーやデバイスといった「モノ」がインターネットを通じてクラウドやサーバーに接続され，情報交換することにより相互に制御する仕組み（村上，2013；SORACOM，2015）），BD（Big Data：ビッグデータ），ロボットのもたらす超スマート社会（必要なもの・サービスを，必要な人に，必要な時に，必要なだけ提供し，社会の様々なニーズにきめ細やかに対応でき，あらゆる人が質の高いサービスを受けられ，年齢，性別，地域，言語といった様々な違いを乗り越え，活き活きと快適に暮らすことのできる社会（文部科学省編，2016a）），先端医療や遺伝子操作などの技術進展，少子高齢化などの社会変化に積極的に対応していくためには，科学技術についての人々の関心・理解は不可欠である（文部科学省編，2006b）。

科学リテラシーの定義は多数ある。大野（2003）は「科学リテラシーは，現代社会で自らの判断力を持って生活していくために，全ての子供が獲得しなければならない基本的能力のひとつである。」，三宅（1996）は「社会生活を営む上での基本的な能力の一部で，ただ単に，科学的な読み書き能力だけでなく，科学的な事象に関して意見が言え，科学を理解し，身近な事物・現象についての問題を科学的に解決し，意思決定できるなどの幅広く，調和の取れた科学的能力や科学的態度を有すること。」，高橋（2001）は「科学それ自身に関する能力ばかりでなく，その時々の社会と科学の関係や科学の人間的諸要素にかかわる能力まで包含している。」，佐藤ら（2004）は「自然現象に対する名称・用語等の狭義の概念理解を示すのではなく，眼下の状況に応じて科学概念を命題，あるいはイメージというように縦横無尽に表現する能力のことであり，知識・技能を含めた実際に子どもの自然現象の理解に適用できる包括的な概念への熟達の着目である。」，齊藤ら（2008）は「科学的リテラシーとは，自然界及び人間の活動によって起こる自然界の変化について理解し，意思決定するために，科学的知識を使用し，課題を明確にし，証拠に基づく結論を導き出す能力である。」，山野井（2013）は「科学的知識（Scientific Knowledge）を身に付けた上で，意見を述べたり，問題解決をしたり，意思決定できる能力や態度。」と説いている。

我が国では，子どもの理科・数学の学力は国際的に高い水準にある一方，科学技術や理数科目に対する興味，関心は学年が進むにつれて低下し，大人となってからも低迷し続けている現実がある（文部科学省，2006b）。その結果，国民の科学技術の理解度は国際水準から大きく落ち込んでいる（文部科学省，2007）。特に，国民の科学技術に対する関心の度合いは，調査国中最下位であったことが大きな話題となった。さらに，PISA 調査や TIMSS 調査（Trends in International Mathematics and Science Study：国際数学・理科教育動向調査，IEA（The International Association for the Evaluation of Educational Achievement：国際教育到達度評価学会）が実施している）から，子ども達の理科離れ（国立教育政策研究所，2004；黒杭，2002；長沼，2015）や若者の科学技術離れ，理工系離れ（科学技術庁，1993；文部科学省編，2016a）が社会問題ともなった。この背景には，地球環境悪化や放射能汚染，遺伝子操作，食品の農薬汚染などの問題に対する科学不信があったこと，科学技術の急速な進歩・発展や高度化に伴なって原理・原則が理解しにくくなったことなどがあるものと考えられる。

このような中，「土壌リテラシー」が造語として出現したが，定義はない。アメリカでは，「soil literacy」の用語はあるが，学校教育の中ではほとんど取り上げられていない。また，我が国では「土壌リテラシー」を用語として使用している論文等はほとんどない。PISA 調査（国立教育政策研究所，2004）で使用される科学的リテラシー（科学リテラシーと同義語）の定義である「自然界及び人間の活動によって起こる自然界の変化について理解し，意思決定するために科学的知識を使用し，課題を明確にし，証拠に基づく結論を導き出す能力である。」（熊野，2002）や上記の科学リテラシーの定義を参考として，筆者は「土壌リテラシー」を「自然界あるいは人間によって造られた自然における土壌を科学的に理解し，その課題を発見し，科学的知識を用いて解決策を導き出し，土壌保全に向けた考えや態度，判断力を持ち，意思決定，行動ができる能力。」と概念規定した。高田ら（2016）は，ウィーン土壌宣言について，表1-1を報告している。この表から，「我われの生活にとって欠くことのできない様々な役割やサービスを提供している土壌の管理，保護のためには，土壌劣化を可能な限り抑制する必要があること，土壌の機能やサービス，持続的な土壌管理，土壌保護が重要であるとの意識を醸成するた

表1-1　ウィーン土壌宣言「人類および生態系のための土壌」

1．土壌科学は，関連する自然科学分野はもとより，社会，法律および文化に関する学問領域と連携して，人類の活動と土壌の関係性，および人間活動が環境の他の要素，特に景観に及ぼす影響について解明することを主たる焦点とすべきである．
2．土壌の安全保障を食料および水の安全保障と関連付け，国連の持続可能な開発目標の達成のための主要テーマとすべきである．
3．土壌は，地球の主要な炭素貯留源であるが故に，気候変動に関する新たな国際枠組みの下で緩和策を実行する際の解決策に持続的な土壌管理を含めることにより，気候変動の緩和に貢献できる主要な要素として土壌が位置付けられるべきである．
4．農業に最適な土壌が分布する広大な土地の喪失を避けるため，都市化と舗装化（土壌遮蔽）は出来得る限り抑制されるべきである．また，最適な土壌管理法の適用により土壌侵食，土壌圧密，養分収奪，塩類化，土壌汚染，および土壌生物多様性の減少のような土壌劣化を可能な限り抑制する必要がある．
5．今後，全ての景域スケールでより復元力のある未来を実現するため，土壌の機能やサービス，持続的な土壌管理，土壌保護が重要であるとの意識を醸成するため，地球社会の全てのレベルにおいて土壌の認知度を高める必要がある．

め，地球社会の全てのレベルにおいて土壌の認知度を高める必要があること，を提言している。土壌劣化の抑制には，土壌管理，保護が必要であり，その意識の醸成のために土壌教育が必要であることが強調されている。

第2項　土壌リテラシーの育成

土壌リテラシーを育成する上で，土壌教育は重要な教育プロセスである。土壌教育は，「学校や社会，家庭などにおいて土に触れることや探究的な観察・実験，課題研究などを通して，土に対する興味・関心を高め，土の知識・理解を進めて知恵を育む教育であり，様々な土の課題を解決する能力を育成するために行われる教育活動。」である。日本土壌肥料学会（2016）は，学会活動紹介の中で土壌教育活動を「人間の生存にとって欠くことのできない土壌の重要性についての社会的理解・認識を高め，深めるための研究を行い，長年の実績が高く評価されている土壌教育活動をさらに発展させる。また，土壌に関連する科学的知識を社会的に広く普及するとともに，環境教育などとも密接に関連しながら，小・中・高等学校教員・市民を対象に土壌に関する教材・教育法の開発研究や普及，教育体験発表などを進めることを目的とする。土壌・肥料・植物栄養学に関係する地域活動への協力等も積極的に進める。」としている。

土壌リテラシーの基礎が人の一生の中で最初に芽生えるのは，幼児期～児童初期であり，土壌リテラシー育成の揺籃期として重要な時期と考えている。つまり，この時期は土の存在を身近に感じ，土に対する感性を育む土壌リテラシーの基礎・土台づくり期に当たると捉えている。その後，児童中期～中学校時には土の様々な性質や機能などの知識を習得し，高校時には社会や環境とのつながりの中で土壌を考えさせていく指導が必要となる。特に，様々な地球環境問題と関連させて環境教育的視点で扱っていくことが大切であり，土壌保全の意識・態度の育成を図る時期と考えている。さらに，成人教育では，土壌課題を見出し，その解決に向けた判断・行動がとれる人材育成に重点を置く土壌教育が必要である。

近年，人々の土離れは進んでおり，子どもに限らず，大人まで土への関心・理解は減じている（福田，2010c）。また，土壌への関心や理解等の地域差はほとんど見られず，全国的な傾向である（福田，1998b）。その原因として，幼少期の泥んこ遊びや土いじり，農作業体験やものづくり体験，自然体験などの実体験不足，土と出会い，接する機会が著しく減少していることが考えられる。そこで，高校2年生及び博物館主催の自然観察会に参加した30歳代から70歳代までの幅広い年齢層の成人を対象とした幼少期の農作業体験及び泥んこ遊びの有無について比較調査した結果，10代と30代では大きく異なり，さらに30歳代と40歳代以降で格差があることが認められた（図1-1，図1-2）。この差異は，各年代層が育った幼少期の時代背景が大きく関わっていることに起因していると考えられる。すなわち，高校2年生はバブル期～バブル崩壊期，30代は高度経済成長期，40代は経済成長開始期，50歳代は第一次産業発展期，60歳代以上は戦前～戦後の第二次大戦前中あるいは戦後混乱期前後に幼少期を過ごした年代である。40歳代から60歳代の世代は，決して物資豊かな時代ではなく，むしろ自然の中で遊んだり，農作業を手伝ったりして幼少期を過ごしており，土に接する機会は多かったと考えられる。30歳代は幼少期に我が国の経済発展著しい時代を過ごしており，第二次産業に従事する国民が急増していく中で農林業離れ，土離れが進み始めた時代である。そして，高校2年生の幼少期はファミコン世代，TV ゲーム，アニメなどに興じた世代であり，室内で過ごす機会が多かった。農作業や泥んこ遊びなどの土との触れ合いはほとんど体験しない時代に育った子ども達である。このような時代の変化が，図1-1と図1-2には表れている。その後，21世紀に入って，子ども達の泥んこ遊びなどの自然体験，野外活動の機会は極めて少なくなっているのが実態である。そのため，幼少期の土体験，自然体験などによって作られる土壌リテラシーの基礎・基盤が育成・形成されていないのが，実情である。幼少期に身に付けることが望ましい土の感性は，土遊び

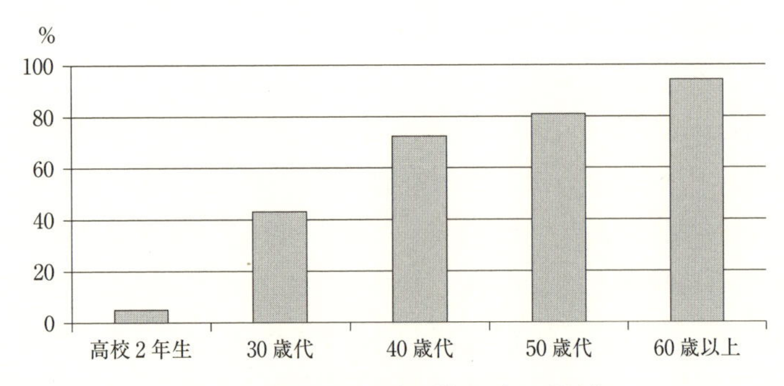

図1-1　農作業の体験（「ある」の割合）

調査対象：高校２年生78名，30歳代51名，40歳代36名，50歳代42名，60歳以上43名（2005年～2008年）

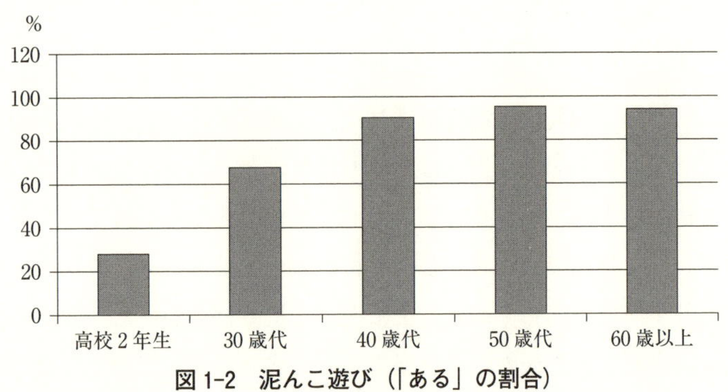

図1-2　泥んこ遊び（「ある」の割合）

調査対象：図1-1と同じ

など土に触れることによって備わると考えている。それ故，長いスパンで土壌教育あるいは環境教育を捉える場合，幼少期の自然や土との触れ合いは重視していかなければならない体験である。

21世紀に入り，地球環境悪化の進行が拡大する中，様々な環境問題が噴出し，複雑に絡み合っており，深刻さを増していった。また，それぞれの環境問題を解決するには全地球人が環境悪化の現状に関心を持ち，認識して，その解決に向けた第一歩を歩み出さなければならない。それには，地域の自然に関心を持ち，その成り立ちやしくみを体験的に理解する必要がある。また，幼児期から成人までの発達段階に応じた自然や土壌に関する教育を適切に行い，国民の土壌リテラシーの育成に向けた取組を実行することは極めて重要である（図1-3）。さらに，世界的に広がる土壌劣化や汚染などの様々な土壌問題を考慮すると，その解決には家庭や学校，地域社会全体で生涯学習的に土壌リテラシーの育成に取り組む土壌教育を構築し，実践していく必要がある（図1-4）。

子どもが幼少期あるいは児童期に土にどう接したかあるいは親から土をどう教えられたかということは，子どもの土に対する考えや見方，イメージ形成に強い影響を及ぼす。また，幼児期あるいは児童期には「どうして」，「なぜ」という疑問が多く発せられる。この時，子どもの疑問や質問に適切，丁寧に答えることにより，関心が持たれることがある。しかし，幼稚園の保護者あるいは小学校教員対象の研修会開催時に調査した結果から，残念ながら土については子ども達の持つ知的好奇心に適切に対応できていない親や教師，大人が多いことが明らかとなった（表1-2）。一般に，自然や土に関心の薄いあるいは知識の乏しい大人や教師が多くなっていると言われる。子どもの発問を捉え，適切に対応していくことこそが子ども達の科学心や探究心，知りたい欲求を引き出し，科学的素養を育むチャンスとなる。また，この時期に親や大人から土を「汚いもの」，「汚れる」，「触ると病気になる」などと言われて土に触れることを禁じられて成長すると，子どもたちは土から離れ，土

表1-2　幼稚園児～小学校低学年児童の土についての質問と回答の調査（%）

調査項目	親	小学校教師	その他
土について聞かれたことがある	57.9	36.7	27.3
適切に回答できなかった	84.3	72.2	55.6

質問事項：「子どもから土について聞かれたことがありますか」，「聞かれた時に適切に回答することができましたか」
調査対象者：親121名，小学校教師49名，その他（祖父・祖母など）55名
「適切に回答できなかった」割合は「土について聞かれたことがある」と答えた人について調査した。

家庭教育，保育園・幼稚園教育（幼児期）

・泥んこ遊び，野外遊び，土の上を歩く（領域「環境」）土に対する感性

↓

学校教育（児童・生徒期）

①小学校　土に触れる，土を観る，野外体験（生活・理科，社会，総合的な学習の時間）

土への関心・理解，土の知識

・土遊び（粘土細工）
・土の色，土の感触など（様々な土色，土の軟らかさ，土の乾湿，土の粘り気など）
・石と土（土のでき方）
・地面の温度（ヒートアイランド）
・花壇作り，穀物（イネなど）づくり，野菜づくり
・土と砂との違い（土団子と砂団子）
・土の断面（表土は黒い，土はどこまで続く，土の中の生き物）
・土って何だろう
・土の層（土色，表層土と下層土，土の中の生き物）

②中学校　様々な土の観察・実験（理科，社会，技術家庭技術分野，芸術，総合的な学習の時間）

土の性質・機能の正しい認識

・土の生成過程を調べる：土壌断面，落ち葉のゆくえ（落ち葉めくり），土壌有機物・腐植
・土壌生物を調べる：土壌動物，土中の分解者（土壌微生物）
・土の多様性を調べる：土の色，土の呼吸，土の自然度
・土の機能を調べる：養分吸着・水分保持，浄化機能
・土の資材性を調べる：陶芸づくり

③高等学校　自然を構成する土壌，人間と土壌を学ぶ（理科生物・地学・化学，地歴地理，公民現社，芸術，保健体育・保健，家庭，国語・国語表現，外国語・英語，総合的な学習の時間）

土壌保全の意識・態度・行動の育成

・植生と土壌　遷移と土壌形成
・植生・土壌・気候の関係
・農業と土壌
・日本と世界の土壌（チェルノーゼム，ポドゾル，テラロッサ，テラローシャ，ラテライト，赤黄色土，泥炭，黒泥土，砂漠土，栗色土，褐色森林土，黒ボク土，グライ土）
・資材としての土壌
・土の破壊・汚染（土壌侵食，土壌の塩類化，砂漠化）と土壌保全
・土壌汚染と健康
・地産地消

↓

大学・成人教育

④大学教育　地球レベルの土壌保全の判断・態度の育成

・人類と土壌，地球環境と土壌

⑤社会人教育　土壌に配慮した判断・態度・行動

・公務員研修・企業研修，図書館・博物館等生涯学習機関の活用，その他

↓

土壌リテラシーの向上

＊学校教育では，関連する教科科目として国語，外国語，道徳などが入る場合がある。

図1-3　小・中・高等学校等における土壌リテラシーの向上に向けた土壌教育の構築過程

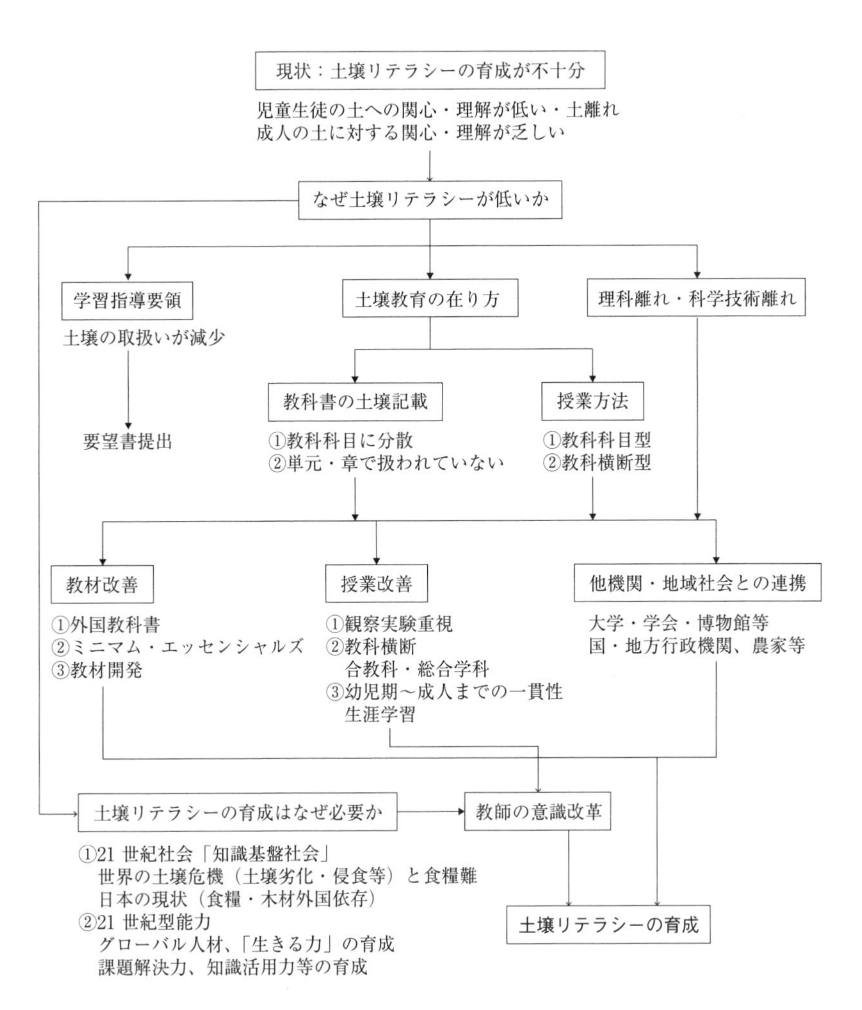

図 1-4　土壌リテラシーの育成に向けた学校教育等における土壌教育の構築（福田概念図）

に対してマイナス・イメージを持つようになる。実際に幼稚園児及び小学校１～３年の親（幼稚園，小学校で開催された土壌講演会で講演した際に実施したアンケート調査）を対象とした「土は汚い」，「土を触らない」などの子どもへの発言の有無の調査を実施した結果，「土は汚い」などと子どもに言う親は「かなり言う」と「多少言う」を合わせて７割を超えていた（図1-5）。

家庭での土との接し方などで子どもが持っている土のマイナス・イメージを払拭するには，保育園や幼稚園，小学校の幼少時に土を積極的に取り上げ，土を正しく指導する機会や場を設定することが大切となる。現行幼稚園教育要領（文部科学省，2008a）では，指導内容「環境」のねらいとして「周囲の様々な環境に好奇心や探究心をもってかかわり，それらを生活に取り入れていこうとする力を養う。」とあり，その取扱いでは「幼児期において自然のもつ意味は大きく，自然の大きさ，美しさ，不思議さなどに直接触れる体験を通して，幼児の心が安らぎ，豊かな感情，好奇心，思考力，表現力の基礎が培われることを踏まえ，幼児が自然とのかかわりを深めることができるよう工夫すること。」としている。新幼稚園教育要領（文部科学省，2017）には，「幼児期の終わりまでに育ってほしい姿」として「(7)自然との関わり・生命尊重 自然に触れて感動する体験を通して，自然の変化などを感じ取り，好

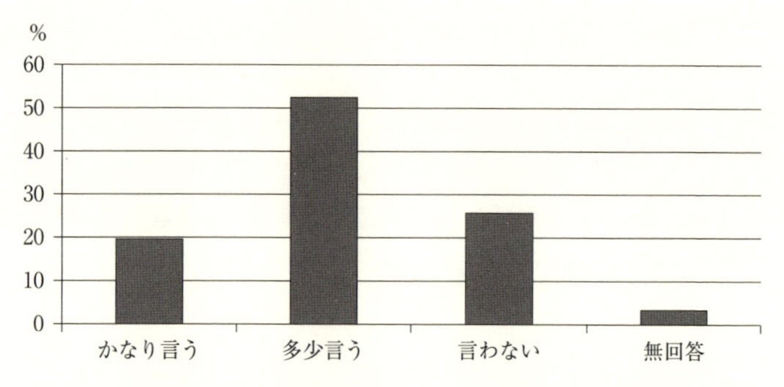

図 1-5　「土は汚い」，「土を触らない」などの子どもへの発言の有無
調査対象：幼稚園児及び小学校１～３年の親98名（2004年）

奇心や探究心をもって考え言葉などで表現しながら，身近な事象への関心が高まるとともに，自然への愛情や畏敬の念をもつようになる。また，身近な動植物に心を動かされる中で，生命の不思議さや尊さに気付き，身近な動植物への接し方を考え，命あるものとしていたわり，大切にする気持ちをもって関わるようになる。」ことが新設されている。

現行保育所保育指針（厚生労働省，2008）には保育の目標「エ生命，自然及び社会の事象についての興味や関心を育て，それらに対する豊かな心情や思考力の芽生えを培うこと。」と記されている。新保育所保育指針（厚生労働省，2017）には，「幼児期の終わりまでに育ってほしい姿として，「キ自然との関わり・生命尊重」に新幼稚園教育要領（文部科学省，2017b）と同様の内容の取扱いが記されている。また，「1歳以上3歳未満児の保育に関わるねらい及び内容」の「ねらい及び内容」のオの表現のイ内容には「①水，砂，土，紙，粘土など様々な素材に触れて楽しむ。」と記されている。

文部科学省（2016b）は，「近年，国際的にも忍耐力や自己制御，自尊心といった社会情動的スキルやいわゆる非認知的能力を幼児期に身に付けることが，大人になってからの生活に大きな差を生じさせるといった研究成果をはじめ，幼児期における語彙数，多様な運動経験などがその後の学力，運動能力に大きな影響を与えるといった調査結果などから，幼児教育の重要性への認識が高まっている。」と指摘している。そして，新幼稚園教育要領や新保育所保育指針では，非認知能力に関わる内容が積極的に取り込まれ，幼児教育における「育みたい資質・能力」及び「幼児期の終わりまでに育ってほしい姿」について認知能力とともに非認知能力の育成が強調されている。無藤（2016）は，非認知能力を「IQなどの数値で示される認知能力とは異なり，「学びに向かう力や姿勢」のような「目標や意欲，興味・関心をもち，粘り強く，仲間と協調して取り組む力や姿勢」を中心としたスキルである。」とし，「幼児期に培う非認知能力は，小学校以降の主体的な学びの土台と位置づけている。」と述べている。幼少期に非認知能力を育むことは，将来様々

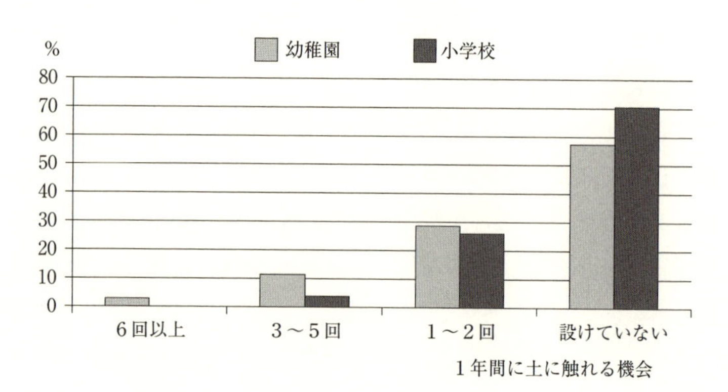

図1-6　幼稚園及び小学校（1～3年）における土に触れる機会の有無
調査対象：幼稚園35園，小学校27校（2010年）

なリテラシーを身につける上で重要であると考えている。

幼稚園児や小学生（1～3年）に対する土に触れる機会の設定の有無を自然体験研修会（狭山市教育委員会開催「幼少期の自然体験活動の意義とそのあり方」）に参加した教員を対象に調査した結果，幼稚園，小学校とも「設けていない」が約6～7割と多いことが明らかになった（図1-6）。また，2000年の学習指導要領改訂により，小学校1～2年の理科は生活に変わり，2010年の改訂では小学校理科の第3学年で取り上げられていた「石と土」の項目は削除された。そのため，小学校理科における土の学習機会は大きく後退してしまっている。小学校低学年で土を学習したり，土と触れ合う機会があるか否かで，その後の子ども達の土の捉え方や見方，イメージなどが大きく異なる。また，この時期までの土の直接体験は，生涯の土壌リテラシーの基盤を構成する上で大切である。それ故，小学校低・中学年で土を学習する意義は極めて大きいと言える。身近な自然教材である土を積極的に取り上げ，授業や観察・実験などを実践することにより，児童・生徒の土に対する正しい見方や考え方が備わる。特に，児童・生徒が野外で実際の土に触れ，土を使った様々な探究学習や観察・実験，課題研究を実践することは，土や自然を大切にしようとする情動や考え方，態度，行動の育成に結びつく指導となるものと考えている。

第2節　土壌教育の歴史

約250万年前に類人猿から分かれた人類の祖先は，直立二足歩行の猿人（アウストラロピテクス：420～230万年前），原人（ホモ・エレクトス：180～4万年前），旧人（ホモ・ネアンデルターレンシス：40～3万年前），新人（ホモ・サピエンス：20万年前～現在）と進化していった。この間，脳容積は類人猿の約400cm^{3}から現生人類の1430～1480cm^{3}へと拡大していき，石器の使用（打製石器から磨製石器への変化），火の使用，葬式，洞窟絵画などの高度な行動を獲得していった。そして，約1.2万年前には狩猟採集生活から農耕牧畜生活への大転換が始まった。人類は定着して土壌を耕し，農作物を作るようになっていったが，人類の間では技能伝達があったと考えられる（Wasson, R. J., 2006；Hartemink, A. E. ら，2008a）。農耕が始まった頃は，約1万年前の氷期が終わり，気候が温暖になって人口が急増し，狩猟・採集では食料確保が難しくなっていた頃と考えられている。人類は森林生活から農耕を営む場として水を確保しやすい，肥沃な土地が広がる河川流域に移住するようになっていった。やがて，食糧供給が安定してくると人口は増加していった。紀元前7000年にはムギ，6000年前にはコメ，5000年にはトウモロコシやジャガイモが栽培されるようになった。その後，紀元前5000～3500年には世界四大文明が大河流域に発祥した。大河の流域に分布する土壌は，氾濫により肥沃となり，食糧生産に適していた。古代文明は，都市化や人口増加による森林伐採が進み，やがて表土流出などの土壌侵食によって食糧難や水不足がもたらされ，滅亡していった。古代ギリシャでも森林開発や農耕の拡大により土壌流出が頻繁に起こり，深刻となっていった。

中世には農耕技術が確立し，18世紀には知力回復農法として輪作や囲い込み，三圃式農業などの農業革命が起こり，農業生産は向上した。19世紀には，農耕技法や農機具の改良が進み，動力機械が導入された。また，尿素（1828年）や過リン酸石灰（1843年）などが製造され，肥料開発・製造が飛躍的に進展した。この近代農業の発展は，長く続いた伝統農法から脱却し，土壌を科学的に研究し，解明して土壌機能を活かす農法を開発し，確立していった。リービッヒ（Justus Freiherr von Liebig，1803～1873）は，それまでの「腐植栄養説」に変わり，1840年に「無機栄養説」を発表した（吉田，1986）。その後，「最少養分律」を発表し，土壌の無機物質が植物栄養に重要であることが定着して土壌科学が発達した。また，ドクチャエフ（Vasily Vasili' evich Dokuchaev，1846～1903）は，1833年に『ロシアのチェルノーゼム』を著し，「土壌とは，地殻の表層において岩石・気候・生物・地形ならびに土地の年代といった土壌生成因子の総合的な相互作用によって生成する岩石圏の変化生成物であり，多少とも腐植・水・空気・生きている生物を含み，かつ肥沃度をもった独立の有機－無機自然体である。」と定義した（永塚，2011；2014）。さらに，ヒルガード（Eugene Woldemar Hilgard，1833～1916）は，土壌，気候，植生との関連を明らかにした。この他，19世紀には土壌科学的な解明が進み，試験場や大学等の専門機関における土壌科学教育が広がっていった。

第１項　世界の動向

土壌研究の基盤は，19世紀末には確立していた。20世紀に入ると，産業革命の波は世界に広がり，一気に開花して経済発展したが，1929年の世界恐慌で不安定となった。不況が続き，世界侵略が進む中，第二次世界大戦が勃発した。大戦後には再び産業発展が加速化していった。農業分野では，食糧増産が各国の国是となり，化学肥料製造の技術発展，普及が著しかった。また，農薬技術の開発・製造，発展・普及が急速に進み，穀物の品種改良，灌漑施設の整備などが行われて農業生産性は飛躍的に増大していった。世界の肥料使用料は1960年の3000万トンから1990年には１億5000万トンに達し，現在は

2億トンを超えている。その後，大型機械の導入により，農業は大型化していった。

一方，石炭，石油などの採掘，製造技術の高度化が進み，産業は成長し続け，発展して，20世紀後半には大量生産・大量消費社会が確立していった。その後，大量に廃棄物が排出され，捨てられるようになっていった。やがて，環境破壊・汚染は国境を越えて広がり，地球的規模となっていった。1962年レイチェル・カーソン（Rachel Louise Carson, 1907～1964）の「沈黙の春」（レイチェル・カーソン，1974）が出版されると，人々の環境問題への関心が高まり，1972年ストックホルムで開催された国連人間環境会議では「Only One Earth」が問われるようになった（図1-7）。そして，この会議を機に環境教育の必要性が叫ばれ，ベオグラード憲章（1975年），トビリシ宣言（1977年），テサロニキ宣言（1997年）などが次々と発表された。その後，学校教育や社会教育等に環境教育が導入され，実践されるようになっていった。また，世界では土壌劣化に伴う砂漠化が深刻となりつつあり，土壌教育が出現し，世界に広がるきっかけとなったと考えている。

21世紀に入り，温暖化やオゾン層破壊，酸性雨，熱帯林喪失，砂漠化，野生生物絶滅，大気・水・土壌汚染，気候変動などの様々な地球環境問題がますます悪化しており，生態系の破壊が進んでいる。これらの諸問題は単発に発生するものではなく，複雑に関連し合って複合的に発生している。その引き金は年間8千万人ずつ増え続けている人口増加であり，特に豊かで快適・便利な生活を追求する人々の飛躍的増加である。世界各地で進行する土壌劣化は深刻であり，土壌侵食・塩類化・重金属汚染などによる耕地の喪失や砂漠化は，食糧生産基盤である土壌問題に起因しており，近未来に食料不足が不安視される原因ともなっている。それに加えて，気候変動が食糧生産に打撃を与えており，食糧増産を難しくしている。そして，現在飢餓人口は7億9,500万人（9人に1人）（国際農林業協働協会，2015b）に達している。

土壌は，様々な環境問題の影響を強く受けるとともに，土壌悪化が生態系

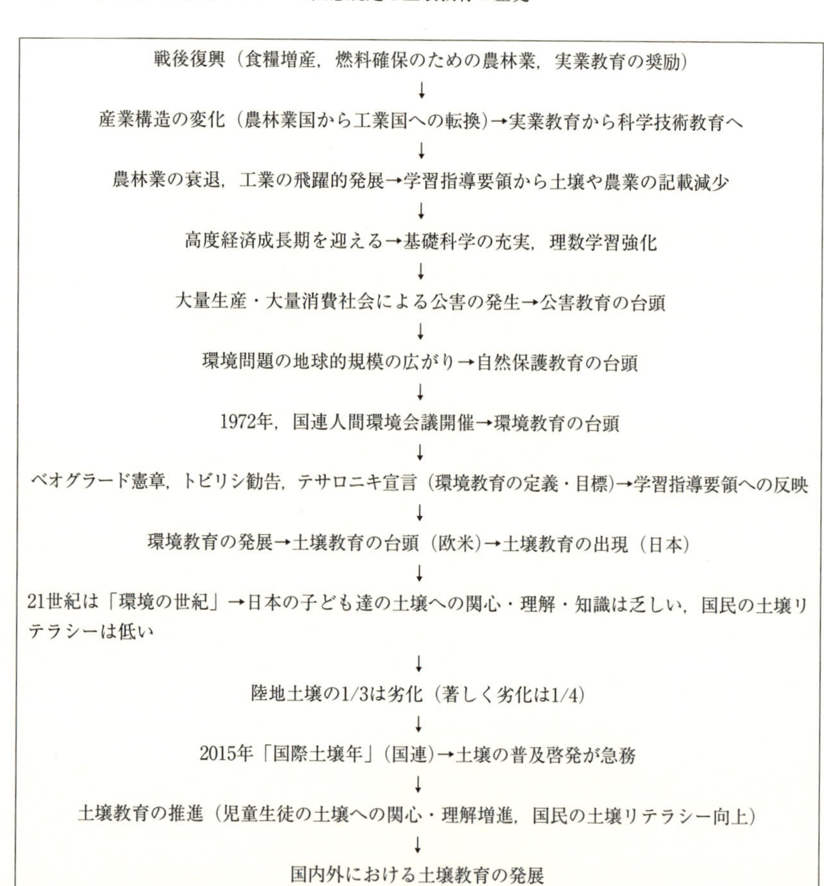

図 1-7　土壌教育の歴史的経緯（1945年～現在）

に強い影響を与える。谷山（2010）は，「地球上の陸地面積は130億 ha，現在の農耕地面積はその11％の14億 ha であるが，農耕地面積はこれまで50年間に0％増加したに過ぎず，残された土地は生産力が低く，開発・維持には膨大な投資が必要な上，関連する社会・環境コストもかかり，農地面積の増加は容易ではない。」と指摘する。1990年代には，「世界全体ではおおよそ10億 ha の農地土壌が侵食，踏圧，塩類化，アルカリ化の影響を受け，その割合は水食が45%，風食が42%と大きく，塩類化，アルカリ化が10%，踏圧が3%となっている。地域的には，アフリカ，アジアといった開発途上国で全体の70%を占めている。」(日本土壌肥料学会編，2015）との報告がある。土壌侵食は，世界の全耕地の1/4～1/3に達するとされている。また，国連環境計画（UNEP：United Nations Environment Program）の砂漠化の現状及び砂漠化防止行動計画の実施状況報告によると，砂漠化した土地は約36億 ha であり，世界の陸地面積の約4分の1以上に相当する（環境庁，2006)。森林や農地の消失は，雨量の減少を招き，砂漠化に拍車をかけている。

さらに，UNEP の調査によると，砂漠化は毎年600万ヘクタールの勢いで進行していると言われ，森林伐採や過耕作，過放牧，過開拓等の人為や気候変動が深く関わっている。特に，熱帯林では土壌が薄く，伐採後の降雨によって表土が流出し，喪失して，植物が育たなくなって砂漠化が進行する。「1 kg のトウモロコシを生産するのに1.2kg の土壌が侵食されている。」という報告（D.A.バッカーリ，2009）があり，米国では土壌侵食（人間の過度な開発利用の結果，森林や農耕地において，腐植成分を多く含んだ肥えた表土層が降雨に流され，強風に飛ばされて喪失すること）を起こしつつ，トウモロコシ等の輸出を行ったり，EC 諸国では輸出力向上のため土壌浄化機能を越えた施肥を行い，硝酸性窒素等による汚染が問題となっている（レスター・R・ブラウン，1991)。

国連は全世界が土壌問題を深刻に受け止め，その解決に向けた行動を起こすことを期待して，2015年を「国際土壌年」，12月5日を「土壌の日」として決議した。この年は，世界各地で土壌問題が取り上げられ，土壌教育の普及啓発が推進されたことが報告されている。ドイツベルリンでは，「Global Soil Week」が開催され，土壌の劣化を防ぎ，既に劣化した土壌を再生するために FAO は国際的に土壌に携わる関係者や政策提言者に協力を呼びかけた（国際連合広報センター，2015)。我が国でも多くのイベントやシンポジウム，記念講演会（表1-3，福田，2015f)，土壌観察会などが多数開催された。

表1-3 「国際土壌年」における記念講演会

シンポジウム「土壌と人間―国際土壌年2015を祝して―」講演会	
・挨拶	茅野　充男（東京大学名誉教授・農業環境健康研究所代表理事）
・国際土壌年2015	小﨑　隆（日本土壌肥料学会前会長　首都大学東京教授）
・土壌と人間：目録	陽　捷行（北里大学名誉教授・農業環境健康研究所副理事長）
・土壌と農業：72億人を養いきる	三輪睿太郎（日本農学会会長）
・土壌と教育：日本と世界の土壌教育の歴史	福田　直（武蔵野学院大学教授）
・土壌と文化：農と水と土の思想	大橋欣治（東京農業大学客員教授・農と水と土の科学文化研究所代表）
・土壌と環境：地球規模での土壌の変化	八木　一行（独法　農業環境技術研究所　研究コーディネーター）
・土壌と健康：健康資源としての土壌活用	佐久間哲也（エムオーエー奥熱海クリニック院長・農業環境健康研究所理事）

第2項　日本の動向

我が国の公害問題は，明治以降急激な近代産業の発展とともに発生した。明治期の足尾鉱毒事件に始まり，1950年代から60年代にかけて発生した四大公害（水俣病，第二水俣病，イタイイタイ病，四日市喘息），1973年には東京都江東区，江戸川区で六価クロム鉱滓投機による土壌汚染が発生した。日本の土壌に関する法律は，1970年に制定された「農用地の土壌の汚染防止等に関する法律」（付属資料）が古く，対策法の制定は先進国の中では遅かった。1991年に土壌環境基準が設定され，2002年（平成14年）に「土壌汚染対策法」が公布された。年度別の土壌汚染判明事例件数の推移（図1-8）を見ると，この法律公布後に事例件数は急増している。そして，2015年度の土壌汚染判明事例件数は2,163件に達している。2011年には東日本大震災に伴う福島原発事故による放射性物質の土壌汚染が発生した。2017年には，豊洲市場用地の土壌汚染が話題となった。この用地は，石炭から都市ガスを製造する過程で

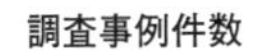

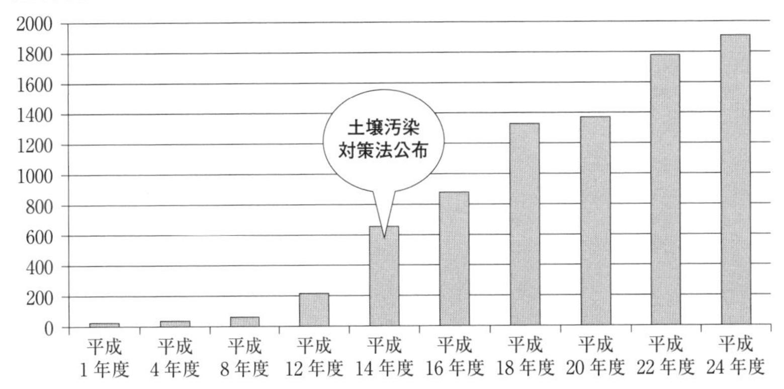

図1-8　年度別の土壌汚染判明事例件数の推移

環境省「平成24年度土壌汚染対策法の施行状況及び土壌汚染状況調査・対策事例等に関する調査結果」(2012) より作成

発生した副産物のベンゼン，シアン化合物，ヒ素，鉛，水銀，六価クロム，カドミウムなど（www.shijou.metro.tokyo.jp/measures/）による汚染である。

第二次大戦後，1947年に国有林林野土壌調査事業，1954年に民有林適地適木調査事業（1954-1982）が始まった。全国の土壌調査が始まり，1958年には日本ペドロジー学会が設立された（久馬，2015）。同年，日本粘土学会や土壌物理学会も設置された。1960年代の公害教育，自然保護教育，1970年代後からの環境教育へと推移する中，土壌教育は1982年日本土壌肥料学会（1927年設立）内に土壌教育検討会（1983年土壌教育強化委員会，1984年土壌教育委員会に名称変更）が設置された時に始まった。発足時，我が国では初めて「土壌教育」という用語が使われた。1972年の国連人間環境会議後に普及した環境教育の推進により，全国的に大気や水の調査が取り上げられ，盛んに実行されるようになった。小学校や中学校，高等学校の理科，生物などの教科書には大気や水に関する汚染や汚濁の記述や大気の汚れあるいは水質と水生生物に関する観察・実験が掲載されていた。しかし，土あるいは土壌に関する記述や観察・実験はほとんど見当たらなかった。その後，次第に土壌破壊や汚染が問題視されるようになり，その関心・理解の増進が求められ始めた。

1982年に発足した土壌教育検討会は，小・中学校教師対象のアンケート調査（小学校271校，中学校170校）を実施し，土壌教育の現状と課題を調査・分析した。そして，具体的な活動指針として「①小・中学校教員の土壌に関する知識向上，②自然科学系博物館等における土壌標品（モノリス）の展示促進，③自然観察会などにおける土壌解説の導入，④小・中学校における土壌関連の教科（理科・社会科・技術家庭科）の教科書記載内容の検討，⑤文部省・教科書出版社などへの土壌教育教科についての意見申し入れ」を策定した（木内，1984；1987）。その後，児童・生徒の土壌についての関心・知識に関する実態調査などが学会誌等に投稿されるようになった。検討会設立当時は，様々な環境問題が地球的規模に拡大し始め，土壌破壊や汚染が進行していた。我が国でも土壌汚染が広がっていた。その後，小学生親子の「土と話の観察会」（福田，1995h），小中学生の土壌観察会（福田ら，2004c），全国10ヶ所の「自然観察の森」における土壌観察会（福田，2014b），小学校（福田，2010）・中学校（福田，2005）・高等学校（福田，2011a；2012b；2017c）における出前授業，講演など，様々な実践を重ねてきた。そして，現在大学や試験研究所，学会（日本土壌肥料学会等），博物館等が土壌観察会や教員等研修会，出前授業などの様々な活動を行っている。しかし，学校教育における土壌教育の取組や実践が必ずしも順調に広がっているとは言えない状況である。

日本の食料自給率の推移（表1-4）を見ると，1960年には79％であったが，2010年には39％にまで低下し，現在40％である（食糧自給率は28％）。また，図1-9を見ると日本の食料自給率は主要先進国の中で最低レベルである。1960年以降世界各国は自給率を高める農業政策を施して着実に成果を上げていった反面，我が国は低下の一途を辿っていった。そして，我が国は世界主要国の中で最大の食料輸入国となった。近年，食料危機が叫ばれ始めており，食料自給率を上げることは我が国の大きな課題である。食料自給率低下の背

表1-4　日本の食料自給率の推移（カロリーベース）

年度	食料自給率（%）
1960	79
1970	60
1980	53
1990	48
2000	40
2010	39
2015	40

（農林水産省「平成27年度食料自給率をめぐる事情」より作成）

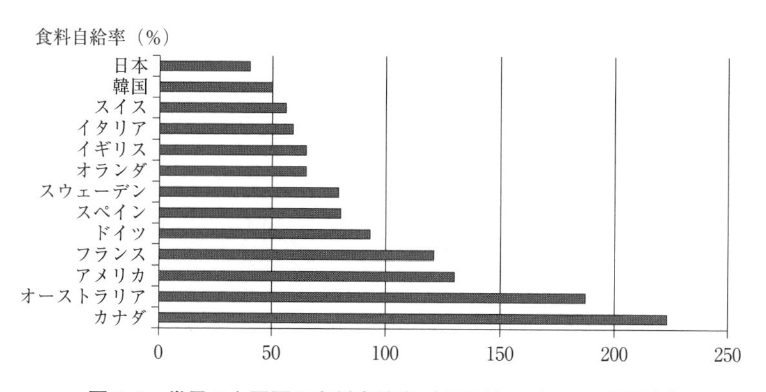

図1-9　世界の主要国の食料自給率（カロリーベース，2009年）
農林水産省「食料自給率」資料（2013）使用

景には，国民の農業離れがある。1960年代の農業就業人口は1,454万人であったが，2015年には209万人と大幅に減少している（図1-10）。それに伴って，食料自給率は低下していき，海外農産物への依存度を高めていった。また，農業から工業への転換により，農業就業人口の減少，専業農家の減少，農業従事者の高齢化などが進み，土地利用率は低下していき，耕作放棄地面積は増加していった（図1-11）。その結果，農産物のGDPに占める割合は1955年

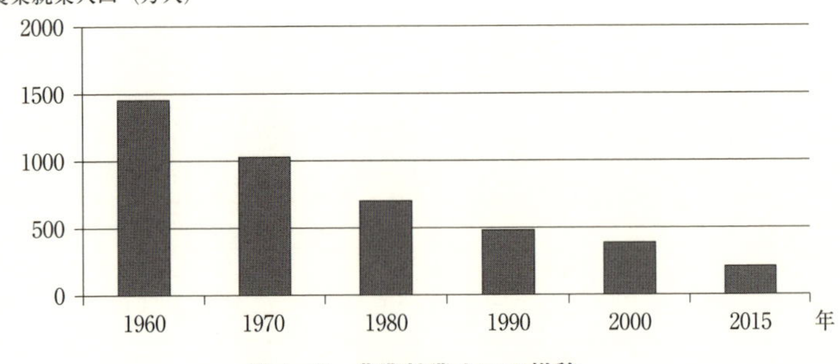

図 1-10　農業就業人口の推移
（農林水産省「農林業センサス」2016より作成）

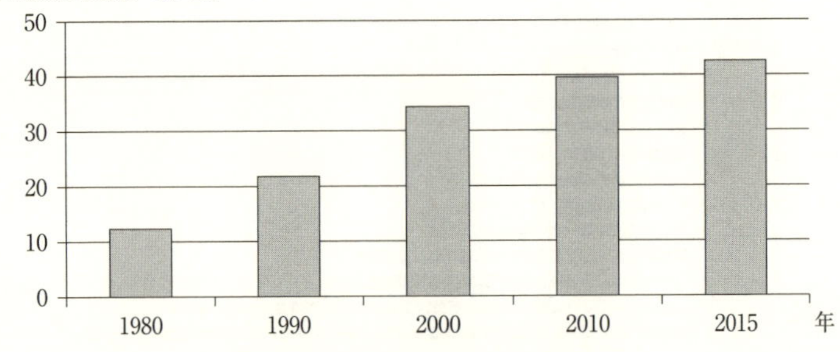

図 1-11　耕作放棄地面積の推移
（農林水産省「農林業センサス」2015より作成）

の約20％から低下していき，現在ではわずか１％に過ぎなくなっている。日本は，戦後の急速な科学技術の進歩・発展により，エネルギー源は薪や炭から石炭や石油などの化石燃料に切り替えられていった。この燃料革命により，薪炭林としての雑木林の役割は失われ，その利活用は著しく減少していった(図 1-12)。第二次大戦後，国家の経済施策として行われた拡大造林事業により，スギやヒノキなどの経済林育成事業が実施され，二次林として成立していった。しかし，その後の高度経済成長により，安価な輸入材が入ってくる

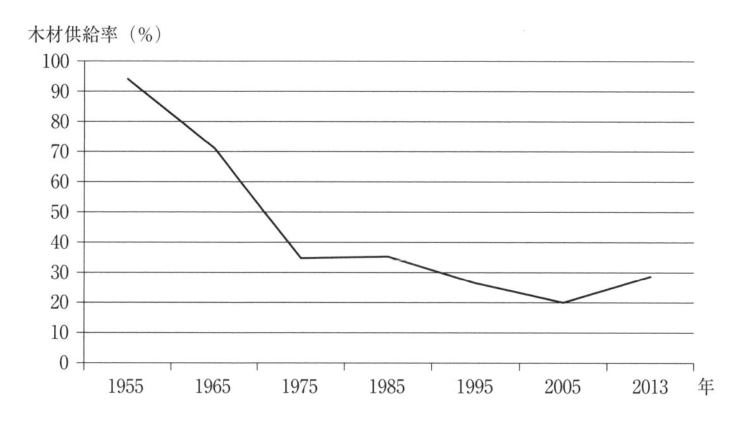

図 1-12　木材自給率の推移
（林野庁「木材需給表」2014より作成）

と，次第にスギ材やヒノキ材の経済的価値は下がっていき，代々受け継がれ，手入れを施されてきた植林地は管理されなくなっていった。そのため，農林業経営は破綻していき，農山村地域の若者は都会へ出たり，農林業以外の仕事に就くようになった。そして，後継者不足や高齢化などにより，森林崩壊や耕作放棄地が増大していった。今日，人工的な自然環境である里山の生態系の維持管理や人と自然との共生をどのように図っていくかが大きな課題となっている（農林水産省統計部編，2011）。我が国は，名古屋市で開催されたCOP10（生物多様性条約第10回締約国会議）で「SATOYAMA イニシアティブ国際パートナーシップ」を発足させた（中尾，2011）。SATOYAMA イニシアティブでは，「より持続可能な形で土地及び自然資源の利用と管理が行われるランドスケープの維持・再構築を目指す。」（中尾，2011）としている。また，日本の里山里地の衰退は，人工林の拡大や外材輸入の増加，都市社会への人口流出，木炭・薪から化石燃料への燃料改革，急速な高齢化などにより里山里地の管理・維持に必要な労働力の確保が困難になったことが衰退の要因である。とはいえ，放棄された里山や耕作地の土壌劣化は急速に進んでいる（農林水産省編，2010）ため，早急な対策が必要となっている。里山里地の価値は，生物多様性の場であることに加えて，日本人の原風景として文化や伝統，生活様式などの発祥の場であり，日本人の先祖伝来の故郷である。この里山里地の復興が日本の未来を切り開くことにつながると考えており，地域創生の原点として捉えることが重要であろう。

藤井（2015）は，「日本が輸入を依存する食糧生産地は，カナダ，アメリカ合衆国，オーストラリアといった乾燥地が多い。食糧輸入等は，土に含まれていた水や栄養分を輸入することでもある。食糧輸入量の増加は乾燥地農業の負担を高め，塩類化や砂漠化などの土壌劣化をさらに深刻化させるリスクがある。」と述べている。つまり，日本の食糧輸入や木材の輸入は「土壌輸入」，「水輸入」とほぼ同義であり，相手国の土壌を犠牲にしているあるいは水不足につながることを意味している。日本の将来を担う児童・生徒に，このような現状を伝え，自国の自然や土壌と合わせて世界の実情について考えさせ，保全の重要性に気づかせ，土壌保全に向けた態度・行動のとれる土壌リテラシーを育成する土壌教育手法を構築，実践していかなければならないと考える。

表1-5は，「授業で土壌を取り上げ，扱うこと」に対する高等学校理科教師の考えと実践の状況を，1986年と2007年に調査した結果である。この結果から，授業で土壌を取り上げ，扱うことに対する重要の度合いは年度で異なるが，「取り組んでいる」教師は1986年の30.1％から2007年には45.1％，2015年には51.1％に増加していることがわかった。この原因は，1978年の学習指導要領の改訂により，高等学校の新科目として理科Ⅰと現代社会が登場し，環境教育的内容が取り上げられたこと，1998年の改訂により「総合的な学習の時間」が設置されたこと，2010年の課題研究の新設によって，各教科書に土壌内容が増えたことや探究教材として土壌が取り上げられたことが影響したと考えられる。それは，「少し重要であると考え，取り組んでいる」，「ほとんど重要とは考えていないが，取り組んでいる」割合が増加している

表 1-5　「授業で土壌を取り上げ，扱うこと」に対する高等学校理科教師の考えと実践の状況

項目	1986年	2007年	2015年
とても重要であると考え，取り組んでいる	6.8	0	2.2
とても重要であると考えているが，取り組んでいない	24.3	21.6	17.8
少し重要であると考え，取り組んでいる	18.4	37.3	42.2
少し重要であると考えているが，取り組んでいない	8.7	5.9	8.9
ほとんど重要とは考えていないが，取り組んでいる	3.9	7.8	6.7
ほとんど重要とは考えていないし，取り組んでいない	23.3	17.6	17.8
全く重要ではないと考えているが，取り組んでいる	1.0	0	0
全く重要ではないと考えていないし，取り組んでいない	13.6	9.8	4.4

調査対象数：1986年103名，2007年51名，2015年。表中数値は%を表す。

ことから窺えるが，「とても重要であると考え，取り組んでいる」の割合が6.8%から0%や2.2%となったことを考えると，教科書に記載されているのでやむを得ず扱っていることを示していると分析することができる。また，視点を変えると教師たちは必ずしも土壌の重要性を認識していないことが考えられ，植物生産機能や分解浄化機能，保水機能などを有する土壌の教材化を進め，児童・生徒に適切に土壌教育を施していく必要があることを痛感した。さらに，温暖化とも関わる炭素貯留機能や大気・水質浄化機能，生物多様性保全機能，物質循環機能など，「様々な公益的機能」（農林水産省生産局環境保全型農業対策室，2007）を持つ土壌が劣化や侵食による消失危機を考えると，環境教育的視点で授業で取り上げ，触れることは重要であると考える。

第3節　まとめ

本章では，土壌リテラシーを定義し，土壌教育の歴史的経過を明らかにした。土壌教育は，1970年代に米国で誕生した。誕生当初は，「soil science education」として研究・実践されていたが，その後「soil education」の実践研究が認められるようになった。当時は，1972年の国連人間環境会議開催後であり，1975年のベオグラード憲章等の制定がきっかけとなって環境教育が世界的に広がりつつあった。我が国では，1980年代に入り，「土壌教育」への取り組みが始まった。1982年，日本土壌肥料学会は土壌教育検討会を設置した時が，我が国の土壌教育に関する研究・実践の始まりである。この会では，小学校，中学校における教科書あるいは学習指導要領の中の土壌記載，児童・生徒の土に対する関心などの調査を行った。その後，土壌教育の実践や研究が少しづつ見られるようになっていった。とはいえ，学校教育における土壌教育の取組は盛んであるとは言い難く，研究や実践報告は未だ極めて少ないのが実状である。

地球上の土壌劣化は，拡大し続けている。特に，食糧生産と直結する耕作地の土壌劣化は深刻である。耕作地は人類との関わりが強く，正しい働きかけが欠かせない。それには，土壌の特性や機能をよく知る必要があり，土壌教育が重要となる。日本は，食糧や木材等の外国依存が大きい国として，土壌劣化や汚染の進展に大きく関わっていること，近い将来食糧不足が到来することの懸念が増していることを考えると，土壌教育の実践普及は極めて重要であると言える。しかし，子どもから大人までの幅広い世代で，土壌への関心は低く，土壌理解あるいは知識が乏しいのが実情である。本研究の目的は，21世紀の深刻な地球課題の一つである土壌危機を鑑み，児童・生徒から成人の土壌リテラシーの育成に向けた学校教育等における土壌教育の在り方を模索し，その実践を通して構築することである。

第2章　初等中等教育における土壌教育の現状と課題

近年，世界各国の教育改革は急速に進展している。それは，世界がグローバル化，情報化や科学技術の進展などの急激な変化や新興国の台頭，途上国の発展などに伴い，高度化・複雑化する諸課題への対応が必要となっており，求められる人材が大きく変わってきているからである。また，地球環境悪化や人口増大，高齢化の進展，資源枯渇の不安など，予測不能な状況が進行しており，解決の糸口が見いだせない程である。中央教育審議会（1996）は，「21世紀を展望した我が国の教育の在り方について」の中で「これからの学校は，基礎的・基本的な知識・技能の習得に加え，思考力・判断力・表現力等の育成や学習意欲の向上，多様な人間関係を結んでいく力や習慣の形成等を重視する必要がある。」ことを一次答申している。この実現には，言語活動や協働的な学習活動等を通じて育まれる知識などを活用し，付加価値を生み，イノベーションや新たな社会を創造していく人材，国際的視野を持ち，多様性を尊重し，他者と協働して課題解決を行う人材の育成が求められる。21世紀の環境問題，特に深刻な土壌問題を解決していく人材育成には，土壌への関心・理解，保全する態度を育み，実行力を身に付ける土壌教育の構築が必要となる。その土壌教育の現状と課題及び学習指導要領の編成・課題について，以下に述べる。

第1節　初等中等教育における土壌教育の現状

第1項　児童・生徒の土壌に対する関心・理解・知識

沼田（1987）は，アメリカで実施した環境質の重要性の評価で，土壌30，空気20，水20，生活空間12.5，鉱物7.5，野生生物5，森林5（評価総計100）の順で挙げられたことを報告している。その後，筆者が日本の成人と高校生を対象に調査した結果，環境質の重要性の評価は成人では水30.5，空気26.9，森林16.2，生活空間11.4，鉱物7.8，土壌5.4，野生生物1.8の順であった。また，高校生では空気36.1，水30.9，森林16.5，鉱物8.2，生活空間3.1，野生生物3.1，土壌2.1の順であった（福田，1997b）。この調査から，土壌に対する両国の環境質評価をグラフ化したのが図2-1である。この図から，両国とも空気や水は重要な環境質と認識されていたが，土壌の重要性の認識には大きな隔たりがあることが明らかとなった。筆者は，この差異に注目し，その原因を追究した結果，次の①〜⑥を推察した。これらの両国間の相違は，日米それぞれの学習指導要領（アメリカでは各州ごとで作成している）における土壌指導内容・項目あるいは教科書の土壌記載内容（後述）に強く反映されている。

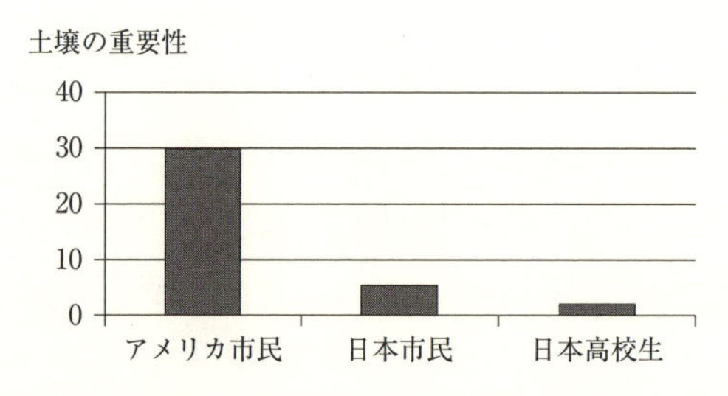

図2-1　環境質の重要性の評価における土壌の捉え方の日米の相違

①アメリカでは土壌劣化が進んでおり，土壌保全が極めて重要とされている。一方，日本では深刻な土壌問題が比較的少ない。

②アメリカでは，1930年代に穀倉地帯の中央プレーリーで深刻な土壌侵食「ダストボウル」が発生し，1935年に土壌保全法が制定された。また，1980年にスーパーファンド法（土壌汚染対策立法），1985年に農業法（侵食防

止策）が制定され，土壌保全対策が進んでいる。一方，日本では2002年に土壌汚染対策法が制定されたが，両国の土壌保全に対する取組に大きな違いがある。

③アメリカの学校では，自然構成要素の空気や水，土壌，日光について，万遍なく取り上げ，扱われているが，日本では空気，水に偏っており，土壌の取扱いが消極的である。

④学校における土壌教育のカリキュラム開発や土壌教材の開発が，日本よりもアメリカの方が進んでいる。

⑤アメリカの幼児教育，学校教育，社会教育などにおける自然体験活動の歴史は古く（1861年キャンプ教育，1943年野外教育，1960年後半冒険教育，1970環境教育）（江橋，1987；日本学術会議環境学委員会環境思想・環境教育分科会，2008；日本生態系保護協会，2001；日本野外教育研究会編，2001），日本のそれらは比較的新しい。アメリカは日本よりも幼少期から野外での自然体験や観察，活動が活発であり，国立公園をはじめ，様々な自然公園や施設等を活用した自然体験活動を実施している。それに対して，日本では自然体験活動は消極的であり，乏しい。

⑥アメリカでは土壌博物館が多くあり，自然系博物館における土壌展示等が充実しており，土壌観察会などが盛んであるのに対して，日本では土壌博物館が数か所と少なく，自然系博物館で土壌展示等が不十分あるいは見られないところが多い（福田，1996a）。

これらの違いが，国あるいは国民の土壌に対する関心や理解，捉え方などに反映していると考えられる。すなわち，日本人の環境質としての土壌の重要性の評価が低い背景には，学校での土壌教育の在り方が深く関わっていると推察される。それ故，日本の子ども～大人の土壌への関心・理解を高め，土壌リテラシーを育成するには，幼少期から成人までの長いスパンで土壌教育を開発・構築し，推進していくことが必要である。八幡（1989）は，人々が土あるいは土壌の話に不人気である理由として，「土についての知識の提

表 2-1　児童・生徒の自然構成要素に対する関心の度合い（%）

自然構成要素	小学校5年	中学校2年	高校3年
空気	74.5	41.3	22.9
日光	48.9	46.0	15.7
水	85.1	71.4	45.7
土	31.9	11.1	2.9
生物	66.0	55.6	70.0

表中の数値は%を示しており，「関心をかなり持っている」あるいは「関心を持っている」と回答したものを合計したものを全回答者数で除して算出した（2006年）。調査対象者：小学校5年47人，中学校2年63人，高校3年70人

供が驚くほど乏しく，かつその方法に何の工夫も見られず，知識の提供の仕方が稚拙そのものであった。」ことを指摘している。そして，「人類を含む地上のあらゆる生物にとってこの上なく大切な環境要素である土壌のことを，どの教育過程ででも，系統的に，そしてそれに関心を抱かせるようなやり方で，かつて一度も教えたことがないという実情を知って誰しもきっとびっくりされるに違いない。」と記している。

小・中・高校生を対象に自然構成要素の日光，空気，水，土，生物の5つに対する関心の度合いを知るため，児童・生徒にアンケート調査を実施した（表2-1）。その結果，①小学生が様々な自然に強い関心を持っているのに対して中学生，高校生と進むに従ってその関心が減じていく傾向があること，②小・中・高校生ともに空気や水に対する関心が高かったが，土へ関心は低く，小学生の約68%，中学生の約89%，高校生の約97%が関心を持っていないことが判明した（福田，2006b）。また，中学生や高校生の土壌への関心が際立って乏しいことから，生徒がどの程度の土の知識を持っているかを確かめる調査した結果，「土は生物の作用なしには生成しない」，「土はいくつかの層から成っている」，「土のもと（母材）は岩石や火山灰である」，「土1cmが作られるのに百年以上かかる」，「土は有害物質を分解する働きをする」という土の基本的な性質や機能，生成を認識している生徒は極めて少ないことがわかった（表2-2）。また，「月に土はある」，「土は不変なものである」，

表2-2　中学生と高校生の土に対する関心・理解・知識の実態

質　問　事　項	中学生	高校生
1. 都会より土のある自然豊かなところの方が好きである	6.5	7.2
2. 土は汚いものである	29.0	37.7
3. 月には土がある	76.1	51.6
4. 土には水をきれいにする働きがある	16.4	19.0
5. 土は不変なものである	82.2	83.2
6. 土1cmが作られるのに百年以上かかる	2.4	3.5
7. 幼少の頃泥だんごづくりや泥遊びをしたことがある	25.5	34.0
8. 土にはあまり触れたくない	63.1	52.4
9. 世界各地で土の破壊や汚染が進んでいることは知っている。	19.8	26.5
10. 山の土のミネラルや有機物が川を通して，海のプランクトンを育て豊かな漁場を作る	9.6	13.9
11. 土がどんな性質や機能を持っているかほとんど知らない。	70.6	60.2
12. 土を触ったりするのは好きである。	21.1	19.0
13. 土はいくつかの層から成っている。	3.8	4.5
14. 土1gに数億匹の生物が生息している。	2.7	6.1
15. 土のもと（母材）は岩石や火山灰である。	7.2	5.1
16. 土中には水や空気，有機物などが含まれる。	18.1	15.5
17. 熱帯の土は薄く，森林伐採すると降雨とともに流去してしまい植物が生えなくなってしまう	9.9	12.8
18. 土は空気や水，日光などと同様に大切な自然である。	70.9	73.5
19. 土はレンガやタイル，セラミックス，化粧品，薬，顔料・塗料の原材料として利用されている	10.9	17.9
20. 土は生物の作用なしには生成しない。	1.7	10.4
21. 自然界における物質や水は，土を媒介して循環している。	5.5	12.6
22. 土の色は鉄や有機物などの違いが関係している。	2.0	2.9
23. 土を触ると病気になる。	24.9	21.7
24. 土は地層の一部であり，砂粒が細かくなってできたものである。	46.4	31.6
25. どこの土でも同じである。	68.6	42.5
26. 土は有害物質を分解する働きをする。	5.8	9.9
27. 土は触ってはいけないものと考えている	16.7	14.7

表中の数字は「はい」と答えた割合（%）を示す（2000年）。調査対象生徒：中学2年生293名，高校2年生374名

「どこの土でも同じである」など，誤った認識をしている割合が高かった。さらに，小さい頃の親の「土は汚い」，「土を触ると病気になる」などの偏見や「土は触ってはいけないもの」という捉え方を引きずっている子どもは少なくない。高校生の中には，幼少期の土のイメージをそのまま持ち続けて成長している者が見られる。彼らは，土は汚いものと考えており，触ることができない。綿井ら（2005）は，「農業」や「土」に対して持っているイメージとして，「ピンとこない」，「何も感じない」と答えた生徒の割合が最も多く，「田舎」や「汚れる・汚い」，「虫がいる」などのイメージを持っている生徒がいる，と報告している。幼少期の土との出会いや触れ合いが，その後の土のイメージや捉え方に少なからず影響を与える（清野，2002；無藤ら，2009）ことを示している。

そこで，小学生，中学生，高校生を対象とした「土の好き・嫌い」について調査を実施した。その結果，学年が上がるに連れて「好き」と答える生徒の割合が減少したのに対して「嫌い」と答える生徒の割合は増加する傾向が見られた（表2-3）。これは，学年進行とともにイメージが固定化されていくことを意味している。加藤（2004）は，「イメージが鮮明に意識されるようになると，即ち，意識水準が高く，イメージの変化は無くなり固定化する。」とし，「無意識からのイメージを表現し，表現されたものにかかわり，それを体験し，その結果自己認識へと進展する。」と指摘する。平井ら（1989）は，「小3，小6，中学，高校へと高学年になるにつれて土への関心が急激に薄れていく傾向を示したことから，土の役割や機能を理解していないこと，

表2-3　小学生，中学生，高校生を対象とした「土の好き・嫌い」調査

土の好き嫌い	小1	小3	小5	中1	中3	高1	高3
好き	75.7	78.8	69.4	41.5	15.4	17.1	13.5
嫌い	21.6	15.2	11.1	26.8	48.7	48.6	35.1
どちらとも言えない	2.7	6.0	20.3	21.7	35.9	34.3	51.4

アンケート調査：小1：37名，小3：33名，小5：36名，中1：41名，中3：39名。表中数値は%を表す（2002年）。

授業で触れる機会が少なくなると土が身近な存在ではなくなり，その結果として土への関心が薄れ，自然を育む場・食物生産の場としての土の必要性の意識が上がりにくくなることがわかる。」としている。また，「土離れは中学，高校時に大きく進むことから，特に中学・高校生を対象に土への関心を喚起する方策を講じるべきである。」と指摘している。同様な傾向は，佐藤ら(2013a；2013b；2013c）も指摘しているが，特に幼児期における土との接触が後世の土への関心，理解に深く関わることを明らかにしている。

土は学際的な色彩が強く，様々な教科・科目で扱われるが，児童・生徒の多くは「土とは何か。」，「土は自然の中でどんな役割を果たしているか。」，「土はどんな性質を持っていてどんな働きをするか。」という基本的なことが理解されていない。また，学校教育では土の扱いがやや消極的であるため，子ども達には土はわかりにくいもの，捉えにくいものとして受け止められている。自然を構成する要因のうち，最も関心が薄い土に目を向けさせるには，簡易で面白く，わかりやすい観察・実験が不可欠である。そして，定性的視点に基づいた土壌教材開発が必要であり，可能な限り児童・生徒の眼前で興味を引き付けるものとすることが大切である。北野ら（2002）は，「土，水，大気，生物とのつながりを有する包括的な学習の中で，土を位置づけることは大切である。」と指摘しているが，土を指導する視点として重要な示唆である。

地球環境問題に強い関心を持っている児童・生徒でも土壌破壊や汚染，土壌問題への関心は極めて低い。環境問題の身近な例として大気汚染や水質汚濁をあげる児童・生徒はいるが，土壌問題をあげる者は皆無である。それは，人々を取り巻く生活環境が大きく様変わりしたこと，教育現場での土の扱いが消極的であること，我が国で深刻な土壌問題がほとんど知られていないことなどが起因している。現在，様々な地球環境問題が噴出しており，不安視されている。この問題解決あるいは改善には科学技術の寄与は不可欠であり，技術開発を推進する人材を育成していく必要がある。理科離れや科学技術離れを食い止める科学や理科の指導法を検討していくことが，極めて重要である。文部科学省が科学教育の推進事業として展開している主な施策として「スーパーサイエンスハイスクール（SSH）」，「サイエンス・パートナーシップ・プログラム（SPP）」，「サイエンスキャンプ」，「国際科学技術コンテスト支援事業」，「理科大好きスクール事業」，「理数大好きモデル地域事業」，「IT 活用型科学技術・理科教育基盤整備事業（理科ねっとわーく）」などがある（田中，2006）。これらの諸事業の中で，土壌をテーマとした取組は極めて少ない。日本土壌肥料学会は，2009年より全国大会開催時に高校生ポスター発表会を開催しているが，土壌を研究した発表が年々増加しており（2009年2件，2010年6件，2011年9件，2012年未開催，2013年6件，2014年9件，2015年13件，2016年13件，2017年21件），土壌を課題テーマとする学校が増えてきている。最近の傾向では，発表校としてSSH校（スーパーサイエンスハイスクール：文部科学省の施策事業であり，将来の国際的な科学技術人材を育成することを目指し，理数系教育に重点を置いた研究開発を行う取組）が多くなってきている。

様々な環境問題について高校2年生を対象に知名度（用語を知っているか）及び理解度（どんな現象か説明できるか）を調査した結果，オゾン層の破壊や酸性雨，地球温暖化，砂漠化，熱帯林減少，環境ホルモン，ダイオキシン，リサイクルについての知名度は高く，それらの現象については環境ホルモン，ダイオキシン以外は概ね理解されていることが明らかとなった（表2-4）。しかし，土壌問題（土壌侵食・表土流出・塩類化，土壌汚染）やヒートアイランド現象についてはあまり知られていない上，ほとんど理解されていなかった。教科書で扱われていないラムサール条約やアジェンダ21，エコスペース，アメニティ，ランドスケープ，COP 会議，トリハロメタンなどの知識・理解は著しく低かったが，新聞等では比較的記載されている用語ではある。これは，新聞をあまり読まないことが影響していると考えられる（高校3年304名：毎日読む8.2%，時々読む17.4%，全く読まない74.4%）。様々な環境問題の知名度に較べて理解度は全般的に低かったが，リサイクルや地球温暖化は7割

表 2-4　高校生の環境用語に対する知名度・理解度

環境用語	知名度(%)	理解度(%)	環境用語	知名度(%)	理解度(%)
ラムサール条約	6.0	1.6	モントリオール議定書	3.5	1.6
土壌の塩類化	7.9	4.1	ランドスケープ	4.1	0.3
オゾン層破壊	93.1	59.4	ナショナルトラスト	29.2	9.1
砂漠化	87.7	63.2	COP 会議	1.9	1.3
地球温暖化	92.1	71.3	資源ゴミ	63.0	40.4
エルニーニョ現象	16.0	3.5	表土流出	3.8	0.9
レッドデータ	6.6	2.5	代替エネルギー	42.6	29.8
アジェンダ21	4.1	0.9	トリハロメタン	3.4	0.6
酸性雨	80.1	65.1	自浄作用	8.5	4.7
ビオトープ	61.6	16.7	熱帯林の喪失	82.1	62.2
ダイオキシン	95.9	45.6	ヒートアイランド現象	15.3	3.8
ワシントン条約	18.6	10.7	富栄養化	28.2	21.3
環境ホルモン	84.3	22.3	光化学スモッグ	61.1	5.9
生物多様性	1.9	1.6	BOD	6.6	0.3
エコスペース	0.6	0.3	野生生物の絶滅危機	24.8	14.1
環境アセスメント	20.4	0.9	土壌汚染	6.0	3.4
アメニティ	5.7	2.2	赤潮現象	5.6	0.9
土壌侵食	9.4	4.1	リサイクル	81.2	76.8

アンケート対象者：高校二年生319名（男162名，女157名）。表中数値は％を表す（1999年調査）。
知名度：「知っている」とは用語について「聞いたことがある」，「新聞，雑誌等で見たことがある」を含む。
理解度：「理解している」とは用語について「他人に分かるように説明できる」程度の理解である。

以上，酸性雨やオゾン層の破壊，熱帯林の破壊，砂漠化などは6割近い生徒が理解していると答えていた。野生生物の絶滅危機や土壌侵食・塩類化，ヒートアイランド現象，環境ホルモンについて理解している生徒はごくわずかであった。土壌問題は，高等学校地理歴史地理や公民現代社会，理科生物基礎などの教科科目で取り上げられているが，生徒の関心や理解，認識は乏しかったことから，学際的な土壌については教科横断的な取扱いを図る学習指導が必要である。櫻井（1990）は，「日常生活の中で最も身近で重要な『環境』の一つである土壌の世界的な不毛化が注目されている反面，オゾン層の破壊や地球の温暖化現象と比べると世間の関心は低い。」と指摘し，「土壌中でジワジワと進行する目に見えない現象は二の次にされてしまうとしており，土壌は大きな緩衝力を持つため，土壌の悲鳴が顕在化するまでに非常に時間がかかることすら十分に知られていないため。」と述べている。

教科書に出てくる土壌名をあげ，「分布位置がわかる。」，「名前を知っている。」，「どんな土壌かがわかる。」ものを選ばせたところ，図2-2の通りであった。この図から，各種土壌の名前については知っている割合は比較的高かったが，「どんな土壌か。」がわかる生徒は少なく，「どこに分布しているか。」がわかる生徒はわずかであった。日本あるいは世界の土壌については，以前からチェルノーゼムやプレーリー土，ラトソル（ラテライト），ポドゾルなどの土壌の名前を覚えるだけで，学習の意義が認められないことが指摘さ

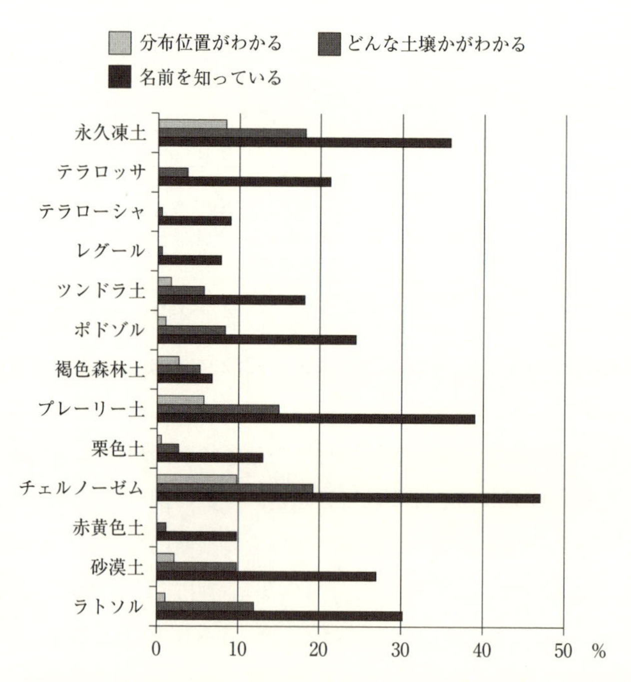

図2-2　高等学校地理の教科書に記載されている各種土壌の知識・理解の度合い
横軸は%を示す。調査対象は高校3年193名（2012年）。

れていた。とはいえ，日本あるいは世界の土壌の特色や分布位置，気候や植生との関わり，農林業との関係を学ぶことは極めて大事であり，学習する意義は大きいはずである。様々な土壌破壊や汚染が広がる中，授業で土壌を扱う機会のある教科科目担当は，土壌理解を図る土壌教育の在り方を研究していく必要があると考えている。今日，深刻視されている温暖化や砂漠化，土壌問題などの地球環境問題は，個々単独で生じているわけではなく，複合的に絡み合って発生している。それ故，土壌問題だけを独立に取り上げるのではなく，他の環境問題との関わり合いや関連性を考慮して取り上げ，扱うことが肝要である。また，産業や経済，貧困など，人間生活と深く関わって生じていることから，学際的かつ総合的に取り組むことを考えていかなければならない。いわゆる，環境教育で実践される「持続可能な開発のための教育(ESD：Education for Sustainable Development)」のような捉え方であり，取り組みである（佐藤，2009；宇土ら，2012)。

以上の児童・生徒アンケートの調査から，中学生及び高校生の土壌に対する関心は低く，理解が乏しいこと，正しい認識があまりされていないこと，環境用語の中でも土壌に関する用語の知名度・理解度が低いことなどが明らかとなった。また，世界の様々な土壌について，多くの高校生は土壌名を記憶しているに過ぎず，どんな土壌か，どこに分布しているかなどの知識・理解は乏しいことが判明した。それ故，土壌の基本的知識を高めるとともに，土壌教育の構築・実践は重要であり，土壌リテラシー育成には必要である。

第2項　教師の土壌に対する関心・知識・指導

小・中・高等学校で土の学習を実践している主な教科は，理科と社会，技術・家庭である。理科は観察・実験，技術・家庭の技術（栽培）では実習を通して児童・生徒の土壌観を育成できる唯一の教科である。児童・生徒が土に関心を持てず，土の知識などが乏しい背景には，学校での土壌学習の機会が少ないか，教師の指導に問題があるためと推定される。小学校や中学校，高等学校の理科担当教師自身がどのような土壌学習の経験を持っているかを調べた結果，大学時あるいは教職に就いた後ともに土壌を学習したという割合は少なく，土壌に関する観察・実験を体験したという割合が極めて低いことが判明した（表2-5）。多くの教師は土についての知識をあまり持たず，消極的な指導しかできないのが実態であり（福田，1990c；1991；2004b），大学時に土壌についての講義を受けた小学校や中学校，高等学校の理科担当教員はそれぞれ26.3%，16.3，5.3%と少ないことがわかった（福田，2004b）。そのため，自然界における土壌の重要性は認識されているものの土壌そのものの性質や機能の理解が乏しく，土壌を扱いにくい存在と捉えている。そのため，土壌を積極的に扱う教師は少ない。また，小学校，中学校，高等学校間並びに教科間の交流や連携はほとんどなく，教師達は各学校段階及び教科科目における土壌の指導内容等をほとんど知らない。教師達は土壌の重要性を認識しており，土壌を理解して授業で取り上げ，教えることを望んでいる。しかし，実際には理科教員研修会で土壌が取り上げられることは少なく，研修会以外で土壌を学習する機会はほとんどない。そのため，土壌はわかり難く扱

表2-5　小学校及び中学校，高等学校理科担当教師の土の学習機会と教材としての捉え方

質　問　項　目	小学校教師	中学校教師	高等学校教師
Ⅰ　土の学習機会（複数回答可）			
大学で学習した	26.3	16.3	5.3
教員研修会（理科研修会など）で学習した	15.8	11.6	6.7
教員研修会以外の研修会で学習した	7.0	2.3	4.0
大学や教員研修会等で学習したことはない	49.1	69.8	84.0
観察・実験を体験した	7.0	4.7	1.3
その他	5.3	2.3	2.7
Ⅱ　教材としての土の捉え方			
よくわからず，扱いにくい教材	36.8	58.1	84.0
自然における土の存在は重要である	96.5	90.7	86.7

表中数値は%で示している（Ⅱでは「そう思う」の%，2001年）。小学校理科教師：57人，中学校理科教師：43人，高校理科教師：75人。その他：自分で学んだ。

いにくい教材とする割合が小学校では比較的低かったものの中学校教師では6割弱，高等学校では8割以上と高かった。自然における土壌の存在が重要であると考える教師は小・中・高等学校とも大変多かったが，高校では土壌を積極的に取り上げて指導している教師はわずか3％に過ぎず，9割以上は教科書の内容に触れる程度か全く教えていないのが現状である（福田，1998a）。

福田（1998c）は，小・中・高校教員対象の宿泊研修会で「土壌生態系の発達と生物多様性」を担当した。研修では，土壌を教材として取り上げ，雑木林での土壌観察，土壌を用いた実験，植物の豊かさと動物との関わり調査，植物の遷移と土壌形成の調査などを実践した。研修前後に関心・理解の度合いに関する教員アンケート調査（対象教員数：47名）を実施した。その結果，「土壌にどのくらい関心があるか。」の研修開始時27.1％，終了時91.5％，「土壌理解はどの程度か。」の研修開始時19.1％，終了時85.1％であった。関心・理解ともに大きく向上した。小・中・高校の教員間の差異は少なく，土壌を研修会教材として取り上げた意義は大きかった。

理科担当教師が授業あるいは観察・実験における土壌指導でどんな内容を扱っているかを調べた結果，図2-3の通りであった。この図から，中学校，高等学校とも，理科では「自然構成要素としての土」，「物質循環」，「土壌生物・分解者」，「植物遷移と土壌形成」，社会では「気候帯・植生帯・土壌帯」，「農林業と土壌」が指導内容として扱われていることがわかったが，いずれも教科書で取り上げられるものであった。それ以外の関連内容を取り上げる学校は少なかった。また，土壌に関する観察・実験を実施している学校は少なかった。観察・実験は経験が乏しく，準備時間や費用，時間などを考えると積極的に行うことができないという教師が多かった。

土壌を扱う機会がある高校地理担当教師について，大学在学時の土壌に関する研究実態を調べた結果，「土壌を専門的に研究した」という教師は少ないことが判明した（表2-6）。また，大学時に土壌を学んだ教師は21.7％であ

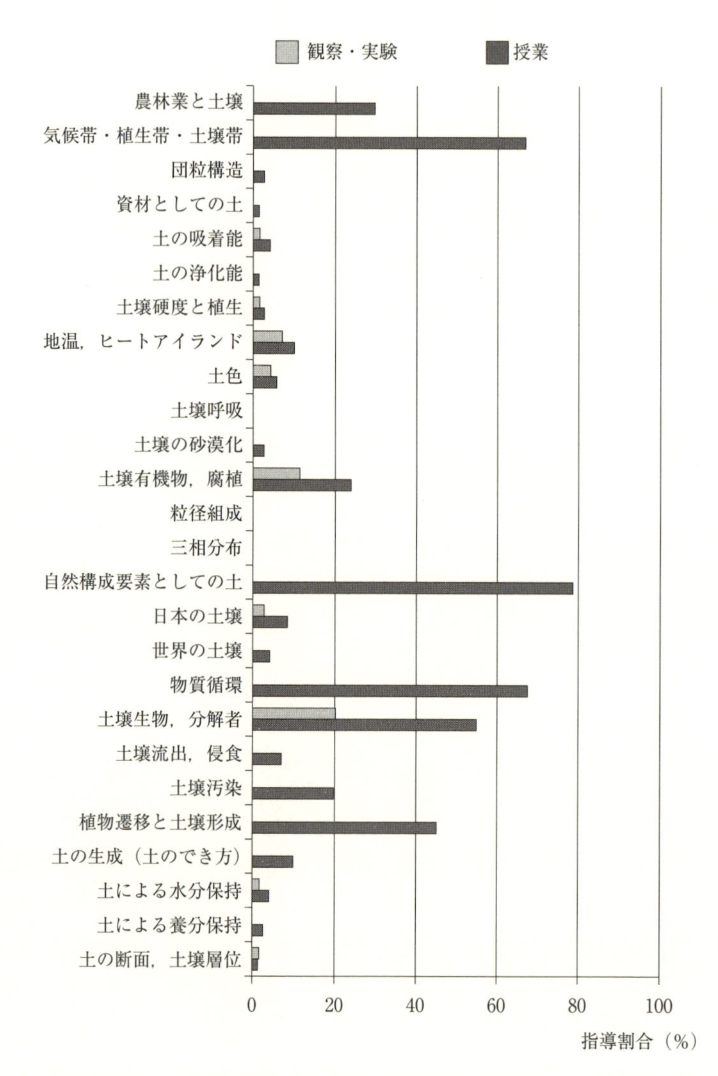

図2-3　授業あるいは観察実験による様々な土の内容の指導割合（調査校71校）（2007年）

表 2-6　高校地理担当教師の大学時の土壌研究

質　問　項　目	高校地理担当教師「はい」と答えた割合（%）
地理は専門ではない	47.8
大学時に土壌を専門的に研究した	4.4
大学時に土壌を学んだ	21.7
大学時には土壌を研究しなかった	73.9

高校地理担当教師23名（2002年）

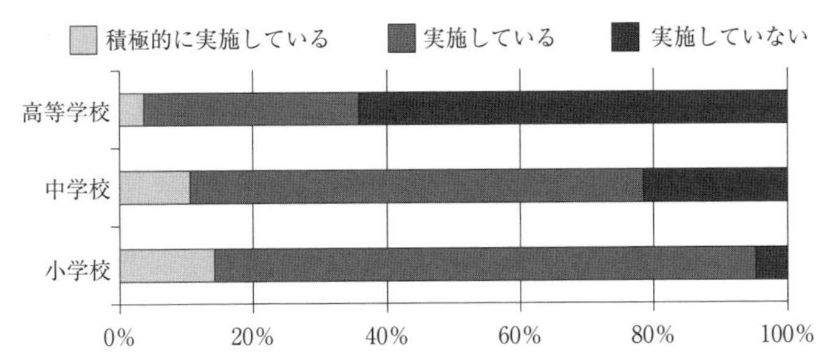

図 2-4　小学校，中学校，高等学校における土壌指導の実施状況

アンケート調査協力教員数：小学校104名，中学校127名，高等学校265名（2003年）

り，土壌研究については73.9%の教師が「研究しなかった」と答えている。

自然地理学では地形や土壌，気候，水文などの自然の変化を研究し，人文地理は人口や経済など，人間活動による諸現象を地理的差異という観点から研究する学問である。藤永（2015）は，「自然地理領域に関する知識は希薄であり，地理を専門としながらも，人文地理領域との接合を意識することができないまま教員を目指す者も存在する。」と指摘する。白井（2000）は，「第二次世界大戦後の教育改革により，特に高校教育の段階で，人文地理が社会科地理，自然地理が理科地学に分離されたことも関係している。」と述べており，「地理を専門としない教員は理科的要素を含む自然地理分野の教授に関して不安を感じている。」（秋本，1996）ことと関わっている。

土壌を授業で取り上げ，指導している状況を調査した結果，「積極的に実施している」と「実施している」を合わせると，小学校では95.2%，中学校では86.0%，高等学校では35.8%であった（図2-4）。小学校では低学年で児童一人一人が植物（アサガオやヒマワリなど）をポットで育てたり，花壇づくりをするなどの土を指導する機会があること，中学校では理科第二分野に「分解者」の項目で土壌動物や微生物に関する記述や土壌動物（ツルグレン装置で土壌から抽出した動物の観察），微生物（デンプン分解をヨウ素反応で調べる実験）についての観察・実験があること，技術・家庭の技術（栽培）で土づくりや土と肥料の中で指導することが高い実施率につながったと考えている。一方，高等学校では生物基礎，生物の「非生物的環境」，「物質循環」で土壌あるいはその用語，「植物遷移と土壌形成」で土壌生成を指導する機会があるがほとんど触れていない教師が多いこと，地学の「地表の変化」で土壌定義，土壌断面を取り上げているが地形や地層が主であること，土壌を題材とした観察・実験が少ないこと，地歴地理の「自然環境」で植生・気候・土壌，公民現代社会の「現代社会の諸課題」で土壌汚染が記述されているがほとんど扱われないこと，などが低い実施率となったと推測される。土壌指導しな

表2-7　土壌指導しない理由（中学校及び高校理科）（%）

理　由	中学校	高　校
土についてよく知らない	42.6	67.9
生徒が土に関心を持っていない	21.3	19.6
土は教材化しにくく，扱いにくい	29.8	70.2
土を扱う時間がない	17.0	51.8
教科書の内容では読む程度でよい	34.0	68.1
土を使った観察・実験が少ない	10.6	23.2
土は難しい	40.4	62.5
あまり入試に出題されない	31.9	73.2
その他	4.3	3.6

中学校教員：47名，高校教員：理科56名（2005年）

い中学校及び高校理科教師に，その理由を問うと，中学校では「土は教材化しにくく，扱いにくい。」，「土をよく知らない。」，高等学校では「土は入試に出題されない。」，「土についてよく知らない。」，「教科書の内容では読む程度でよい。」をあげる教師が多かった（表2-7）。

授業で土壌を取り上げる機会のある小・中・高校の生物・地学及び地理の教師を対象として，様々な土壌用語について「知識を持ち，説明できる。」

表2-8　土壌用語に対する理解（「理解している」割合%）

土壌用語	小学校教師	中学校教師	高等学校教師	
			生物・地学	地理
粘土	22.9	26.8	36.5	38.5
土壌呼吸	5.7	4.9	9.5	0
土壌侵食	20.0	29.3	30.2	38.5
団粒土壌	5.7	4.9	6.3	7.7
チェルノーゼム	2.9	7.3	9.5	46.2
土壌浄化能	8.6	2.4	14.3	7.7
土壌層位	5.7	4.9	12.7	7.7
火山灰土	2.9	4.9	11.1	30.8
土壌分解機能	54.3	65.9	71.4	38.5
土壌養分・水分保持機能	51.4	43.9	65.1	61.5
土壌の三相	0	2.4	4.8	0
粒径	2.9	7.3	3.2	7.7
土壌帯	2.9	9.8	7.9	76.9
ポドゾル	0	2.4	9.5	38.5
ラテライト	0	4.9	12.7	53.8
腐植	2.9	12.2	23.8	15.4
土壌塩類化	16.3	19.5	17.5	30.8
土壌生物	71.4	87.8	90.5	61.5

「理解している」は「知識を持ち，説明できる。」を指す。
調査対象：小学校教諭35名，中学校教諭41名，高校生物・地学教諭63名，高校地理教諭13名（2005年）

程度の理解をしている割合を調べた結果，表2-8の通りであった。18の土壌用語のうち，理解している割合は小学校と中学校の教師では腐植以外はほぼ似たような傾向が認められた。また，小学校，中学校，高校教師が「知識を持ち，説明できる。」用語として比較的高い割合を示したのは，土壌生物，土壌養分・水分保持機能，土壌分解機能であり，次いで土壌侵食，粘土，土壌塩類化であった。高校教師では生物・地学と地理の各授業で扱っている用語の土壌生物，土壌浄化能，土壌養分・水分保持機能，土壌分解機能，ラテライト，チェルノーゼム，ポドゾル，土壌帯，火山灰土などについては，それぞれ高い割合を示した。高校生物・地学や地理で扱われているにも拘らず土壌侵食や土壌塩類化，団粒土壌，火山灰土，腐植の理解割合は左程高くなかった。チェルノーゼム，ポドゾル，ラテライトは高校生物・地学と地理で扱われているが，両者間には大きな違いがあった。これらの土壌名は大学入試の地理問題としてよく出題されるが，生物・地学ではほとんど出題されないことと関係していることが考えられる。また，土壌呼吸や粒径，土壌浄化能，土壌層位，土壌の三相は，教科書では扱われていないため，教師の理解の割合が低かったと思われる。

土の内容が大学入試に出題されることは稀であるが，2006年度大学入試センター試験に「土壌呼吸」に関する問題が出題され，話題となった。この問題には，筆者の論文データ（福田，2010c）が活用されており，出題されていた問題は良問として評価されていた。その後，授業で土壌を取り上げる高等学校が増えたことが進学雑誌等で報告され，一時的な話題となったが，その後土壌が話題に上ることはなくなり，授業に土壌指導が定着することはなかった。土壌教育委員会は，様々な土壌観察・実験，出前授業，講演会などを実践し，これらの活動をホームページにアップするなどのアウトリーチ活動を積極的に行っている。

授業で土壌を指導した実践時間は，年間で中学校では1～3時間，高校では0～2時間であった（表2-9）。また，扱った内容は教科書に記載されている項目であった。土壌は学際的な自然物であり，様々な教科科目で取り上げられ，扱われている（福田，2004b）。しかし，他教科科目が取り上げている内容について調べた結果，社会・地歴公民担当教師が理科，理科教師が社会・地歴公民で取り上げている土壌内容の把握を見ると，「知っている」と答えた社会・地歴公民担当教師と理科教師の割合は，小学校教師68.5%，73.8%，中学校教師17.2%，5.9%，高校教師7.1%，1.5%であり（図2-5，図2-6），教科・科目が独立する中学校や高校では他の教科・科目の内容を知らない教師がほとんどであった。

高校教師に，「土を扱う教科科目は何が最適か。」を聞くと理科地学と地歴

表2-9　授業での土壌指導の実践実態（中学校及び高等学校）（2003年）

学校	調査校数	担当教科	時数	対象学年	実践項目及び内容
中学校	5校	理科	1～3時間	3年	分解者・土の機能（養水分保持）
高　校	9校	理科（生物・地学）	0～2時間	1～3年	物質循環・植物遷移と土壌形成
	4校	地歴地理	1～2時間	1年	気候帯・植生帯・土壌帯，世界の土壌

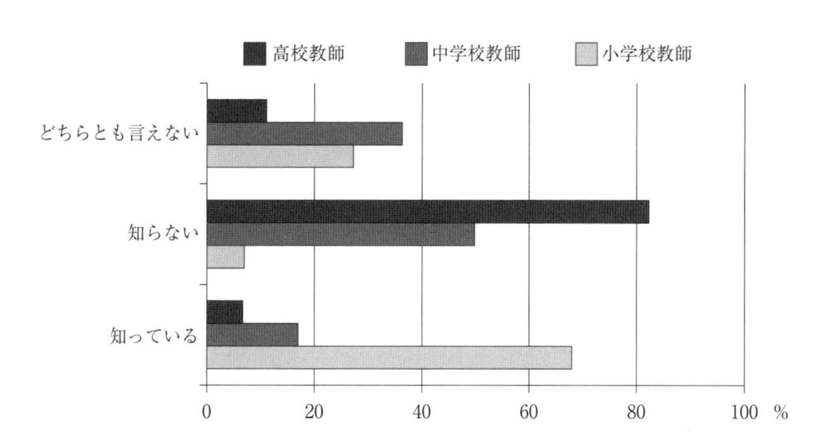

図2-5　社会・地歴公民担当教師が理科で取り上げている土壌に関する内容の把握の割合（横軸は%）（2014年）

調査対象：小学校教師53名，中学校教師51名，高校教師73名

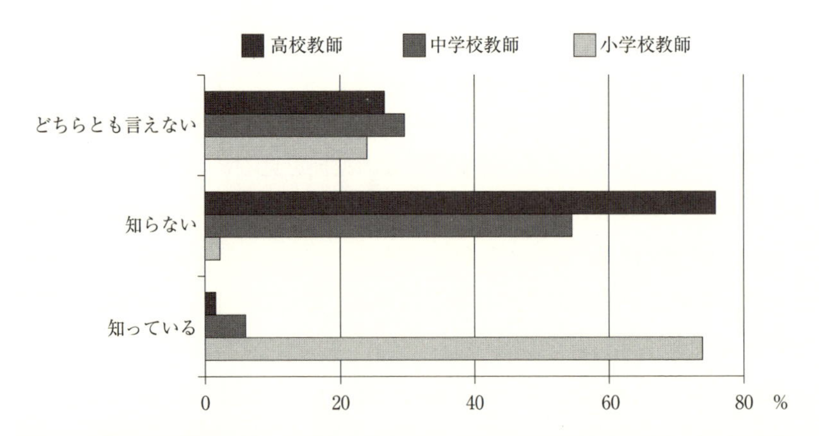

図2-6　理科担当教師が社会・地歴公民で取り上げている土壌に関する内容の把握の割合（2014年）

調査対象は，図2-5と同じ。

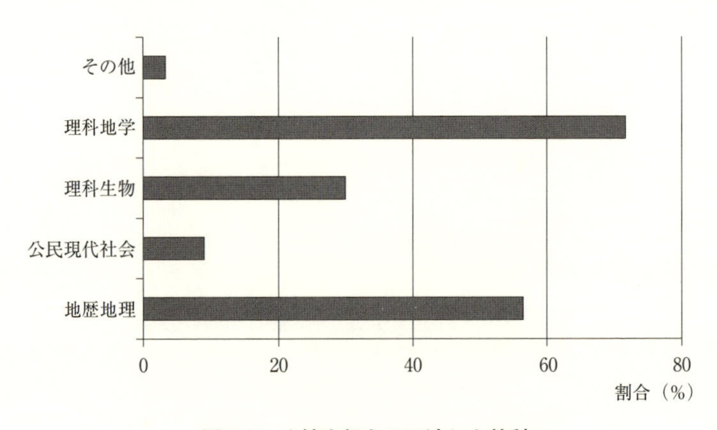

図2-7　土壌を扱うのに適した教科

質問事項「土を扱う教科科目は何が最適だと思いますか。」

調査対象：高校教師211人（2007年）

地理という回答が多かった（図2-7）。高等学校の各教科書で扱われる土壌用語や項目の大方は，理科生物・地学及び地歴地理，公民現代社会で取り上げられている。これらの多くは，中学校の時に学習している用語・項目である。しかし，土壌は生物的作用が加わらないと生成されないこと，多様な生物が宿り生活していること，物質循環の要として位置付けられ，分解者が生息している場であること，などから，理科生物をコアとして教科横断的に扱うことが望ましいと考える。

21世紀は解決が難しい課題が山積している。また，情報化やAI化（Artificial Intelligenceの略，人工的にコンピュータ上で人間と同じような知能を実現させ，活用して課題解決や新たな価値を創造する技術）やIot化（Internet of Thingsの略，モノがインターネットでつながり，情報交換により相互に制御する仕組み）が進展する。特に，AI化ではビッグデータから物事を分類・整理するルールをディープ・ラーニングによって進化することを目指しており，人間社会に溶け込むと大きな社会変化となる。そのため，21世紀の教育の在り方が変容していくことが考えられる（森，2009）。

2011年の東日本大震災時に発生した福島原発事故後の放射性物質拡散による土壌汚染のしくみについて，小・中・高校の理科担当教員がどの程度理解しているかを調べた結果，表2-10の通りであった。「よく理解している」と「少し理解している」を合わせても小学校教員25.3%，中学校教員37.9%，

表2-10　福島原発事故後の放射性物質拡散による土壌汚染のしくみの理解度（%）

理解の程度	小学校教師	中学校教師	高校教師
よく理解している	2.4	6.3	15.8
少し理解している	22.9	31.6	33.8
あまり理解していない	45.8	34.2	17.3
全く理解していない	27.7	24.1	21.8
どちらとも言えない	1.2	3.8	11.3

調査対象は理科担当：小学校教師83名，中学校教師79名，高校教師133名（2012年）

高校教員49.6％であった。事故後，空中に拡散した放射性物質は，降雨に伴って地面に浸透し，土壌に吸着されたため，土壌汚染を引き起こしていた。そして，土壌吸着された汚染物質の一部は植物に吸収されたり，浸透水とともに流出していくが，大半は土壌に残留した。それは，放射性セシウムが1価の陽イオンであり，マイナスに荷電されている土壌粒子や腐植の表面に吸着・保持されたためである。特に，理科教師は土壌が吸着機能を有すること，この機能により養分や放射性物質が吸着・保持されることを科学的に理解して，正しく解説できることが望ましい。実際には，上記の解説のように理解していた教員は少なかった（小学校教員1.2％，学校教員3.8％，高校教員10.5％）。

以上の調査から，教員養成系大学や幼児教育学系大学及び短期大学における土壌教育の推進や教員研修における土壌教材の導入，大学入試における土壌出題の働きかけ，他教科との連携に基づく土壌教育の推進などを進めていくことや様々な働きかけが必要であることを痛感した。また，学校教員対象の講演会等を開催して，放射性物質の土壌吸着のメカニズムなどをタイムリーに解説していくことも必要である。

第2節　学習指導要領に基づく土壌教育の変遷と課題

我が国の教育は，明治期以前の藩校，私塾，寺子屋から明治・大正期の学校教育（1872年学制，1879年教育令，1886年学校令），昭和期戦前の軍国主義教育と変遷していった。終戦後，日本の教育は大きく転換し，学習指導要領（文部科学省編，2014）が設けられるようになった。昭和22年に初めて試案が公表された。その後，ほぼ10年毎に全面改訂が行われてきた。

第1項　学習指導要領に見られる土壌教育の変遷と課題

学習指導要領（一定の水準の教育を確保するため，学校教育法等に基づき，各学校で教育課程を編成する際の基準となるもので，教科等の目標や教育内容等を定めている。）の変遷を振り返ると，我が国及び世界の変化や子どもの実態などに対応して改訂されてきたことが明白である（表2-11）。第二次世界大戦終了後，我が国の軍国主義教育は廃止され，学習指導要領に基づく教育に大きく変化した。そして，戦前の修身や歴史，地理，裁縫は，社会科と家庭科に変わった。昭和30年代後半には，我が国は経済成長時代に入り，科学が目覚ましく発展した。そして，科学技術教育の充実や教育内容の現代化が進められた。その結果，第一次産業（農業，林業，水産業など）から第二次産業（製造

表2-11　学習指導要領の改訂に基づく理科教育の改訂内容及び土の取り扱いの移り変わり

改訂年	理科教育の改訂内容	土の取扱い（小学校理科）
1947年	生活単元学習・問題解決学習，理科教育振興法	単元「空と土の変化」，「土はどのようにしてできたか」の設定。用語「土」の記載多数。「石と砂，粘土の沈み方」，「土の標本」，「田と畠の土の比較」，「土のでき方」等。
1958年	系統学習，科学技術教育の充実	用語「土」の大幅削減。「土と砂の水のしみこみ方」，「土の粒・色・手触り」，「地層は岩石・砂・粘土からなる」。
1968年	探究学習，教育内容の現代化	「日なたと日陰の土の温度」，「砂と粘土の水のしみこみ方」，「砂の多い土と粘土の多い土」，「日中の土の温度と太陽高度」。
1978年	ゆとりと充実，基礎基本，授業時数削減	「砂と土の手触り，水の浸み込み方，水中の沈み方」，「土と水の温度の違い：日なたと日陰，夏と冬，晴れの日と曇りの日」，「雨水，川の流れによる石，土の流去・堆積」。
1989年	教育の個性化と多様化，学校完全5日制	小学校1，2年の理科と社会が廃止され，「生活科」新設。「土の手触り，水の浸み込み方の場所による違い」，「土は小石，砂，粘土からなる，場所による混じり方の違い」，「雨水，川の流れによる石，土の流去・堆積」。
1998年	生きる力，「総合的な学習の時間」新設	小学校第3学年理科「石と土」削除。「流水による石，土の流去・堆積」，「土地は礫，砂，粘土，火山灰，岩石からなり層を作って広がる」。
2008年	生きる力，理数教育の充実	「流水による石，土の流去・堆積」，「土地は礫，砂，粘土，火山灰，岩石からなり層を作って広がる」。

表中，「土の取扱い（小学校理科）」は小学校学習指導要領理科編（文部省編，1947；1951；1957；1958；1968；1977；1989；1998，文部科学省編，2008b）によった。
1998年第5学年の理科の内容の取扱いで「土を発芽の条件や成長の要因として扱わないこと」と記載されていたが，2008年には削除された。

業，建設業など）への転換が図られ，社会や理科の教育指導方針及び内容は大きく変容した。その後，高度経済成長期が訪れ，科学技術立国へと進展し，理数重視の学習指導要領へと大幅改訂されて行き，社会や理科で取り上げられていた実利的内容が減じていった。それに代わり，科学的な情報量が飛躍的に増大したことから，「農業」や「林業」，「土」あるいは「土壌」などの用語は激減し，指導内容として取り上げられなくなっていった（表2-12）。1947年に刊行された試案では，「国民一般の科学教育の材料を生活の環境から選ぶ。」ことが示され，生活に基づいた内容等が積極的に取り上げられたため，小学校，中学校ともに「土」あるいは「土壌」の記載は多かった。その後，商工業への転換・発展が国是となり，実学教育から科学技術教育重視に変わって，実学払拭傾向は一層増していき，1968年の改訂では学習指導要領から「土」あるいは「土壌」の記載はわずかとなっていった。特に，社会では小学校，中学校ともに記載が０となった。そして，現行の学習指導要領小学校理科では土の記載は１ヶ所だけになっている（図2-8）。1968年の改訂では，小学校理科でやや増えているのは土壌汚染等が深刻な事態になりつつあり，公害問題が台頭したことと密接に関係していることが考えられる。昭和50年代には高校進学率が80％を超え，教育の多様性が求められていった。新しい技術革新の時代に入ったことや生徒の多様化に対する対応が求められ

表2-12　学習指導要領の中の「土」及び「土壌」の記載数の変遷

学校段階	教科	1947年	1958年	1968年	1978年	1989年	1998年	2008年	2017年
小学校	生活	—	—	—	—	1	0	0	0
	社会	11	4	0	0	0	0	0	0
	理科	51	8	11	8	5	2	1	2
中学校	社会	7	2	0	0	0	0	0	0
	理科	19	3	0	2	0	0	0	0

小学校生活は平成元年に登場した教科である。
中学校社会は地理的分野，理科は第二分野について調査した（2017年）。

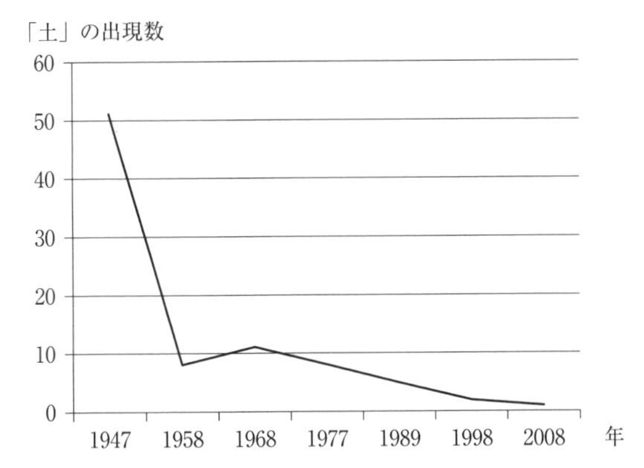

図 2-8　小学校学習指導要領理科に登場する用語「土」の出現数の変遷

るようになったが，受験競争の激化や学校週５日制の完全実施を背景に詰め込み教育は是正され，ゆとり教育へと転じていった。1989年には小学校１，２年の理科と社会科が廃止され，社会科と理科の合科である新教科「生活」が新設された。また，1998年にはゆとり教育は徹底され，指導内容の精選・厳選により３割が削減され，「総合的な学習の時間」が新設された。小学校第３学年理科で長く取り上げられてきた「石と土」が削除され，小学校課程で土に接して土の色や手触り，石と砂，土の違いなどを学習する機会が失われた。その後，OECD の PISA 調査結果から学力低下が問題となり，ゆとり教育が見直されることとなり，脱ゆとりへと転じ，今日に至っている。

昭和56年（1981年）と平成17年（2001）年に実施した小学校・中学校・高等学校教師を対象としたアンケート調査の結果，「土を授業教材として取り上げている」割合の変化を図 2-9，「土と接し土に触れる指導，土の観察実験を実施している」割合の変化を図 2-10に示した。昭和56年は，ゆとり教育が始まっており，授業時数が削減され，土の内容が多少削られた。平成17年はゆとり教育の末期であり，「総合的な学習の時間」が空洞化しつつあり，「環境」の授業を実践する学校は減少気味であった。総合的な学習の時間の

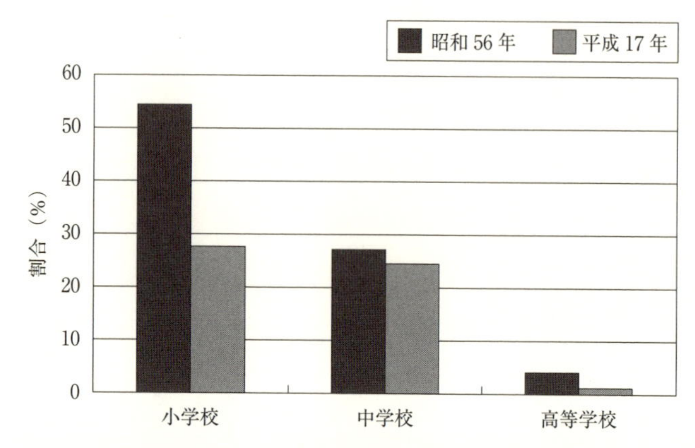

図 2-9　昭和56年と平成17年における小学校・中学校・高等学校教師の「土を授業教材として取り上げている」割合の変化

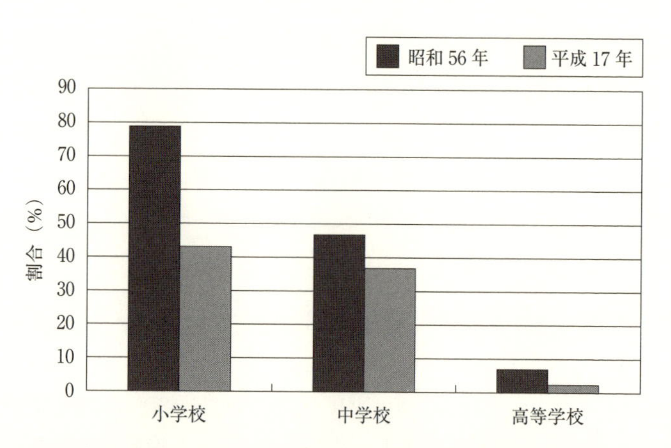

図 2-10　昭和56年と平成17年における小学校・中学校・高等学校教師の「土と接し土に触れる指導，土の観察・実験指導」実施割合の変化

図 2-9，図 2-10：昭和56年：小学校90名，中学校81名，高等学校145名，平成17年：小学校69名，中学校57名，高等学校93名

目標は，「横断的・総合的な学習や探究的な学習を通して，自ら課題を見付け，自ら学び，自ら考え，主体的に判断し，よりよく問題を解決する資質や能力を育成するとともに，学び方やものの考え方を身に付け，問題の解決や探究活動に主体的，創造的，協同的に取り組む態度を育て，自己の生き方（高等学校では「在り方生き方」）を考えることができるようにする。」ことであり，新設当初から様々な教科が関わること，評価が難しいこと，目標達成が困難であることなどの理由で，多くの学校で試行錯誤していたが，目標達成可能な解決策が見出せず，取り組みが消極的であった。

これらの図から，昭和56年と平成17年では土の取り扱いに明らかな差異が認められた。土を教材として取り上げたり，土を使った観察・実験などを実施する学校あるいは教師は減少していた。この傾向は特に小学校で顕著であり，その主な理由は学習指導要領の改訂にあることが考えられる。また，都市化の進行に伴い，学校周辺の環境が変化していること，安全優先が野外観察の減少に影響している。

世界の土壌問題が深刻化している今日，21世紀を担う児童・生徒が土壌に関心を持ち，土壌理解を高めるためには，学習指導要領に土壌を位置づけ，土壌の性質や機能，自然界における土壌の役割などを学習する機会を積極的に設けることは必要である。それは，児童・生徒期が土壌リテラシーを育む重要な時期であるとともに土壌に依存する食糧や木材，様々な資材などの世界有数の輸入国である我が国のグローバル人材育成上の使命でもある。

第2項　初等中等教育における土壌教育の問題点及び課題とその対策

(1)教科書に見られる土壌記載内容の問題点

1998年から現在の小学校・中学校・高等学校の理科，生物，地学，社会，地歴地理，公民現代社会などの教科書に記載されている土あるいは土壌の内容や教師の土壌指導実態を調査した結果，以下の①～⑪の問題があることが明らかとなった。

①小・中・高等学校の各教科・科目の教科書に記載されている土あるいは土壌に関する内容には，関連性や系統性，一貫性が乏しい。
②小・中・高等学校における土の取り扱いや指導では，教科・科目間の連携や体系的・系統的な実践が行われているとは言い難い。
③小学校から高等学校までのカリキュラムの中で，土を1つの単元や章として扱った教科・科目はなく，まとまった内容・項目が見られない。
④生きものの生存の基盤としての土の捉え方が乏しい。
⑤土そのものの性質や機能，役割などがあまり説明されていない。
⑥光や空気，水と較べて土が生物にとって欠かせない大切なものという捉え方が弱い。
⑦土の取り上げ方が植物を育てる土，分解者のいる土，地層の一部としての土など付随的，断片的である。
⑧土を使った観察・実験などが少ないうえ，土の性質や機能を扱った観察・実験がほとんど見られない。
⑨土と人間生活との関わりがあまり説明されていない。
⑩土は生命の存在によって作られることが理解しにくい。
⑪環境教育的視点からの土の捉え方が乏しい。

これらの課題解決に向けて，系統的，継続的で，一貫性のある土壌教育を実現していくには，学習指導要領で取り上げる内容・項目を精査すること，小・中・高等学校における土壌教育を開発し構築すること，教科横断型授業を開発・構築すること，教科書の記載内容を調査すること，土壌教材を開発すること，などが必要である。

(2)土壌内容及び土壌指導の課題

土は自然の中で物質循環の要に位置し，様々な生命を育む自然物である。また，土は食糧や木材生産の基盤あるいは様々な資材としての利活用の観点から考えると，重要かつ貴重な資源である。さらに，土は養水分保持機能，環境浄化機能，緩衝機能などを有する。土を理解することは，自然を正しく理解することにもつながる。授業や観察・実験，課題研究で土を取り上げ，扱う場合，①〜⑰に示した視点を持って指導する必要がある。

①土は地殻の最表層のわずか数十 cm から数mに相当する部分である。

②土は岩石や火山灰の風化物に生物的作用が加わって生成し，時間とともに熟成していく。

③土はわずか1 cm 作られるのに数百年を要する歴史的産物である。

④土は母材・気候・地形・生物・時間などの環境要因の影響を受けてつくられる。

⑤土はバラエティーに富んでいる。

⑥土は不変のものではなく，長いスパンで変わっていくものである。

⑦土は養分や水分を貯える「貯蔵庫」としての働きを持っている。

⑧土は水平方向に発達するとともに垂直方向にも発達しており，層位を持っている。

⑨土の最も活性な部分は表層土であり，腐植に富んでいる。

⑩土には浄化機能があり水をきれいにする働きがある。

⑪土は植物や動物，細菌・菌類などの分解者を擁し，物質循環の要として重要な役割を担っている。

⑫土は人為的影響を受け，人の関与のしかたにより善くも悪くもなる。農林業生産などの場としての土は，人為との関わりが深い。

⑬人口の増加に伴い，世界各地で土の酷使・悪化（土の破壊・汚染）が進んでいる。土の保全は自然環境の保全につながる。

⑭土は有限な地球的資源である。

⑮土は常に変化し，ダイナミックな存在である。

⑯土は多くの生物を育むなど，生命活動の基盤となっているとともに生物多様性の場となっている。

⑰土は様々な資材として有用である。

学校教育では土壌に関心を持たせる教材開発や生徒の自発的な課題設定による授業，土壌の性質や機能，生成，歴史，人間との関わりなどの土壌特性に留意した指導をすることが必要である。

(3)諸課題を踏まえた土壌教育の在り方

上記の(1)，(2)の問題点や課題を踏まえて，その解決に向けた在り方を模索するには，次の視点で土壌リテラシーを育成する土壌教育開発・構築していくことが肝要である。

①幼少期の土と接する機会を積極的に設け，土の感性を育成する。
②理科教育の特質である観察・実験などを見通しあるいは目的意識を視野に入れて教材開発する。
③学際的な土壌を教科横断的に捉えた授業づくりを行う。
④学校と他機関との連携を積極的に進め，学校と共同で土壌教育を開発する。
⑤環境教育や森林教育，食農教育，消費者教育，防災教育，健康教育などの幅広い視点で土壌教育を捉える。
⑥生涯学習の観点に立って，一貫性，系統性，継続性のある土壌教育の構築を図る。

教科横断的な授業構築では，高等学校での実践を想定して理科，生物，地学，社会，地歴，公民，家庭，保健体育の他に国語や外国語，総合的な学習の時間など，様々な教科科目とコラボレーションして構築する。児童・生徒の知的好奇心，科学的探究心を掘り起こすには，教材開発に取り組む必要がある。特に，理科教育では観察・実験が重要であり，児童・生徒の土壌理解を進める視点を重視する。

我が国は，食料の約6割（穀物は約7割），木材の約7割を外国に依存していること，国内の森林の悪化，特に里山里地の放置林及び耕作放棄地の拡大などによる土壌劣化が進展していることなどを考慮すると，21世紀を担う児童・生徒に土壌教育を施し，地球財産である土壌を保全することの重要性を認識させる土壌教育が必要であり，その改善に向けた考えや態度を育み，参加・行動につなげていく土壌リテラシーの育成が重要である。

第3節　まとめ

本章では，児童・生徒から成人の土壌に対する関心・理解及び教師の土壌教育への取り組みの実態調査を実施した結果，児童・生徒の土に対する興味・関心は低く，基本的な知識や理解が乏しいことが明らかとなった。また，小学校や中学校，高等学校の理科教師で大学時に土壌を学習した割合が低く，その後の教員研修会等で土が取り上げられる機会も乏しいことから，土壌理解が進まず，土壌を積極的に取り上げ，指導する教師が少ないことが明らかとなった。さらに，7割以上の教師が土壌を指導しない理由として「土壌について知らない，よくわからない，難しい。」ことをあげていた。高校教師は「入試に出ない。」ことをあげていた。教師の土壌用語に対する知識は乏しく，高校教師は他教科・科目が扱っている土壌内容をほとんど知らないことも明らかとなった。

学習指導要領の変遷を調査した結果，日本の産業構造の変化と土壌の指導内容が深く関わっていることが明らかとなった。土あるいは土壌の記載は，1958年を境に激減していった。その原因として，第二次世界大戦後の復興施策として，産業構造の転換を図ったことがあげられる。すなわち，第一次産業から第二次産業への転換を図る過程で，我が国の教育は理数重視へと舵取りされていった。昭和56年（1981年）と平成17年（2001年）の比較調査から，土壌教育は明らかに後退していることが判明した。また，1998年の改定により，小学校理科第3学年の単元「石と土」が削除され，小学校で土を学習する機会が失われた。さらに，これ以降の教科書を調査し，様々な問題や課題があることが明らかとなった。そして，諸問題，諸課題を解決する土壌指導の視点，土壌教育の在り方を示した。

第3章　土壌リテラシーの育成に向けた土壌教育の在り方と方策

土壌リテラシーの育成に向けた土壌教育を模索する上で，日本と諸外国の土壌教育の実態比較調査（教科書調査と生徒・教師対象アンケート調査など）や土壌研究者の学校教育で取り上げたい土壌項目及び内容に関する調査及びミニマム・エッセンシャルズ（minimum essentials，最低限教えるべき教材や基本的な教育内容を指す）の策定を行うことは有意義と考える（梅埜ら，1989a；1989b）。また，幼少期から成人までの土壌教育及び土壌の教科横断的な土壌教育，学校外諸機関と学校との連携に基づく土壌教育の在り方を模索し，構築・実践することは，土壌リテラシーを育み，醸成する上で欠かせない。

第1節　土壌リテラシーの育成に向けた土壌教育の在り方

第1項　日本及び諸外国の土壌教育の比較

(1)教科書

各国の高等学校で使用されている教科書（文献「各国教科書一覧」参照）の中の土壌に関する記載について，18項目を選定して日本と諸外国の教科書で取り上げられているか否かの比較調査を行った結果，表3-1の通りであった。調査した教科書は，日本の教科書は科学と人間生活，生物基礎，生物，地学基礎，地学，外国の教科書では理科あるいは科学，生物，地学，環境，自然，地球科学，自然地理であった。日本の教科書は展示が充実している総合教育センターや図書館，外国の教科書は国会図書館や教科書センター，購入書籍等で調査した。概して，図書あるいは購入可能な外国の教科書は欧州や北米，

表 3-1　各国の教科書に見られる土壌項目の記載状況

No	国　名	A	B	C	D	E	F	G	H	I	J	K	L	M	N	O	P	Q	R
1	アメリカ合衆国	*	*	*	*	*	*		*	*	*	*	*	*	*	*	*	*	*
2	フランス	*	*		*	*	*	*	*	*	*	*	*	*	*	*	*	*	
3	イギリス	*	*		*		*	*	*	*	*	*	*	*		*	*	*	*
4	オーストラリア	*			*	*			*	*		*	*	*	*	*	*		
5	ドイツ	*	*		*	*	*		*	*	*	*	*	*	*	*	*	*	
6	ニュージーランド	*			*	*				*			*	*	*	*	*		
7	インド	*			*								*	*			*		
8	フィリピン	*			*								*				*		
9	日本	*			*		*						*	*		*	*	*	
10	エジプト	*	*		*					*			*		*		*		
11	パキスタン	*			*								*				*		
12	中国	*			*								*	*	*		*	*	
13	韓国	*			*								*	*			*	*	
14	ロシア	*			*	*					*		*	*			*		

*は記載あり，空欄は記載なし．教科書の土壌記載項目（18項目）（各国2008年，日本2013年調査）
A：土壌定義，B：土壌の生成，C：土壌の分類，D：土壌生物（土壌動物・土壌微生物），E：土壌有機物，F：土壌の空気と水，G：土壌の三相分布，H：土壌の機能（植物生産機能・物質循環機能・養水分貯蔵機能），I：土壌の性質（土壌吸着能・保水能・緩衝能・浄化能），J：土壌断面，K：団粒構造，L：物質循環（炭素・窒素・リン），M：遷移と土壌形成，N：土壌破壊・汚染，O：土壌保全，P：土壌の観察・実験，Q：土壌に関する課題研究，R：その他

オセアニアのものが多く，アジアや南米などのものは少なかった。また，教科書の種類は欧米のものが多く，その他の地域のものは少なかった。

表 3-1 から，土壌記載は欧米では17～15項目，オセアニアでは11～9項目，ロシア・エジプトでは7項目，アジアでは8～4項目が取り上げられ，記載されていた。欧米やオセアニアでは土壌はあらゆる観点から取り上げられ，詳細に解説されていたが，アジア諸国やエジプト，ロシアでは土の項目の取り上げ方は少なく，内容的には用語のみの記載か用語を簡潔に解説する程度の教科書が多い傾向が見られた。「土壌定義」や「土壌生物（土壌動物・土壌

微生物)」,「物質循環（炭素・窒素・リン)」,「土壌の観察・実験」は全ての調査国で記載されていた。「土壌の性質（土壌吸着能・保水能・緩衝能・浄化能)」や「遷移と土壌形成」を記載する教科書は多かった。一方,「土壌有機物」や「土壌の空気と水」は少なく,「土壌の分類」,「土壌の三相分布」を記載する教科書はほとんど見られなかった。「土壌破壊・汚染」や「土壌保全」,「土壌に関する課題研究」を取り上げる教科書は欧米で顕著であったが，アジア諸国では少なかった。「土壌の観察・実験」として取り上げている内容は土壌動物の観察が大半であったが，欧米では土壌断面や土壌吸着・保水,土壌微生物に関する多様な観察・実験が取り上げられていた。その他は「農林業と土壌」,「人間生活と土壌」,「土壌の課題研究」,「問題演習」などであった。

欧米の教科書の中には，土を章や節，項立てで取り上げているものが比較的多く見られたが，アジア諸国の教科書には見られなかった。これらの項目・内容の全てを取り上げ，扱うことは時間的にも不可能であると考えられるが，土の大切さや重要性を児童・生徒に気づかせる土壌教育を実践することが必要であることは言うまでもない。アメリカと日本の理科（生物）の教科書の土壌記載に要しているページ数及び総ページに占める割合を調べると,両者には大きな相違が見られる（表3-2)。アメリカの教科書では20ページ以上を裂いて土壌の性質や機能，土壌生成と歴史，人間生活と土壌，産業と土壌，土壌保全などが取り上げられ，わかりやすく記述されている（写真3-1)。また，他国の教科書では土に関する様々な観察・実験が数多く取り上げられ

表3-2　高校理科（生物）の教科書に見られる土壌の記載の割合

国	土壌の記載の見られるページ数	総ページに占める割合（%)
日本	3～5	0.9～1.6
アメリカ	21～27	3.7～5.3

教科書：日本6社，アメリカ4社の教科書を調査した（2008年)。

・Earth's Surface
・Table of Contents
・Chapter 1：Views of Earth Today（地球の光景）
・Chapter 2：Minerals（鉱物）
・Chapter 3：Rocks（岩）
・Chapter 4：Weathering and Soil Formation（風化と土壌形成）
・Chapter 5：Erosion and Deposition（浸食と堆積）

写真 3-1　アメリカの中学校理科教科書と単元

（写真3-2），土壌断面が記載されている（写真3-1，写真3-2）。これに対して，日本の教科書は土に関する記載が数行あるいは1～2ページと少なく，「土はどのようにしてできるか」，「自然界で土はどんな働きをしているか」などの基本的な事柄がほとんど扱われていない。池田（1993）は，アメリカの教科書の特徴として①ハードカバーで2kg近い重さがあり，千ページを超えており，内容が高度である，②フルカラーで美しい写真が選択されており，レイアウトは変化に富み，イラストは正確で，デザインは洗練されている，③章ごとに実験がある，④章の内容と関連した生徒の興味や関心をそそる小読物が配置されている（「熱帯雨林，切るべきか，切らざるべきか」など），⑤読書案内や文献案内がある，⑥キャリア・ガイダンスがある（土壌管理士や農学者など）などをあげ，日本の教科書との違いを指摘する。

土壌に関する記載が最も多い日本の高等学校生物の教科書でもわずか5ページであり，「土壌中の分解者」，「植物群落の遷移と土壌形成」の項目で，ページを割いて土壌に触れている程度で，土壌の性質や機能など基本的な内容の記述はなく，土に関する観察・実験も少ない。アジア諸国の理科教科書は，概して土壌記載が少なく，記載内容は乏しい。欧米の教科書は，国によって差異はあるものの「土壌破壊や土壌汚染は重大な環境問題である」，「土壌保全は大切である。」という環境教育的視点で扱われているものが多かったが，日本の教科書では土壌汚染の記述はあるが，保全に関する記述は見られなかった。諸外国の教科書調査より，国によって土壌記載の質や量，内容

①アメリカ

Topic 4

WHY IT MATTERS

It is important to protect soil and use it wisely.

SCIENCE WORDS

humus leftover decomposed plant and animal matter

horizon a layer of soil differing from the layers above and below it

topsoil the top layer of soil, rich in humus and minerals

subsoil a hard layer of clay and minerals that lies beneath topsoil

soil profile a vertical section of soil from the surface down to bedrock

pore space the space between soil particles

permeability the rate at which water can pass through a material

The Story of Soil

What do you think would happen if there was no soil? Think about the many ways we use soil to help you answer the question.

One of the most important things on Earth is soil. Water flows through it. We walk and build on it. Most importantly plants grow in it. If there was no soil, few things would be able to live on Earth.

EXPLORE

HYPOTHESIZE The picture shows three different types of soil. What kinds of materials do you think make up different soils? How can you separate soil into its different parts? Write a hypothesis in your *Science Journal.*

184

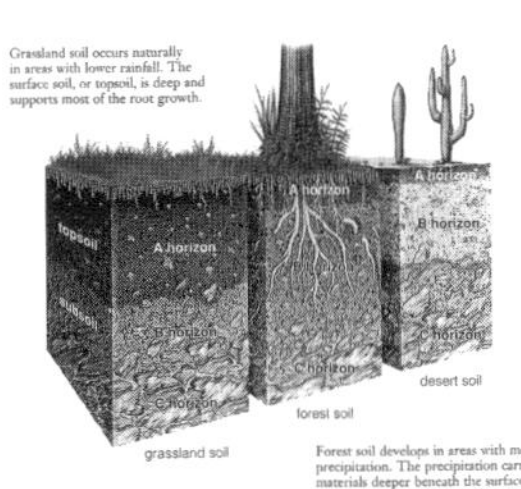

Figure 3.3 Soil profiles of grassland, forest, and desert ecosytems

Beneath the surface of the soil, countless tiny organisms live in a sunless world of tunnels and caves (see Figure 3.4). These organisms range from earthworms and beetles to ants and microscopic bacteria. In Chapters 1 and 2, you learned that some soil organisms break down animal wastes and dead plants into nutrients. Other soil organisms (bacteria) play an essential part in nutrient cycles, such as the nitrogen cycle. Some soil organisms feed on plant roots, and others are predators. The plants interact with the animals and micro-organisms to form a biological **community**. They form a network of food chains within the soil. The animal burrows and the tunnels made by the plant roots mix and rearrange the soil particles. They also open up spaces in the soil for air and water to move through. In the following investigation, you will study the composition of several different types of soil. You will also examine the effect of soil pH on plant growth.

soil fungi
wood roach
rove beetle
millipede
carpenter ant
slug
snail
nematode
centipede
pseudoscorpion
bug
mite
springtail
earthworm
wireworm
soil protozoans

Figure 3.4 A community of soil organisms

Change and Sustainability 75

Soil Texture

The texture of soil depends on the sizes of its particles. Soil particles can range from coarse sand (0.02–2 mm in diameter) to silt (0.002–0.02 mm) to microscopic clay particles (less than 0.002 mm). These different-sized particles arise ultimately from the weathering of rock. Water freezing in the crevices of rocks causes mechanical fracturing, and weak acids in the soil break rocks down chemically. When organisms penetrate the rock, they accelerate breakdown by chemical and mechanical means. Plant roots, for example, secrete acids that dissolve the rock, and their growth in fissures leads to mechanical fracturing. The mineral particles released by weathering become mixed with living organisms and humus, the remains of dead organisms and other organic matter, forming **topsoil**. The topsoil and other distinct soil layers, or **soil horizons**, are often visible where there is a road cut or deep hole **(Figure 37.2)**. The topsoil, or A horizon, can range in depth from millimeters to meters. We focus mostly on the properties of topsoil because it is the most important soil layer for the growth of most plants.

In the topsoil, plants are nourished by the soil solution, the water and dissolved minerals in the pores between soil particles. The pores also contain air pockets. After a heavy rainfall, water drains away from the larger spaces in the soil, but smaller spaces retain water because water molecules are attracted to the negatively charged surfaces of clay and other soil particles.

The topsoils that are the most fertile—supporting the most abundant growth—are **loams**, which are composed of roughly equal amounts of sand, silt, and clay. Loamy soils have enough small silt and clay particles to provide ample surface area for the adhesion and retention of minerals and water. Meanwhile, the large spaces between sand particles enable efficient diffusion of oxygen to the roots. Sandy soils generally don't retain enough water to support vigorous plant growth, and clayey soils tend to retain too much water. When soil does not drain adequately, the air is replaced by water, and the roots suffocate from lack of oxygen. Typically, the most fertile topsoils have pores that are about half water and half air, providing a good balance between aeration, drainage, and water storage capacity. The physical properties of soils can be adjusted by adding soil amendments, such as peat moss, compost, manure, or sand.

Topsoil Composition

A soil's composition encompasses its inorganic (mineral) and organic chemical components. The organic components include the many life-forms that inhabit the soil.

Inorganic Components

The surface charges of soil particles determine their ability to bind many nutrients. Most soil particles are negatively charged. Positively charged ions (cations)—such as potassium (K^+), calcium (Ca^{2+}), and magnesium (Mg^{2+})—adhere to these particles and are therefore not easily lost by *leaching*, the percolation of water through the soil. Roots, however, do not absorb mineral cations directly from soil particles. Instead, they become available in the soil solution, through **cation exchange**. In this process, mineral cations are displaced from soil particles by other cations, particularly H^+, and enter the soil solution, which is then absorbed by root hairs **(Figure 37.3)**. A soil's capacity to exchange cations is determined by the number of

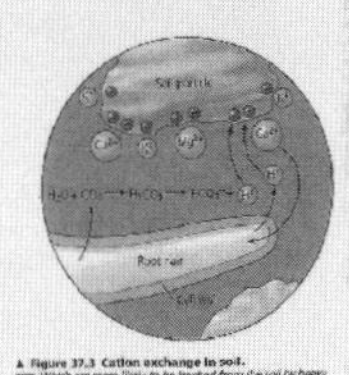

The A horizon is the topsoil, a mixture of broken-down rock of various textures, living organisms, and decaying organic matter.

The B horizon contains much less organic matter than the A horizon and is less weathered.

The C horizon, composed mainly of partially broken-down rock, serves as the "parent" material for the upper layers of soil.

▲ Figure 37.2 Soil horizons.

Soil particle
Root hair

▲ Figure 37.3 Cation exchange in soil.

? *Which are more likely to be leached from the soil by heavy rains—cations or anions? Explain.*

766 UNIT SIX Plant Form and Function

What Has Soil Got to Do with Rocks?

Under a hand lens, you can see that any soil shows that it is a mixture of many things. The main ingredient in soil is weathered rock. Soil may also contain water, air, bacteria, and **humus**. Humus is decayed plant or animal material.

Where does soil come from? A layer of solid rock weathers into chunks. The chunks weather into smaller pieces. Living things die and decay and form humus.

Gradually layers of soil, or soil horizons, develop. If you dig down through soil, you can see many layers and the solid rock, bedrock, beneath it. How do the horizons differ?

Soils differ in different locations. In polar deserts there is no A horizon at the top. However, grassland and forest soils can have very thick A horizons. Why do you think this is so? Some soils are very sandy. Why? How would they differ from soils in many farms?

Sometimes the materials in soil match the bedrock below it. Sometimes they do not match. Can you explain why?

Soil is Earth's greatest treasure. Most plants need soil to grow. Therefore, almost all living things depend on soil for food—and survival. One of the most important uses of soil is farming. All of the food you eat depends on soil.

SOIL HORIZONS

Brain Power

What is your favorite meal? Can you trace each food in this meal back to the soil?

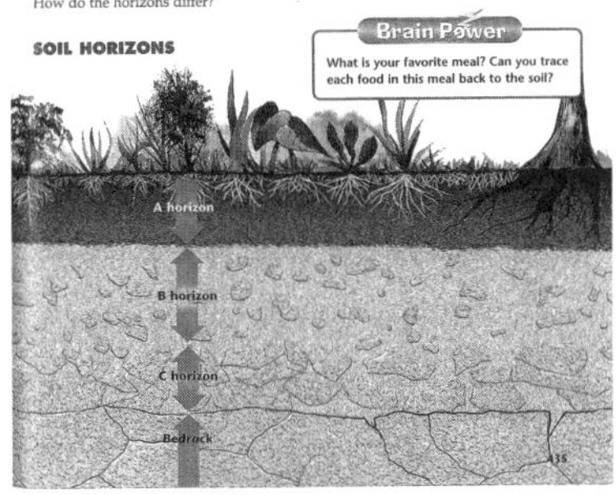

135

写真3-2　諸外国の教科書の中の土壌記載例

②ドイツ

In einem Buchenwald kommen etwa 7000 Tierarten vor, davon 5000 Insekten, 100 Wirbeltiere, den Rest stellen Würmer, Spinnentiere und Einzeller. Alle leben direkt oder indirekt von pflanzlichem Material, welches von den grünen Waldpflanzen *(Produzenten, Erzeuger)* fotosynthetisch gebildet wird. Das Eichhörnchen frisst Haselnüsse und Fichtensamen, die Rötelmaus Grassamen und Baumrinde. Sie sind Pflanzenfresser *(Erstkonsumenten, Erstverbraucher)*. Mäuse werden ihrerseits von Füchsen, Greifvögeln oder Schlangen verfolgt. Diese räuberischen Arten sind *Zweitkonsumenten (Zweitverbraucher)*. Zum Teil werden die Zweitkonsumenten von *Konsumenten höherer Ordnung* gefressen. So können Schlangen beispielsweise von Greifvögeln geschlagen werden.

Ein großer Teil des pflanzlichen Materials wird erst dann verbraucht, wenn es abgestorben ist. In einem Laubwald fallen jährlich pro Hektar 4 Tonnen Laubstreu zu Boden. Hier leben die Zersetzer *(Reduzenten, Destruenten)*. Ringelwürmer, Schnecken, Asseln, Doppelfüßer und Insekten fressen die gröbere Laubstreu, Pflanzenmilben und Springschwänze die feineren Teile. Sie werden von räuberischen Arten, z. B. Spinnen, Raubmilben, Hundertfüßern und anderen Insekten, verfolgt. Diese Kleinorganismen besiedeln den Waldboden mit einer Dichte bis zu einer Milliarde Individuen pro Quadratmeter. Pflanzenreste, Kot und Leichenteile werden von ihnen so fein zersetzt, dass sie von Einzellern, Pilzen und Bakterien weiter verarbeitet werden können. Nach ein bis drei Jahren ist die jährlich anfallende Laubstreu in Mineralstoffe zersetzt, welche den Produzenten wieder zur Verfügung stehen.

Die Nahrungsbeziehungen im Wald basieren also einerseits auf lebender, andererseits auf unbelebter, organischer Substanz und sind vielfältig vernetzt. Sie bilden ein *Nahrungsnetz*.

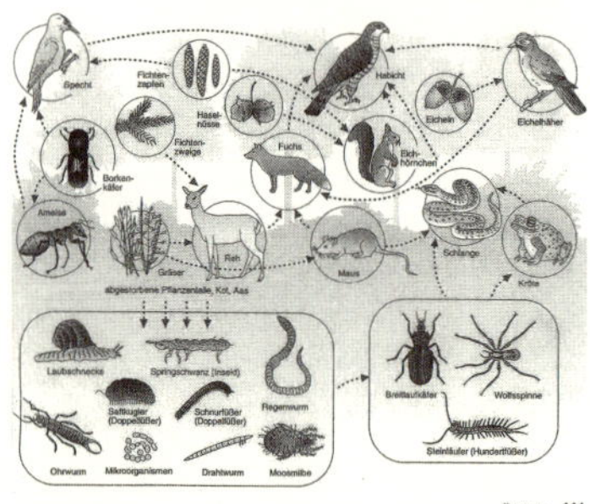

Ökologie　111

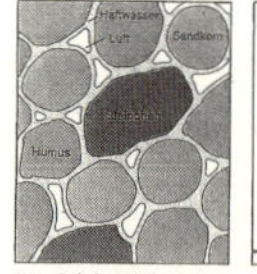

88.1　Bodenbestandteile. Zwischen Steinchen, Sandkörnchen, Ton und Humus wird Wasser zurückgehalten. Man spricht von Haftwasser.

88.2　Versuch zu Wasserdurchflußgeschwindigkeit und Wasserhaltevermögen. Tonboden und Humus halten nicht nur Farbstoffe, sondern auch Mineralstoffe fest.

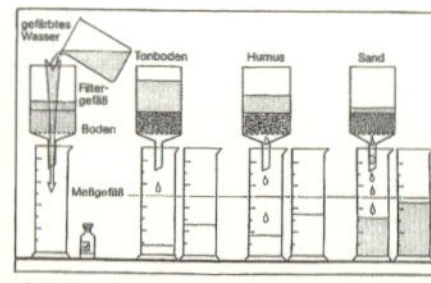

oder in Blumentöpfe aus Kunststoff werden gleiche Mengen eines Tonbodens, von reinem Humus und eines Sandbodens gefüllt. Die Proben werden eingerüttelt und leicht festgedrückt. Alle werden mit der gleichen Wassermenge begossen. Am raschesten sickert das Wasser durch den Sandboden, am langsamsten durch den Tonboden. Die größte Wassermenge wird im Tonboden zurückgehalten.
Das zurückgehaltene Wasser nennt man Haftwasser. Es bleibt in den feinen Lücken zwischen den einzelnen Bodenteilchen hängen und wird von den Pflanzenwurzeln aufgenommen. Das ablaufende Wasser bildet das Grundwasser.
In einem weiteren Versuch färben wir das Wasser mit blauer Tinte an, ehe wir es auf die Bodenproben gießen. Der Sand läßt das gefärbte Wasser durch. Ton- und Humusteilchen halten auf ihrer Oberfläche den Farbstoff dagegen fest. Das gleiche geschieht mit Mineralstoffen im Wasser.

88.3　Bodenlebewesen.
1　Möhrenfliegenlarve, 6 mm
2　Schnellkäferlarve, 20 mm
3　Milbe, 1 mm
4　Doppelschwanz-Urinsekt, 10 mm
5　Springschwanz, 2 mm
6　Steinläufer, 30 mm
7　Rübenälchen, 1 mm
8　Regenwurm, 20 cm

88.4　Nachweis der Bodenatmung. Luft strömt von links nach rechts durch die Bodenprobe. Die Lauge sorgt dafür, daß sie frei von Kohlendioxid ist. In der rechten Flasche läßt sich durch Trübung von Kalkwasser aber Kohlendioxid nachweisen! Es ist bei der Atmung der Bodenlebewesen entstanden.

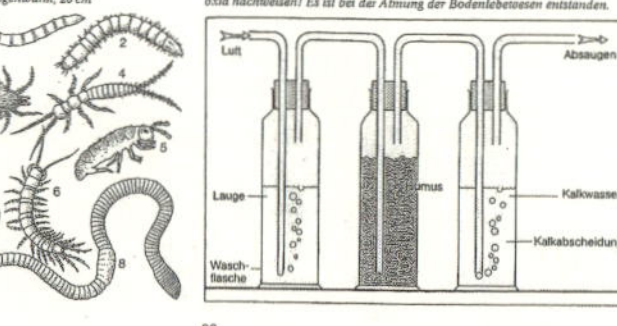

88

③フランス

DOCUMENTS

4 Un lieu de vie particulier : le sol

Le sol est le support dans lequel s'enracinent les plantes, mais c'est également un milieu de vie très peuplé. Quelles sont les composantes du sol ? Comment peut-on récolter et observer les animaux qui y vivent ?

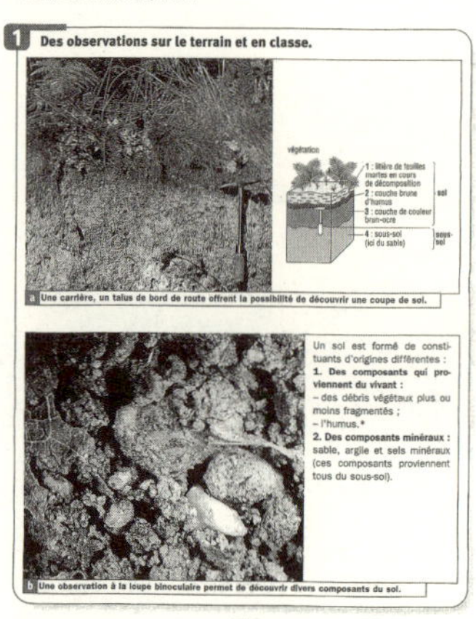

1 Des observations sur le terrain et en classe.

a Une carrière, un talus de bord de route offrent la possibilité de découvrir une coupe de sol.

Un sol est formé de constituants d'origines différentes :
1. Des composants qui proviennent du vivant :
– des débris végétaux plus ou moins fragmentés ;
– l'humus.*
2. Des composants minéraux : sable, argile et sels minéraux (ces composants proviennent tous du sous-sol).

b Une observation à la loupe binoculaire permet de découvrir divers composants du sol.

14

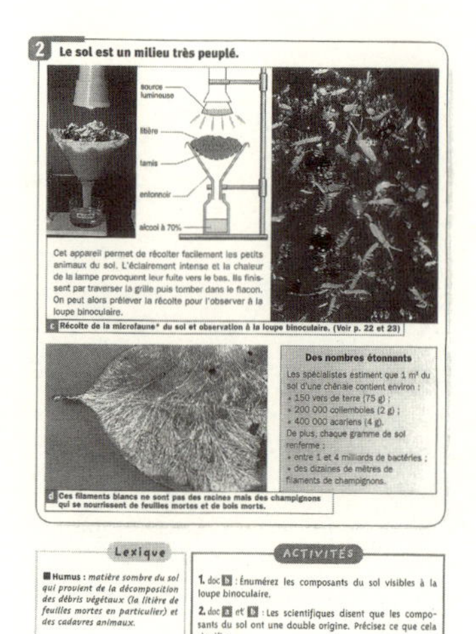

2 Le sol est un milieu très peuplé.

Cet appareil permet de récolter facilement les petits animaux du sol. L'éclairement intense et la chaleur de la lampe provoquent leur fuite vers le bas. Ils finissent par traverser la grille puis tomber dans le flacon. On peut alors prélever la récolte pour l'observer à la loupe binoculaire.

c Récolte de la microfaune* du sol et observation à la loupe binoculaire. (Voir p. 22 et 23)

Des nombres étonnants

Les spécialistes estiment que 1 m² du sol d'une chênaie contient environ :
- 150 vers de terre (75 g) ;
- 200 000 collemboles (2 g) ;
- 400 000 acariens (4 g).

De plus, chaque gramme de sol renferme :
- entre 1 et 4 milliards de bactéries ;
- des dizaines de mètres de filaments de champignons.

d Ces filaments blancs ne sont pas des racines mais des champignons qui se nourrissent de feuilles mortes et de bois morts.

Lexique

■ **Humus :** *matière sombre du sol qui provient de la décomposition des débris végétaux (la litière de feuilles mortes en particulier) et des cadavres animaux.*

■ **Microfaune :** *ensemble des animaux de petite taille que l'on observe à la loupe binoculaire.*

ACTIVITÉS

1. doc b : Énumérez les composants du sol visibles à la loupe binoculaire.
2. doc a et b : Les scientifiques disent que les composants du sol ont une double origine. Précisez ce que cela signifie.
3. doc c et d : Citez quelques êtres vivants du sol. Pourquoi peut-on dire que le sol est un milieu très peuplé ?

15

写真 3-2　諸外国の教科書の中の土壌記載例

④韓国

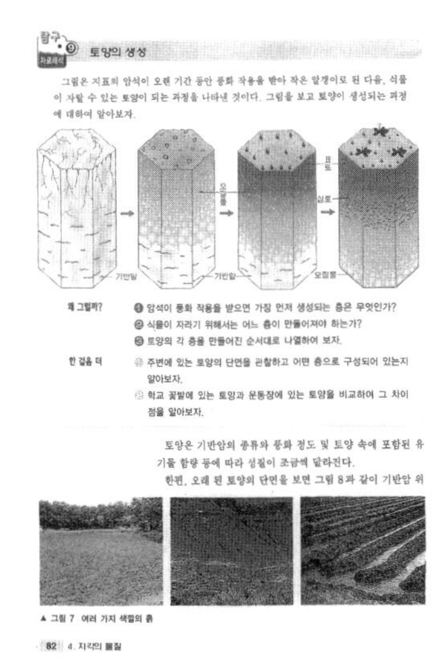

탐구 9 자료해석 토양의 생성

그림은 지표의 암석이 오랜 기간 동안 풍화 작용을 받아 작은 알갱이로 된 다음, 식물이 자랄 수 있는 토양이 되는 과정을 나타낸 것이다. 그림을 보고 토양이 생성되는 과정에 대하여 알아보자.

왜 그럴까?
❶ 암석이 풍화 작용을 받으면 가장 먼저 생성되는 층은 무엇인가?
❷ 식물이 자라기 위해서는 어느 층이 만들어져야 하는가?
❸ 토양의 각 층을 만들어진 순서대로 나열하여 보자.

한 걸음 더
※ 주변에 있는 토양의 단면을 관찰하고 어떤 층으로 구성되어 있는지 알아보자.
※ 학교 꽃밭에 있는 토양과 운동장에 있는 토양을 비교하여 그 차이점을 알아보자.

토양은 기반암의 종류와 풍화 정도 및 토양 속에 포함된 유기물 함량 등에 따라 성질이 조금씩 달라진다.

한편, 오래 된 토양의 단면을 보면 그림 8과 같이 기반암 위

▲ 그림 7 여러 가지 색깔의 흙

82 4. 지각의 물질

⑤中国

植物繼續繁殖，加速岩石表面的風化作用，使岩石上的土壤愈積愈多，水分的保存量也愈多，使草本、灌木甚至於喬木的種子，都可能萌芽生長。慢慢地，高大的植物愈來愈多，最後終於成為森林群集。一旦形成森林群集之後，通常在幾百年、幾千年甚至幾萬年之內，整個森林的外觀上很少再有重大的變化。這種穩定不變化的群集，叫做顛峰群集。在消長的過程中，其間的動物物種結構，也隨著植物物種的改變而改變：一般最早出現的是小型草食性動物，接著出現小型嚙齒類、鳥類和食肉性昆蟲。

上述裸岩區的消長情形，是從沒有生物曾經生長的地區經緩慢、逐漸的改變，而達成顛峰群集，這類的消長稱為初級消長（primary succession）（圖 3-15）。

若發生於原有生態系，因受到外界干擾而產生的消長，如山區火災、伐木、廢耕地或湖泊淤積等，稱為次級消長（secondary succession，圖 3-16）。次級消長因條件比較好（如已經有土壤、腐植質、植物種子或地下莖

▲圖 3-15 初級消長

⑥カナダ

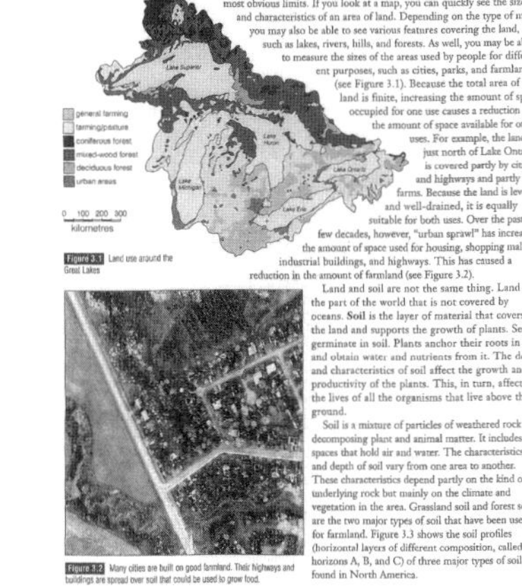

3.1 The Importance of Soil

Of all the parts of our environment, the land seems to be the most solid and unchanging. It is also the part of the environment that has the most obvious limits. If you look at a map, you can quickly see the size and characteristics of an area of land. Depending on the type of map, you may also be able to see various features covering the land, such as lakes, rivers, hills, and forests. As well, you may be able to measure the sizes of the areas used by people for different purposes, such as cities, parks, and farmland (see Figure 3.1). Because the total area of land is finite, increasing the amount of space occupied for one use causes a reduction in the amount of space available for other uses. For example, the land just north of Lake Ontario is covered partly by cities and highways and partly by farms. Because the land is level and well-drained, it is equally suitable for both uses. Over the past few decades, however, "urban sprawl" has increased the amount of space used for housing, shopping malls, industrial buildings, and highways. This has caused a reduction in the amount of farmland (see Figure 3.2).

Land and soil are not the same thing. Land is the part of the world that is not covered by oceans. **Soil** is the layer of material that covers the land and supports the growth of plants. Seeds germinate in soil. Plants anchor their roots in soil and obtain water and nutrients from it. The depth and characteristics of soil affect the growth and productivity of the plants. This, in turn, affects the lives of all the organisms that live above the ground.

Soil is a mixture of particles of weathered rock and decomposing plant and animal matter. It includes spaces that hold air and water. The characteristics and depth of soil vary from one area to another. These characteristics depend partly on the kind of underlying rock but mainly on the climate and vegetation in the area. Grassland soil and forest soil are the two major types of soil that have been used for farmland. Figure 3.3 shows the soil profiles (horizontal layers of different composition, called horizons A, B, and C) of three major types of soil found in North America.

Figure 3.1 Land use around the Great Lakes

Figure 3.2 Many cities are built on good farmland. Their highways and buildings are spread over soil that could be used to grow food.

74 Sustainability of Ecosystems

⑦インド

٦ - ١ : النظم البيئية : Eco Systems

يتكون الغلاف الحيوي من نظم بيئية لا حصر لها، وقد يكون النظام البيئي صغيرًا، كما قد يكون كبيرًا، فجذع الشجرة المتعفن على أرض الغابة هو نظام بيئي، كما أنه يمكن دراسة الغابة بأكملها كنظام بيئي، والصحراء نظام بيئي، والسهل نظام بيئي واليابسة ككل نظام بيئي والبحر نظام بيئي ويمكن اعتبار الكرة الأرضية كلها أيضًا نظامًا بيئيًا

فالنظام البيئي عبارة عن وحدة طبيعية تتألف من مكونات حية وأخرى غير حية يتفاعل بعضها مع البعض الآخر. وتتبادل فيه المكونات الحية وغير الحية العلاقات تأثرًا وتأثيرًا. وهي تعمل وفق نظام دقيق ومتوازن توازنًا ديناميكيًا مرنًا، لتستمر في أداء دورها في استمرارية الحياة.

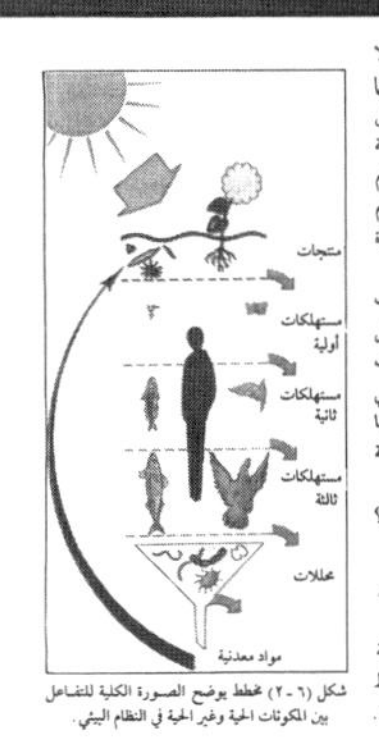

شكل (٦ - ٢) مخطط يوضح الصورة الكلية للتفاعل بين المكونات الحية وغير الحية في النظام البيئي.

٦ - ١ - ١: ما هي مكونات النظام البيئي؟

ويتكون النظام البيئي مما يأتي:

أولاً: مجموعة العناصر غير الحية Abiotic «Physical Factors»

وتشمل الطاقة الضوئية والحرارة والرطوبة والهواء الجوي والرياح والضغط والجاذبية والوسط والمرتكز وعوامل التربة والصخور والمعادن.

ثانيًا: مجموعة العناصر الحية Biotic Factors وتشمل:

أ ـ المنتجات Producters

وهي النباتات الخضراء على اليابسة والطحالب والهائمات النباتية في البحار والمحيطات

- ٢٢٨ -

写真 3-2　諸外国の教科書の中の土壌記載例

⑧イギリス

Figure 7a-23 Plant growth and the weathering of rock to soil. The growth of tree roots in cracks in rock gradually widens the cracks and eventually adds organic matter to the soil.

Organisms and the Atmosphere

Green plants take carbon dioxide from the air during the day and release oxygen. At night most organisms take up oxygen and release carbon dioxide. It is often possible to measure the amounts of these gases in the air above a community as a result. During a typical day the amount of water vapour in the air over many land communities gradually rises. Much of this increase comes from evaporation from the leaves of plants. *Organisms can therefore affect the composition of the atmosphere.*

Organisms and Weather Conditions

Figures 7a-22 shows a dense forest in the background with a cleared area in front. The plants growing on the ground in the front will not grow on the ground in the forest. Many of the plants that grow on the ground in the forest will not grow in the open. Part of the reason for this can be traced to differences in the weather conditions inside and outside the forest.

If weather conditions are measured near the ground inside and outside a forest, a number of differences become obvious. Some may occur to you. For example, there is abundant light in the open during the day and very little in the forest. On a windy day, there may be quite strong winds

Figure 7a-24 A profile through a soil from the soil surface to bedrock. The darker colour near the surface is due to organic matter. Some of this humus comes from plant remains that collect at the surface; some comes from plant roots within the soil.

in the open, yet very little wind within the forest. The air outside the forest can become quite dry at times; within the forest the air is usually cooler and more humid.

Temperature readings may also show very great differences, especially when there are clear skies. On a sunny day the ground in the open becomes very much *hotter* than the ground in the forest. The difference may be 20 degrees or more. On a clear night it becomes very much *colder* in the open than in the forest. In southern Australia and in the mountains further north, there may be quite severe frosts in the open and usually none within the forest.

The presence of plants can therefore make a considerable difference to weather conditions near the ground. The taller and denser the layer of vegetation, the greater the effect.

Organisms and Soil

In time the soils in the open and in the forest

346

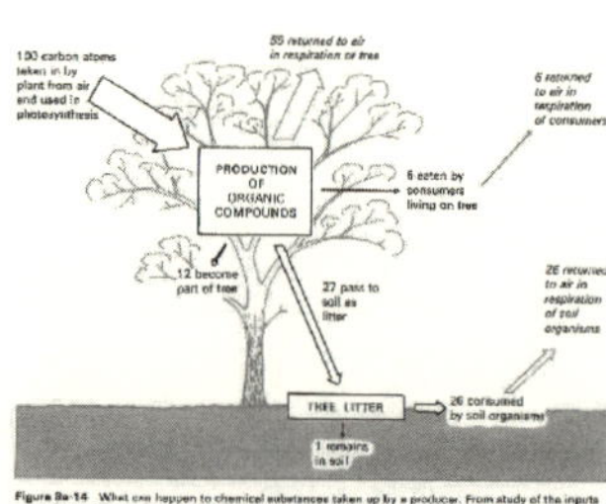

Figure 8a-14 What can happen to chemical substances taken up by a producer. From study of the inputs and outputs of the producer, and the organisms around it, we can picture the likely fate of 100 atoms of carbon taken up from the air. Follow what happens to the carbon atoms taken up, and how many atoms are lost at each step. Carbon is incorporated into organic compounds by the producers and progressively released to the surroundings by every organism, through the breakdown of organic compounds in respiration. The numbers of carbon atoms going to consumers, the soil, and further growth are different for different plants and different communities.

the next organism in the food web.

Thus *matter taken up by producer organisms is passed from organism to organism through the food web*. The individual organisms at each point in the food web lose some matter to the surroundings. Because consumer organisms eat one another or their dead remains, the rest passes to other organisms. *Ultimately much—or all—of the material originally taken up from the nonliving surroundings is lost to it again. There is a flow of food materials through a food web and a gradual loss of that material to the nonliving surroundings.* Look at Figure 8a-14.

A Cycling of Matter

The carbon dioxide released into the air by organisms is available to be used again. The element *carbon is being cycled from the nonliving surroundings through organisms and back again.* Look at Figure 8a-15, which summarizes what happens to the element carbon in an ecosystem.

Provided that the amount of organic matter produced by the community is the same as the amount broken down by the community, the amount of carbon dioxide in the air would be expected to stay the same. All communities in which there are autotrophs shows some cycling of carbon.

Studies of what happens to other elements in an ecosystem shows that they, too, are taken up by organisms from the nonliving surroundings, and pass from organism to organism through the food web. In due course they are lost again from organisms to the surroundings from where they can be recycled.

413

⑨ロシア

114　　Основы учения о биосфере

44. Распространение биомассы на поверхности суши.

почти всю поверхность суши. Почва не только среда, необходимая для жизни растений, но и биогеоценоз с разнообразными мельчайшими живыми организмами. Почва — рыхлый поверхностный слой земной коры, изменяемый атмосферой и организмами и постоянно пополняемый органическими остатками. Образование живого органического вещества происходит на земной поверхности; разложение органических веществ, их минерализация осуществляются главным образом в почве. Почва образовалась под воздействием организмов и физико-химических факторов. Мощность почвы наряду с поверхностной биомассой и под влиянием ее увеличивается от полюсов к экватору. В северных широтах особое значение имеет перегной, мощность которого в подзолистых почвах примерно 5—10 см, а в черноземных — 1—1,5 м. В разных почвах существуют своеобразные биоценозы. Их составляют корни деревьев, кустарников, травянистых растений, расположенные в почве и в нижележащих слоях подпочвы ярусах. Скопления насекомых и их личинок, долбящих, роющих, сверлящих почву, производят огромную работу. По наблюдению Ч. Дарвина, дождевые черви, пропуская почву через кишечник, выносят ее на поверхность, ежегодно образуя слой толщиной 0,5 см, массой 25 т на 1 га.

Почва плотно заселена живыми организмами. Биомасса одних дождевых червей в суглинистых почвах достигает 1,2 т на 1 га, или 2,5 млн. особей. Количество бактерий в 1 г почвы измеряется сотнями миллионов. Вода от дождей, тающих снегов обогащает ее кислородом и растворяет минеральные соли. Часть растворов удерживается в почве, часть выносится в реки и океан. Почва испаряет поднимающуюся по капиллярам грунтовую воду. Происходит движение растворов и выпадение солей в разных почвенных горизонтах.

В почве происходит и газообмен. Ночью при охлаждении и сжатии газов в нее проникает некоторое количество воздуха. Кислород воздуха поглощается животными и растениями и входит в состав химических соединений. Проникший в почву с воздухом азот улавливается некоторыми бактериями. Днем при

Биомасса поверхности суши и океана　　115

нагревании почвы выделяются газы: углекислый, сероводород, аммиак. Все процессы, происходящие в почве, входят в круговорот веществ биосферы.

Некоторые виды хозяйственной деятельности человека (химизация сельскохозяйственного производства, переработка нефтепродуктов и др.) вызывают массовую гибель почвенных организмов, играющих важную роль в биосфере. Необходимо бережное отношение к почве, рациональное ее использование и защита от загрязнения.

Биомасса Мирового океана. Гидросфера Земли, или Мировой океан, занимает более 2/3 поверхности планеты. Объем воды в Мировом океане в 15 раз больше возвышающейся над уровнем моря суши.

Вода обладает особыми свойствами, важными для жизни организмов. Ее высокая теплоемкость делает более равномерной температуру океанов и морей, смягчая крайние изменения температуры зимой и летом. Теплопроводность воды больше теплопроводности воздуха в 20 раз. Океан замерзает только у полюсов, но и подо льдом существуют живые организмы.

Вода — хороший растворитель. В состав воды океана входят минеральные соли, содержащие около 60 химических элементов. И, что особенно важно для жизни растений и животных, в ней растворяются поступающие из воздуха кислород и углекислый газ. Водные животные также выделяют при дыхании углекислый газ, а водоросли в процессе фотосинтеза обогащают воду кислородом.

Физические свойства и химический состав вод океана весьма постоянны и создают среду, благоприятную для жизни. Фотосинтез водорослей происходит главным образом в верхнем слое воды — до 100 м. Поверхность океана в этой толще заполнена микроскопическими одноклеточными водорослями, образующими *микропланктон* (греч. «планктос» — блуждающий).

На океан приходится около 1/3 фотосинтеза, происходящего на всей планете. Водоросли поверхностного слоя океана — трансформаторы энергии солнечного излучения, превращающей ее в энергию химических реакций.

В питании животных океана преимущественное значение имеет планктон. Водорослями и простейшими питаются веслоногие рачки. Рачков поедают сельди и другие рыбы. Сельди идут в пищу хищным рыбам и чайкам. Исключительно планктоном питаются усатые киты.

В океане, кроме планктона и свободноплавающих животных, много организмов, прикрепленных ко дну и ползающих по нему. Население дна носит название *бентоса* (греч. «бентос» — глубинный).

В океане наблюдаются сгущения организмов: планктонное, прибрежное, донное. К живым сгущениям относятся и колонии кораллов, образующие рифы и острова. В основном в океане

写真 3-2　諸外国の教科書の中の土壌記載例

などに大きな差異があること，土を取り上げる視点（土の重要性や環境教育との関わりなど）が異なることが明らかとなった。これらのことから，学校教育における土壌の取り上げ方，指導方法がかなり異なっていることが推察された。

次に，各国の教科書に見られた特色ある記載内容について触れる。アメリカの教科書の中には地域の土壌分布が図示され，説明され，産業と深い関連が記述されている。また，フランスの教科書では国の代表的な土壌が記述されており，『土は貴重な資源』という観点から説明されている。さらに，イギリスの0レベルの教科書「INTRODUCTION TO BIOLOGY」では「土壌」という章が設けられ，土壌定義，土壌の性質や機能，自然の中での役割などが説明されている。「食物連鎖と自然界の平衡」や「細菌類」・「菌類」などは別章扱いとなっており，そこで再び自然界における土壌の働きが記述されている。

ロシアの初等教育第3学年（日本の小学校4年に当たる）で使用されている「ПРИРОДОВЕДЕНИЕ」では「土壌」という章があり，『土壌とは何か』が詳細に扱われている。また，「人間による自然の利用と保護」の中では土を保護するために樹木が植えられ，森林が土を守っていることなどが詳細に記述されている。さらに，大地は人々の生活の養い手であるから大切にしなければならないことなども記述されており，土の有益性・重要性が強調されている。中等教育第4学年（小学校5年）では「土壌」が独立のテーマとして様々な観点から取り上げられている。そして，「土は地球の宝物」という章が設けられて，自然における土の役割や位置，機能などが詳細に記述されており，土の大切さや重要性が強調されている。

その他の国々でも，土について我が国よりも積極的に取り上げられている。これらの国々では，土が私たち人間を含めたたくさんの生物にとって欠かせない大切なものであるという捉え方が基調となっており，土の大切さや重要性が小・中学校の段階で教えられていることは注目に値する。そして，土を

表 3-3　土壌記載から見た日本型とアメリカ型の特徴と関係国

土壌記載の類型	日本型	アメリカ型
関係国	日本，中国，韓国，インド，フィリピン，パキスタン，ロシア，エジプト	アメリカ，イギリス，ドイツ，フランス，オーストラリア，ニュージーランド
特　徴	土に関する記述が少ない 土の観察・実験が少ない 地上部の物質循環の解説・図示に較べて地下の物質循環は乏しい 図表や写真，イラストが少ない 農業や林業と土との関係の記載がほとんどない	土に関する記述が多い 土の観察・実験が多い 地上部の物質循環と地下部の物質循環はほぼ同等に解説・図示されている 図表や写真，イラストが多い 農業や林業と土との関係の記載がある

大事にして十分に活用していくことが国の繁栄につながることが強調されていることも見逃せない。日本及びアメリカの教科書を基本として諸外国の教科書の中の土壌記載の特徴をまとめると，表 3-3 の通り大まかに日本型とアメリカ型に二分されることが判明した。そして，教科書に見られた特徴から，日本型はアジア諸国とロシア，エジプト，アメリカ型はヨーロッパ諸国とオセアニア諸国が属していた。この日本型とアメリカ型の相違が，表 3-1 の教科書に見られる土壌項目の記載状況と深く関わっていることが考えられる。

アメリカとイギリスの教科書に見られる土壌記載ついて，下記にその一部をピックアップして紹介する。

アメリカの教科書に見られる土壌記載

① 『Science-UNDERSTANDING YOUR ENVIRONMENT-』（George G. Mallinson, 1981）

A-1：地殻の大方は海で覆われているが，海の底には薄い土の層がある。土は陸地の岩石の上を覆っている。

A-2：土は地殻の重要な部分である。

A-3：土は岩石が崩壊してつくられる。

A-4：いろいろな色の岩石があることから，土の色が様々であることがわかる。

A-5：地殻を構成する岩石のほとんどは土で覆われている。土の厚さは数cmから数百と様々である。多くの植物は土のうえで生育し，動物はそれを食べている。それ故，土なしには食糧は得られず，動物は生きられない。

A-6：土は岩石の砕片に動植物の遺骸が混ざって生成される。これらの遺骸から土中にミネラルが供給される。土中にはたくさんの微小生物がいる。これらも土の一部分である。

A-7：土は長い時間を費やして徐々につくられていく。風や水，温度変化が土の生成を促進する。あなたの前にある岩石は，百万年後には土になっているだろうか。

A-8：土は場所によって違い，不均一なものである。土は砂，粘土，ロームのような様々な粒からなっている。表層近くの土と深いところの土とでは異なっている。最上層の土（表土，topsoil）は生き物が育つのに最良である。

A-9：砂は水を保持できない。粘土は岩石の粉末からできており，粘土は水をたくさん保持できるが，乾燥すると割れる。植物は粘土では育たない。ロームは砂や粘土，腐植などを含む混合物である。腐植は動植物の遺骸からつくられる。ロームは植物の成長に必要な水やミネラルを含んでいる。

A-10：表土が水により洗い流されてしまうと粘土や砂質土あるいは裸岩が残る。このようなエロージョンにより豊かな表土が失われると，植物の育ちが悪くなる。山火事や乱伐は，エロージョンを起こしやすくする。間伐や植林により，エロージョンを防ぐことができる。

A-11：土と母岩とは密接に関係している。

A-12：土は，植物が必要とする水やミネラルを供給する。土には植物の成長に必要な鉄やカルシウム，マグネシウム，その他の物質が含まれている。

A-13：母岩は風や雨により侵食される。この侵食により，岩石はシルトや砂，粘土となる。

A-14：土の粒子間には，空気や水が入り込む。

A-15：無数の微生物（主にバクテリアやカビ）は生物遺体を分解する。この分解した遺体はシルトや砂，粘土と混ざり合って土を形成する。

A-16：私たちは無機的要因を別々に見ているが，生態系における生命活動の場では密接に関連している。

A-17：ミシガン湖岸に沿った砂丘で見られる土と生物の遷移

①湖の近く

一帯が白砂で熱く乾燥しており，草は全く生えていない。強風のため常に砂は動いており，昆虫やクモ以外の生き物は生活できない。湖岸の半ば：多年草が生え，砂が飛ぶのを防いでいる。また，枯死した根や葉が砂に加わる。

②湖岸

ここにはいろいろな草が生え，砂はほとんど移動しない。鳥によって運ばれた sand cherry，cottonwood，柳（willow）の種子が少し湿った砂地に成長する。これらの他にも様々な植物が生え，げっ歯類や肉食動物たちが活動している。これらの生物がさらに砂に有機物をもたらす。やがてマツ林に移行し，土中の腐植は増える。マツ林からカシ林となると動物の種類や数が増え，昆虫や樹上生活する動物の宝庫となる。腐った木や葉で覆われている林床にはミミズ，コオロギ，ナメクジ，カタツムリ，ヤスデなどが見られる。カエデ林がこの地帯の極相である。この林は水を貯え，豊かな土をつくる。このように，わずか数分歩くだけで生態系の変化を知ったり，数百年間に渡る遷移の様子をうかがうことができる。

A-18：土地はあらゆる方法で酷使されている。その例が侵食である。風や雨による侵食は，自然のプロセスである（例：ユタ州キャニオン渓谷）。貴重な農地の侵食も見られる。これによって失った農地のほとんどは誤った農法に起因している。牧場の馬や羊，牛が牧草を食い荒らし，土を露出してしまい，風や雨によって侵食される。さらに，集約農業では収穫により土の養分が元に戻るよりも早く収奪されてしまう。通常の石炭採掘として知られる‘露天掘り（strip mining）’によっても土地は開墾される。これから先，地球には一体何が起こるのだろうか？ 君は21世紀にこの地球がどうなると思うか？推測してみよう！

A-19：観察・実験の１例

・コンポストによってたい肥をつくる（園芸家はなぜコンポストたい肥を使うか）

・砂，粘土，ロームの水分保持量を比較する

・土のかたさを調べる

・砂，粘土，ロームでの植物の育ち方を比較する

②『FOCUS ON Life Science』（C. H. Heimler, 2008）

B-1：コケは岩石帯に最初に入る植物であり，その仮根からの分泌液は岩石を崩し，わずかな土壌粒子をつくる働きをしている。また，コケの死骸は岩石の粒を徐々に土に変えていく。まだ，土は少なく大きな植物は育たない。それは，岩上では根を下ろしたり，水を吸収したりできないからである。やがて，土が厚く積もり，熟成してくると大きな植物を支えることができるようになる。コケは岩上，他の植物は土が適した場所といえる。

B-2：植物は土からミネラルと水を吸収している。肥沃な土は，植物の成長を促進する。ミネラルの種類と量及び有機物量は，土の肥沃に密接に関係する。植物の成長にとって土壌粒子の大きさも重要である。粒子の粗い砂質土や砂礫あるいは粒子の細かい粘土では植物は育たない。砂や砂礫は水分の保持能をほとんど持たず，粘土は乾燥するとかたくなる。また，粘土質土壌は酸素不足になり，有機物も少ない。落葉落枝や排泄物は，土を肥沃にするうえで極めて重要である。

B-3：土は岩石から数百万年の年月をかけてできる。岩石は雨や風，氷河，融雪そして植物による風化によって土に変わっていく。そして，わずか

2.5cm の表土ができるのに500～1,000年を要している。

B-4：表土にはバクテリア，カビ，菌類，ミミズ，昆虫が棲息している。表土ひとかたまりの中に60,000,000匹近くのバクテリアが含まれている。下層土は主に岩石粒子からなり有機物はほとんど含まれていない。

B-5：アメリカの Great Plains 地帯では，1930年の間に大量の表土が吹き飛ばされ続けた。この間雨はほとんど降らなかったが，潅漑により穀物が収穫されてきた。しかし，長い間の土の酷使と乾燥のため，土地は痩せて放置され，乾いた不毛の土が残った。かつて土を覆っていた草は１本も生えていない。強風が吹く度に表土は舞い上がり，数百 Km 四方にも及ぶ砂塵が空を暗くすることもあった。この表土喪失の現象をエロージョン（風や水，氷河によって表土を運び去ってしまう現象）という。表土がほとんどあるいは全くなくなってしまうため，植物はほとんど育たない。そのため，農業はできず，多くの農民は農地を捨ててしまった。

B-6：集中豪雨はエロージョンをもたらす。また，伐採された森林や耕作地はしばしばエロージョンを引き起こす。土地を覆っていた植物が失われると，表土が風や雨にさらされ，土壌侵食や流出が起こりやすくなってしまう。

B-7：観察・実験

・土壌断面
・土壌中の空気
・土壌水分
・土壌粒子
・土壌温度
・土壌の良否の比較
・土壌吸着
・土壌鉱物
・土壌動物

・落ち葉のカビ
・落葉の分解過程と土壌のでき方
・植物分布と土壌形成（遷移）
・傾斜地の土砂流出

イギリスの教科書に見られる土壌記載

③『Human Biology-Made Simple-』（Robert Barrass，1981）

C-1：生物（植物・動物）と気候と土の関係図を解説する。土は気象現象（気温・雨など）により風化作用を受ける。また，土は動植物の成長に強い影響を与える。

C-2：気候（気温・雨など）は土を風化するとともに動植物の成長に影響を及ぼす。

C-3：植物根は土を細かくする。

C-4：植物遺体や動物の死骸・糞尿は腐ると腐植（Humus）となり，土になる。

C-5：土壌水中の化学物質は岩石からの溶出物質や生物の遺骸・排泄物に由来する。

C-6：陸地では岩石上に最初に地衣類が生え，他の植物が住める環境をつくる。かすかに土ができたところにコケ植物が生え，やがて根を持つシダや種子植物が生えてくる。これらの植物は土の形成に深くかかわっている。

C-7：よく発達した土に成り立つ極相（Climax）林は特定の気候下で見られる安定した生態系である。

C-8：人類が新しい方法で陸地を使う（例えば耕作，放牧，造林，道路や家屋，工場建設）ようになって，遷移にどのくらいかかるかを考えざるを得なくなった。もしも樹木伐採や過放牧によって森が失われ，草原が破壊されると土の粒子は植物根によって保持されなくなってしまう。また，何千年もかかってつくられた土が雨に流され，風によって吹き飛ばされてしまう。これは土壌流出と呼ばれている。

C-9：一握りの土は，１つの生態系である。

C-10：土の構造や性質に関する研究は，多くの生命を宿す土の条件を理解するうえでの基礎となる。

C-11：農業のための土づくりは，様々な土の特性を理解しなければできない。

C-12：土の粒子は，母岩により決まる。小さな岩石のかけらは，土に含まれている。

C-13：0.02mm 以上の大きさを持つ粒子は砂土（sandy soil），0.002mm 以下の粒子は粘土（clay）と呼ばれる。0.02～0.002mm の粒子はシルト（silt）と呼ばれる。そして，ロームは砂と粘土の間くらいの粒子から成っている。

C-14：水は土や浸透性の岩石を通って滲み出るが不透性の岩石のところでは貯まる。

C-15：植物は土から水を吸収するが，土中の水の上方への移動により循環する。

C-16：土は岩石粒子，水，溶液中の成分，空気，腐植そして生物の混合したものである。つまり，それは１つの生態系である。1cm^3の土の中には数百万の微生物（バクテリア，カビ，原生生物，ネマトーダを含む）が住んでいる。

C-17：ミミズは土を食べ，有機物を消化している。ミミズの土を掘る作業は通気や排水に大きな役割を果たしている。また，植物遺体を彼らの穴に引き込んだり，糞を地表面や土中に残している。これは，有機物と無機物を破砕混合することで大いに役立っている。

C-18：土の観察事例

⑴生土を水に入れると，泡が出てくる。それを振って静置しておくと，重い粒子が沈み，軽いものはそのうえに重なってくる。このような簡単な実験から，土が空気やいろいろな大きさの岩石粒子を含んでいること，水より軽い鉱物があることがわかる。

(2)100cm^{3}の水に20gの土を入れ静かに振る。それを濾過し濾液を蒸発させる。その残さには土水に溶けている化合物が含まれている。

(3)生土を風乾させると軽くなり，るつぼの中で熱すると黒味が抜けてくる。これは水が蒸発し，有機物が燃焼したからである。残っているのは，鉱物と灰だけである。

(4)三角ロート2個を用意し，それぞれに紛状の粘土及びローム，砂を入れる。ロートに接続したチューブのピンチコックを閉じてロートに水を入れる。チューブの下方のクリップを開くと，排水は粘土よりもローム，さらに砂で早く落ち，それぞれの保水能に違いがあることがわかる。また，砂はロームや粘土よりもたくさんの空気を含んでいる。これらの結果から，砂，ロームと粘土では性質が異なり，生息環境が異なるため住んでいる生物が全く違っている。

(5)砂と粘土を詰めたガラス管を水の入ったビーカーに立てておくと，水が上昇してくる（管が細いほど水は高く上昇する）。水は砂土より粘土で早く上昇し始めるが，より高くまで上昇するのは粘土の方である。それは，砂よりも粘土の方が粒子が細かいからである。水を引っ張り上げる力は毛管現象と呼ばれ，水の表面張力によって生じる。

(2)生徒

土壌教育の在り方を考え，構築する上で参考とするため，日本と諸外国の土壌指導を比較調査した。対象とした国は，フィリピン，韓国，中国，アメリカ，ドイツ，イギリス，フランス，オーストラリア，日本であり，それぞれの国の高校生を対象としてアンケート調査を実施した。調査は，各国語で作成した用紙をそれぞれの国を訪問する方（教育委員会，大学等）に依頼し，現地校の生徒あるいは教師対象に実施していただいて回収したものと筆者が訪問して直接現地校で実施・回収したもの（聞き取り調査を含む）を集計・分析した。

表 3-4　我が国と諸外国の高校生の土に対するイメージ比較（%）

土のイメージ	日本	アメリカ	韓国	中国	フランス	ドイツ	オーストラリア	フィリピン
暖かい	0	7.3	0	0	3.2	5.9	4.8	0
冷たい	9.8	2.4	17.2	18.5	12.9	17.6	11.1	9.7
やわらかい	2.0	4.9	10.3	0	19.4	11.8	12.7	3.2
堅い	29.4	36.6	24.1	33.3	25.8	29.4	20.6	38.7
きれい	0	12.2	6.9	7.4	16.1	11.8	14.3	0
汚い	21.6	7.3	17.2	18.5	6.5	0	7.9	16.1
生きている	2.0	17.1	6.9	3.7	27.6	35.3	27.0	0
死んでいる	15.7	4.9	31.0	25.9	12.9	5.9	6.3	19.4
明るい	0	2.4	0	0	3.2	0	3.2	0
暗い	7.8	2.4	13.8	19.8	6.5	0	7.9	0
都会	0	0	3.4	19.8	3.2	11.8	3.2	0
田舎	74.5	31.7	58.6	59.3	35.5	35.3	39.7	29.0
自然	68.2	85.4	72.4	70.4	80.6	82.4	77.8	51.6
人工	3.9	2.4	10.3	7.4	9.7	11.8	6.3	0
ほこり	39.9	21.6	41.4	77.8	12.9	11.8	12.7	41.9
農林業	90.2	92.7	89.7	88.9	93.5	88.2	93.7	71.0
大事なもの	5.9	85.4	24.1	40.7	80.6	76.5	87.3	12.9
その他	3.9	0	0	3.7	0	0	1.6	0

質問「あなたは土に対してどのようなイメージを持っていますか？次の項目の中から選びなさい。」該当するイメージを自由選択させた。
表中の数値：回答値を生徒数で割り，パーセントとした。
調査対象：日本173名，アメリカ37名，韓国29名，中国23名，フランス31名，ドイツ27名，オーストラリア63名，フィリピン21名

土に対するイメージを比較調査した結果を，表3-4に示した。各国ともに土のイメージとして割合が高かった項目は「農林業」と「自然」であった。「大事なもの」という回答は欧米豪の高校生では75%以上と高かったが，アジア各国の高校生では低く，特に日本の高校生ではわずか5.9%であることが明らかとなった。中国とフィリピンの高校生は「ほこり」の割合が高かったが，欧米の高校生では低かった。「汚い」，「田舎」というイメージは日本の高校生が最も高かった。「生きている」は欧米豪で高く，「死んでいる」はアジア諸国で高かった。「明るい」は各国とも低かった。これらのことから，

日本の高校生は欧米の高校生と異なり，土を「大事なもの」とあまりイメージせず，「汚い」，「田舎」，「ほこり」などのマイナスのイメージを持っている割合が高いことが明らかとなった。

各国の高校生の「土に対する関心度」を調査した結果，欧米各国やオーストラリアの高校生に較べてアジア各国の高校生は低い傾向が確認された（図3-1）。特に，土への関心が「大いにある」という高校生は欧米，豪では10%を超えていたが，アジア各国は5%以下と少なかった。また，土壌侵食について説明できる知識を持っている高校生は，欧米では7割前後に達していたが，韓国，中国では約2割，日本はわずか1割と少なかったことは特筆すべきことである（図3-2）。この土壌侵食は，世界各地で発生している現象であり，今日の大きな地球環境課題として浮上している。国際連合食糧農業機関（2016）は，「地球全体の年間の作物生産の0.3%（中央値）が侵食の発生によりに失われている。」とし，「この減少率が今後も変わらず続くとすれば，2050年までに失われる生産量の合計は10%に上る。」と見込んでいる。そし

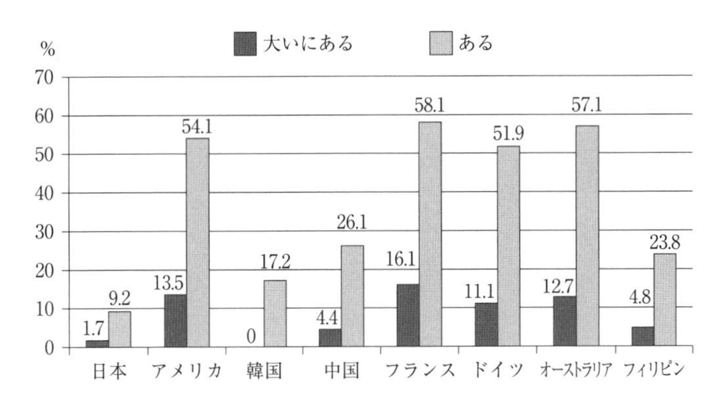

図3-1　各国高校生の「土に対する関心度」の相違（%）

「土に対して関心はありますか。」に対する「はい」の回答割合を示す。
「大いにある」と「ある」の割合を表示している。
調査対象：日本173名，アメリカ37名，韓国29名，中国23名，フランス31名，ドイツ27名，オーストラリア63名，フィリピン21名

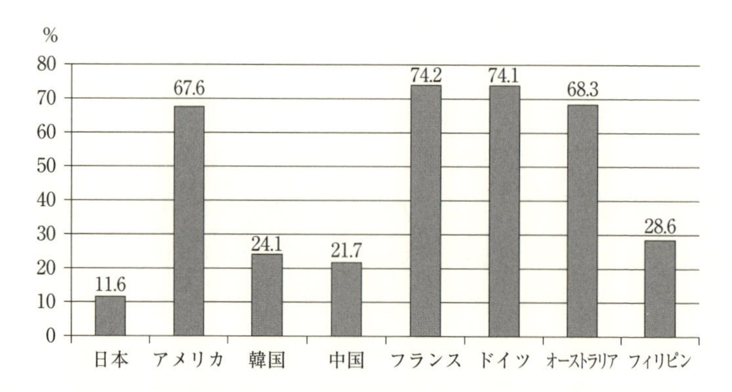

図 3-2　各国高校生の「土壌侵食に対する知識」の相違（%）

「土壌侵食を説明できますか。」に対する「はい」の回答割合を％で示す。
調査対象：日本173名，アメリカ37名，韓国29名，中国23名，フランス31名，ドイツ27名，オーストラリア63名，フィリピン21名

て，「この侵食による生産量の減少は，1.5億 ha の農地の減少（1年あたり450万 ha の減少）に相当する。」としている。土壌侵食については理科や地歴，公民などの教科書で取り上げられているが，高校生の関心，知識が低い実態を深刻に受け止め，その改善を図らなければならないと考えている。いずれの教科書でも土壌侵食の深刻な実態は記述されていないため，日本の高校生の多くは重大な問題とは考えていない。また，日本の高校生の土に対する関心の低さは，土に接する機会のない生活習慣や学校教育における土壌指導が消極的であること，土離れが進んでいること，などが関わっていると考えられるが，土壌リテラシーが備わらない原因ともなっていると推定される。

グローバル化の進展が著しい今日，世界で活躍できる人材育成が教育課題である。地球の自然破壊や汚染が進み，深刻化している中，持続可能な開発や農林業が求められている。近年，海洋のマイクロプラスチック（直径5 mm 以下のプラスチックゴミ）問題がクローズアップされ始めているが，魚介類等への悪影響が懸念されている。高田（2016）は，「年間3億トンのプラスチックが生産されている。そのうち半分が使い捨てとなる容器包装であり，毎

年800万トンのプラスチックが海へ流入している。」と推計している。土壌では，化学肥料や農薬の大量使用により，疲弊している。自然生態系で分解できない化学物質が急増しており，食糧確保に不安材料となってきている。我が国は，多くの食料や資源を他国に依存しており，世界各国が協調して土壌保全を考え，対処していく必要がある。

産学連携によるグローバル人材育成推進会議（2012）では，グローバルに対応できる力を持つ人材育成の必要性が指摘された。そして，グローバル人材を「世界的な競争と共生が進む現代社会において，日本人としてのアイデンティティを持ちながら，広い視野に立って培われる教養と専門性，異なる言語，文化，価値を乗り越えて関係を構築するためのコミュニケーション能力と協調性，新しい価値を創造する能力，次世代までも視野に入れた社会貢献の意識などを持った人間。」と定義し，「このような人材を育てるための教育が一層必要となっている。」と指摘している。農耕地拡大のための森林開発や過耕作，過放牧などが進む世界では，土壌劣化が広がり，土壌侵食が発生している。我が国では，自然や環境に配慮し，持続可能な生産を思考し，創造する能力を備えるグローバル人材を輩出していくことを考えると，土壌への関心・理解を持ち，保全する態度や行動を伴う視点が重要となる。

(3)教師

日本及び諸外国の教師に対するアンケート調査は，アメリカ，イギリス，韓国，中国，フランス，ドイツ，オーストラリア，フィリピン，日本で実施した。調査方法は，前述の生徒の場合と同様に各国語で作成した用紙をそれぞれの国を訪問する方（教育委員会，大学等）に依頼し，現地校の教師対象に実施し，回収したもの及び筆者が訪問して直接現地校で実施・回収したもの（聞き取り調査を含む）を集計・分析した。表3-5は，各国の教師が土壌指導の必要の度合いを調査した結果を示している。この表から，欧米各国は「かなり必要」と「多少必要」を併せると9割を超えていたが，アジア各国は5

表 3-5　我が国と諸外国の初等・中等学校における土壌指導の必要性の相違（%）

土壌指導の必要性	日　本	アメリカ	韓国	フランス	中　国	ドイツ	イギリス	オーストラリア	フィリピン
かなり必要と思う	7.7	85.7	7.4	55.1	0	72.4	73.1	62.8	0
多少必要と思う	61.5	14.3	55.6	38.0	57.1	20.7	19.2	32.6	58.8
あまり必要とは思わない	30.8	0	33.3	6.9	31.8	9.1	7.7	4.6	35.3
全く必要とは思わない	0	0	3.7	0	11.1	0	0	0	5.9

教師対象，質問「土壌指導はどの程度必要と考えていますか？」
調査対象：各国の小学校，中学校，高等学校理科担当教諭（日本67名，アメリカ39名，韓国26名，フランス29名，中国55名，ドイツ23名，イギリス26名，オーストラリア43名，フィリピン17名）

～6割であった。逆に「必要とは思わない」との回答はアメリカで0％，オーストラリア4.6%，イギリス7.7%，ドイツで9.1%であったが，日本，中国，韓国，フィリピンのアジア諸国は3割を越えていた。特に，アメリカでは「かなり必要」が高かったが，自国が深刻な土壌侵食を抱えていることなどが原因していると考えられる。一方，中国では近年土壌問題は深刻さを増しているが，成長著しい途上，森林伐採や開発等が急速に進展しており，土壌教育への関心は低く，その必要性はあまり持たれていないのが実情である。実際に，中国を訪問した時に中学校や高等学校の教師に直接環境教育や土壌教育についてどのくらい実践しているかを聞いたが，多くは指導することはなく，そのような時間もないと答えていた（福田，2015c）。韓国は日本と同様，食料自給率が低いが，土壌への関心は必ずしも高くない。

日本と諸外国の小学校，中学校，高等学校理科担当教師を対象に授業で土壌を取り上げ，扱っているか否かを調査した結果を図 3-3 に示した。この図から，小学校，中学校，高等学校における土壌の取扱いは日本，中国で少なく，欧米諸国やオーストラリアでは積極的に扱っていることが判明するとともに，それが野外における自然観察の実施と深く関わっていることがわかっ

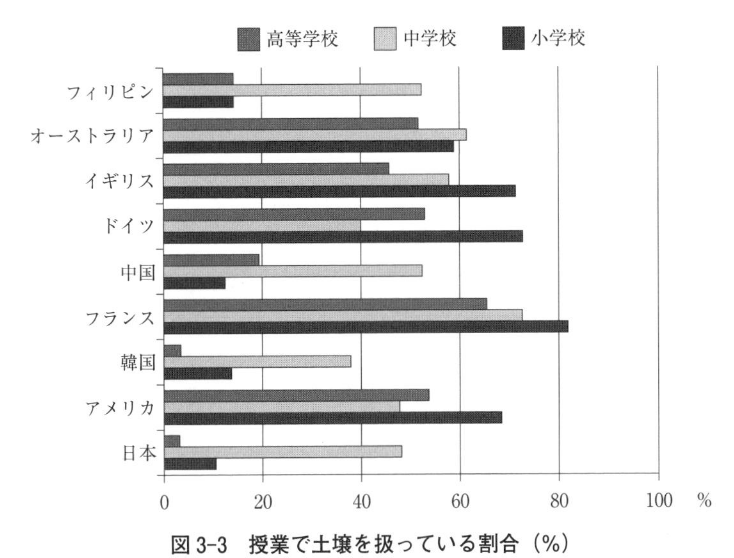

図3-3　授業で土壌を扱っている割合（%）

調査対象：表3-5と同じ。質問「あなたは授業で土壌を教材として取り上げ，扱っていますか」に対して「はい」と答えた割合（%）を示した。

た。我が国の小・中・高等学校で土壌指導を実施していない理由を調べると，小学校や中学校では「土をよく知らない。」，「他の教科でも土を教える。」が多く，高等学校では「土は入試に出題されない。」，「土は扱いにくい。」，「土は教える魅力があまりない。」が多かった（表3-6）。この点，フランスやドイツでは，「時間が足りない。」という理由をあげる教師が多かったところが日本と異なっていた。

次に，教師対象のアンケート調査により，野外における自然観察の実施状況を調査した結果，図3-4の通りであった。この図から，日本は小学校，中学校，高等学校のいずれにおいても野外における自然観察の実施率は欧米，オーストラリアに較べて低いことが明らかとなった。特に，高等学校での実施は極めて低かった。日本と同様に実施率が低いのは，中国，韓国であった。尹（2009）は，ハルピン市の小中学校教師の環境教育に対する意識調査で，

表 3-6　土壌指導を実施しない理由（複数回答可）

土壌指導を実施しない理由	小学校	中学校	高等学校
児童・生徒が土に関心を持っていない	0	13.3	9.7
土をよく知らない	42.9	30.0	22.3
土は入試に出題されない	14.3	36.7	52.0
土を扱う時間がない	0	23.3	16.6
土に関心がない	14.3	26.7	23.4
観察・実験に時間がかかる	9.1	15.6	13.3
土は教える魅力があまりない	15.2	11.1	44.6
他の教科でも土を教える	28.6	13.3	2.9
土は扱いにくい	0	53.3	40.0
その他	0	6.7	1.7

調査校数：小学校33校，中学校45校，高等学校83校（埼玉県）。表中数値は％を表す。

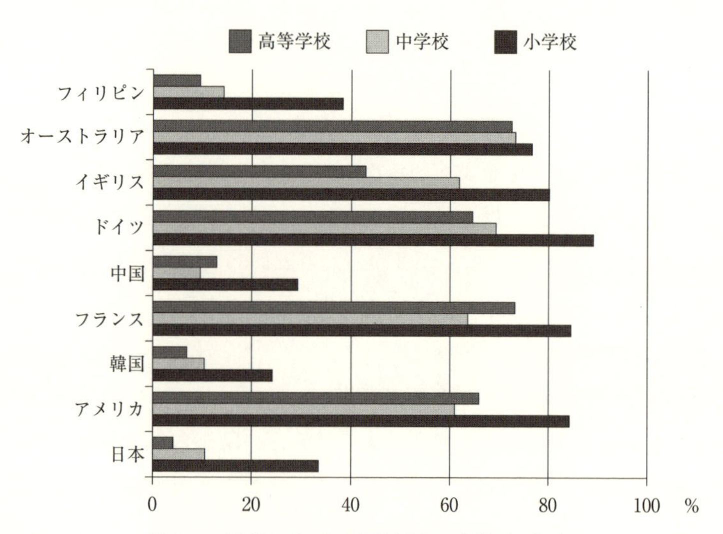

図 3-4　野外における自然観察の実施率（%）

調査対象：表 3-5 と同じ。質問「あなたは野外で自然観察を実施していますか」に対して「はい」と答えた割合（%）を示した。

教師が関心を持っている環境問題について「非常に関心がある」,「やや関心がある」を選んだ比率が高い順は大気汚染（93.7%），地球温暖化（92.3%），水質汚濁（92.1%），酸性雨（91.2%），ごみ問題（91.0%），オゾン層の破壊（90.6%），森林破壊（88.4%），黄砂（87.7%），騒音（85.0%），農薬による食物汚染（82.9%），土壌汚染（82.9%）であったと報告している。現在，中国では土壌汚染は深刻であり，土壌侵食や塩類化・アルカリ化，重金属等による汚染，砂漠化などが急速に広がっている。1996年国家教育委員会などは「全国環境宣伝教育行動綱領（1996年～2010年）」を発表し（劉ら，2000），環境意識や環境行動の向上を目的とした緑色学校プログラムを立ち上げた。2003年には「中小学校環境教育実施指南」が示され，環境教育の推進を図ろうとしている。そして，中国の環境改善に向けて，法規や基準の整備に加え，環境教育が重要な施策のひとつとなっている（陸ら，2008）。

フランスの小学校では，教室を出て学校周辺にある林で様々な観察を自由にして，教室に戻って観察したことを発表する活動を見学した（福田，2015g）。子ども達と一緒に外に出ると，ある児童は小さなスコップで林のふかふかした土をスコップで掘ってビニール袋に入れていた。何で土を集めているのか，何をしようとしているのかはわからなかった。その後，グラウンドの土を掘ってビニール袋に入れていた。教室に戻ると発表会が始まった。やがて，土を掘っていた児童の番になった。皆の前で，これから実験をするのでよく見るように言うと，児童は，２つのコップそれぞれに砂と土を入れた。次に，それぞれに水を加えた。じっと見ていた児童たちから，「林の土の方は泡がたくさん出ていたのに，グラウンドの土はほとんど出ない。」と言っていた。その他の発表を聞いて，児童たちがすばらしい感性を持っており，豊かな発想力，創造力に漲っていることがわかった。

我が国の学校における野外での観察は，小学校や中学校では校内の花壇や学校農園（学校菜園），校内林，ビオトープや博物館などが大半で，高校では博物館の活用に伴う現地観察会を実践しているところがあった。一方，欧米

表 3-7　野外における自然観察時に観察した対象

自然観察の対象		日本	中国	アメリカ	フィリピン	韓国	フランス	ドイツ	イギリス	オーストラリア
植物	種子植物	57.9	15.8	62.9	43.5	22.2	54.2	52.9	46.7	56.5
	シダ・コケ・地衣	5.3	0	11.1	0	0	8.3	11.8	7.7	8.9
	藻類	0	0	3.7	0	0	4.2	0	6.7	0
動物	ほ乳類	10.5	9.1	18.5	21.7	11.1	16.7	5.9	26.7	8.7
	両生類・ハ虫類	0	0	3.7	0	0	8.3	11.8	6.7	0
	鳥類	26.4	18.7	29.6	0	22.2	37.5	35.3	40.0	30.4
	昆虫	42.1	26.3	40.7	10.9	0	45.8	52.9	53.3	39.1
	土壌動物	5.3	0	14.8	0	0	25.0	11.8	20.0	13.0
水生生物		5.3	0	7.4	0	0	4.2	0	6.7	0
菌類		0	0	3.7	0	0	8.3	0	0	0
気象(気温・湿度等)		15.8	9.1	18.5	10.9	11.1	12.5	11.8	20.0	13.0
空気・水・光		10.5	9.1	7.4	0	0	12.5	5.9	33.3	4.3
土壌(土壌動物は除く)		0	0	14.8	0	0	23.5	23.5	20.0	8.7
その他		0	0	3.7	0	0	0	0	0	0

調査対象：図 3-4 の野外における自然観察実施教師。その他：「自然の音さがし」。表中数値は％を表す。

やオーストラリアでは国立公園での宿泊研修，現地観察会，巡検が１～２割，学校近隣での観察会（森林，公園など）が２～３割など，校外で実施する学校が多かった。また，農業体験や林業体験を実践する学校もあった。野外での観察対象が何かを質問した結果を表 3-7 に示した。この調査では，観察対象を複数回答可として集計した。その結果，各国とも対象として多かったのは，種子植物や昆虫，鳥類，ほ乳類などの動植物であった。藻類や両生類・ハ虫類，菌類を対象とする割合は低かった。生物以外では，気象や空気・水・光，土壌であった。土壌動物を観察対象とする国は多かったが，土壌そのものを観察対象とする学校は，日本と中国では見られなかった。アメリカ，フランス，ドイツ，イギリス，オーストラリアでは，野外における自然観察の実施率が高く，観察対象は幅広くバラエティに富んでいることが明白となった。

教科書及び生徒・教師対象アンケート調査の結果から，次のようなことが課題として挙げられる。

①日本の教科書で扱われている土壌項目は，欧米などに比べて少なく，土壌の性質や機能などの基本的な項目が扱われていない。そのため，児童・生徒に土を理解させることが難しくなっている。

②欧米などの教科書に比べて，日本の教科書は文字が多く，写真やイラスト，図表などが少ない（近年増加傾向が見られる）ため，児童・生徒に土への関心が持たれにくい。

③欧米などの高校生に比べて，日本の高校生は土壌に対する関心が低く，知識が乏しい。

④授業で土壌を扱っている割合は，日本が調査国中で最も低く，教師の土壌教育の必要性も欧米に比して低かった。その理由として「土をよく知らない。」，「他の教科でも土を教える。」，「土は入試に出題されない。」，「土は扱いにくい。」，「土は教える魅力があまりない。」などが多かった。土壌教育の推進を図るためには，教員研修の充実や魅力のある土壌教材の開発，授業開発が必要である。

⑤欧米などに較べて，日本の土壌指導の内容・項目は少ない。取り上げる土壌内容を検討する場合，研究者や専門家等の意見・要望を聞き，十分に精査することが重要である。

⑥土壌リテラシーの育成には，教科書の内容検討や教師の指導力向上，幼少期からの系統的，継続的な土壌教育の実践が重要である。とはいえ，アメリカのような1000ページを超える2kg 近い教科書は望めないので，ページ数の少ない教科書に取り上げる土壌内容のミニマム・エッセンシャルズを策定する（梅埜ら，1999）とともに教師の土壌研修あるいは学校への出前授業などを実行していくことが重要である。

第2項　土壌研究者の考える土壌内容項目

土壌を専門とする研究者が，学校教育における土壌教育でどのような内容を取り上げることを考えているかを確認するため，2013年9月に開催された日本土壌肥料学会名古屋大会（会場：名古屋大学）で学会員を対象としたアンケート調査を実施した（表3-8）。回答を集計した結果，表3-9-1の通りであった。アンケート調査は，次期学習指導要領の改訂に向けた要望書作成のための資料調査であった。会員が示した項目数は小学校が25，中学校が28，高等学校が35であった。また，土壌内容・項目数を教科別に集計すると（学校段階や教科科目が指定されていないものについては筆者が仕分けた），理科80項目，社会7項目，技術・家庭3項目，生活1項目であり，理科が全体の87.9％を占めていた。そのうち，「鉄斑などの酸化還元反応」，「有機酸の根からの放

表3-8　学習指導要領の次期改訂に向けたアンケート調査の内容

学習指導要領の改訂に向けた調査へのご協力のお願い

会員の皆様には，土壌教育委員会の諸活動についてご理解，ご協力を賜り，深く感謝申し上げます。さて，土壌教育委員会では現行学習指導要領の改訂に向けて土壌教育の観点から改善点や新たに取り上げたい内容等を検討しております。つきましては，会員の皆様からお考えやご要望を広く求めたいと存じますので，下記の調査へのご協力のほどをよろしくお願い申し上げます。

日本土壌肥料学会土壌教育委員会 委員長　　福田　直

記

1．小・中・高等学校生活，理科，生物，地学などの教科科目で土あるいは土壌を取り扱う場合，どのような内容や項目を設けるのがよいと考えますか（自由記載でお願いします）。
（例）中学校理科「土壌の機能」（土壌には植物育成機能・養水分保持機能・分解機能があることを取り上げ，解説する），中学校社会「土壌と農業」（農業の基本が土づくりにあり，団粒形成や耕起・施肥などを解説する），高等学校生物「土壌の放射能汚染」（土壌によるセシウム吸着のしくみを解説する）
(1)小学校
(2)中学校
(3)高等学校
【参考】現行学習指導要領の主な取扱い
小学校：地面，中学校：分解者，土壌動物，高等学校：自然環境要因，遷移と土壌形成，土壌断面

2．土壌教育を普及啓発する上でどのような方法がよいとお考えですか（自由記載でお願いします）。

表 3-9-1　日本土壌肥料学会会員による「小・中・高等学校で取り扱いたい土壌の内容・項目」の分類

分　類	指導の内容
土壌の定義	**土壌定義**・働き・役割（小理・高理），土とは何か（小理），自然と土壌（中理），**無機的環境要因**（中理）
土壌の性質	保水性・透水性（中理），固相・液相・気相（中理），水はけのよい土・悪い土（小理・中理），団粒土壌（高理）
土壌生成	土壌のでき方（小理・中理），土の歴史（中理），**植物遷移と土壌形成**（高生物），石と土（小理），岩石と土壌（高理），**土壌断面**（小理・高理），土壌層位・地形と土壌（高地学），土色（中理）
土壌の種類・分布	**土壌の種類**（高地歴），**日本の土壌・世界の土壌**（高地歴），火山灰土と非火山灰土（中地理・高地学），**土壌と気候**（中理・高理）
土壌生態	生物のすみか（小理），土と生物（小理），**物質循環と土壌**（小理・中理・高理），**植生と土壌**（高理），**土壌の分解者**（中理・高理・高地歴）
土壌の機能	植物生産機能（小理・中理），養水分保持機能（中理），分解能（小理・高理），浄化能（小理），緩衝能（中理），微生物バンク（高理），物質循環機能（中理），土壌呼吸（小理・中理）
土壌と植物	鉄斑などの酸化還元反応（高化学），有機酸の根からの放出と養分供給（高化学）
土壌生産	**農牧業と土壌**（中技術・中理・高理），産業と土壌（中理・高理・高地歴），**土壌と作物生産**（中技術），**土と肥料**（小理・中技術），**有機肥料**（高化学），水耕・土耕（中理）
土壌管理	土壌の利用・管理・保全（高理），国土保全と土壌（中社），土壌の改善方法（高理），環境保全と土壌（中理），環境・災害（(高地学)，土壌の健康（高理）
土壌破壊・汚染	砂漠化（小理・高理），土壌侵食・流出（小理・中理），重金属汚染（高理），塩類化（高理），放射性物質（高理・高公民）
土壌の観察実験	**土壌動物**（中理・高理），**土壌微生物**（高理），土壌呼吸（中理），土壌吸着（中理），土壌断面（小理・高理），**植物遷移と土壌形成**（高理），赤・黄・黒の粉末混合による土壌類似物質作成（高理），泥団子づくり（小理），森林における落枝葉分解（高理），三相分布（中理），粒径組成（小理）
土壌実習	**花壇**（小理），学校菜園（小理），畑・水田（小理）
土壌体験	土いじり（小理），裸足歩行（小生活），硬さ・粘性・手触り（小理），土性・可塑性（高理）

＊表中，太文字は現行学習指導要領に準拠した教科書で扱われている。小理は小学校理科，中社は中学校社会，高地歴は高校地理歴史の略，（　）内は取り上げる教科科目を示す。

出と養分供給」,「土壌の利用・管理・保全」,「火山灰土と非火山灰土」,「土壌機能（微生物バンク）」は専門的であり，教師が知らない内容であることが考えられる。また,「土いじり」や「泥団子づくり」,「裸足歩行」は，いずれも幼少期に重要な土壌体験である。さらに,「農業と土壌」や「産業と土壌」は,「水はけのよい土・悪い土」や「土と肥料」「水耕・土耕」,「土壌と作物生産」と関連付けて取り上げたい項目である。さらに,「砂漠化」や「侵食」,「流出」,「重金属汚染」,「塩類化」,「放射性物質汚染」,「環境保全と土壌」は環境教育の視点で取り上げられることが望まれる。

観察・実験は理科の特色であり，重要な科学的探究活動である。それ故，児童・生徒に科学の楽しさや面白さを実感させ，興味・関心を持たせ，探究心を育成する上で欠かせない。花壇や学校菜園，畑・水田，森林，校庭，学校ビオトープなど，学校を取り巻く環境を活用した様々なテーマを設定し，探究的に実践することが望まれる。土壌を教材とした観察・実験では，実際の土壌に触れて観察・調査し，体験的に「土壌の硬さ・粘性・手触り・湿り気」,「土性・可塑性」,「土色」,「森林における落枝葉分解」,「土壌断面」などを確認させることが望ましい。小学校低学年で取り上げたい「泥団子づくり」は，土への関心を高め，土の感触やにおいなどを体得できるものである。「土壌動物」や「土壌微生物」の観察・実験は，現行学習指導要領で取り上げられているが，土壌との関わりが希薄である。それ故，土壌そのものを使った「土壌呼吸」や「土壌吸着」,「粒径組成」などの観察・実験を取り上げたい。「三相分布」,「赤・黄・黒の粉末混合による土壌類似物質作成」,「遷移と土壌形成」などの実験・調査については，課題研究として取り上げることが望ましい。

「土壌教育を普及啓発する方策」について，自由記載を求めた結果を表3-9-2にまとめた。土壌に関する書籍出版やDVD作成，TVでの土壌紹介番組，土壌研修会や観察・実験の開発・実践，幼少期の土壌体験，土壌の教材化，グッズ・ゆるキャラの製作，国際土壌年の活用，他学会との連携など，一つ一つが積極的な普及啓発方策であり，今後土壌教育委員会で具現化していくことを検討していきたいものである。

学習指導要領では「土壌の性質や機能」，「土壌と植物」，「土壌管理」，「土壌破壊・汚染」などの内容・項目はほとんど取り上げられていない。また，

表 3-9-2　学会員による「土壌教育を普及啓発する方策」の提案

- 本の出版，Web での発信
- 理科教員に対する研修会
- 土壌を教材として利用する方法の提案
- 劣化土壌，問題土壌を見学させ，問題点から遡って土壌機能を見直させる
- 土壌を技術家庭科，理科地学に導入，地学では災害研究とも協力して早期必修導入
- 農業研究者，技術普及，行政に携わる担当者（土壌肥料分野以外）の土壌，植物栄養に関する知識が乏しい
- 大学，社会人教育が重要
- 農業の基礎がすべてわかるような教科書（農業高校の教科書がイメージ）
- オートゲーム，ケータイゲーム等で遊ぶ
- 土の色は一目でわかり，違いがあることに気づくきっかけとなる
- マンガで紹介。小説を書く
- 土壌は動きがあるものであることを示す（子供は動物，動くものが好き）
- 学校田設置や生き物調査が行われているが，解説する人やスタッフが不足しているので講習の機会を増やす
- 断面調査観察
- 食べ物，植物，自然を扱う TV 番組の中に土壌を入れる
- 年少時に土に触れることが重要であり，低年齢対象の土壌実験マニュアルの開発が必要である（総合学習，幼稚園の泥団子）
- 土を使った面白い，楽しい実験を開発し，キット，DVD で紹介する
- 土壌と食糧（米・野菜・果物・飼料・草地など）生産との関係からの教育が大事である
- 理科教育は基礎＋応用が大事である
- 土の断面観察，教材の開発，楽しいグッズ，ゆるキャラで子どもの心をつかむ
- 2015年の「国際土壌年」を生かす
- 土壌に関わる諸学会で連携する
- 継続，身近に感じてもらう（生活との関わり，地球環境との関わり）
- もし土がなかったら（土壌保全の海外の取組事例 VS 日本）
- 学校現場で土壌教育を推進できる人材養成
- TV に出て啓発実験をする。教材 DVD を学会として作る。

表中には，会員の記載した文をそのまま掲載している。

土壌を使った観察・実験は乏しく，土壌実習や土壌体験は全く取り上げられていない。土壌は，生物生産機能，有機物分解機能，養分貯留機能，水分保持機能，水・大気浄化機能，物資循環機能，生物多様性機能など，様々な機能を有し，人類生存にとって重要な食糧生産や木材生産の基盤あるいは様々な工業資材などとして活用されている土壌は，極めて大切な自然物である。この土壌が，20世紀後半より世界的に劣化し始めている。そして，我が国は食料の6割，木材の7割以上を外国に依存している。2050年には世界人口は96億人に達することが推定されている。人類の自然への働きかけが増大する中，持続可能を困難とする温暖化や砂漠化，気候変動，土壌疲弊などが進んでいる。地球地殻の最表層に広がる土壌を保全し，次世代に継いでいくことは，現生人類の使命であり，それには子ども達の土壌への関心・理解を高め，国民の土壌リテラシーを向上させていくことが重要であると考える。

第2節　土壌リテラシーの育成に向けた土壌教育の方策

第1項　幼少期から成人までの発達段階に応じた土壌教育の確立

⑴幼少期の土壌教育

幼少期の子どもが土にどう接したかあるいは親が土をどう捉えて子どもに指導したかということが，子どもの土に対するイメージ形成に大きな影響を与える。幼少期あるいは児童期に土を「汚いもの」，「汚れる」，「触ると病気になる」等の理由で，子どもが土に触ろうとすると「触らない！」と言われて育つ。その結果，土に対するマイナスのイメージが育まれ，土を嫌いなものと思うようになる。ジョン・ロックは「子どもの心はタブラ・ラサ（白紙）であり，教育とは白紙のキャンパスに絵を描くようなものである。」と捉えている（森，2009）。子どもの脳裏にある土のマイナス・イメージを払拭するには，幼稚園や学校教育段階の早い時期に積極的に土を取り上げ，土に接し，土を正しく指導する機会や場を設定することが大切となる。

土を指導する場合，指導者（教師，親，大人）が「土が①大事なもの・貴重な資源，②自然の中で大切な働き，役割を持っている，③生きものが生きていく上で欠かせないもの」という視点を持つことは大事である。図 3-5 は，幼児期（１歳～６歳）の土との触れ合いの機会の多少とその後（小６～中２）の「土が好き」の割合を調査した結果を示している。この図から，幼児期に土との触れ合いの機会が多かった子どもほど，「土が好き」の割合が高いことが明らかである。逆に，幼児期に土とほとんど～全く触れ合わなかった子どもは，土が好きではなくなっていることを示している。幼児期に土に多く接し，土の感性を身に付けた子どもと土にほとんど接する機会がないまま成長した子どもとの間には土に対する嫌悪感の有無に明らかな相関が認められたことから，生涯の自然あるいは土に対する基盤づくりとして，幼少期は土の感性を培う極めて重要な時期と言える。幼少期の自然体験活動は，子ども達の意欲や規範意識，学力，自然への関心など，様々な能力を育てる（山本ら，2005）。四出井（1993）は「子供時代の自然の中での遊びは子供の一生に影響する重要なもので，自然の寛容さを子供の心の中に育む意義がある」と

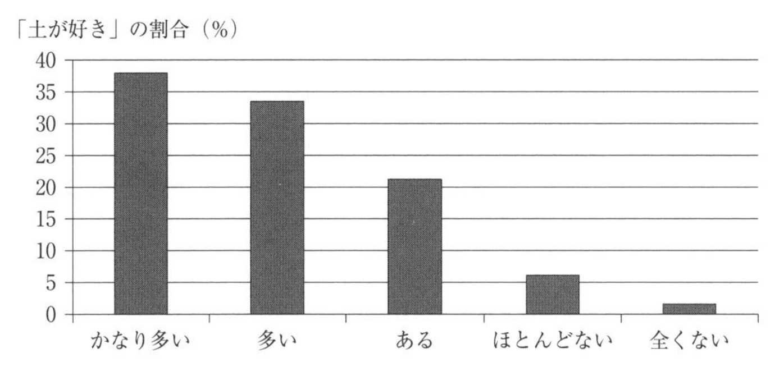

図 3-5　幼児期（１歳～６歳）の土との触れ合いの機会の多少とその後（小６～中２）の「土が好き」の割合

アンケート対象者：小６～中２の児童生徒66名（2013年～2015年）

している。また，「里山は明るいアカマツ林や雑木林で子供たちが遊ぶ場としてよい。かつて里山は堆肥や木灰の産地で農用林と称され，木は薪や柴，炭として使われてきた。その後，化学肥料や電気，石油の普及とともに里山の利用は減り，現在は放置林となり無用の存在となっている。」と指摘する。里山に広がる森林は，地面がふかふかで心地よい。子ども達が明るいアカマツ林や雑木林に入って，最初に気づいたこととしてあげたことで最も多かったのは「気持ちがよかったこと」，次いで「土がふかふかして軟らかかったこと」，「ひんやりしたこと」などであった（表3-10）。子ども達にとっては土の軟らかさはふだん気づかなかったこととして新しい体験であり，発見となっていた。また，落ち葉のにおい，土のにおいがしてとてもいいにおいだったと好感を持ったことが印象的であった。「土の山がたくさんあった。」という土の山はモグラの作った山を指していた。

「土と接する最適期はいつ頃か。」を親や小・中・高校教師に質問した結果，4～7歳が最も多く，次いで8～11歳，0～3歳の順で，12歳以降はわずか

表3-10　幼稚園児（年長）の林に入って最初に気づいたこと

林に入って最初に気づいたこと	割合%
ひんやりしたこと	52.9
土がふかふかして軟かかったこと	41.2
少し暗かったこと	38.2
大きな木があったこと	17.6
いろいろな虫がいたこと	35.2
落ち葉のにおいや土のにおいがしたこと	23.5
静かだったこと	14.7
土の山がたくさんあったこと	29.4
カエルを発見したこと	5.9
きれいな花が咲いていたこと	20.6
気持ちがよかったこと	67.6

調査対象：幼稚園児（年長）34人（2010年）

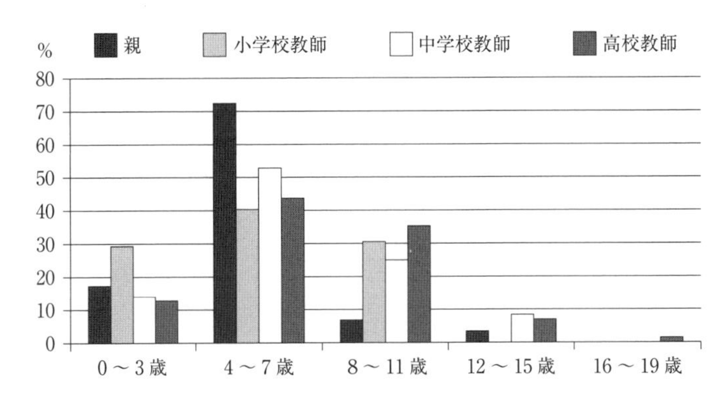

図 3-6　土に接する最適期

調査対象：親29名，小学校教師23名，中学校教師36名，高等学校教師71名（2014年～2015年）

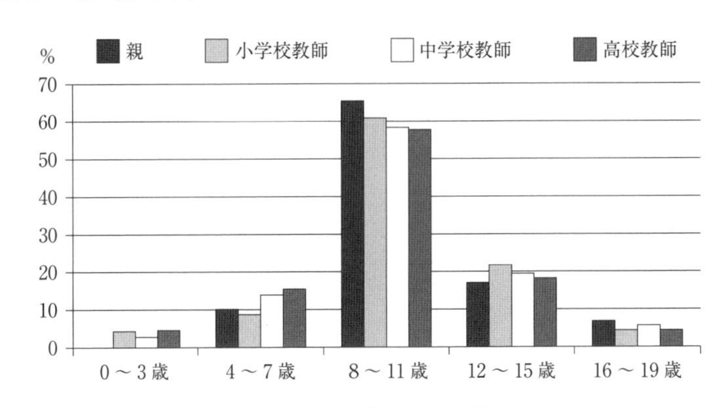

図 3-7　土を教える最適期

調査対象：親29名，小学校教師23名，中学校教師36名，高等学校教師71名（2014年～2015年）

であった（図３-6）。また，「土を教える最適期はいつ頃か。」では８～11歳が親，教師とも約６割であり，次いで12～15歳であった（図３-7）。人間の脳は３歳までに約80％が形作られ，６歳までに約90％，12歳で100％完成する，と言われている。３歳から小学校入学時の頃はシナプスの発達が著しく，感性が育ち，意欲的に知りたいという気持ちが増す大切な時期であり，土と接すると興味を持ち，土の不思議を探ろうとする。また，小学生になると知的好奇心や科学的思考力が増してくる時期であり，土に直接触れながら，土と砂の違いやいろいろな土の色・感触などを調べる適期であると言える。

新学習指導要領では，「主体的，対話的で深い学び」を実現する授業改善が求められる。社会の変化が急速かつ大きい今日，予測不能な課題が山積している。そして，諸課題の解決には課題発見力や解決力を育まなければならない。土を様々な視点から捉え，土壌劣化や塩類化，砂漠化などの課題解決策を自らが考え，意見交換し，検証していく教育手法を行っていく。様々な状況において優れた意思決定を下すために必要な能力であるメタ認知能力と言語能力との結びつきは強い（中山，2012）と言われており，児童期前期には周囲の状況と自己の能力を考慮して起こりうる事態を予測すると見られている（藤谷，2011）。いずれも，幼少期から児童期に土壌教育を適切に行うことがよいことを裏づけている。まさしく，この時期は土壌リテラシーを育成する上での重要な時期であり，土に対する感性を育む最適期であると言える。

(2)児童・生徒期の土壌教育

小・中・高等学校における土壌教育を実践するには土の教材化，カリキュラム化が必要である（小原ほか，1998；福田，2004a）。図3-8は，土壌リテラシーの向上に向けた土壌の教材化，カリキュラム化の筆者試案である。幼児期や児童期の早期には泥んこ遊びや土いじり，野外遊びなど，土に触れる機会を積極的に持ち，子どもたちの土に対する感性を育む。また，石や砂との違いを比較したり，土の感触やにおい，色などの違いから，様々な土の存在を知る。小学校中・高学年の児童は，自然の成り立ちやしくみに興味を持ち，関心が高くなる。小学校低学年の「生活」では，植物を育てることや土中の生きもの観察などを通して，土と生物の関係を学ぶ。小学校中学年では土を学習する機会が現行学習指導要領ではなくなっているが，地面の温度や養水分を保持する土，地層の最表層としての土層は取り上げられているので，花壇作りや穀物（イネなど）づくり，野菜づくりを体験する機会を設けて，農

家庭教育，保育園・幼稚園教育（幼児期）

泥んこ遊び，野外遊び，土の上を歩く（領域「環境」）　土に対する感性

学校教育（児童・生徒期）

①小学校　土体験・土への関心・理解

土に触れる，土を観る，野外体験（生活・理科，社会，総合的な学習の時間）

・土遊び（粘土細工・泥だんご）
・土の感触（土の軟らかさ，土の乾湿，土の粘り気など）
・花壇作り，穀物（イネなど）づくり，野菜づくり（土の中の養分・水分）
・石と土（土のでき方）
・地面の温度（ヒートアイランド）
・花壇作り，穀物（イネなど）づくり，野菜づくり
・土と砂との違い（土団子と砂団子）
・土の断面（表土は黒い，土はどこまで続く，土の中の生き物）
・土って何だろう
・土の層（土色，表層土と下層土，土の中の生き物）

②中学校　土の性質・機能の正しい認識

様々な土の観察・実験（理科，社会，技術家庭技術分野，芸術，総合的な学習の時間）

・土の生成過程を調べる…土壌断面，落ち葉のゆくえ（落ち葉めくり），土壌有機物・腐植
・土壌生物を調べる………土壌動物，土中の分解者（土壌微生物）
・土の多様性を調べる……土の色，土の呼吸，土の自然度
・土の機能を調べる………養分吸着・水分保持，浄化機能
・陶芸づくり

③高等学校　土壌保全の意識・態度・行動の育成

自然を構成する土壌，人間と土壌を学ぶ（理科生物・地学・化学，地歴地理，公民現社，芸術，保健体育・保健，家庭，国語・国語表現，外国語・英語，総合的な学習の時間）

・植生と土壌………………遷移と土壌形成
・植生・土壌・気候の関係
・農業と土壌
・日本と世界の土壌………チェルノーゼム，ポドゾル，テラロッサ，テラローシャ，ラテライト，赤黄色土，泥炭土，黒泥，砂漠土，栗色土，褐色森林土，黒ボク土，グライ土
・資材としての土壌
・土の破壊・汚染（土壌侵食，土壌の塩類化，砂漠化）と土壌保全
・土壌汚染と健康
・地産地消

成人教育　土壌に配慮した判断・態度・行動

↓ ・公務員研修・企業研修，図書館・博物館等生涯学習機関の活用，その他

土壌リテラシーの向上

＊学校教育では，関連する教科科目として国語，外国語，道徳などが入る場合がある。

図 3-8　小・中・高等学校等における土壌リテラシーの向上に向けた土壌の教材化，カリキュラム化

業や植物成長と土との関わりを観ることから，土に興味・関心を持たせる機会となる。土は，地球陸地の多くの生きものを育む存在であるが，地面の温度や地中の温度と生きものの生活を関連づけて学習する。また，土層を認識するために地層の授業の中で，その最表層に土層が分布していることを取り上げる。土は，自然の中で様々な機能を有する構成要素として重要であるので，様々な学習と関連付けて取り上げるとよい。

中学校では土を使った様々な観察・実験を実施し，土の性質・機能を知るとともに土への興味・関心を高める。中学校では土中の分解者を扱い，この分解者が自然の物質循環を進めるうえで重要な役割を果たしていることを説明する。また，分解者の微生物が実際に活動していることを土の呼吸量の測定を通して確認させる。この時，自然の中での土の存在がどんな意味を持ち，どんな役割を果たしているかを十分に理解させる。また，土と人間とのかかわりについて触れ，近年の人間活動による人工物（プラスチック，農薬など）や廃棄物の増大のため，自然の循環が大きく崩れていることについても考えさせる。土がどのように生成されるかを落ち葉をめくっていき，土になっていく過程を観察したり，土壌動物の種類と数を比較することから，土の違いや土の自然度を学習する。とはいえ，土壌動物が土壌から抽出されて観察されるため，動物の種類を同定することが主な観察目的となっている。それ故，各種土壌によって土壌動物の種数に相違があることは考察されず，土壌と土壌動物との関連がわかりにくい。また，土壌動物の役割，働きは理解されない。そこで，土壌が無機鉱物や腐植，水，空気，様々な生物から構成された総体であると捉え，土壌からの二酸化炭素発生速度（土壌呼吸）を測定する実験を行う。この実験は，簡単かつ明瞭であり，「土が生きている」ことを実感できると考えている。中学校では，技術で栽培の授業が実施される。そこで，土の養分吸着や水分保持，浄化機能などを学習するので，この中で土壌破壊・汚染と関連させて扱い，土を正しく認識させる。

高等学校では土の役割，土と人との関わり，多様な土壌，土壌問題を学習し，土の正しい認識を深め，土壌保全の意識や態度・行動を育成する指導をしたい。人為的な影響による土壌破壊や汚染によって，生命存続の危機につながっていることに気づかせる。土壌は，1年でわずか0.01cm程度しか生成されず，歴史的産物であり，人間の過度な働きかけによって機能が失われたり，土壌そのものを喪失してしまうと，その回復が難しく，元の状態に回復するには数千年を要することになる。特に，近年の森林伐採による表土流出や過耕作，過放牧などによる土壌侵食，化学肥料・農薬，重金属・産業廃棄物などによる土壌・水質汚染，土壌の塩類化は深刻である。自然体験や授業を通して，生命活動を支える基盤である「土壌」を理解させ，適切な人間活動を営むことが重要であることを認識させる必要がある。特に，理科や社会，保健，技術・家庭，総合的な学習の時間などの土壌内容を扱う教科目担当者は土壌を教科横断的に取り上げ，それぞれの教科科目の特徴を生かしつつ，土壌教育を実践することが，土壌への関心・理解を高め，土壌保全の意識・態度・行動を育成する上で必要となる。そして，土壌リテラシーを育成する一歩としたい。例えば，地歴科地理では日本及び世界の様々な土壌（ポドゾルやラトソル，チェルノーゼムなど）が取り上げられているが，それぞれの土壌特性が記述されていない。また，土壌侵食や土壌の塩類化，砂漠化などの土壌破壊や重金属による土壌汚染の問題が理科や地歴，公民，保健で取り上げられているが，その原因や解決に向けた保全などについて踏み込んで述べている教科書は見られない。様々な土壌の特性や土壌破壊・汚染のしくみ，保全を考えていくには，土壌を科学的に捉え，土壌と人間生活との関わりを考える学習が必要である。また，高等学校段階では食糧生産と人口問題，温暖化と土壌，生物多様性と土壌，文明と土壌など，土壌を幅広く，深く取り上げ，扱うことが土壌リテラシーを育成する上で必要である。

とはいえ，生物や人類の生存と深く関係している土壌問題を1教科1科目のみで考えていくのは難しい。地歴科地理では，世界の土壌分布を植生や気候分布との関わりで学習し，理科生物では自然の物質循環の記述にある土壌生物の働きや理科生物では「植物遷移と土壌形成との関係」を学習することから，植生のクライマックスと土壌の熟成について考察させる。「総合的な学習の時間」では，自然・環境学習を実践する中で野外での土壌断面観察や土壌調査を通して，地理や生物で学習した内容を確認する。また，農作業の中での土づくりや堆肥づくりを通して，土壌生物の役割などを認識する。さらに，林業体験の中で落ち葉堆肥をつくる活動を実践する。これらの活動を通して，土に接し，土に触れる機会は生まれる。これらの実践の中で，土壌について解説する機会を作ることが土壌に関心を持つきっかけとなり，土壌理解につながる。

「総合的な学習の時間」の授業で環境アドバイザー（埼玉県知事の委嘱）として依頼を受け，出前授業の中で簡単な説明の後，試坑を作って土壌断面観察を実施した。断面観察では，土色によって異なる層を分け，各層の特徴を観察した。そして，土壌形成過程を説明した。生徒の授業に対する感想に「試坑を掘る過程で深くなっていくに連れて，土が硬くなって掘りづらくなった。」，「80cm 位の深さでシャベルに土がへばりつくようになった。」というものがあった。現地では，深度別に土壌硬度計で硬さを測ったり，指で粘土をこねたりして土壌の硬さや粘り気を確認した。この実習を通して，生徒たちは土壌に関心を持ち，土の重要性を学んでいた。土壌は学際的な色彩が強く，横断的・総合的な課題の学習となる「総合的な学習の時間」の中で扱うことは望ましい。また，土壌教育を環境教育や消費者教育などと関連づけて実践するのがよい。土壌を環境学習教材として取り上げる場合，「総合的な学習の時間」で扱う事例が報告されている（総合的な学習における環境学習研究会，2002）。アメリカでは理科教育改革が進んでおり，STS 教育（Science, Technology and Society の略：1980年代に社会学的に科学・技術のリスクにアプローチする研究が登場した，3者が深く関わることを視野に入れた教育）以降教科の統合に伴う理科カリキュラムの構築が検討されている（南新ら，2003）。我が国では，知識を教える教育から自ら学び考える教育への転換が求められ，主体的，対話的で深い学びの視点からの授業改善（文科省，2017a）の推進が必要となる。自然を理解させる上で土壌を総合的に取り上げ，土の存在意義を考えさせる教育は新しい学習の一形態となると考えられる。

(3)幼児期から成人までの発達段階に応じた土壌教育

「土壌への関心度」を年代別に調べた結果，10代～30代では低く，40代～50代でやや高くなり，60代以降で関心を持つ人たちが増加していることがわかった（図3-9）。図1-1及び図1-2と図3-9との相関から，「土壌への関心度」には幼少期の土体験が深く関わっている。また，土壌問題に対する年代別関心度の比較では，高校生はやや低かったものの世代格差はあまり認められなかった（図3-10）。しかし，子ども期に土への関心を高めることは，土壌リテラシーの育成には不可欠である。そして，土壌リテラシー育成には幼少期～児童期の土壌教育はとても重要である。つまり，この時期は土に対する感性を育み，土壌リテラシーの基礎・土台づくり期であると捉えている。その後，生徒期には社会とのつながりの中で土壌を考えていく指導が必要となる。特に，様々な地球環境問題と関連させて土壌問題に視点を当てて扱っていくことが大切であり，土壌保全の意識・態度・行動の育成を図る時期で

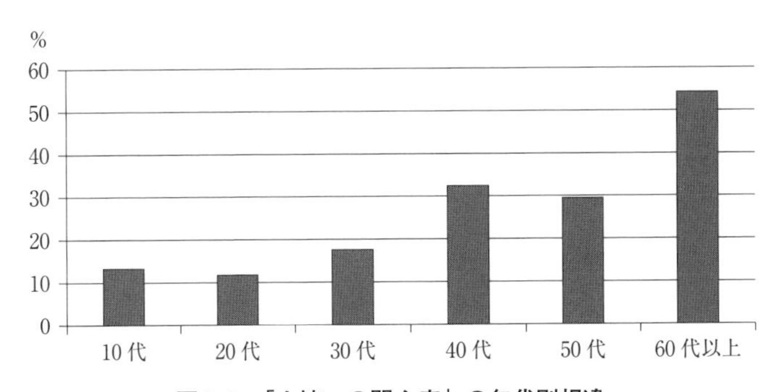

図3-9 「土壌への関心度」の年代別相違

10代217，20代143，30代51，40代39，50代27，60代35名（2011～2014調査）

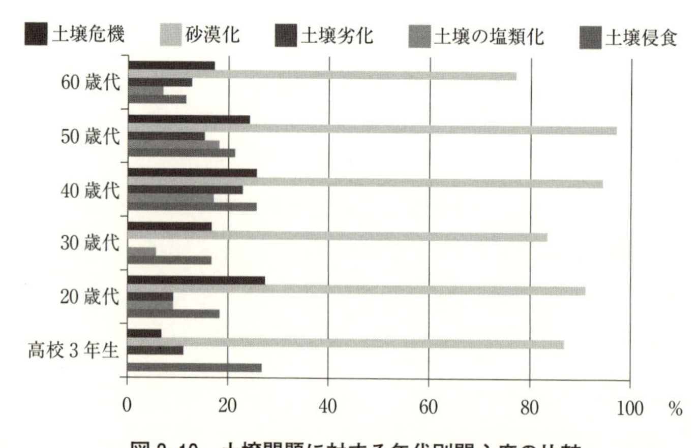

図 3-10　土壌問題に対する年代別関心度の比較

「関心がある」割合を％で示す。調査対象：高校３年生45名，20歳代11名，30歳代18名，40歳代35名，50歳代33名，60歳代87名（2010年）

あると認識している。さらに，成人教育では土壌問題の解決に向けた判断・態度・行動の育成を目標とした土壌教育の研修会あるいは観察会の実践が土壌リテラシーを確実に身に付けることになると考える。今日，グローバル化の進展が著しく，国際社会の中で地球環境に配慮した思考や態度，行動等が求められることは必然である。それ故，幼児期から成人までの発達段階に応じた土壌教育を適切に行い，国民の土壌リテラシーの育成，向上に向けた取組を構築することは重要である（図 3-11）。我が国は，他国に資源や食糧などの多くを依存しており，それは他国の土壌に依存していることと同義である。私たちにとって，土壌は決して遠い存在ではない。しかし，多くの人たちはふだん土壌に接する機会が少なく，土壌への関心・理解は乏しくなっている。

表 3-11は，小学校６年生，中学校３年生，高校３年生を対象に土に対する関心・理解のアンケート調査結果をまとめたものである。「土は身近な存在である」と思っている児童・生徒は決して多くはない。土は食物をつくり，

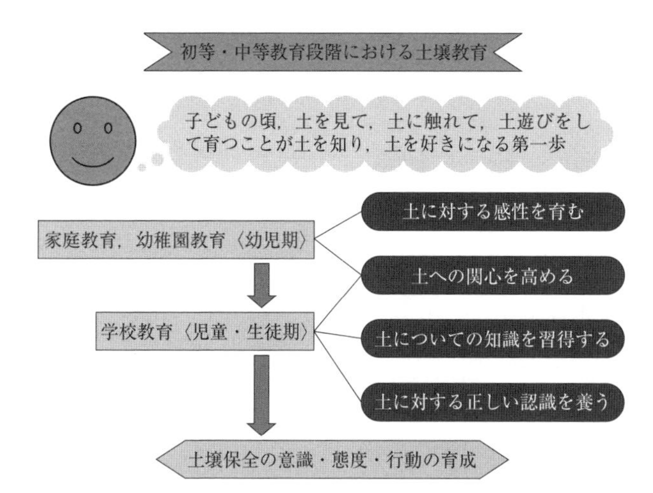

図3-11　幼少期及び初等・中等学校教育段階における土壌教育の流れ

表3-11　土に対する関心・理解（「はい」または「そう思う」の割合%）

質問項目	小学校6年	中学校3年	高校3年
土は身近な存在である	15.2	9.7	7.4
土いじりは好きである	24.2	17.6	12.6
土は嫌いである	9.1	37/3	36.8
土は自然の中で大事な働きをしている	63.6	45.1	28.4
土1cm ができるのに数百年かかる	3.0	5.9	6.3
土は様々な工業資材として用いられている	6.1	11.8	9.5
泥石けんや泥パックを知っている	27.3	56.9	58.9
おいしい水は土の層を通って作られる	12.1	15.7	13.7
将来土に関係する仕事をしたい	18.2	2.0	2.1
土の授業はあまりない	51.5	70.6	83.2

小学校6年33名，中学校3年51名，高校3年95名（2008年）

水を蓄えてくれる。このよう生産機能や保水機能により，食糧や飲料水が確保されている。また，土は私たちの生活と密接に結びついている。土が様々な方面で使われている実例をあげ，泥石けんや泥パック，クレイシャンプ，陶磁器，レンガなどを教材として教室に持ち込んだりして土の汎用性を説明するとよい。また，陶器やオカリナ，化粧品づくりに挑戦させるのもよい。これらを実践すると，子ども達は土を身近に感じるようになる。様々な創意・工夫のある授業づくりが，児童・生徒の土壌への関心・理解を高め，土壌への探究心が芽生える。

土壌は，小学校，中学校，高等学校段階の様々な教科目で取り上げられているが，教科間の関連性や内容の系統性，一貫性に欠けていることに気づく。例えば，中学校と高等学校の理科・生物の教科書には土壌動物が取り上げられているが，分解者として物質循環の重要な位置にあることを学習する点で，大差はない。ツルグレン装置を用いて抽出して観察する点もほぼ変わりはない，扱う視点を変えれば，問題はないが，観察・実験の視点を変えるなど，検討する必要がある。表3-9-1から，土壌研究者の取り上げたい小学校，中学校，高等学校における土壌内容について，教科横断的な関わりを考えて系統性や関連性，一貫性を十分に精査して教科配置していくことが重要である。

表3-12は，TIMSS2003の参加国・地域の中で13か国・地域（日本，台湾，香港，シンガポール，オーストラリア，ニュージーランド，イギリス，イタリア，ノルウェー，ハンガリー，ラトビア，リトアニア，ロシア）の理科の内容項目の調査報告（猿田，2007）から，「岩石，鉱物，土，土壌」と「自然界での物質循環」の履修学年を示している。日本の現行学習指導要領では，小学校理科第5学年「流水の働き」で石などの運搬，第6学年「土地のつくりと変化」で地層，中学校理科第1学年「大地の成り立ちと変化」で岩石・土壌，第3学年「人間と自然」で物質循環，高等学校生物基礎第1学年「生物の多様性と生態系」で植生と遷移，生態系と物質循環，地学第3学年「地球の活動と歴史」で地表の変化，地層の観察が取り上げられている。各国で小学校中～高

表3-12　理科の「土壌」に関する内容項目の履修学年

内容項目	K	1	2	3	4	5	6	7	8	9	10	11	12
岩石，鉱物，土，土壌			4	4	4	3	2	4	2		1	1	1
自然界での物質循環					1	2	6	6	8	3	1	1	1

猿田（2007）の論文中に掲載されている表の一部を引用している。数値は，理科教育の国際比較 国際数学・理科教育動向調査（TIMSS2003）の調査結果に基づいており，学年で履修する国の数は13か国・地域である。Kは幼稚園，1～12は学年を表す。

学年で取り上げられている「石と土」の内容は，日本では削除されていて現行学習指導要領には見られない。この「石と土」の学習後に高学年で「自然界での物質循環」を取り上げ，中学校での分解者の働きにつなげるのが望ましいと考えている。そして，高等学校の植生遷移と土壌形成を学習するのが土壌理解に発展すると考える。小学校時の土の学習は，土壌リテラシーの基盤となる大切な経験である。この時期の土の学習の欠如は，土壌リテラシーを育成する上で課題である。

第2項　教科横断的な土壌教育の構築

土壌は，教科領域や分野が多岐に渡る学際的な教材である。そのため，土壌内容は様々な教科・科目に分かれているが，小・中・高等学校間や教科・科目間の系統性や関連性，一貫性があまり見られない。その上，学校現場では教科間連携などがほとんどないため，生徒の土壌理解を困難にしている。土壌研究者及び学校教員が扱うことが望まれる土壌内容・項目から策定した土壌のミニマム・エッセンシャルズを学校段階別に整理し，その関連性を示したのが，図3-12である。図3-13から，世界人口増大と先進国の経済活動拡大が途上国の天然資源や化石燃料を消費して，様々な地球環境問題を誘発したことが明らかである。気候変動や温暖化，土壌劣化などの進行は，食糧や水の不足をもたらす。近年の途上国の経済発展による食生活の変化は，過放牧や過耕作，過開発，森林伐採に拍車をかけている。その結果，土壌劣化

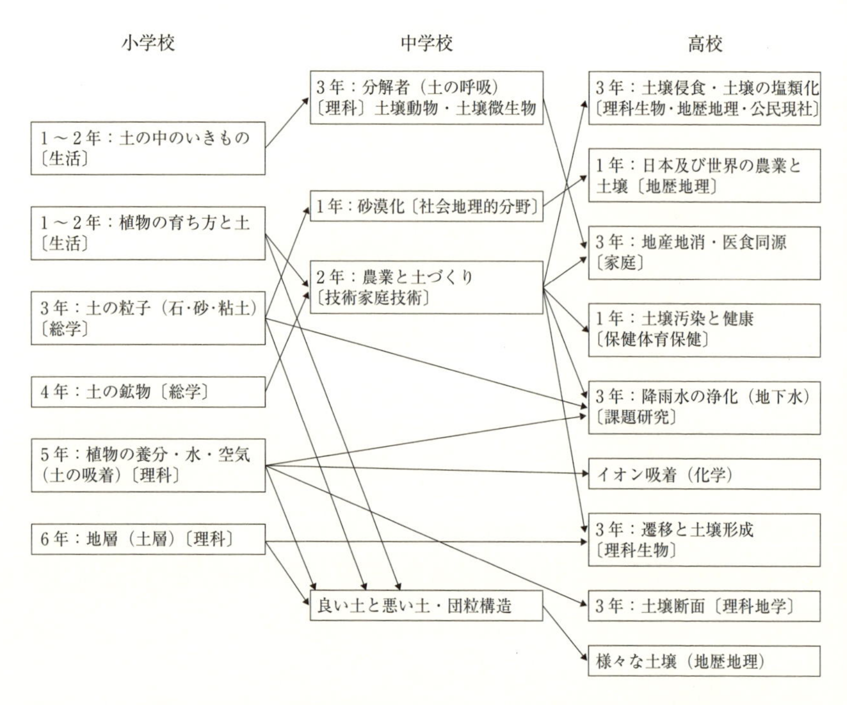

図 3-12　小学校・中学校・高等学校で取り上げたい土壌内容の教科横断的な関わり

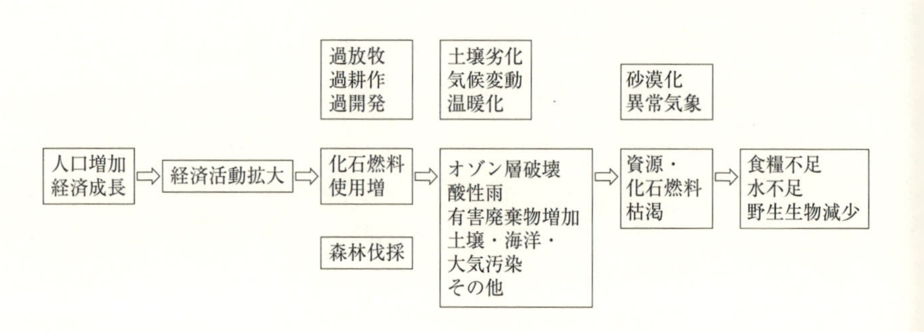

図 3-13　土壌危機に関わる様々な要因

はさらに進むという，負のスパイラルに陥っている。土壌問題の解決には，行き過ぎた人間活動の是正が必要であるが，人口増加抑制や貧困対策，格差是正，環境問題と深く関わっており，政治経済や科学技術などの様々な視点からアプローチしなければ解決に結びつかない。土壌問題を考える場合，教科横断的な土壌教育を構築していくことは必然である。

教科横断的な学習は，2002年度から学習指導要領に導入された「総合的な学習の時間」で実践されている指導手法である。しかし，教科主体の学校教育には「総合的な学習の時間」は馴染まず，多くの教員の戸惑いが大きく，成果をあげることが難しかった。とはいえ，「変化の激しい時代に社会で役立つ能力は教科を越えて育成しなければならない。」（中央教育審議会答申，2008）ことから，必要な資質や能力として位置付けられた「生きる力」の理念に基づき，環境教育や情報教育，キャリア教育，モノづくり教育，食育，安全教育など，社会の変化への対応の観点から教科等を横断して扱う必要性が明示されている。

国立教育政策研究所（2013）は，「変化の激しい社会においては，人との関わりの中で課題を解決し，社会にとって意味のある解を提案し，社会自体をよりよい方向へと変化させていくことができる「生きる力」を有した人間が求められている。」としている。具体的には，「21世紀を生き抜く力」を「21世紀型能力」として規定し，教科横断的な教育が求められる資質・能力を育成する手法として位置づけられている。教科横断的な学校教育の取組には，従来型の教科中心のカリキュラムでは対応できない。天笠（2013）は，「教科横断的なアプローチを発展させたカリキュラムマネジメント（学校教育目標の実現に向けて，カリキュラムを編成・実施・評価し，改善をはかる一連のサイクルを計画的・組織的に推進していく考え方であり手法）の開発が課題である。」としている。つまり，カリキュラムマネジメントは学校組織を支え，作っていく学校マネジメントの中核となるものである。安彦ら（2002）は，学校マネジメントについて「それぞれの学校において，学校教育目標の達成を目指して教育活動を編成し展開する中で，人的・物的等の教育条件の整備とその組織運営にかかわる諸活動を管理して実現を図るとともに，教育活動の持続的な改善を求めた創意的な機能」と定義している。このカリキュラムマネジメントを学校教育の中で実現していくには，学校マネジメントを進め，教科横断的な学校教育システムを構築していく必要がある。

第3項　諸機関と学校教育との連携の構築

土壌リテラシーを育成する土壌教育を推進するには，幼稚園や学校の中だけの教育実践では，その実現は難しい場合がある。近年，高校と大学や企業，試験研究機関との連携が盛んに行われ，講演や授業，観察・実験指導が実践されている。また，小学校や中学校と大学等との連携も増えてきている。例えば，高大連携や「子ども大学」（小学4～6年生が大学等で講義などを受講：埼玉県共済，県内大学の大半で開催されている）などが実施されている。また，SSH事業（Super Science High Schoolの略，スーパーサイエンスハイスクール）は，2002年に文部科学省が創始した事業で，「将来の国際的な科学技術人材を育成することを目指し，理数系教育に重点を置いた研究開発を行う」ことを目的としたもの（文部科学省科学技術・学術政策研究所，2015）である。SSH校では，教育課程や授業の工夫，課題研究の改善などに加えて，事業を進める上で高大連携や研究機関等との連携は欠かせない。講演や出前授業などにより，土壌の専門的知識を得ることになるとともに地球課題である土壌劣化などの実態を知る機会にもなる，また，課題研究を進める際に研究の進め方や先行研究の紹介など，様々なアドバイスを受けられる。福田（2014e；2016b）は，「子ども大学」で土を取り上げ，断面観察や土壌動物調査，土壌鉱物，土壌吸着，土壌粒子，土壌呼吸などについての観察・実験を行い，日本の土・世界の土，食糧と土，土の劣化などついて講義を行った。9割以上の子ども達が土に関心を持ち，8割の子ども達が土の不思議について調べてみたいと答えていた。

都道府県・市町村の総合教育センターや教育研究所，生涯学習施設（博物館・公民館・図書館・野外活動センター・ビジターセンター・少年自然の家等），大学，学会，研究所・試験研究所，民間企業等，様々な機関を活用したり，コラボレーションすることで，土壌リテラシーの育成のための方法や場の幅が大きく広がっていく（図3-14）。諸事業を実践する場合，国・地方行政の主催あるいは後援を申請し，バックアップを受けることは，PRや他機関利用などの観点でとても有効である。学校で学んだ土壌保全については，農業体験あるいは林業体験などのボランティアの機会を得て，食糧づくりや木材づくりの実際を学び，どんな保全に対する貢献ができるかを探りたい。この貴

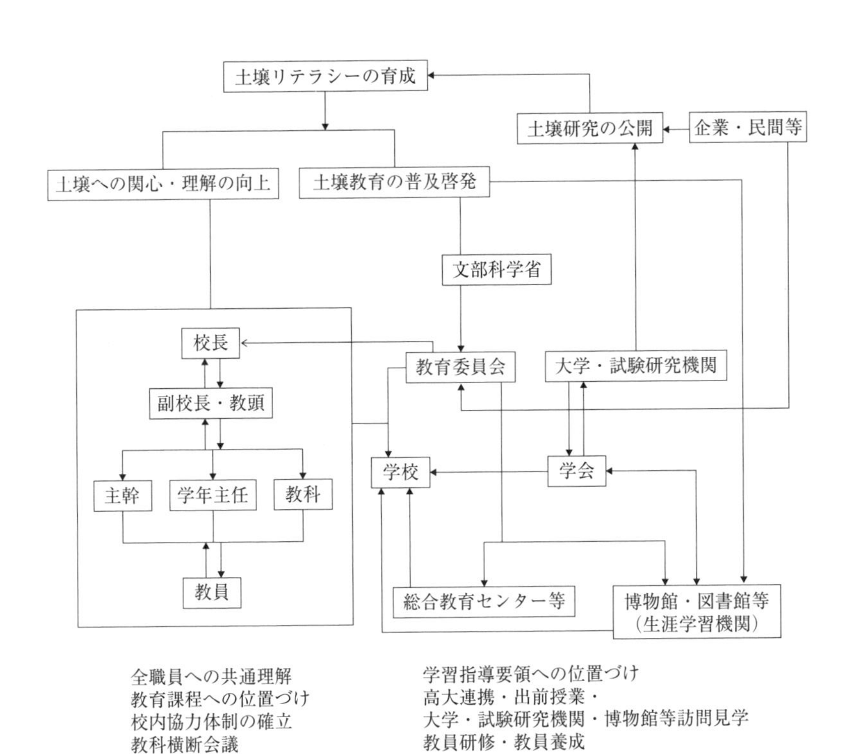

図3-14　土壌リテラシーの育成を図る学校と諸機関との連携図

重な体験が，生徒の土壌リテラシーを育むことになると考えている。「子ども大学」（福田，2014e）では，智光山公園（埼玉県狭山市管理の53.8haの面積を有する公園：雑木林や研修施設，宿泊施設，運動公園等がある）を借りて園内の雑木林下の土壌を掘って断面観察や落ち葉めくり，様々な実験などを実施したが，試孔を作ることや施設利用等で市の便宜を受けた。また，畑の使用や農作業については農家の協力を得て実施することができた。田中（2001）は，「学校と地域組織の協働に関する研究の中で，学校・家庭・専門家や専門機関・「地域組織」（主にボランタリーな市民団体や住民組織）が協働し，時には行政に働きかけるなどして，間接的に子どもの総合的な成長を支援すること＝「アドボカシー・アプローチ」の重要性を指摘している。

第3節　まとめ

本章では，土壌リテラシーの育成に向けた土壌教育の在り方を探るため，日本と諸外国の教科書調査と生徒及び教師対象のアンケート調査を実施した。その結果，選定した全17項目のうち，教科書で取り上げている土壌記載項目数は，欧米では17～15項目，オセアニアでは11～9項目，ロシア・エジプトでは7項目，アジアでは8～4項目であった。教科書における土壌記載内容の特色を調査した結果，欧米諸国のアメリカ型とアジア諸国の日本型に大別されることが判明した。また，日本土壌肥料学会に所属する土壌専門家の考えや要望，現職教師の考えなどを調査し，土壌指導項目のミニマム・エッセンシャルズを策定した。第二次世界大戦後～現在の学習指導要領を調査し，土壌内容・項目及び土壌指導の変遷を調査した結果，学習指導要領の変遷は日本社会の構造変化と深く関わっていることが判明した。そして，土壌内容・項目の記載が大幅に削減されてきた背景には産業構造の転換があったことが明らかとなった。すなわち，戦後復興の中，工業国への道に進んだ我が国の教育は実学教育から科学技術教育に変わっていき，小・中・高校の理科や社会科などから「農業」や「林業」，「土」あるいは「土壌」などの用語や記述は激減していった。そして，1989年にはゆとり教育の徹底に伴う指導内容の精選・厳選により，小学校理科で長く取り上げられてきた「石と土」が削除され，小学校で土を学習する機会が失われた。しかし，小学校低～中学年の土の教育は，土壌リテラシーの基礎となっている興味・関心や情動の面で極めて重要であることから，平井ら（2015）は次期学習指導要領の改訂作業を進めている文部科学省に「石と土」の復活などに関する要望書を提出した。このことは，土壌教育の重要性をアピールする機会となったと捉えている。

第4章　土壌への関心を高め，理解を進める土壌教材の開発及び土壌授業の改善

OECD（経済協力開発機構）が実施した生徒の学習到達度調査（PISA）（国立教育研究所監修，2016）とIEA（国際教育到達度評価学会）が実施した国際数学・理科動向調査（TIMSS）（国立教育政策研究所，2016）の二つの国際学力調査から，日本の中学生は①「科学的リテラシー」（順位/ヵ国2000年2/32，2003年2/41，2006年6/57，2009年5/65，2012年5/65，2015年2/72）は上位クラスにあること，②理科の「勉強は楽しいと思う」生徒が少なく国際平均値より低いこと（「強くそう思う」日本19%，国際平均値44%，「そう思う」日本40%，国際平均値33%），③「得意な教科であると思う」生徒が少なく国際平均値より低いこと（日本49%，国際平均値54%），④「希望の職業に就くためにで理科でよい成績を取る」と思う生徒の割合は小さく，調査国中最下位に近いこと，⑤勉強に対する意欲は参加国中で最も低いレベルであること，⑥授業以外での学習時間は参加国平均よりもやや低いこと，などが明らかとなった。また，理科離れの改善は遅々としており，「興味・関心・意欲」を重視する「確かな学力」は改善途上である。理科離れなどの改善には，知的好奇心や探究心を刺激し，意欲を喚起する授業の形成が不可欠である。理科は小学校時から中学校1年までは「好き」な教科のトップであったが，中学校から高校時には「好き」と言う生徒は急減し，高校3年では最下位であった（図4-1）。寺川（1990）は，「『教材』ということばには，単に具体的な事物や現象としての素材的側面（ハードウェア）だけにとどまらず，素材が象徴している「何を学ばせようとしているか」という意味的側面（ソフトウェア的側面）が強い。」と指摘する。現行学習指導要領（文部科学省，2008b；2008c；2009a）には，理科の目標として，小学校では「自然に親しみ，見通しをもって観察，実験などを行

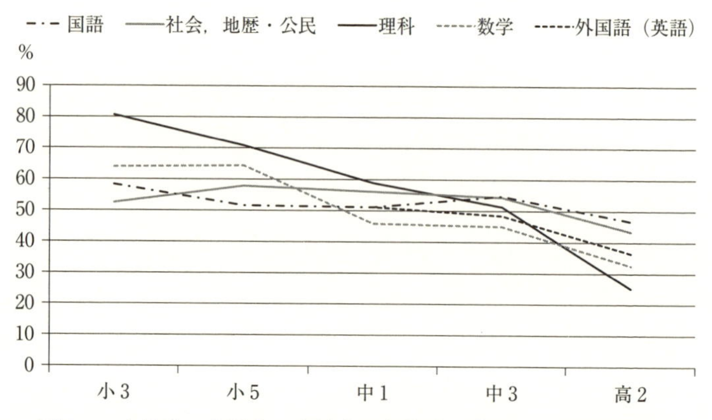

図 4-1　小学生・中学生・高校生の各教科の「好き」の割合の変化

調査対象者：小3；36名，小5；31名，中1；39名，中3；33名，高2；71名

い，問題解決の能力と自然を愛する心情を育てるとともに，自然の事物・現象についての実感を伴った理解を図り，科学的な見方や考え方を養う。」，中学校では「自然の事物・現象に進んでかかわり，目的意識をもって観察，実験などを行い，科学的に探究する能力の基礎と態度を育てるとともに自然の事物・現象についての理解を深め，科学的な見方や考え方を養う。」，高校では「自然の事物・現象に対する関心や探究心を高め，目的意識をもって観察，実験などを行い，科学的に探究する能力と態度を育てるとともに自然の事物・現象についての理解を深め，科学的な自然観を育成する。」を掲げている。いずれも，「観察，実験などを行い」とあり，理科教育においては観察・実験などは大きな柱となっている。そこで，土壌教材の開発では，観察・実験などに着目した。児童・生徒が土壌に関心を持ち，土壌を探究的に調べ，土壌を理解できる観察・実験などを開発し，それを使った授業の実践を通して評価することとした。

第１節　定性分析的視点に基づく土壌教材開発の必要性

文部科学省（2007）は，PISA2006の調査結果を「科学への興味・関心や科学の楽しさを感じている生徒の割合が低く，観察・実験などを重視した理科の授業を受けていると認識している生徒の割合が低い。」と分析している。学習指導要領の改善の基本方針には，「(ア)理科については，その課題を踏まえ，小・中・高等学校を通じ，発達の段階に応じて，子どもたちが知的好奇心や探究心をもって，自然に親しみ，目的意識をもった観察・実験を行うことにより，科学的に調べる能力や態度を育てるとともに，科学的な認識の定着を図り，科学的な見方や考え方を養うことができるよう改善を図る。」ことが記されている（文部科学省，2009b）。また，文科省は学習意欲の向上を図るために観察・実験など，実生活と関連付けた指導や科学的に解釈する力や表現する力の育成を目指した指導，日常生活に見られる自然事象との関連や他教科等との関連を図った指導の充実を求めている。

児童・生徒の土に対する関心や理解，知識を高め，自然における土の重要性に気づかせるには言葉で土を説明するだけではなく，実際の土を使った観察・実験などを実施することが必要である。また，自然を構成する要因のうち，最も関心が薄い土に目を向けさせるには，簡易で面白く，わかりやすい観察・実験の開発が不可欠である。土の教材化を進める上で，重要なことは，子どもの視点で考えることである（北林，2011）。そして，このような観察・実験の開発には，定性分析的視点に基づくことが必要と考え，児童・生徒の眼前で興味を引き付けるものとすることを重視した。定性分析的視点とは，物質の様子や変化などを定量的に分析した数値ではなく，色やにおいなどの変化を５感によって感覚的に捉える観点を指す。この視点に基づいて分析する方法は，物質の濃度，量を化学分析で明らかにする定量分析と異なり，簡便で，わかりやすい。そして，この定性分析的視点で観察・実験を開発する

表4-1　土の性質・機能・構造等を理解させる簡易な観察実験

No.	土の性質・機能・構造等	簡易な観察実験	実践したい学校段階
1	土の粘土	泥だんごづくり	小学校
2	土の生成	落ち葉めくり	中学校
3	土の鉱物	わんがけによる鉱物の洗い出し・観察	小学校
4	分解者の活動	土壌呼吸（簡易濾紙法）	中学校～高等学校
5	土壌断面	土壌断面観察，ミニ土壌断面モノリス（断面標本）づくり	高等学校
6	土の構成物	土の粒子の分離（振とう法）	小学校
7	土の吸着機能	青インク水溶液の無色化	小学校
8	土の有機物（腐植）	燃焼による土色変化	高等学校
9	土の三相分布	気相・液相・固相	中学校～高等学校
10	土壌動物	ツルグレン法による抽出・同定	中学校
11	土の浄化機能	土による汚濁水の浄化	高等学校
12	植物遷移と土壌形成	河原～土手間の植物の移り変わりと土壌断面観察	高等学校
13	土の緩衝機能	酸・アルカリ溶液の中性化	高等学校
14	水の土壌浸透	土壌中の水の浸透速度	中学校
15	土壌微生物	寒天培地上のデンプンの糖化，写真用フィルム感光層の分解	中学校
16	土壌の自然度	土壌動物による土壌の自然度判定	中学校

ことにより，児童・生徒の眼前で一目瞭然の結果が得られるものであれば，興味・関心は高まると考える。そして，児童・生徒が「なぜ」,「どうして」と強い関心を寄せれば，知的好奇心が刺激され，科学的探究心が生まれると考える。表4-1には，小学校，中学校，高等学校の各学校段階で実践したい定性分析的視点に基づいた土の性質・機能・構造等を理解させる簡易な観察・実験を示し，それぞれの観察・実験を実践することが望ましい学校段階を明示した。このうち，主に筆者が教材開発した4と5，6，7，11，12，14について，次に述べる。

第2節　土壌教材の開発

第1項　土壌呼吸

土壌呼吸とは，土壌が酸素を消費して二酸化炭素を排出する現象であり，主に土壌中の動物や微生物，植物根などが行う呼吸を指している。それ故，土壌呼吸の大きさは植物根や土壌動物，土壌微生物などの活性の度合いを表しているということができる。土壌呼吸の大きさを知る場合，土壌が消費する酸素量を調べるかあるいは土壌から発生する二酸化炭素量を調べるかのいずれかである。地球温暖化が問題となっている中で，生徒にとって二酸化炭素は関心が高い物質である。そこで，二酸化炭素の発生速度を調べる方法を取り上げ，土壌呼吸として算出する簡易な方法の開発を試みた。土壌呼吸を測定する方法として，1987年に二酸化炭素検知管を用いる方法を開発した(福田，1988a：1988b；1988c)。この方法を簡単に説明する。ビニール袋に生土50gを入れた後，袋の口にピンチコックとゴム管付きのガラス管をテープで固定する。エアポンプで袋を膨らませた後，ピンチコックにより閉じる。常温で24時間放置後，二酸化炭素検知管の一方をカットして検知器に接続し，他方をカットしてゴム管に接続後，検知器を引く（図4-2）。吸引後，二酸化

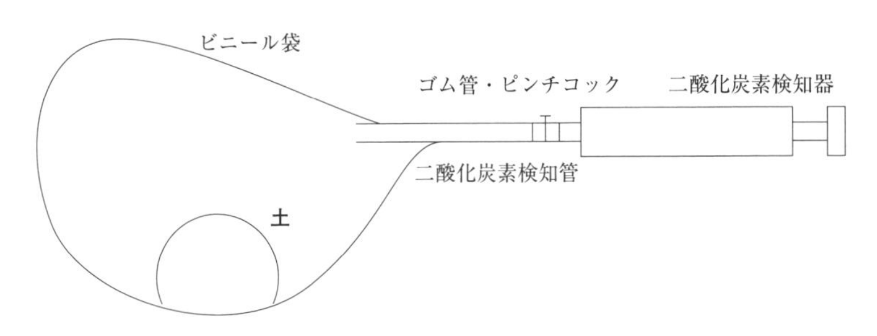

図4-2　二酸化炭素検知管を用いた土壌呼吸の測定

炭素検知管の変色域の長さを読み取り，CO_2濃度を測定する。この二酸化炭素検知管を用いる方法は，その後教科書等でも取り上げられている。しかし，二酸化炭素検知器が高価であること（理振法で購入可能である），消耗品である検知管の値段が高いこと，測定時間がかかることなどの理由で，土壌呼吸の実験だけに用いるために器材を購入するのは難しい。そのため，中学校で購入しているところは必ずしも多くはない（中学校53校調査中，二酸化炭素検知器を保有する学校32.1％）。中学校理科教科書には土壌呼吸が取り上げられていることから，二酸化炭素検知管法に替わって簡易な方法で土壌呼吸測定が可能となることが望ましいと考えた。

土壌からの二酸化炭素の発生速度を測定する方法としては，Walter（1952）の考案した密閉吸収法が知られている。この密閉吸収法は，野外（桐田，1971a；瀬戸ら，1978；坂上ら，1984）及び室内（田辺ら，1966）で測定可能である。密閉吸収法では，野外で土壌表面に容器を被せ，この容器内に入れたアルカリ溶液に土壌呼吸で発生した二酸化炭素を一昼夜程度吸収させ，溶液に吸収された二酸化炭素量を滴定で求めて土壌呼吸量を算出する。密閉吸収法によって土壌からの二酸化炭素の発生速度を測定したが，この方法は測定に時間がかかること，定量分析があること，機材や試薬が高価であることなどから生徒実験として取り上げることは難しい（福田，1986）。

そこで，Walterの密閉吸収法の変法であるスポンジ吸収法（桐田，1971a，1971b；Yodaら，1982）からヒントを得て，濾紙を使用することを考案した。密閉吸収法は定量分析法であるが，土壌呼吸を定性的に確認する方法がないかについて模索した結果，濾紙にアルカリ溶液を浸み込ませる時にフェノールフタレイン溶液を滴下して赤くすることを考案した。フェノールフタレインは指示薬であり，pH8.3～13.4で赤くなり，pH8.2以下で無色となる。このフェノールフタレインによって土壌呼吸を定性的視点で調べることが可能と考え，簡易濾紙法と名付けた。その後，濾紙片や容器の大きさ，アルカリ溶液の濃度などを検討していき，簡易濾紙法による土壌呼吸の測定実験法を確立した（福田，1988a；1988b）。密閉吸収法と簡易濾紙法による土壌呼吸速度に齟齬があるか否かを確認するため，比較実験を行った。両測定方法により各調査地点で土壌呼吸を測定した結果は，表4-2の通りであった。両法とも雑草地や野菜畑，芝生，森林では土壌呼吸量は高く，グラウンドや空き地，道路，駐車場では低かった。この結果から，定性分析による簡易濾紙法で測定した土壌呼吸と定量分析による密閉吸収法による結果との間にほぼ相関が認められ，土壌呼吸法として簡易濾紙法が活用可能であることが明らかとなった。化学反応式は，CO_2+NaOH → $NaHCO_3$，$NaHCO_3$+NaOH → Na_2CO_3+H_2Oとなる。

土壌呼吸は，地温や水分，無機化合物含量，土壌生物量など，様々な要因に影響を受ける（瀬戸ら，1978）。特に，地温は大きな要因である。地温の上昇は，土壌微生物活動を活発にするため，土壌呼吸と深く関わる。土壌動物は土壌呼吸全体のわずか5％前後しか占めない（金子，2007）とされる。図4-3は，気温と地下10cmと地下1mの地温の月別変化を示している。地

表4-2　各調査地点における二酸化炭素の発生速度

調査地点	密閉吸収法	簡易濾紙法
	CO_2発生速度（CO_2-Cmg/m^2/day）	CO_2発生速度（CO_2-Cmg/10^3cm^2/hour）
コナラ林	3258	9.13
マツ林	2490	7.38
野菜畑	3869	11.2
ヒノキ林	2115	6.59
グラウンド	841	3.25
芝生地	3082	13.1
道　路	437	1.37
砂　場	165	0.25
雑草地	4218	11.8
空き地	796	3.55
駐車場	188	0.98
コンクリート	26	0.27

測定は8月。各調査地点に3ヶ所測定装置を設置し，測定後平均値を算出し，土壌呼吸速度とした。

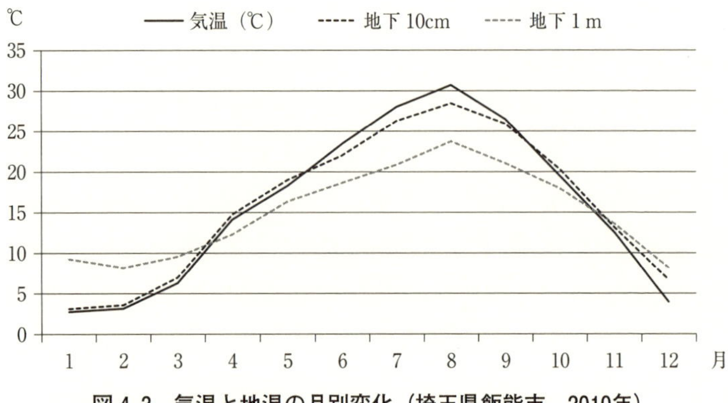

図4-3　気温と地温の月別変化（埼玉県飯能市，2010年）

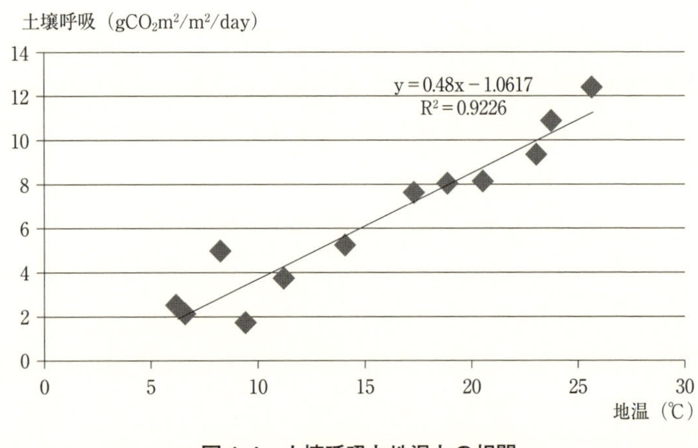

図4-4　土壌呼吸と地温との相関

温の年間の変化量は，地下の深さが大きい方が小さかったが，いずれも気温に比べて小さかった。土壌呼吸と地温との関係を見ると，$R^2=0.9226$と高く，相関があることが認められた（図4-4）。比較的短い時間で濾紙片の色の変化を確認する簡易濾紙法では，可能な限りアルカリ溶液の濃度を低くする必要がある。しかし，地温の高低が土壌呼吸速度に影響するため，アルカリ溶液

土壌呼吸速度（$CO_2m^2g/m^2/h$）
1600
1400
1200
1000
800
600
400
200
0
2月
5月
8月
11月

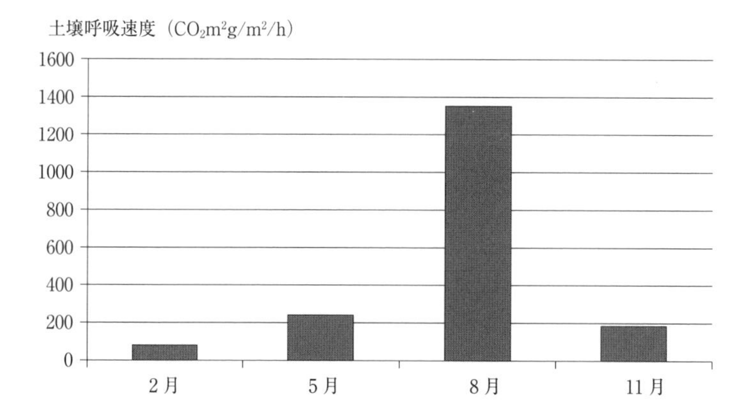

図4-5　土壌呼吸速度の月別の違い
測定場所：雑木林林床，測定方法：密閉吸収法

土壌呼吸速度（$CO_2m^2g/m^2/h$）
1400
1200
1000
800
600
400
200
0
8時
14時
20時

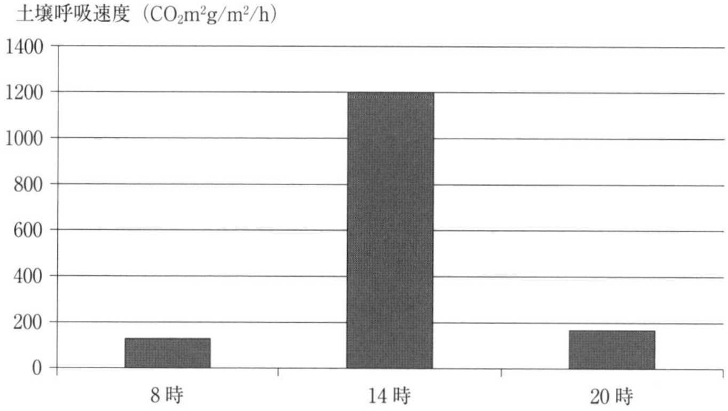

図4-6　土壌呼吸速度の1日の違い（8月）
測定場所：雑木林林床，測定方法：密閉吸収法

の濃度設定が難しくなる。土壌呼吸量は8月に多く，2月に少なくなり，季節により異なる（図4-5）。また，1日の土壌呼吸量の変化を見ると，昼間が多く，朝晩は少ない（図4-6）。その他，野外及び室内で土壌呼吸実験を実施する上での留意点を上げる。

ｉ）土壌呼吸は，土壌の種類・季節・天候などにより異なることに留意する。

事前に調合した試薬等を用いて土壌呼吸を測定し，濾紙片の色が変化するまでの時間を確認する。土壌が極度に乾燥している場合あるいは大雨の直後は，土壌呼吸が停滞しているので，測定しない。

ii）濾紙片に浸み込ませる水酸化ナトリウム溶液は濃度が低いので，濾紙片を空気にさらす時間は極力少なくする。

iii）濾紙片の白片の終点を定めることが難しい場合は，水酸化ナトリウム溶液に加えるフェノールフタレイン溶液を多めにするとよい。また，慣れるまでは白変した濾紙片と比色しながら終点を定めるとよい。

iv）野外で測定する場合は，水酸化ナトリウム溶液とフェノールフタレインの混液を管ビンなどに入れ，その中に濾紙片を数枚入れたものを準備するとよい。この時，濾紙片を入れ過ぎないように注意する。また，管ビンの密閉を保つように心がける。

v）濾紙片が捕らえるCO_2量をあらかじめ測定しておくと，濾紙法による土壌呼吸をCO_2量として算出することができる。

vi）水酸化ナトリウム溶液の濃度は，土壌呼吸の盛んな夏には0.008～0.01N（mol/L），その他のシーズンには0.005N（mol/L）とするとよい。

vii）水酸化ナトリウム溶液の調整は，実験直前に行い，保存しないで使い切るとよい（固体40gを水に溶かして１Lとする：1 mol/L）。

viii）フェノールフタレインは水に不溶なので，エタノール溶液で希釈する。指示薬として用いる場合，フェノールフタレイン溶液を過剰に入れると，溶解しきれずに析出して，白濁することがあるので注意する。フェノールフタレイン溶液は蒸発しやすいので，密閉した容器に入れて保存する。フェノールフタレイン１gをとり，エタノール（95%）90mlで溶かし，水を加えて100mlにする。濃度は１％である（無8.0～9.8赤）。

ix）各種土壌呼吸量の違いについて考察する。その際，土壌呼吸が微生物などの分解者の活動の結果生じていることを考えて考察するようにする。

x）容器を地面に設置する時は，土中に少し入り込む程度（0.2cm位）まで容器を上から押しつけて，容器と地面の間にすき間を作らないようにする。ただし，容器を回したり，過度の力で土中に押し込むと，撹乱が生じて呼吸量に影響するので，注意を要する。

xi）土壌呼吸の測定を通して，土が生きていること，活動していることを学ばせる。

xii）野外で実施する場合は，けがや危険のないように安全面に配慮する。林や畑などの他人の所有地に入る場合は，事前に許可を得ておく必要がある。

第2項　土壌粒子

土壌の構成成分は，無機物と有機物に大きく二分される。土壌は，礫や砂，シルト，粘土の粒子と動植物の死骸，植物根，動物，微生物，空気，水，無機物などから成る総体である。土の粒子の大きさは，礫2.0mm 以上，粗砂2.0～0.2mm，細砂0.2～0.02mm，シルト0.02～0.002mm，粘土0.002mm以下である（図4-7）。粘土の中で0.001mm 以下のものをコロイドと呼ぶ。これらの粒子は，土によって含まれている割合が違う。土が様々な物質の混合物であるため，土は捉えにくいものと見られている。それ故，どんな物質が混合しているかを簡単に見極められる方法の開発が求められてきた。そして，土の粒子を分別する簡易な方法を開発した。この開発に着手するきっかけは，高校で実践した土壌断面観察である。表層から下層に行くに連れて砂からシルト，粘土の含量が増していくことを手触りで確認していた時，ある生徒が土壌粒子の分別を簡単にする方法がないかを聞かれた。その後，この方法を模索している時，わんがけの実験をヒントに振とうする方法を考案した。

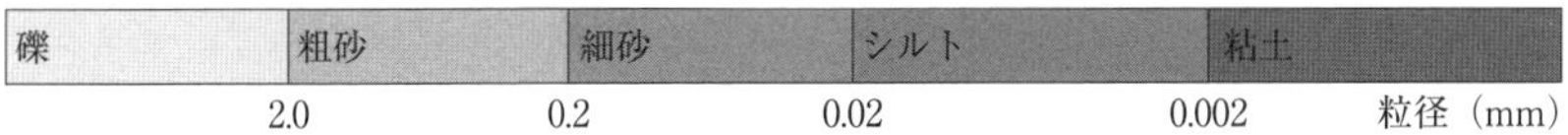

礫	粗砂	細砂	シルト	粘土

2.0　0.2　0.02　0.002　粒径（mm）

図4-7　土壌粒子の大きさ

500ml ペットボトルを用意し，それに土を容器の1/5程度まで入れ，水を3/5ほど加えてふたをした後，激しく1分間振とうし，静置する。この方法で，簡単に土を構成する粒子を分離することができることがわかった。静置後，500ml ペットボトルを横から虫メガネあるいはルーペで観察すると，沈殿の速度の違いから一番底には大きな礫，次いで砂粒，その上には小さな砂粒，さらにその上には細かいシルト，少し濁った水の中には粘土が浮遊している様子が見られる（写真4-1）。また，水面には腐った落ち葉や小さな動物が浮いていることがわかった。この考案した方法を小学生に体験してもらったが，土が大小様々な粒子から作られていることがとてもよくわかったと好評であった（福田，2016a；2016b）。また，双眼実体顕微鏡で水面の落ち葉などを観察し，特に動いている小動物に興味が集中していた。小学生は，ダニ，トビムシ，ムカデ，ダンゴムシなど様々な動物を確認していた（簡易検索図（青木，2005）を配布）。落ち葉や枯れ枝なども確認することができた。この実験で，小学生はペットボトルの振とうが楽しかったことから，振とう後どうなるかを真剣に観察していた。

〔留意点〕

土の粒子実験では，土が様々な粒子からなること，生物の遺骸が含まれていること，いろいろな動物がいることを目で見て確認できるので，土そのも

写真4-1　土の粒子実験

のを説明するのに最適である。砂の感触はザラザラ，粘土はヌルヌルしていることを併せて体感させるとよい。土の粒子分別にはペットボトルと水があれば，いつでも，どこでも，誰でも簡単に実践できる。

小学校第3学年理科の「石と土」が学習指導要領から削除され，土を学習する機会が失われている。とはいえ，土壌リテラシーの土台となる児童期に土を学習する意義は極めて大きいことから，小学校第5学年の「流水の働き」で「流れる水には，土地を侵食したり，石や土などを運搬したり堆積させたりする働きがあること」，小学校第6学年の「土地のつくりと変化」で「土地は，礫，砂，泥，火山灰及び岩石からできており，層をつくって広がっているものがあること」の指導の中で，土地の最表層にある土を取り上げたい。そして，この授業の中で，土の粒子を取り上げ，土の粒子を分ける簡易実験を実施したい。また，土の下に小石や砂，粘土，火山灰，岩石の層（地層）を発達させている地層の学習につなげていくことが望ましい。土を説明する際には，最表層にある土がいくつかの層に分かれることを観察させたり，土の深さ（層厚）につい考えさせたい。この土層について，詳細な説明は不要であるが，特に表層のわずか数cm～十数cmの土が重要な部分であることに触れたい。学習指導要領の目標にある「雨水が地面を流れていく様子や雨上がりの地面の様子を観察し，流れる水には地面を侵食したり，石や土，砂，泥などを運搬したり堆積させたりする働きがあることをとらえるようにする。」の指導では，世界的な課題となっている「土壌侵食」あるいは「土砂災害」を話題として取り上げる機会となる。土壌侵食は，降雨によって表土が流されたり，風によって運び去られる現象であるが，土として最も重要な表土が失われると，不毛の地となっていったり，食糧生産力が低下することになっていくことを説明する。また，社会科の「日本の国土と自然の成り立ち」を学習する際に，土砂崩れなどの災害を取り上げ，理科でそのしくみを説明すると科学的な理解につながる。

第3項　土壌吸着・保持

土壌は，生物生産機能，有機物分解機能，養分貯留機能，水分保持機能，水・大気浄化機能，物資循環機能，緩衝機能，気象・温暖化・洪水・渇水緩和機能，生物多様性機能など，様々な機能を有している物質である。松本(2010)は「それらの機能は土壌がイオンを吸着・交換・固定する機能と有機物を分解する機能の二つの基本的な機能に依存している。」と指摘する。土壌材料の母材である岩石（一次鉱物）は，長い時間をかけて風化され，その過程で二次鉱物である粘土鉱物や無機質粒子を創り出す。粘土鉱物は微細結晶粒子が積み重なって形成された集合体で，地球の表面近くに存在する岩石の平均元素組成を反映して，酸素，ケイ素，アルミニウム，鉄などを主成分とした層状ケイ酸塩鉱物である（松本，2010)。層状ケイ酸塩鉱物の微細結晶粒子は微細な有機高分子化合物である腐植とともに土壌コロイドを形成する（松本，2010)。土壌コロイドは電気的に両性物質であって，陰荷電と陽荷電を帯び，陽イオンと陰イオンの両方を交換保持する（松本，2010)。この性質によって，土壌は吸着機能を有している。

土の吸着機能を確かめる簡単かつわかりやすい実験を開発することを試みた。定性的視点に基づく教材開発を第一義として考案したのは，青インク(Blue ink)水溶液を用いる方法であった。500ml ペットボトルを下から12.5cm のところで横断し，上半分を逆さにして下半分に重ねる（漏斗を作る)。漏斗の口の部分にティッシュペーパーを敷いて濾過装置を作った後，砂や土を約100g 装填する。その後，水で薄めた青インク水溶液50ml をスポイトまたはピペットで少しずつ滴下していき，落水の色を観察する。砂からの落水は青色，土からの落水は薄い青色～無色となり，吸着機能の有無を簡単に調べることができる。青インク（Blue ink）以外にも様々な色素溶液について，土壌吸着の可否を確認した結果，表4-3の通りであった。青インクではブルー・ブラックとブルーがあるが，土壌吸着実験として適しているの

表 4-3　いろいろな色素の土壌吸着の可否

いろいろな色素	土壌吸着の可否
黒インク（Black）	×
青インク（Blue）	○
青インク（Blue Black）	×
赤インク（Red）	×
水彩用絵具	×
墨汁	×

○：吸着する　×：吸着しない

は，ブルーインクである。ブルーインクの色素はイオン化（プラスイオン）しており，土壌粒子の中で最も細かい土壌コロイドや粘土の表面がマイナスに荷電されているため，引き付けられて吸着される。その結果，土壌を通過した落水は青色が失われたり，うすくなって無色透明～うすい青色な水となる。しかし，ブルー・ブラックは黒味の粒子が吸着されずに流れ出すので，落水は黒っぽくなる。ブルー・ブラックは，第一鉄イオンが酸化して第二鉄イオンになり，黒色沈殿することを利用して作られているため，吸着されない。また，絵の具や墨汁の色素はイオン化されないので，土壌に吸着されず，無色透明な水となって落水することはない。この土壌吸着実験は，論文発表後全国各地で取り上げられ，実践されているが，うまくいく場合と失敗する場合が報告されてきた。筆者が著作した通りに実験したがうまくいかなかったのはなぜかという問い合わせが多かった。その主な理由は，ブルー・ブラックインクを使用したことと土壌の装填の仕方にある。野外から採取した生土を漏斗部分に装填する場合，少しづつ詰めながら装填していかないとすき間が多くなってしまう。それ故，すき間がなるべくできないように心がけることが装填する際のポイントである。実験の留意点として，以下の3点をあげる。

①砂や土を装填したら，その上から軽く指で押す。その後，口を下にして机に軽くたたきつけながら，隙間が少なくなるようにする。

②青インクは，ブルーインクを使用する。500ml ペットボトルに水を入れ，青インクをスポイトで5滴滴下して軽く振る。

③砂あるいは土の上から②のうすめた青インク水溶液をスポイトで少量づつ全体に満遍なく広がるように滴下する。

第4項　土壌浄化

土壌には，物質を吸着する性質がある。土壌は，汚濁や汚染の原因物質を吸着し，水を浄化する機能を有する。降雨水に含まれる汚染物質は，土壌の間隙を通り抜ける過程で土壌吸着される。また，土壌中に入った有害な有機物質は微生物によって分解され，無毒化されるため，地下水はきれいな水質となる。この浄化機能を確かめる簡易な方法を開発することを試みた。それには，汚濁水を土壌に通して得られた流出水の汚れが減少したことを明らかにしなければならない。一般に，水質分析は微量定量であり，実験器具や試薬が高価で，操作も難しいため，中学校や高等学校で実験することはほとんどない。筆者は，簡易に水質分析ができる「パックテスト」(市販されている，図4-8）を活用することを考え，汚濁水と流出液を分析した結果，十分に分析可能であることを実証した。

パックテストは簡易な水質分析器具で，ポリエチレンチューブの中に調合された試薬が密封されていて，調べたい水を吸い込み，振って静置した後，

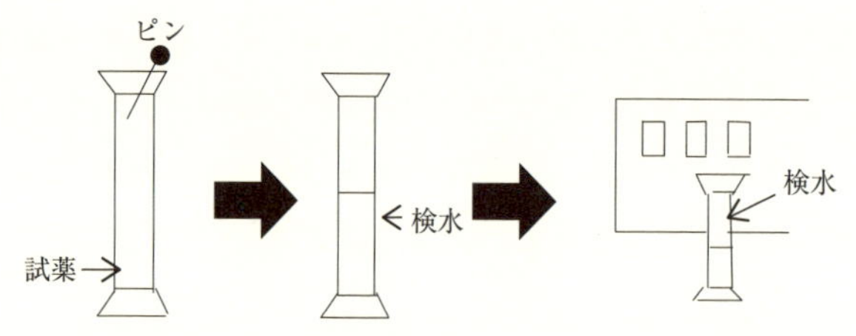

図4-8　パックテスト（共立理化学研究所のパンフレットからの作図）

水の色を定性的に標準色と比べて濃度を読み取るという簡単なものである。パックテストによって，水の汚れの指標であるpHやアンモニウム，亜硝酸，硝酸，リン酸，COD（化学的酸素消費量）などを分析することができる。この実験では，土壌吸着で使用したペットボトルの濾過装置を使用することは可能ではあるが，汚濁物質の吸着精度をあげないと，汚濁水の通過前後の濃度差をパックテストによって判断することは難しくなる。そのため，濾過装置は，ガラス管を加工して自作することが必要となる。実験方法を以下に述べる。

⑴器具・試薬

ガラス管，ヤスリ，パックテスト（アンモニア態窒素，リン酸，COD，pH），ピペット，100mlビーカー，スタンド

〈カラムの自作〉

①内径12mmのガラス管を長さ170mmで，管の表面に軽くヤスリで傷つけて切断する。
②ガラス管の長さ160mmの位置をガスバーナーで温める。
③温めた後，ガラス管の両側を持ち，軽く引っ張る。
④温めたところが伸ばし，キャピラリー状になる。
⑤細くなった部分のガラス管を切断してキャピラリー部の長さを25mmとする。
⑥このようなカラムを３本作製する。

〈注意事項〉

ガラス管を用いたカラム作製では，手袋をして火傷をしないように十分に注意して行う。また，ガラス管を両側に引っ張る時には，周辺に人がいないことを確認してから行う。さらに，ガラス管を切断する時は，ヤスリで少し傷つけてから行うが，破片が飛び散らないように十分に注意して行う。

⑵土壌の装填深度を決める実験

カラム内に装填する土壌の深さを決定するため，次の実験を行う。

①カラムを5本用意し，それぞれスタンドに設置する。

②土壌（畑土使用）を0，2，5，10，15cm の深さに装填する。

③それぞれのカラムの下に100ml のビーカーを置き，カラム管の上部から汚濁水をピペットで少しづつ注入する。

④浸出してきた落水の水質（アンモニア態窒素及びリン酸，COD，pH）をパックテストによって測定する。

⑶実験結果及び考察

実験の結果は，図4-9の通りであった。この結果から，アンモニア態窒素の濃度は土壌の深さ15cm で0mg/l であり，リン酸濃度及びpH は10～15cm で変化が見られなくなった。COD は，15cm で最小になっていたため，さらに土壌の厚さを20cm として測定した結果，15cm の場合と同じであっ

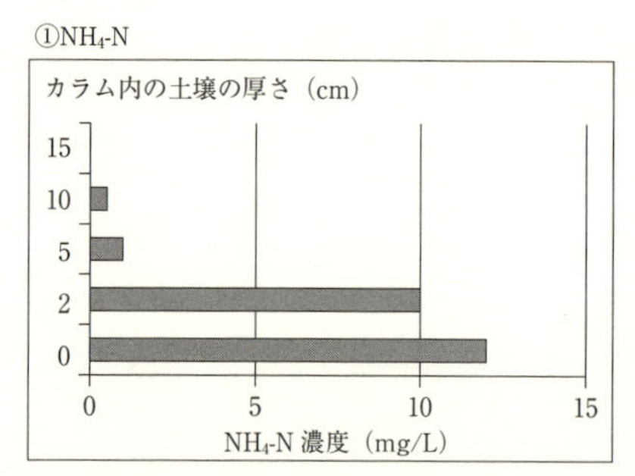

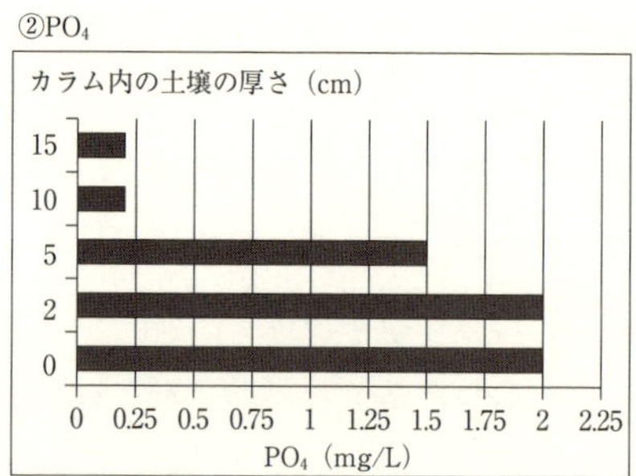

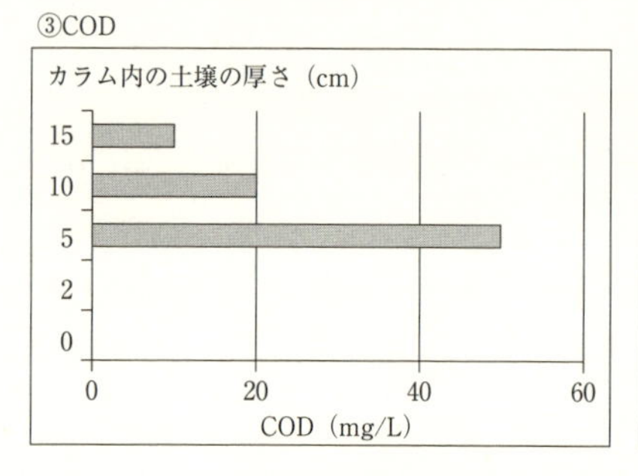

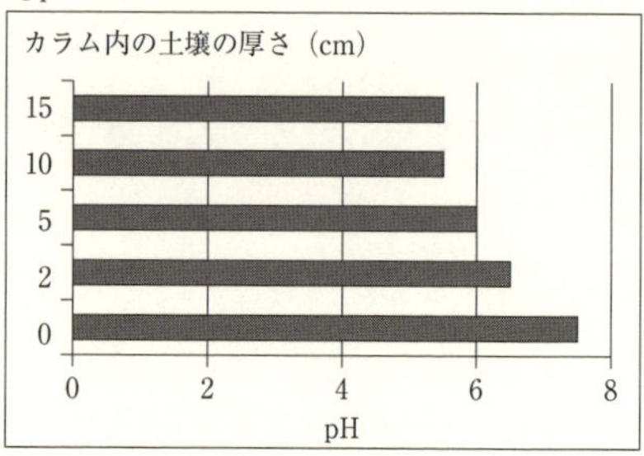

図4-9　各種分析項目とカラム内の土壌の厚さとの関係

たことから，カラムに装填する土壌の深さを10～15cmとすることとした。しかし，5cmの差異は大きいため，装填する土壌（畑土使用）の深さを細かく変えて汚濁水を注ぎこみ，浸出液のアンモニア態窒素濃度を調べた結果，図4-10の通りであった。アンモニア態窒素濃度が0となる土壌装填深度は12cmであった。畑土以外の土壌では，水田土の9.0cmからグラウンド土19.5cmと異なっていた（表4-4）。

林土は，一般に土壌間隙が大きく，土壌粒子の大きさが様々であるため，カラム内への土壌の装填の仕方によって得られるデータにばらつきが生じ易

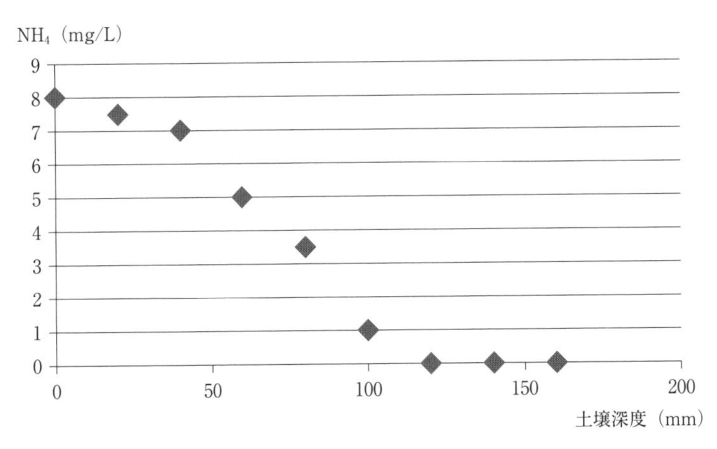

図4-10　土壌深度と浸出液のアンモニア態窒素濃度との関係
汚濁水のアンモニア態窒素濃度は8.0mg/Lであった。使用土壌は畑土とした。

表4-4　浸出液のアンモニア態窒素濃度が0μg/lとなる各種土壌別深度

使用した土壌	アンモニア態窒素濃度が0μg/lとなる土壌深度（cm）
畑土	12.0
グラウンド土	19.5
林土	15.5
水田土	9.0

い。また，水田土はカラムへの装填が難しい。さらに，グラウンド土は物質の吸着性が低く，0 ppm となる土壌深度が大き過ぎる。そこで，授業で実施する実験では入手しやすく，比較的粒度が揃っているため，装填しやすい畑土を用いることとした。そして，カラムは全長15cm とし，土壌装填深度を12cm とすることとした。この実験の留意点として，次の2点をあげる。

①あらかじめ，汚濁水の分析を実施し，パックテストによる分析が可能か否かを確認する。

②ガラス管に装填する時，ガラス管の底を机に軽く落として隙間がないようにする。砂や土の詰まり具合により，浄化力は変わるので注意する。

第5項　植物遷移と土壌形成

現行学習指導要領に基づく高等学校理科の生物基礎には，「植物遷移と土壌形成」が取り上げられている。一次遷移，二次遷移，乾性遷移，湿性遷移が用語として解説され，遷移と土壌形成との関係が記述されている。土壌は，岩石が物理的，化学的風化作用を受け，生物の死骸等が混入して腐植化する生物的作用を受けて生成される。しかし，この過程の詳細な説明はなく，実際に観察することがないため，生徒が理解することは難しい。そこで，生徒が「植物遷移と土壌形成」の授業でどの程度理解できたかを確認するため，授業終了時に質問紙法により調査を行った。その結果，表 4-5 の通りであった。この結果から，「授業を聞いて，遷移と土壌との関係を理解することは

表 4-5　授業「植物遷移と土壌形成」の理解及び実習に関する調査（%）

	強く思う	思う	思わない
質問1	7.5	22.6	69.9
質問2	13.2	66.0	20.8

調査対象：高校3年53名
質問1．授業を聞いて，遷移と土壌との関係を理解することはできたと思いますか。
質問2．遷移と土壌形成の関係を確認する実習を野外で行ってみたいと思いますか。

できた」とする生徒は約3割と少なかった。すなわち，遷移が進み，土壌が形成されていくとさらに遷移が進むという過程を説明しても，理解できていない生徒が多かったということである。また，「遷移と土壌形成の関係を確認する実習を野外で行ってみたい。」という生徒は多かった。そこで，遷移と土壌形成との関係が理解できる観察・実験について，指導方法や教材の開発を行った。しかし，なかなか適切な方法が見つからなかった。そして，アメリカの生物や生活科学などの教科書（Charles H. Heimler，1987，2016；Peter Raven ら，2016；Robert Brooker ら，2016；Michael J. Padilla ら，2007）から「遷移と土壌形成」を確認する方法や場所のヒントを得た。教科書の「Succession」の章の中の「ミシガン湖岸に沿った砂丘」には，「湖の近く」と「湖岸の半ば」，「湖岸」の3地点の自然の様子が説明され，「やがて，マツ林に移行し，土中の腐植は増える。マツ林からカシ林となると動物の種類や数が増え，昆虫や樹上生活する動物の宝庫となる。腐った木や葉で覆われている林床にはミミズ，コオロギ，ナメクジ，カタツムリ，ヤスデが見られる。カエデ林がこの地帯の極相である。この林は水を貯え，土壌を豊かにする。」，「無数の微生物（主にバクテリアやカビ）は生物遺体を分解する。この分解した遺体はシルトや砂，粘土と混ざり合って土壌を形成する。」と記述されている。この記述にヒントを得て，長い時間を要する植生遷移と土壌形成の関係について，定点観察を行い，各点を連接する方法で確認することを試みた。実際に野外に出て，植生の豊富な地点から植生がほとんど見られない地点が連続しているところを探した。このようなところでは，土壌形成の状態が異なることから，植生と関わって調べることにより，土壌形成と遷移の関係が理解しやすくなると考えた。その結果，河川敷から土手につながっている地域でスポット的に植生の変化が見られることから，植物遷移と土壌形成を仮想して捉えることができることがわかった。そして，実際に植生の見られない地点，未発達な地点，草地，林地の各所で土壌調査を実施した。裸地から始まり，地衣類・コケ植物→1年生植物→多年生植物→低木林→陽樹林→陰

表 4-6　植物遷移と土壌（スポット調査）

調査地点	河川敷			土手	平地林	
土壌の種類	礫・砂	砂	砂土	砂土（未熟土）	植土	植壌土
主な植生	なし	アレチノギク・ヒメジオン	ススキ・チガヤ	ハンノキ・アカマツ・カラスノエンドウ	コナラ・クヌギ・シデ・アカマツ	アラカシ
植物属種数	0	3	5	9	15	11
層厚（cm）	0	0	1.8	4.1	25	53

樹林→極相と遷移する過程で土壌形成されていく様子を確認することができた（表4-6）。岩石や砂地に地衣類・コケ植物が見られ，河原に1年生植物（オオアレチノギク・ヒメジョンなど），岸辺に多年生植物（ススキ・チガヤなど），河川から離れていくに連れて斜面に低木林（ヤマツツジなど），陽樹林（ハンノキ・アカマツ・コナラ・クヌギなど），陰樹林（アラカシなど）と移っていった。それぞれの植生地点で土壌調査を行った結果，土壌の層厚が増していき，層位が発達していく様子が観察された（表4-6）。このような，スポット調査による「植物遷移と土壌形成」の疑似体験的な実証の試みは他に見られず，植物遷移と土壌形成の関係を調べる新しい手法として開発することができた。

第6項　ミニ土壌断面モノリス（土壌断面標本）

土壌理解を図るためには，土壌断面観察は重要である。土壌が水平方向だけではなく，垂直方向にも発達していることを知る生徒は少ない。その理由は，実際に土壌を掘って断面観察したり，露頭に露出している土壌断面を見たことのある生徒が少ないためである。土壌断面観察を実施する場合，学校内あるいは隣接する畑や林などで試坑を掘る（事前に土地所有者の許可を得る）ことから，土壌断面づくりを実施し，その観察をするという一連の作業を実体験させることが望ましい。しかし，断面観察の効果は試坑を作ったり，断面を調べる等に時間を要する割には，成果は左程上がらないのが実態である。

その主な理由は，クラス全員の生徒が試坑を観察するには人数が多過ぎることである。そのため，実際に試坑に入って間近で層位を観察することは難しくなる。とはいえ，生徒たちが土壌断面の前で各層位を自分の眼で見て，直接手で触れて確認することは重要である。そのため，あらかじめいくつかの試坑を準備しておき，１穴ごとの観察人数を少なくすることが必要であるが，一人の教師がそれぞれの試坑の断面を説明することになり，膨大な時間がかかってしまう。そこで，ミニ土壌断面モノリス（断面標本）づくりの実践に取り組むことを考案した。生徒一人一人がミニ土壌断面モノリスを作成する作業を実施することにより，関心が高まるとともに自作したものへの愛着が生まれる。その結果，授業に積極的に参加するようになり，土壌への関心・理解が進むこととなる。

土壌断面モノリスの作製方法には，土壌断面に接着剤を塗った麻布などを貼り付け，一定時間後に剥ぎ取る方法（剥ぎ取り法）と土壌サンプルを各層位から採取し，接着剤を塗布した板に置いていくという方法がある（浜崎ら，1983）。筆者は，後者に注目し，授業向けに改良した開発を行った。

⑴材料

スコップ，移植ゴテ，土壌断面記録用紙，軍手，ビニール袋，ベニヤ板（縦20cm，横15cm），木工用ボンド，スプレー式接着剤，プレート

⑵土壌断面観察及びミニ土壌断面モノリス作製の手順

①室外で適当な場所を選定し，スコップで深さ100cm 程度の試坑を掘る。

②断面を移植ゴテで整える。

③層位を観察し，層位区分した後，各層位の特徴を土壌断面記録用紙に記載する。

④各層位から土壌試料（植物根，石，レキなどを含む）を採取し，ビニール袋に入れる。

⑤土壌断面の写真を撮るかスケッチする。

⑥室内に戻り，野外で測定した層厚とベニヤ板の長さから縮小率を計算し，

各層位の長さを算出する。
⑦ベニヤ板に印をつけ，木工用速乾ボンドを塗布する。
⑧各層位の土壌その他の資料を層位順に貼り付ける。
⑨一昼夜静置した後，土壌表面に接着剤をスプレーする。
⑩各層位に層位名を書いたプレートを貼り付ける。
⑪モノリス作成の年月日，場所，作製者名を記載したカードをベニヤ板裏面に貼り付ける。

第7項　土壌中の水の浸透

降雨は，地面に達すると土壌中に浸透していく。中学生の中には，降った雨がグラウンドに溜まっているのに，畑や林には溜まらないことに疑問を持つ者がいた。生徒全体にその理由を問いかけたことがある。生徒からは，「グラウンドの土が踏み固められているのに対して，畑の土は耕耘されていて柔らかく，すき間が多いため。」との回答があった。また，川の水が常に流れていて涸れることがないのはなぜかを問う生徒もいた。他の生徒たちは，「山の土の中に水が溜められているから。」，「雨水が浸透して地下水として貯えられているから。」，などと答えていた。いずれも至極当然の回答である。グラウンドと畑では，土壌構造などが異なっており，水の浸透速度や量が異なる。土壌中の水の浸透を確認する簡単な観察・実験方法を検討し，開発した。直径20mmの無色透明の塩ビ管を使って，土壌中の水の移動速度を測定する方法を考案した。

⑴材料

透明アクリルパイプ（長さ150cm，内径20mm），ラップフィルム，目盛紙，ストップウォッチ，輪ゴミ，ハサミ，定温乾燥機，デシケーター

⑵実験方法

①透明アクリルパイプを用意し，目盛紙を貼り付ける。
②アクリルパイプの下端をラップフィルムで覆い，輪ゴムで止める。

③測定場所を定めたら，アクリルパイプの下端を土壌中に軽く押し込む。
④上端から水を140cm のところまで注ぎ込む。
⑤輪ゴムをハサミで切り，下端のラップフィルムを取り去り，ストップウオッチで水位が10cm 低下するのに要する時間を測定していく。
⑥水が減少していく時間から水が浸透していく速度を算出する。

留意点

ⅰ）アクリルパイプ下端のラップフィルムを外す場合，輪ゴムをハサミで切り，ラップフィルムを瞬時に引っ張る。最初はうまく行かないことがあるが，練習すると外すことができる。
ⅱ）砂や表土の浸透は早いので，測定する生徒とのコンビネーションに留意する。

⑶実験結果及び考察

このアクリルパイプ10cm に入る水量は31.4ml であり，単位時間当たりの浸透水量に換算することができる。

土壌は固相・液相・気相から構成されている。このうち，気相は土壌の穴隙（すき間）であり，降った雨は一度穴隙内に保持され，重力によって下方に移動していく。それ故，穴隙の少ないグラウンドと穴隙の多い畑や林では水の滞留量や浸透速度が異なり，降雨後の水溜りの様子が異なると考えることができる。畑とグラウンドの水の浸透速度と浸透水量を測定した結果，畑では降雨水の浸透が早く，グラウンドでは遅いことを明らかになった（表4-7）。しかし，浸透しきれない水が残るのは，土中の水が飽和状態になってしまっていることから生じると考えられる。土壌の水分保持には，三相

表4-7　畑とグラウンドの水の浸透速度と浸透水量の比較

測定場所	浸透速度（秒 /10cm）	浸透水量（ml/ 分）
畑	4.7	6.7
グラウンド	17.5	1.8

表 4-8　畑土とグラウンド土の三相分布（%）

土壌の種類	固相	液相	気相
畑土	28	31	41
グラウンド土	59	18	23

分布（土壌は固相，液相，気相の三相からなる。）が関わる。三相分布を知るには，野外で採取した土100gを磁性るつぼにとって秤量（A）した後，105℃の乾燥機内に24時間放置する。その後，デシケーター内で放冷させた後，秤量（B）する。Bからあらかじめ測定されているるつぼの重量を引いた重量をCとして，液相率はA－B，固相率はC/真比重，気相率は100－（液相率＋気相率）の計算式で算出する。この時，磁製るつぼは105℃の乾燥機内に24時間入れて冷めた後秤量しておく。真比重は土壌の種類によって異なり，火山灰土壌は2.4～2.7，非火山灰土壌は2.6～2.7である（関，2004）。畑土とグラウンド土の三相分布を測定した結果，表4-8の通りであった。この表から，畑土は固相部分が28%と小さく，気相が41%を占めていた。一方，グラウンド土は固相が59%と大きく，気相は23%に過ぎなかった。降雨水はグラウンド土に一時貯えられる間隙が少なく，浸透速度も遅いので地面に水溜りができたと考えられる。

第3節　まとめ

本章では，児童・生徒が土壌に興味・関心を持ち，土壌を科学的に探究することができる教材を模索し，その開発を行った。理科教育の特色は，他教科にはない観察・実験などがあることである。学習指導要領には小学校，中学校，高等学校ともに「観察，実験などを行い」と記されているように，その実践を通して科学的な見方や考え方を養い，理解を図り，科学的探究心を育み，科学的自然観を育成することを目標とする。それ故，土壌を教材とした観察・実験などの開発では，簡易で面白く，わかりやすい５感で分析する定性分析的視点に基づくこと，材料が安価で入手しやすいこと，などを重視した。そのため，児童・生徒ができるだけ身近にある材料を使って観察・実験器具や装置を自作し，それを用いて観察・実験をすることに心がけた。筆者が開発してきた観察・実験のうち，特に児童・生徒及び教師に好評を博した土壌呼吸，土壌粒子，土壌吸着，土壌浄化，植物遷移と土壌形成，ミニ土壌断面モノリス，土壌中の水の浸透に関する教材開発について，創意・工夫した点，留意点などをまとめた。開発した観察・実験教材については，それぞれ実際に実践を繰り返し，その正確さや再現性について確認した。その結果，授業教材として扱いやすく，明確な成果が得られることが明らかとなった。それぞれの開発教材あるいは観察・実験手法は，学会誌等に寄稿し，全国各地で活用され，実践されている。

第5章　土壌リテラシーを高める土壌教育実践とその評価

児童・生徒の生活体験や自然体験が減少し，理科離れが進む中，興味・関心を高める自然観察や実験などの体験的な学習を実施し，理科好きな生徒を育成することは，我が国の今後の科学技術発展のために必要不可欠であると考える。現行学習指導要領では，小学校，中学校，高等学校の理科教育等を通して児童・生徒が知的好奇心や科学的探究心を育み，創造的な能力を引き出していく上で，自然に親しみ，目的意識を持った観察・実験を行うことは重要である。2006年のPISA調査（Programme for International Student Assessmentの略：経済協力開発機構（OECD）による国際的な生徒の学習到達度調査）結果から，我が国の実態は「科学への興味・関心が低く，観察・実験等を重視した理科の授業を受けていると考える生徒が少ない。」と分析されており，観察・実験等を積極的に実施し，生徒の科学に対する興味・関心や意欲を高める授業実践は重要である。

生徒に「自らやってみる」，「わかる」，「できる」ことを実感させ，「日常生活で理科学習や科学が役立っている」ことに気づかせることは重要である。この達成感や成就感，理科学習の意義や有用性を体験的に実感させることが，生徒の学ぶ意欲を高めることにつながると考える。土壌は普段子ども達が接する機会は乏しく，関心が持たれない自然物であることは，既に述べた通りである。探究的な活動では，子ども自らの発想や予想，仮説を持って観察，実験や課題研究に主体的，対話的に取り組んでいくことが重要となる。そして，この過程を充実させることにより，「科学への関心」を高め，「課題発見力・解決力」や「確かな学力」を身に付けることが可能となる。

第1節　生徒の発想を生かした土壌授業の構築

生徒の発想を生かした土壌授業を構築するため，書籍やインターネットなどから土壌について関心のある内容あるいはテーマを中学校5校及び高校3校の生徒たちに自由に考えさせ，提案させた。その中から，中学校では15テーマ，高校では22テーマ（表5-1）を選定し，授業や課題研究を展開してきた。そのうち，特に関心を持たれたテーマとして，中学生は「あなたの足の下にはどのくらいの動物がいるか」，「土は水をクリーンにする」，「土は表土が命」，「いろいろな土の色」，「おいしい水ができるわけを探る」，高校生は「粘土を使って焼き物を作ろう！」，「土の資材性を追求する」，「土壌呼吸を測る」，「土の中の宝石探し」，「クマムシ，カニムシ，オケラを探そう」を選出した。「コンポストによる土づくりにチャレンジ」は，中学生，高校生ともに選出された。これらのテーマについては，授業で取り上げ，観察・実験や課題研究などを実施した。

例えば，授業「月には土はあるか」では中学3年生及び高校2年生に授業前に確認したところ，「ある」が中学生57.3%，高校生60.5%，「ない」が16.0%，30.9%，「わからない」が26.7%，8.6%であった（中学生75名，高校生97名）。「月には土がある。」と答えた理由のうち半分が「何となく」であり，その他は「地球にあるから。」，「地球と兄弟だから。」などであった。「月には土がない。」と答えた理由はやはり半分以上が「何となく」であり，その他は「水や空気がないから。」，「生き物がいないから。」などであった。1969年7月20日にアメリカの宇宙船アポロ11号が世界で初めて月面に着陸し，二人の飛行士がそこに降り立ち，月面を歩き始めた。二人が歩いた後には，人類初の足跡がはっきりと残されていた。当時，この感動的なシーンが全世界に配信された。生徒たちに，当時の映像を見てもらい，飛行士の残した足跡の下にあるのが土かどうかを話し合った。その結果，8割以上が土と答え

表 5-1　土壌を使った授業のテーマ一覧及び関心度

①中学生対象

番号	課題研究テーマ	サブテーマ	関心度
1.	「月には土はあるか」	月の岩石には微生物がいなかった	7.4
2.	「熱帯の土はなぜ赤い」	ラテライトはレンガ	5.2
3.	「あなたの足の下にはどのくらいの動物がいるか」	土の中は知られざる世界－土壌生物を探る－	11.2
4.	「土の温度を調べる」	土の中は快適か？	4.4
5.	「土は表土が命」	表土には生物がいっぱい！	9.7
6.	「林の土と校庭の土の違いを調べよう」	色や堅さ，生物の生息量を比較する	4.8
7.	「ミミズの糞と団粒」	ミミズは土づくりの名人	1.2
8.	「土は水をクリーンにする」	土の浄化機能を調べる	11.6
9.	「土の保水能を探る－降雨のゆくえ－」	水の循環を考える	3.3
10.	「コンポストによる土づくりにチャレンジ」	ゴミの分解をするのはだれ？	15.4
11.	「いろいろな色の土」	土の色は何で決まる？	9.1
12.	「落ち葉のゆくえを探る」	腐った落ち葉はどうなる？	3.8
13.	「おいしい水ができるわけを探る」	ミネラルウォーターはどのようにしてできるか	8.7
14.	「68億人を支える食糧生産基盤の土壌が危ない」	土壌浸食，流出による土壌喪失，土壌劣化，土壌汚染等を考える	1.1
15.	「自然界の物質循環に果たす土の役割」	林の循環マップ作りにチャレンジ	3.0

②高校生対象

番号	課題研究テーマ	サブテーマ	関心度
1.	「土の断面を調べよう」	土を掘ってみよう	4.8
2.	「粘土を使って焼き物を作ろう！」	粘土はどうして焼くとかたくなる？	10.3
3.	「土による養分保持」	土の粒子がミネラルをキャッチする	3.7
4.	「土の生成を探る」	土ができるまでの気の長い話	1.5
5.	「土の資材性を追求する」	泥パックを科学する	14.0
6.	「土壌破壊や土壌汚染のニュースを集めよう」	新聞や雑誌に見られる様々な環境問題	1.1
7.	「岩石表面の着生地衣・コケと土壌形成」	がれ地を観察する	0
8.	「土の保肥力」	土と砂で保肥力の違いを調べよう！	3.1
9.	「表土が黒っぽい理由を探る」	腐植の色はどんな色？	0

10.	「土1gの中の生物たち」	微生物は分解者	0.6
11.	「土壌呼吸を測る」	土と砂を較べよう	10.3
12.	「土の成分を細かく分けよう」	土は何からできている？	0
13.	「土に住む微生物」	栄養培地にカビのコロニーをつくる	0
14.	「コンポストによる土づくりにチャレンジ」	ゴミの分解をするのはだれ？	7.1
15.	「土の中の宝石探し」	土壌鉱物を調べる	9.2
16.	「土壌劣化を考える」	過剰な農業による土壌の酷使，知力低下をどう防ぐ	0
17.	「土染めを体験しよう」	様々な土を使ってハンケチを土染めする	9.0
18.	「菌根菌を観察する」	アカマツの林で菌根菌を探そう	0
19.	「表層土と下層土の違いを調べる」	表層土と下層土の有機物量，生物量を調べる	0
20.	「土の持つ緩衝力」	土は環境の変化を緩和する	0.9
21.	「クマムシ，カニムシ，オケラを探そう」	この動物に会いたい！	9.1
22.	「なぜ，土に触れると落ち着くか」	土は人の心を癒す	8.8

関心度：中学生は15テーマの中で関心を持ったものを５テーマ，高校生は21テーマ中から10テーマを選択し，それぞれ全体に占める割合（%）を関心度とした。選択生徒総数：中学生５クラス合計195名，高校生６クラス合計158名（2009年〜2010年）。

ていた。月の表面には粉状あるいは砂粒のようなほこりが立ち上がり，土ではないかと話題にもなった。しかし，それは土ぼこりではないことが判明した。月から持ち帰った岩石には粘土や腐植は全く見られず，付着生物も発見されなかった。月には生命が確認されず，土らしいものは存在しなかった。月には空気がなく，水も存在しない。また，昼間の月面温度は110℃に達し，夜間は－150℃となる。このような過酷な環境下では生物は生存不可能である。土ができるには，岩石の風化物に生物遺体が加わる必要があり，生物の存在は不可欠である。さらに，空気や水の存在，働きが必要である。月には，土の材料（母材，レゴリス）はあるが，土は生成されない。

ドクチャエフは，「土壌（soil）とは，地殻の表層において岩石・気候・生物・地形ならびに土地の年代といった土壌生成因子の総合的な相互作用によって生成する岩石圏の変化生成物であり，多少とも腐植・水・空気・生きている生物を含みかつ肥沃度をもった，独立の有機－無機自然体である。」（永塚，2011）と定義している。このように，土の生成には生物の存在は欠かせない。そのため，生物が陸上に進出する以前の地球表面は，生きものがいない陸地は荒涼とした大地であったと推定されている。

授業「68億人を支える食糧生産基盤の土壌が危ない」では土壌侵食，土壌喪失，土壌劣化，土壌汚染等を取り上げたが，生徒たちは図書館等で調べてグループ発表を行った。あるグループは地球上の農耕地の多くが低地に発達しているため，地球温暖化による海水面上昇は世界各地の農耕地を失うことにつながる危険があることを発表していた。他のグループは土壌が地表のわずか数十 cm から数mの薄い層であり，この薄層で農業が集約的に営まれ，人類は化学肥料や農薬，大型機械を開発・利用して農業生産性を向上させてきたこと，人口増加に伴う食糧増産は土壌酷使となり，世界各地の耕作地で土壌侵食や流出などの問題が生じていることを発表した。土は食物をつくり，森林を形成する。また，養分や水を蓄える。このような生産機能や養分吸着機能・水分保持機能により，食糧や木材，水が確保されている。森は自然のダムであり，降水が地面に染み込んでいく間に浄化する役割を持っているが，森林破壊が土壌流出や土壌劣化を招き，最終的には砂漠化に至っている地域がある。この他，様々な土壌情報について発表が行われ，生徒間で意見交換や質疑応答があり，マルサスの人口論を紹介しながら将来の人口増加と食糧不安をどう解決したら良いかなど，活発に討議していた。

授業「土の生成を探る」では，生徒たちは岩石に付着した地衣やコケの下の土を観察し，土のできる様子を調べたことを発表した。そして，土壌生成のしくみや歴史を地球の歴史と関連づけてまとめていた。地球が誕生したのは約46億年前，そして生命が水中で誕生したのは約38億年前である。約20億年前には光合成により水を分解し，酸素を発生する微生物が出現した。この微生物の活動により，水中に酸素が増え好気性菌が出現した。やがて，酸素は空気中にも増加し始め，上空には地表に降り注いでいた紫外線を遮断するオゾン層が形成された。この間，生命は水中で進化し，様々な生物が出現した。やがて，その中から陸上に進出するものが登場し，今から約3億5千万年前の古生代シルル紀には最初の原始植物が陸上に出現し始め，少し遅れて動物も上陸した。植物が茂ると地上に有機物が蓄積し，微生物が分解するという協同により土の形成が始まった。その後，土の動物たちも土づくりに加わっていったと考えられる。陸地を土が覆うようになる2億年前（古生代石炭紀）にはシダ植物の大森林が形成されるようになった。地球は土を持つことにより約5百万種（推定では約5千万種，現在175万種が確認されている）もの多様な生物が生存している惑星である。生徒たちは，地球のごく薄い表層部にある土こそが地球創生の壮大なドラマの主役であるとしていた。また，この地球表面を覆う薄膜の土壌は未知なる遺伝子プールであり，今後の地球環境問題や食料問題，疫病などを解決するかも知れない大事なカギが潜んでいることをまとめていた。これらの探究学習や課題研究のテーマについては，他校でも実践されたが，生徒たち及び教師たちの多くが，表5-1の全テーマを課題として取り組むには教科の枠を超えた多様な学問領域からの知やアプローチが不可欠である。

第2節　開発土壌教材活用の実践事例とその評価

第1項　土壌呼吸（中学校）

濾紙法による土壌呼吸実験は，フェノールフタレインが二酸化炭素に反応して赤色から白色に変化する指示薬であることを活用している。この濾紙片の変色は鋭敏であり，変化を眼前で確かめることができる。この実験は，土が呼吸していることを実感できること，比較的簡単・短時間にできること，再現性があること，などの点で優れている。中学校では分解者の働きを確かめる方法としてCO_2検知管が用いられているが，前述の通り値段が高く，CO_2を発生させるのに時間を要するなどの理由で実施率は低い。開発した簡易ろ紙法による土壌呼吸の確認や測定は短時間で，安価かつ簡単にできる実験法である。捉えにくい土壌での分解作用を定性的，定量的に調べることができ，目に見えない土壌中の分解者の活動を知ることができる。

中学校における出前授業は2時間続きであり，課題研究として実施した。授業の導入として，中学生（3年，41名）に「土は生きている」という小学校の国語の教材（植山，1993；全国国語教育実践研究会編，1994）をプリント配布し，「『土は生きている』ことについて，どう思うか」を調査した。その結果，「強く思う」と「思う」と答えた中学生はわずか4.9％であった（図5-1）。後日，高校生について同じ質問をした結果，ほぼ同様の傾向であったことから，なぜ「土は生きている」と思わないのかを質問したところ，「土は無機物であり，生きていることはあり得ない」，「土が生きているということは呼吸しているあるいは生まれ，成長し，老化して死ぬということであり，考えられない。」と答える生徒が多かった。そこで，実際に高校3年（選択，37名）の課題研究の時間に簡易濾紙法を使って土の呼吸を調べる課題研究を実施した。

①材料及び試薬

無色透明なガラス容器またはプラスチック容器，濾紙片21×30mm（東洋濾紙 NO.53），濾紙台（濾紙片を置く台で針金で自作する），ピンセット，ストップウォッチ，地中温度計（または温度計），土壌硬度計，ねじ付き試験管，三角架，ガスバーナー，アルカリ・フェノールフタレイン混液（0.005～

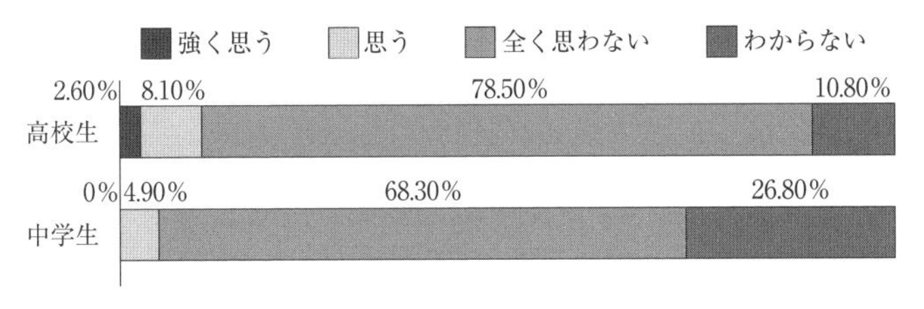

図5-1　「土は生きている」ことに対する中学生及び高校生の回答
調査対象：中学校3年41名，高等学校3年37名（2012年）

0.01mol/L NaOH 溶液にフェノールフタレイン溶液を加えた混液)，生土及び砂（室内実験用)，焼土（ルツボに生土を入れ，バーナーで2分間焼いたもの)

②実験方法

a．野外での測定

ア　野外の適当な測定場所が決まったら，地面に針金で作った濾紙台をさし，その上にアルカリ・フェノールフタレイン混液の入った管ビンからピンセットで取り出した濾紙片を置く。

イ　すばやく容器を覆いかぶせ，少し強く押してその口を地面に0.2cm 位入れる（図5-2）。

ウ　容器を覆いかぶせた時をスタートとして，濾紙片が赤色からピンク，さらに白色に変るまでに要する時間を測定する。

エ　校庭，畑，雑木林，砂場など様々な地点で測定する。

オ　土壌硬度を土壌硬度計（山中式土壌硬度計）により測定する。

b．室内での測定

ア　濾紙片をアルカリ溶液（水酸化ナトリウム水溶液）とフェノールフタレイン溶液を混ぜた液に浸す。

イ　土と砂，焼土をそれぞれ10g づつ入れた試験管を用意し，各試験官にアの濾紙片をピンセットですばやく入れ，ゴム栓でふたをする。

ウ　土を入れない試験管にアの濾紙片を入れたものを対照とする。

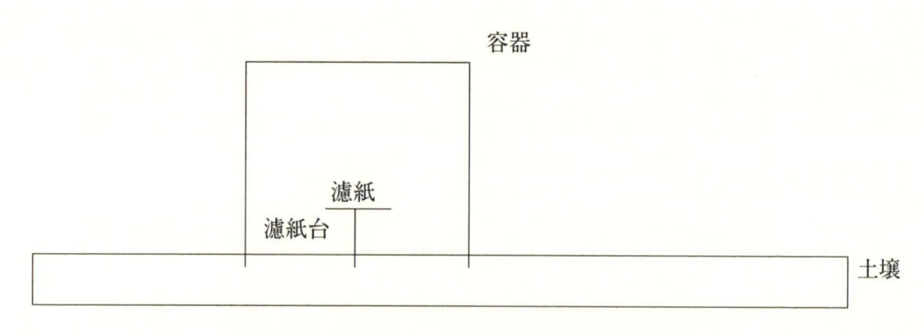

図5-2　野外における土壌呼吸測定装置

エ　試験管にふたをした時をスタートとして，3本の試験官内の濾紙片の色が白くなるまでの時間を測定する。

③結果・考察

課題研究のクラスを6班に分けて，班ごとに校内外の様々な地点で土壌呼吸の測定を行った。各班はそれぞれ地点を定め，装置を設置してろ紙片の変色に要する時間を測定し，記録していた。教室に帰り，各班のデータをまとめた結果，表5-2の通りであった。この表から，濾紙片白変に要した時間は雑草地や畑，雑木林で短かく，グラウンドや造成地では長かった。最も長かったのは砂場で，濾紙片白変に45分05秒を要した。次いで，室内で各種土壌を使って測定した結果を表5-3に示した（写真5-1）。焼土では呼吸量が0であった。呼吸源である土壌生物が死滅したことが理由であることは，ほとんどの生徒が理解していた。「室内の測定」のウの対照の意味が分からなかった生徒がいたので，「ある条件の効果を調べるために，他の条件は全く同じにして，その条件のみを除いて行う実験」であることを説明した。すなわち，試験管に土壌を入れない以外は土壌や砂を入れた実験の場合と同じ方法で土壌呼吸を調べる。何も入れない試験管内では二酸化炭素は発生しないので濾紙片の変色はない。それは，土壌から二酸化炭素が発生して濾紙片を変色させた証にもなる。野外と室内で，土壌呼吸実験を実施した生徒から，いくつ

表5-2　各種土壌における土壌呼吸・土壌硬度・地温（野外）

調査地点	濾紙白変に要した時間	土壌呼吸速度
雑木林	3分51秒	6.33
グラウンド	22分18秒	1.09
畑	2分49秒	8.68
雑草地	2分11秒	11.2
砂場	45分05秒	0.54
造成地	23分42秒	1.02

表中の数値は各班の平均値を示す。土壌呼吸速度（CO_2-Cmg/100cm^2・h）は濾紙片のアルカリ量に吸収される二酸化炭素量から換算した。

表 5-3　各種土壌における土壌呼吸（室内）

各種土壌	濾紙片白変に要した時間	土壌呼吸速度
グラウンド	8分12秒	2.98
畑土	1分50秒	10.5
雑木林土	3分16秒	5.89
造成地土	11分10秒	1.72
花壇土	2分08秒	9.02
雑草地土	1分25秒	13.6
プランタ土	1分35秒	12.2
砂	39分00秒	0.49
焼土*	変化せず	0

*畑土を10分強熱し，焼土とした。土壌呼吸速度（CO_2-Cmg/100cm^2・h）：換算法は表5-2と同じ。

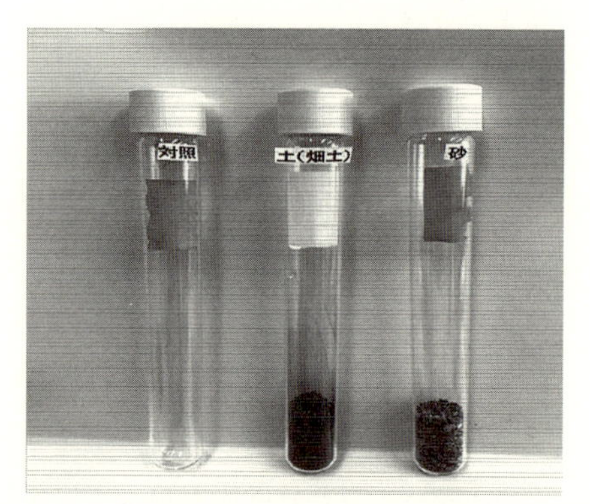

写真 5-1　土壌呼吸（左から対照，畑土，砂）

かの質問や疑問が出された。これらの質問等について，班別で話し合い，その回答を発表し合った。

生徒たちは，二酸化炭素が濾紙片に吸収されて変色したことに半信半疑であった。そこで，全員の前で一人の生徒が試験管にアルカリ・フェノールフタレイン混液を浸した濾紙片を入れ，息を吹き入れてゴム栓でふたをした後，濾紙片が白変したことを演示した。この演示実験では，濾紙片は瞬時に赤色から白色に変わり，生徒たちは土壌が呼吸していることを確認していた。その後，各班の生徒たちは人の呼吸によって濾紙片が白変することを確かめていた。「土が呼吸している」,「土は生きている」ことに違和感を覚える生徒が少なからずいた。そして，そのことについての質問があった。生徒たちは，各班で話し合ったが，回答に窮していた。土壌は鉱物粒子や無機化合物，土壌有機物，土壌生物などから成り，水と空気を含む総体である。つまり，土壌には植物や動物，微生物が棲んでおり，土壌の一部と捉えられる。土壌生物や植物根は呼吸しており，二酸化炭素を排出している。これが，土壌呼吸となる。この「土は生きている」という多分に比喩的表現とはいえ，決して土壌粒子，空気，水，ミネラルは生物ではない。松中（2004）は,「土壌が生物であると混同するのは，厳に慎まなければならない。」と苦言を呈している。中学生や高校生が「土は生きている」ことから，土壌を生き物として捉えないように配慮することは当然である。土壌によって呼吸の大きさに差がある理由について，生物量や生物活動量などをがあげた生徒がいた。そのいずれが関係しているかについては，両方と答える生徒が多かった。生物活動量の差異は地温と土壌呼吸量との関係（図4-4）が根拠となっている。その後，土壌動物の生息数を調査した（表5-5）ことから，土壌呼吸量は生物量が関わっているとの結論に達した。

様々な実験を実施した生徒たちは，①砂と土壌が異なること，②各種土壌によって呼吸量に差異があること，③土壌呼吸は土壌生物の活動によって生じていること，などを明らかにした。土や砂に生息する土壌生物を測定すると，両者の関係が一層明らかとなった（表5-5）。また，同じ土でも季節（図4-5）あるいは朝，昼，夜などの時間（図4-6）によって土壌呼吸量は変化する。これらの探究実験から,「土壌の違いによって，なぜ呼吸量が異なるか」,「一日の時間あるいは季節によって土壌呼吸量が変化するのはなぜか」などについて，意見交換や議論を行って考察していた。このような課題実験を通して，土壌を科学的に探求させることにより，科学的見方や考え方を養うことができたと考えている。授業の最後に，メソポタミア文明が栄えた現在のシリアからイラクにまたがるかつての「肥沃な三日月」地帯が，砂漠となった経緯を説明した。ここは，チグリス・ユーフラテス川が流れる水に恵まれた地帯で小麦生産が盛んであったが，人口増加とともに生産性向上のために土壌酷使が始まり，高温，乾燥地帯での塩類集積が進んで砂漠化してしまった。そして，土壌中のあらゆる生物が死に絶えて，死んだ土になってしまった。このような土壌破壊が進んで，文明が滅んでしまった歴史的事実は他にも見られる（ディビッド・モントゴメリー，2010）。今日，世界の土壌は過耕作や過放牧，森林伐採，過開発，化学肥料・農薬の過投与，などに加えて食糧増産により，過度の負荷がかけられ，劣化が広がっている。「土は間違った使われ方をすると，死んだ土になってしまう。」と倉林（1986）は警告している。

生徒たちは，上記の教師からの説明を聞いた後，自分たちができる土の負担をかけない生活や土の保全について，真剣に考えるようになった。なかなか打開策は見い出せない様子であったが，最終的には自然を壊す豊かさを追求する生活を見直したり，飽食を控える生活をしていくことが大事であることを話し合い，発表していた。その後，土壌呼吸実験に強い関心を持ち続け，授業後自主的に課題を設定し，観察・実験を行っていた。グラウンドの各地点における土壌呼吸を測定し，その結果（表5-4）から人為の影響の大小と土壌呼吸との関係を植生の有無や土壌硬度の調査を踏まえて考察していた。また，教師のアドバイスをヒントに土壌深度別の土壌呼吸を調べ（図5-3），深度が増すに連れて土壌呼吸が小さくなることをまとめていた。その後，各

表5-4　グラウンドの各地点における土壌呼吸

測定場所	濾紙片白変に要した時間	測定地点の様子	土壌硬度（mm）	人間の影響の大きさ
1	21分15秒	トラック内，草なし	18.5	中
2	15分29秒	トラックの外側で雑草あり	16.8	小
3	9分32秒	校庭の隅の桜の木の下	13.2	極小
4	26分50秒	トラック周辺でかたく，草なし	22.5	大

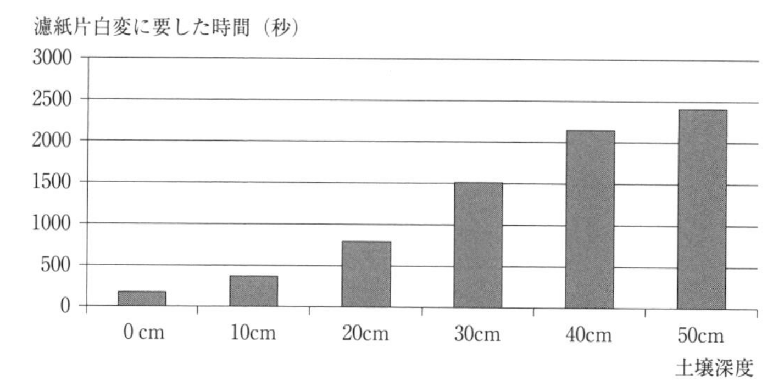

図 5-3　土の深さによる呼吸量の違い（畑）

表 5-5　各調査地点における土壌動物の種類と数

土壌動物名	雑木林	グラウンド	野菜畑	砂場
クモ類	7		12	
アリ類	23	5	18	1
カメムシ類	11		15	
ミミズ類	39		23	
ダンゴムシ	17		3	
ヤスデ類	6		1	
トビムシ類	63	1	25	
ダニ類	91	9	72	
ムカデ類	32		3	
ハサミムシ類	8			
甲虫幼虫	5			
ハエ幼虫	3			
ザトウムシ	1			
陸産貝類	2			
ヨコエビ	5			
ゴミムシ類	15			
アザミウマ	2			
カニムシ	1			
その他	3		5	1
合計	334	15	172	2

土壌動物数はツルグレン抽出法によって100cm^{3}当たりの総数を３ヵ所平均値として算出した。

層の土壌生物の種類と総数（表5-5）を調査し，両者が深く関係していることを明らかにした。このような発展学習こそが，課題研究のねらいでもある。これらの結果から，生徒たちは深度別土壌呼吸と土壌動物数が相対していることを結論づけていた（図5-4）。

④課題研究を通してわかったこと・わからなかったこと・疑問なこと・感想など（一部）

様々な地点の土壌あるいは深度の異なる生徒は簡易濾紙法を使って，土壌の呼吸を測定し，考察する課題実験に取り組んだ。また，土壌動物の調査を行った。この課題研究を通して，わかったこと，疑問に思ったこと，感想などをまとめた。その一部を示す。

・土が呼吸していること，砂は呼吸していないこと。私たちの班はみんな土の見方が変わってしまった。

・変色までにグラウンドでは時間がかかり，雑木林では早かった。呼吸速度の計算が難しかった。濾紙の白変までに時間がかかっているということは呼吸量が少ないということはわかった。

・畑で濾紙片の白変までの時間を調べていたらすぐに変わってしまったので，

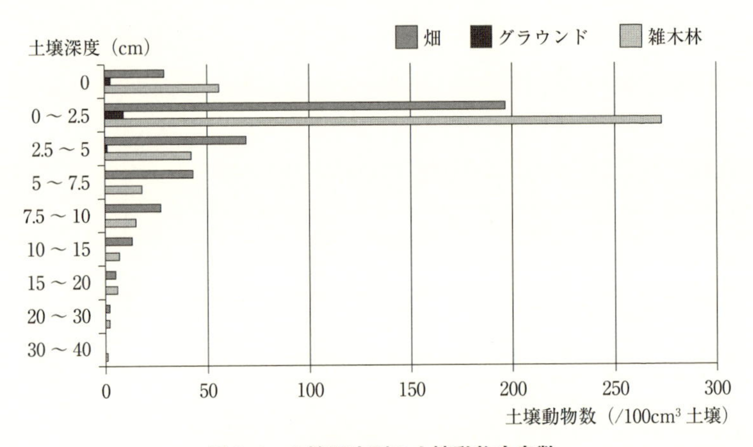

図5-4　土壌深度別の土壌動物生息数

校庭ではすごい時間がかかったことが実感できた。校庭は常に踏みつけられているので，窒息状態にある土であると言える。ブルトーザーやトラクターで押さえつけられて土は，相当苦しんでいる土かなと思った。でも，それ以上に苦しんでいるのは，放射線や廃棄物，農薬などで汚染されている土であると思った。

・土壌硬度のはかり方が難しかった。
・土の呼吸は植物が生えているところで盛んだった。植物が生えている土は，動物，微生物が多く，呼吸が盛んで生きていう土と感じた。
・濾紙片の色の変化がどうしておこるかがわかった。
・土のある場所で，呼吸量は違っていた。雑木林や雑草地，畑の土は呼吸量が大きく，グラウンドや造成地の土は小さかった。それは，人間の関わりが影響していると思った。表面の土を削ったり，踏んだり，雑草を取ったりしているグラウンドやショベルカーなどで造成している土は死んでいる土，あまり人間の影響が及ばない，植物が生えている雑木林や雑草地，人間が耕したり，肥料を加えている畑の土は元気な土であった。
・土に対する見方や考え方が大きく変わったような気がする。
・砂が呼吸しているのは間違いかと思った。石は呼吸しているのか。
・濾紙の色の変化がおもしろかった。なかなか変わらないと思っていると突然変わるので見ているのが大変だった。
・土壌呼吸がこんな簡単に調べられるのには驚いた。土にもいろいろな健康状態があることがわかった。
・畑や雑木林の土はやわらかく，いかにも生きているという感じがした。造成地や校庭は人間のために死んでしまった土という感じがした。
・土を元気にするにはどうしたらよいかを考え，土の様々な有益な機能を考えると，土が死んでしまうようなこと一特に開発，産業廃棄物投棄一は避けたい。地球上の土は，人間の膨大な働きかけで悲鳴を上げていると思う。
・畑や林の土の呼吸が大きいとは思っていたが，かなりかたい雑草地の呼吸が思ったより大きいのは不思議である。

・元気で健康な土は，呼吸が盛んな土である。土の呼吸が盛んな土にはたくさんの分解者がすんでいる土である。

・土の呼吸実験は，とても楽しかった。ろ紙片の色がすぐに白く変わる土となかなか変わらない土があり，呼吸量が違うことがよくわかった。目に見えない二酸化炭素が発生して酸性の方に向くとろ紙の色が変わることは人の呼気を入れるとパッと変わるのでわかったが，どういう化学反応が生じているかはわからなかった。

・呼吸が小さい土は元気ではないのは，人間も同じ。元気な土ってどんな土か。呼吸の盛んな土は土の生物が活動を活発にしている土。

・土が呼吸していることはとても不思議だと思う。今までは生きているとは思わなかったので，ゴミを捨てられても，削られてもなんとも思わなかったが，今はそうは思わない。

・私たちが足で踏みつけている土はたぶん悲鳴をあげていると思う。コンクリートの下の土はどうなるのか。苦しんでいると思う。

・今まで，土は冷たく，死んでいる物体だと思っていた。「土が呼吸している。」という表現は科学的ではないと思っている。「土の中の生きものが呼吸している。」というのが正しいのではないか。地球は温暖化が進み，土壌呼吸量が増していると言う。このような場合は，「土壌が呼吸している。」という表現は事象を捉えるのに適切だと考える。また，「土が窒息状態にあるので，人類はたくさんの恩恵を受けている土を保全しよう。」という場合にもすぐに理解できる。このような擬似的な表現があってもいいかも知れない。

これらの感想の中から，「土が生きている」ことを実感した生徒は多く，土を元気にしたり，保全する方法に話が進んでいた。授業後の生徒の感想をカテゴリー別に分類すると，(1)土の見方・捉え方の変化，(2)濾紙片の変色，(3)土の呼吸実験の面白さ・楽しさ，(4)土が呼吸している・生きていること，

表 5-6　土壌呼吸実験後の感想のカテゴリー別人数

感想のカテゴリー	人数
土の見方・捉え方の変化	7
濾紙片の変色	3
土の呼吸実験の面白さ・楽しさ	9
土が呼吸している・生きていること	17
土を元気にすること・土の健康	5
土が死ぬこと・土の悲鳴	10
土の呼吸と土壌生物	3
砂・石と土の呼吸	1
土の呼吸速度	1
土の種類と土壌呼吸	6
土への興味・関心	11

感想文記載生徒数：中学校第3学年41名中39名

⑸土が死ぬこと・土の悲鳴，⑹土を元気にすること，⑺土の呼吸と土壌生物，⑻砂・石と土の呼吸，⑼土の呼吸速度，⑽土への興味・関心，⑾土の種類と土壌呼吸，に大別できた（表5-6）。感想の中で最も多く述べていたのが⑷であり，それが⑸の認識を高め，⑹に繋がっていると考えられる。また，⑶と⑺との関わりから，⑾が考えられている。土の呼吸が，人との関わりの大きさによって影響を受けることを述べた感想は，理解が人的影響にまで踏み込んでおり，土の見方・捉え方の変化に至っている。

生徒たちは，砂・石と土の違いを呼吸の違いとして捉えている。また，生物の有無，生物量の違いから，砂・石と土あるいは土の種類を考えているのは，発展的である。これらの感想のカテゴリー間の関係をまとめた図が，図5-5である。濾紙片の変色の差異から，土が呼吸している・生きていることを認識するとともに，土が死ぬこと・土の悲鳴を考えている。そして，土を元気にすることを模索している。呼吸実験の面白さ・楽しさを通して，土への興味・関心を高め，土の見方・捉え方の変化に連動している。

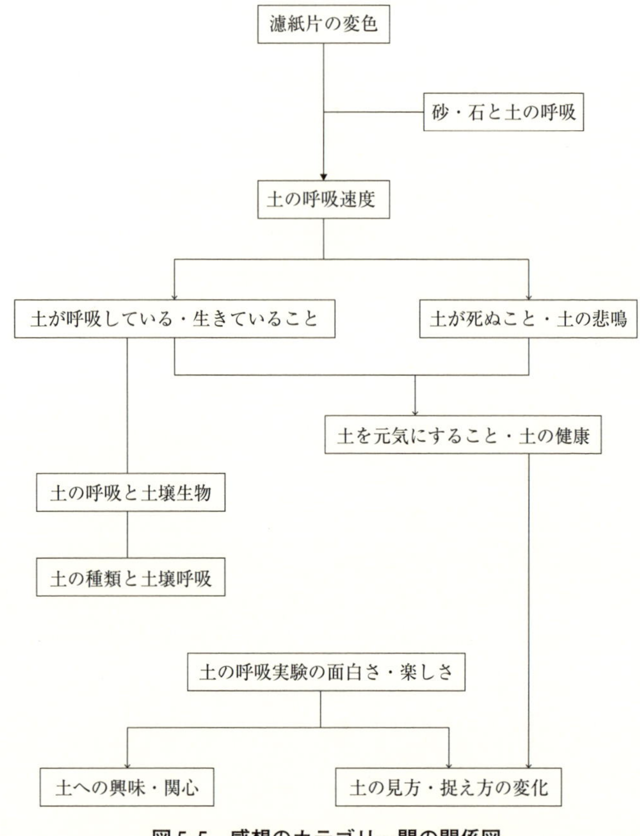

図 5-5　感想のカテゴリー間の関係図

第2項　土の粒子（小学校）

1989年の小学校学習指導要領理科では，第3学年で単元「石と土」で，「ア　土は場所によって手触りや水のしみ込み方に違いがあること」，「イ　土は，小石，砂，粘土などからできていて，その混じり方は場所によって違いがあること」が指導内容として取り扱われていた。1998年の学習指導要領改訂により，「石と土」は削除され，小学校課程で「土」を単元として取り上げる機会が失われた。2008年の現行学習指導要領でも削除のままであり，第５学年の「植物の発芽と成長」，「流れる水のはたらき」，第６学年の「地層」，中学校第３学年で「自然界のつり合い」で，それぞれ付随的に扱われるだけとなっている。そのため，土壌の取り扱いは断片的，付随的であり，系統性がなく，土壌全体を把握し，理解することは難しくなってしまっている。それ故，「石と土」の削除の土壌教育への影響は極めて大きいと言える。

土の粒子の実験は，「石と土」の中で実施されていたが，現在は第５学年で扱われている「流れる水のはたらき」の中で実践することが望ましいと考える。指導内容は「流れる水には，土地を侵食したり，石や土などを運搬したり堆積したりする働きがあること」とあり，「侵食・運搬・堆積」を受ける土の構成粒子を実際に観察させることは意義深いと考えている。児童は，土は石や砂の小さな粒子の集まったものと捉えている。しかし，実際には落ち葉の腐ったものや土の中の生きもの，空気などが含まれている。土の粒子の実験は，土の構成分を知る上で，簡単でわかりやすい実験である。出前授業で実施したことを述べる。

①器具

500mlペットボトル，ルーペあるいは虫メガネ，砂，生土（学校周辺で採取した土）

②実験方法

ア　500mlペットボトルに砂あるいは土を５分の１程度入れ，それに水を５分の３程度加える。

イ　それぞれのペットボトルを激しく１分間振とうする。振とう後，静置する。

ウ　ペットボトルの横側から水の中の様子を見る。

エ　沈殿物をルーペを使って観察し，簡単にスケッチする。

実験上の留意点は，

ｉ）全員が振とうを体験できるようにする。

ⅱ）粘土等の微小な粒子が水中に拡散していると，沈殿に時間を要するので，時間がない場合はあらかじめ沈殿して濁りがないものを準備しておく。

ⅲ）砂と土の粒の違いをまとめる。

③結果・考察

土の粒子実験は，小学生の出前授業で実施した。この実験は楽しく，土が大小様々な粒子から作られていることがとてもよくわかったと児童に好評であった。何で分別されるのかわからないという児童がいたが，他の児童が「重いものほど早く落ちるからだよ。」と説明していた。この実験で，ある児童は「土砂が川を流れていく時，一番遠くまで運ばれるのは細かい粒子で，大きな石などは上流に残るから，上流ほど大きな石が多く，下流ほど土の粒子は小さいということになる。」と話していた。このような捉え方ができることに感動した。また，水田の土を入れて実験した児童は，畑や林の土を使って実験した他の児童たちのペットボトルと較べて濁り水の色が違うと話していた。このような気づきや発見は貴重であり，その後の学習に生かしていくことが大事である。水面に浮かんでいた落ち葉などをシャーレに取り，双眼実体顕微鏡を使って観察した。児童たちは，特に活発に動く小動物に興味を持った。ダニやトビムシ，ムカデ，ダンゴムシなど様々な動物が見られた（写真 5-2）。

写真 5-2　出前授業（雑木林土の観察）

写真 5-3　土の粒子実験

表5-7　児童の「土の粒子」の自主観察・実験の結果

採取土	水のにごり	水面の浮遊物	土の粒子
校庭土	にごりは早くなくなった	なし	浮遊している粘土が少なく，沈んでいるものは同じ位の大きさの砂粒と小石，土粒
畑の土	長時間にごっていた	アリ・ミミズ	浮遊している粘土，沈んでいる細かい土粒と砂粒
林の土	長時間にごっていた	落ち葉，生きもの（ダンゴムシ・アリ・クモ・ムカデ・トビムシ・ダニ）	浮遊している粘土がおおい。大小の土粒，砂粒などの沈殿物。
水田土	超長時間にごっていた	稲わら，ミミズ	浮遊している粘土が多く，厚く沈殿していた。砂粒は少ない。
川原土	にごらなかった	なし	浮遊している粘土はわずか～ほとんどない。砂粒，小石の沈殿。土粒なし。

児童らはいろいろなところで土を採取し，学校に持ち帰った。そして，それぞれの土をペットボトルに入れ，水を加えて振っていた（写真5-3）。様々な土の粒子を観察した結果をまとめたのが，表5-7である。土は，いろいろであり，粘土や土粒，砂，石，落ち葉，生物などの混ざりもので，これらの混ざりものの種類や量によって，土の特徴が変わってくることを結論としていた。この自主実験や結果は，その後模造紙にまとめ，理科展に出展して高く評価された。

土の粒子実験では，ペットボトルの振とうが楽しいという声があり，観察・実験に気持ちを集中させる上で効果的であった。土が様々な粒子からなること，生物の遺骸や糞が含まれていること，いろいろな動物がいることを視覚的に確認できるので，土そのものを説明するのにとても良い方法であった。砂の感触はザラザラ，粘土はヌルヌルしていることを併せて体感させた。土がどんな構成物からなるかを簡単な土の粒子分別実験を実施すると，一目瞭然である。説明は，実験後にすると理解が増していることがわかる。ペットボトルと水があれば，いつでも，どこでも，誰でも簡単に実践できる点で優れている。教師たちの評判はよく，多くの学校で実践されている（小学校教師79名のうち，75名が「とてもよい」，「よい」と回答した）。秦ら（2010）は，「地球の最表層にある土は，粘土と砂と礫が混ざったものであるという組成から見た認識に加えて，有機物が混ざって自然環境の中で長い間に変化し作られてきたものであり，また，それが動植物の生活を支えているという認識を培うことも大切である。」と指摘している。児童・生徒の土離れが進む今日，指導内容の中で土を取り上げられる機会を積極的に見つけ，土を解説したり，観察・実験をすることが，土壌リテラシーの育成につながると考える。

第3項　土壌吸着・保持機能（小学校）

現行学習指導要領理科では，小学校第5学年で「植物の成長」が取り上げられ，発芽や成長には養分や水が必要であることが説明されている。しかし，養分や水が土から吸収されることは扱われていない。そのため，土の機能や役割が理解されない。養分吸着や水分保持は，土の重要な機能である。児童への質問で，6割以上は土中に養分や水分があることは知っているが，土による養分吸着や水分保持のしくみがわかる児童はわずかであり，ほとんど理解されていない（表5-8）。しかし，その後中学校・高等学校学習指導要領に取り上げられていないので，養水分吸着・保持のしくみはわからないままとなってしまう。そこで，児童がペットボトルで自作した，簡単な実験装置を使って，砂と土で養分や水分の吸着・保持の実験を取り上げ，そのしくみを

表5-8　土の養分・水分の存在や吸着・保持のしくみに対する認識（%）

土の機能	土中にあることは知っている	土中にあるしくみがわかる
土の養分	66.7	4.2
土の水分	84.7	8.3

小学校5年：72名
質問①「土の養分や水分が土中にあることを知っていますか。」，質問②「土の養分や水分が土中でどのように吸着・保持されているかわかりますか。」

理解させる出前授業を実践した。

①器具・試薬

500ml ペットボトル，カッターナイフ，ティッシュペーパー，メスシリンダー，ピペット，青インク

②実験方法

ア　500ml ペットボトルを底から12.5cm のところでカッターナイフで横に切る。

イ　上半分を逆さにして下半分に重ねる（漏斗を作る）。この装置を３本作製する。

ウ　漏斗の口にティッシュペーパーを敷いて，それぞれに砂，土を口から約6 cm 装填したもの，何も入れないもの（対照とする）を作り，それぞれに水で薄めた青インク水溶液（以下，青インク水溶液とする）50ml をピペットで少しずつ全面に万遍なく滴下していく。

エ　落水の色を観察し，砂と土で比較する。

オ　砂と土で得られた落水をそれぞれメスシリンダーで定量し，保水能を比較する。

実験上の留意点は，

ⅰ）砂や土を漏斗に装填する場合，口の部分を机にたたきつけながら行う。特に，土では入念に行う。

ⅱ）砂では落水が早いので，青インク水溶液を滴下し始める時は注目させる。土も同様に注目させるが，時間を経ると目を離してしまうことに注意する。

ⅲ）滴下量と落水量の差から，保水量，保水率を計算する。

③実験結果・考察

１クラス36名の児童たちは，６名づつの班に分かれてペットボトルを切って自作の実験装置を３つ作った。切断した上半分を逆さにして下半分に重ねて，土，砂，何も入れないものを用意した。その後，それぞれに青インク水溶液を50ml づつ注入し，漏斗の口から出てくる落水について，①何色にな

表 5-9　落水液の色の予測

落水液の色	班数
何も入れないものは濃い青色で，砂と土はやや濃い青	4
何も入れないものは濃い青色で，土と砂は薄い青	2
何も入れないものは濃い青色で，土は薄い青，砂はやや濃い青	3
何も入れないものは濃い青色で，砂は薄い青，土はやや濃い青	1
わからない	1

小学校5年：72名（12班）

表 5-10　落水量の予測

落水量	班数
何も入れないものが多く，砂と土は少し少ないがほぼ同じ	1
何も入れないものが最も多く，次いで土，砂の順	1
何も入れないものが最も多く，次いで砂，土の順	10
わからない	0

小学校5年：72名（12班）

表 5-11　砂・畑土の物質吸着能及び保水能の比較

媒　体	滲出液の色	落水量（ml）
土	無色	12.9
砂	やや薄くなった青色	39.5
何も入れないもの	濃い青色	47.2

落水量は12班の平均値を表す。

るか，②滲出してくる液体の量はどの位か，を事前に話し合わせた。各班で話し合った後，班ごとに予測したことを発表した（表5-9，表5-10）。落水液の色の予測（表5-9）では，無色というものはなかった。そのため，各班の結果を発表した時には強い衝撃を受けたようであった。児童たちは青インク水溶液が土を通過して，少しずつ落ちてくる水の色が無色になっていることに驚き，一方の砂を通過して落ちた水が濃い青色（「わずかに薄くなっていた）

写真 5-4　土の吸着実験

写真 5-5　土の吸着実験の結果
(左：土，中央：砂，右：水で薄めた青インク液)

という班があった）であったことから，特に無色になった理由を知りたがっていた。また，落水量の予測（表5-10）では「何も入れないものが最も多く，次いで砂，土の順」が圧倒的に多く，12班中10班で予測していた。

各班の発表後，実際に推論が正しいか否かを検証するために実験を行った（写真5-4）。青インク水溶液を注入した後，落水量を調べた実験結果から，落水量は土で12.9ml，砂で39.5ml，何も入れないもので47.2mlであり，児童たちの予測通りとなった（表5-11）。児童たちは，推論したことにより，興味・関心が高まり，実験に集中していた。青インク水溶液を注入した後，全員が落水に注目した。しばらくすると滲出した水が滴下してきた。各落水の色は何も入れないものが濃い青色，土が無色，砂がほんのわずか薄くなった青色～濃い青色であった（表5-11，写真5-5）。

児童たちは，砂は隙間（間隙）が多く，通り抜けていく水量が多く，土は隙間が少ないので通り抜ける量が少なかったと考えていた。土が水分を保持するしくみを各班で話し合ったが，説明できる班はなかった。その後，児童たちはなぜ土と砂で青インク水溶液の落水液の色に違いが生じたかを話し合った。しかし，なかなか答が見つからない様子であった。児童たちは，吸

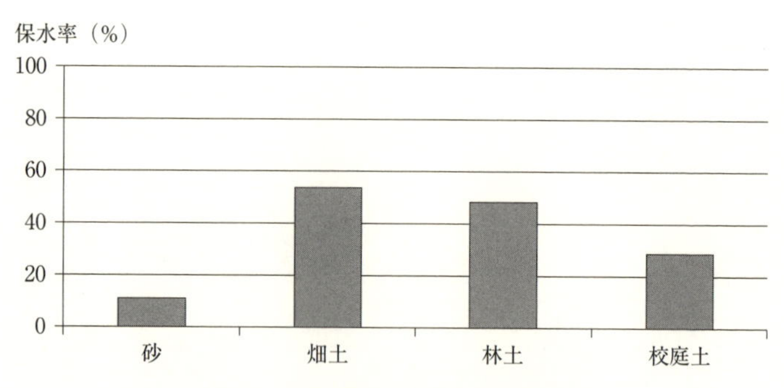

図 5-6　各種土壌と砂の保水率の相違

着・保持実験を体験し，土についていろいろなことを調べたいという意欲が湧いていた。中には，土によって吸着や保持の力に違いがあるのではないかと考えたり，なぜ砂にはその力がないのかに疑問を持つ児童がいた。児童たちは，校庭の土と畑の土，林の土で養分吸着力や水分保持力に違いがあることを調べる実験を試みた。そして，自作のペットボトルを用いて実験を行い，土によって水分保持力（保水率）に違いがあることを明らかにした（図 5-6）。

④児童の感想のカテゴリー別分析

実験後の発表の中で，各班の児童たちは①青インク水溶液の浸透後の落水の色が土は無色，砂は青色であったこと，②この違いから土と砂の性質や働きに差異があること，③予測との整合性，④実験が楽しく，わかりやすかったこと，などを報告していた。その後，実験の感想を書いてもらった。

児童の感想（一部）を現行指導要録の4つの観点「関心・意欲・態度」，「思考・判断」，「技能・表現」，「知識・理解」をカテゴリーとして分別したのが，表 5-12である。この表から，児童が記述した文では「関心・意欲・態度」の21人，「知識・理解」の17人が圧倒的に多かったが，「思考・判断」と「技能・表現」はわずかであった。

新学習指導要領（文部科学省，2017）では，総則で「知識及び技能」，「思考力，判断力，表現力等」，「学びに向かう力，人間性等」を育みたい資質・能

表5-12　児童の実験後の感想文のカテゴリー別分析（2007年）

感想のカテゴリー分類	児童の感想文（一部抜粋） 感想文提出人数：児童36名	記述児童数（総計）
関心・意欲・態度	・真剣に実験に取り組んだのは初めてだった。おもしろかった。 ・おもしろい実験だった。土についてもっとしらべてみたい。 ・実験が楽しく，かんたんな手づくりのもので実験できるのがすごいと思った。 ・わかりやすかった，このような実験をもっとやって欲しい。 ・何で，青色がきえたのか，とてもふしぎに思った，もっと土のことを学びたい。 ・デジカメ写真をとったので親にも実験を見てもらいたい。 ・土のことはよくわからなかったのに，この実験で土に関心を持つようになった。 ・土をとおった青水は無色になったのに，砂の方は青色のままだったことが予測と違っていた。 ・青インク水の青い色が無色になった時は，みんな何でといっていた。また，砂では青色のままだったので，また何でといっていた。 ・土に全くきょうみがなかったのに，この実験で土にきょうみを持つようになった。こんなに実験が楽しいと思ったのははじめてだった。	21
思考・判断	・土が物質を吸いつける働きを持つ性質があることが，土の表面がマイナスになっているという説明ですこしわかった。下敷きをこすると紙などが吸いつくのと同じだと思った。 ・この実験から，土にはものを吸着する性質があることがわかり，なぜ土をとおった地下水がきれいになるかということがわかった。 ・ペットボトルを使って土をつめ，雨水をためて飲み水をつくることができることを考えた。 ・土と砂はつぶのこまかさのちがいと思っていた。砂をとおったあと，出てきた水は青色で土のように水をきれいにする性質は持っていないことがわかり，土と砂はちがうことがわかった。	5
技能・表現	・実験はかんたんだった。うちに帰ったら実験してみんなをおどろかせたい。 ・ペットボトルをきってじっけんきぐをつくるのがたのしかった。みんなで協力してじっけんをすることができ，はっぴょうできた。	3

表 5-12続き

知識・理解	・土と砂のちがいがとてもよくわかった。 ・土の中では養分と水でたもたれるしくみがちがうことがよくわかった。 ・土にものを引きつける力があることを学んだ。実験は楽しく，よくわかった。 ・土の中の養分が同じしくみで，土に保たれていることが理解できた。 ・雨水が土にしみこんで移動していくうちに水をきれいにすることがわかった。 ・土がすごいはたらきを持っていることを知ることができた。 ・青インク液の青い色素はイオンとして存在していることを知った。イオンは電気を持った物質のようだ。 ・土の粒は，表面がマイナスで，青い色素をひきつける力がある。そのため，土をつうかした水は無色になった。 ・土ってすごいパワーをもっているんだとおもった。 ・土にはよごれた水をきれいにする力があるが，砂にはないことがわかった。	17

力としてあげている。それ故，カテゴリーの「思考・判断」や「技能・態度」を高める「主体的・対話的で深い学び」の実現に向けた授業や観察・実験としていくことが課題である。

児童の感想の中には，「土に全くきょうみがなかったのに，この実験で土に興味を持つようになった。こんなに実験が楽しいと思ったのははじめてだった。」，「デジカメ写真をとったので親にも実験を見てもらいたい。」などがあり，この実験に対する児童の関心は高く，意欲的に取り組んでいたことがわかる。それ故，児童に土の働きを気づかせる強いインパクトを与える実験となったことを確信した。「青インク水の青い色が無色になった時は，みんな何でといっていた。また，砂では青色のままだったので，また何でといっていた。」という感想にある「何で」という知的好奇心を喚起する実験であることは重要である。「下敷きをこすると紙などが吸いつくのと同じだと思った。」と気づき，思考が広がっていた。「土と砂はつぶのこまかさのちがいと思っていた。砂をとおったあと，出てきた水は青色であった。土のように水をきれいにする性質を，砂は持っていないことがわかり，土と砂はちがうことがわかった。」ことから，児童たちが土と砂の違いを理解したと判断した。

⑤児童の青インク水溶液の吸着の理解

児童の多くは，「わからないこと」として青インク水溶液がなぜ土に吸着されるのか，なぜ砂に吸着されないのかをあげていた。そして，そのしくみを知りたいとする感想が多かった。教師は，土による養分吸着のしくみが難しいので，説明し難かった。青インク水溶液は青い色素がイオン化しており，マイナスに荷電されている土の粒子表面に吸着されることによって無色になったこと，砂の表面は荷電されていないためイオン吸着されないので青色のままであったことを話した。インクに含まれる青い色素はプラスのイオンとして溶け込んでおり，土の表面に吸着される。一方，砂ではほぼそのまま流出してくる。小学校では，もちろんイオンの学習はない（中学校第3学年で学習する）。しかし，黒板に土の粒子を描き，その表面がマイナスに荷電されていることを示して，カルシウムやマグネシウム，水素，アンモニアなどのプラスのイオンが結合していることを説明したが，概要はつかめていた様子であった。

ヴィゴツキー（2003）は，最近接発達領域について「教育学は子どもの発達の昨日にではなく，明日を目指さなければならない。その時にのみ教育学の最近接発達領域の中で今横たわっている発達過程を，教授・学習過程の中で呼び起こしうるのである。」と述べている。「知りたい」という欲求が「理解したい」という情動を起こし，教師の説明に懸命にわかろうとしていた。堀村（2013）は，「ヴィゴツキーの発達論が知的能力のみならず，情動や欲求などの発達の力動性の観点から構成されている。」と指摘する。児童同士の会話に，「プラスとマイナスは引き付けあうから，土に青いインクのプラスがくっ付いた。」，「砂の表面はプラス，マイナスがないからくっ付かな

表5-13　各種の土と砂による落水量の比較

土の種類	落水量（ml）	水分保持率（%）
畑の土	28	72
林の土	39	61
校庭の土	52	47
砂	92	8

水100ml を注入し，落水量を測定する。
水分保持率は（100－落水量）／100×100%で算出する。

い。」などから，かなり理解していることを示していた。中村（1998）は，「最近接発達領域とは，子どもがある課題を独力で解決できる知的発達の発達水準と大人の指導の下や自分より能力のある仲間との共同でならば解決できる知能の発達水準との隔たりをいう。この隔たりは，今は大人や仲間の支援の下でしか問題の解決はできないが，やがては独力での解決が可能となる知的発達の可能性の領域を意味している。」と述べている。小学校理科第3学年では「磁石」を学習し，N極，S極を知る。児童の中には，この磁石の原理と同じで，イオンのプラスとマイナスが引き合うことを考えていた。引き合う点では同じであるが，N極，S極と＋，－とは異なることを説明した。水の保持については，土や砂の中にある大小様々な隙間に水が入り込んで保たれている様子を画像で示しながら説明した。児童は，双眼実体顕微鏡で，土と砂の隙間の大きさや数などを観察したことから，土と砂で保持する量に違いがあることを理解していた。また，児童は，様々な調査地点の土と砂による落水量の比較から，土によっても水分保持に大きな差があることを確認していた（表5-13）。このような自主的な発展学習が実施されたことは，児童の学習意欲や探究心の向上の表れとみている。

第４項　土壌の浄化機能（中学校及び高等学校）

(1)中学校

現行の中学校学習指導要領理科第２分野「自然と人間」指導のねらいは，「自然環境を調べ，自然界における生物相互の関係や自然界のつり合いについて理解させるとともに，自然と人間とのかかわり方について認識を深め，自然環境の保全と科学技術の利用の在り方について科学的に考察し判断する態度を養う。」ことである。人間活動により生じた様々な汚染物質等を土壌あるいは微生物が吸着，分解していることを簡単な実験を通して確認することは，指導目標の達成につながる。また，中学校段階では社会科等で地球環境問題が取り上げられる。それ故，学習指導要領の指導内容にある自然環境の保全と科学技術の利用の在り方を考えさせる観察・実験を行うことが必要である。土壌による浄化は，まさしく指導目標に適う内容といってよい。

①材料および試薬

砂，生土，自作カラム（太管部分：長さ15cm，内径３cm），鉄製スタンド，脱脂綿，100ml ビーカー，汚濁水（排水），パックテスト（pH，アンモニア態窒素，リン酸測定用）

②実験方法

実験で用いるカラムは，高価であるため，自作した。自作法は第４章に触れている。

ア　自作のカラムを鉄製スタンドに設置し，脱脂綿を詰めてから砂，土壌を12cm の深さまで装填する（図5-7）。

イ　カラムの細管の下に100ml ビーカーを置く。

ウ　排水溝から採取した汚濁水（50ml）をカラム上部から少しずつ注入する。

エ　透過水をパックテストにより，pH とアンモニア態窒素，リン酸の濃度を測定する。

オ　汚濁水もエの方法で測定する。

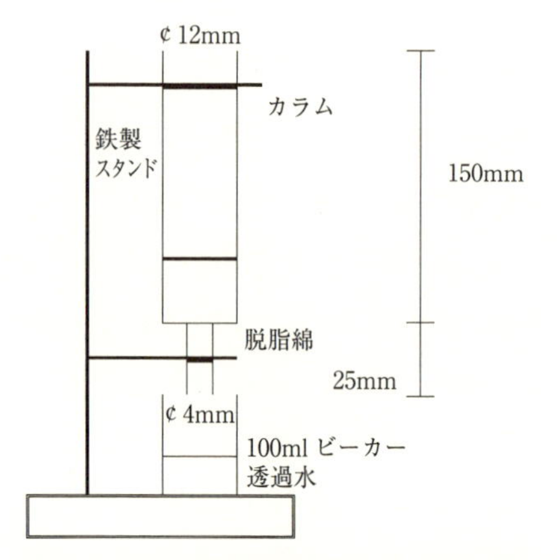

図 5-7　土の浄化機能を確かめる実験装置

カ　汚濁水と落水の pH とアンモニア態窒素，リン酸の濃度を比較し，土壌による汚濁水の浄化について考察する。

実験上の留意点は，

i）カラムに砂や土を装填する時は，隙間が少なくなるように机に軽く打ちつけながら行う。特に，土の装填では十分に行う。

ii）汚濁水の浸透に時間を要する場合があるので，前実験を行っておおよその時間を知っておくとよい。

iii）使用済みのパックテスト用チューブや針は回収し，適切に廃棄処理をする。

iv）試薬液が皮膚や目に触れないように注意する。

v）パックテストの反応時間後，チューブの中の液体の色を標準色と比色する場合，判定が難しいことがある。標準色から適切に判断する。

結果は，表 5-14に示した。この結果から土には吸着機能があり，砂にはほとんどないことが明らかであり，汚濁水中のアンモニアイオン，リン酸イオンの吸着は両者で異なっていた。土の浸出液のアンモニア及びリン酸濃度は低下しており，浄化されていることが判明した。一方の砂では変化はほと

表 5-14　土による浄化機能

汚濁水 媒体	滲出液		
	pH	NH_4-N（mg/L）	PO_4（mg/L）
汚濁水	7.4	8.0	1.0
土	6.2	2.5	0.7
砂	7.0	8.0	1.0

pH，NH_4-N 濃度，PO_4濃度はパックテストによった。

んど見られず，浄化機能がなかった。土中に入った汚濁物は，土壌粒子によるろ過（物理的作用），粘土鉱物や腐植等による吸着（化学的作用），土壌に生息する生物による分解（生物的作用）によって徐々に除去されていく。多段土壌層法は，土壌の浄化機能を活用した汚水処理であり，家庭排水や下水・排水，汚濁河川水などの処理に実用化されている（佐藤ら，2015）。若月ら（1989）は多段土壌層法による浄化により，家庭生活排水に含まれていた全窒素の57%，全リンの99%，BOD の99%を除去したことを報告している。一方，菅原ら（2009）はリン除去率は30%と報告している。土の浄化機能は，土の吸着性や微生物などの働きによっている。

③結果・発表

雑木林土を使用して汚濁水を浄化する実験を行った。その結果，汚濁水の pH はアルカリから中性になり，アンモニア態窒素濃度は大きく，リン酸濃度は少し改善されていることが判明した（表 5-14）。土には物質を吸着する性質があり，土壌コロイド表面がマイナスに荷電されているため，陽イオンを吸着するが，陰イオンは吸着されない。そのため，アンモニア態窒素濃度が8.0mg/L から2.5mg/L に減じた一方，リン酸濃度は1.0mg/L から0.7mg/L への変化に過ぎなかった。土壌中の粘土粒子や腐植はマイナスに荷電されているが，一部プラス荷電も存在する。それ故，リン酸や塩素などの陰イオン吸着も生じる。

生徒たちに，調べたいことがあるかを聞いたところ，発展課題として

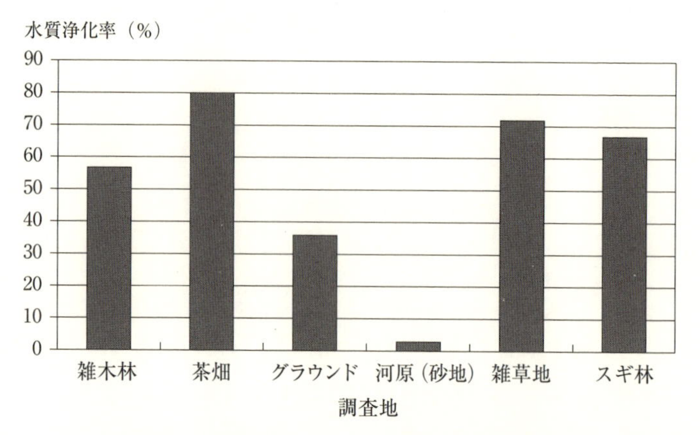

図 5-8　各種土壌における水質浄化率（NH_4-N）

「様々な土壌で浄化機能に差異があるかを確認したい。」,「浄化装置を作ってみたい。」などをあげていた。課題では6ヵ所の調査地で，それぞれの土壌に汚濁水（雑排水）を注入し，NH_4-Nの浄化率を測定した結果，図5-8の通りであった。この結果から，浄化能は植物が生えている土壌で大きく，植物の生えていない土壌で小さいこと，砂には浄化能がほとんどないことが明らかとなった。そして，生徒たちは大地の表面を覆う植物は土壌を守るとともに，土壌を作る働きをしていることに気づいた。

植物がほとんど生えていない河原では，土壌生成が進まず，砂には浄化能がない。また，グラウンドの土は植物が生えても抜かれ，地面が踏み固められるため，そこにある土壌は熟成が進まず，浄化能が茶畑や雑草地，雑木林，スギ林に較べて低いと考察していた。土壌による物質吸着の仕組みは，授業の中で解説した。土壌中で養分を直接蓄える成分は，粘土鉱物と腐植で，間接的には土壌微生物や有機物も関与している（日本土壌協会監修，2014）。また，生徒たちは「浄化装置の作製を試みる」を発展課題として取り組み，様々な浄化装置を作製し，展示していた。それぞれの自作の浄化装置は，1ℓのペットボトルの底を切り落としてキャップをし，逆さにしてその中に砂

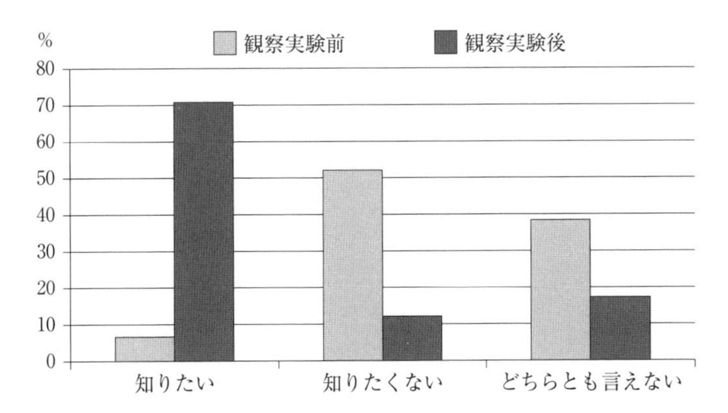

図5-9　観察・実験前後の土壌学習への意欲の変化
調査対象：中学3年生75名

や小石，土，落枝葉などを層状に詰めたものであった。そして，詰められたものや厚さは各班で様々であった。各班の浄化装置には汚濁水や米のとぎ汁などを注ぎ込んだ時の透過水の浄化率のデータが添えられていた。浄化機能が優れていた最優秀作品は，後日表彰した。アンケート調査を実施した結果，土壌について「知りたい」という割合が観察・実験後に急増していた(図5-9)。その主な理由は，生徒自らが知りたい，調べたいと考えたことを実際に観察・実験を行い，真理探究を実践できたことにある。

【発展課題】

・様々な土壌で浄化機能に差異があるかを確認する。

・台所排水や洗濯排水，汚濁河川水などの浄化を試験する。

・浄化装置の作製を試みる。

④生徒の感想（一部）

・土の浄化力に本当に驚いた。土について何も知らないことがわかった。

・土には，水をきれいにする働きがあることが実験でよくわかった。

・砂では，汚濁水はきれいにならなかったのに，土ではきれいになっていた。砂と土の違いがパックテストの色ではっきりと区別できた。
・水槽の底に土を入れると，水が汚れにくくなる理由がわかった。
・ガラス管でカラムを作ることが難しかった。でも，楽しかった。バーナーで温める程度がよくわからず，何回も失敗してしまった。引っぱって伸ばすのも難しかった。
・パックテストは，色で判定するので，どっちの濃度か決めるのがむづかしかった。
・いろいろな土で汚濁水の浄化力を比較した。土によって，大きな違いがあり，とても勉強になった。
・土が話題になったことはなかった。土の浄化機能を学んだので，親にも話したい。
・土について関心は全くなかったのに，今は土に関心が強く，土について知りたいと思っている。その土が人によってダメにされたり，森林伐採で流されたりして砂漠化していく危険があるという話を聞いて何かできないか考えている。でもいい考えが浮かばない。友達に聞いてもみんなわからないと言う。

⑵高等学校

高等学校の課題研究で，土壌浄化能を取り上げ，実践した。学習指導要領（文部科学省，2009b）では，「理科課題研究」の目標として「科学に関する課題を設定し，観察，実験などを通して研究を行い，科学的に探究する能力と態度を育てるとともに，創造性の基礎を培う。」とある。具体的には，課題を設定して仮説の設定，実験の計画，実験による検証，実験データの分析・解釈，推論など，探究の方法を用いて研究を行い，研究報告書を作成し，研究発表を行うことで，科学的に探究する能力と態度を育て，創造的な思考力を養うことがねらいである。この課題研究は，1989年学習指導要領理科の中に，生物Ⅱのように「Ⅱを付した科目」の内容の一部として，問題解決能力の育成を図る目的で位置付けられたのが始まりである。そして，現行学習指導要領では，「理科課題研究」は理科科目の一つとなっている。

2017年告示の新高等学校学習指導要領「理科」の目標は，「自然の事物・現象に関わり，理科の見方・考え方を働かせ，見通しをもって観察，実験を行うことなどを通して，自然の事物・現象を科学的に探究するために必要な資質・能力を次のとおり育成することを目指す。⑴自然の事物・現象についての理解を深め，科学的に探究するために必要な観察，実験などに関する技能を身に付けるようにする。⑵観察，実験などを行い，科学的に探究する力を養う。⑶自然の事物・現象に主体的に関わり，科学的に探究しようとする態度を養う。」，「理数探究基礎」の目標は「様々な事象に関わり，数学的な見方・考え方や理科の見方・考え方を組み合わせるなどして働かせ，探究の過程を通して，課題を解決するために必要な基本的な資質・能力を次のとおり育成することを目指す。⑴探究するために必要な基本的な知識及び技能を身に付けるようにする。⑵多角的，複合的に事象を捉え，課題を解決するための基本的な力を養う。⑶様々な事象や課題に知的好奇心をもって向き合い，粘り強く考え行動し，課題の解決に向けて挑戦しようとする態度を養う。」，「理数探究」の目標は「様々な事象に関わり，数学的な見方・考え方や理科の見方・考え方を組み合わせるなどして働かせ，探究の過程を通して，課題を解決するために必要な資質・能力を次のとおり育成することを目指す。⑴対象とする事象について探究するために必要な知識及び技能を身に付けるようにする。⑵多角的，複合的に事象を捉え，数学や理科などに関する課題を設定して探究し，課題を解決する力を養うとともに創造的な力を高める。⑶様々な事象や課題に主体的に向き合い，粘り強く考え行動し，課題の解決や新たな価値の創造に向けて積極的に挑戦しようとする態度，探究の過程を振り返って評価・改善しようとする態度及び倫理的な態度を養う。」と記されている。いずれも探究の過程を経て課題解決に向けた資質・能力を育成する

表 5-15　各種土壌による汚濁水浄化能の相違

水　質	pH	電気伝導度	COD	NH_4-N	PO_4
汚濁水	7.2	490	60	23.5	8.5
校庭土	6.9	205	25	14.0	3.5
林　土	5.8	85	5	2.5	0.2
裸地土	6.1	270	35	13.5	4.0
畑　土	6.2	55	2	6.0	0.5
水田土	6.5	110	0	0	0

電気伝導度：mS/cm，COD・NH_4-N・PO_4：mg/L

ことを目標としている。

課題研究テーマは２つ設定し，一つは各種土壌の浄化能の比較であり，他は深度の異なる土壌の浄化能調査とした。生徒たちは１班７名の５班に分かれた。各班は，校庭土，林土，裸地土，畑土，水田土をそれぞれ選び，カラムに装填し，汚濁水を注入して滲出した落水の水質分析を行った。水質項目は，アンモニア態窒素，リン酸，COD，電気伝導度，pH とした。アンモニア態窒素，リン酸，COD はパックテスト，電気伝導度は電気伝導度計，pH は pH メーターで測定した。汚濁水は，側溝の雑排水を採取し，浄化能実験に用いた。各種土壌の浄化能調査の結果，表 5-15の通りであった。この表から，浄化能は水田土が最も高く，次いで林土，畑土の順であった。それに較べて，裸地土や校庭土は低かった。土壌の浄化能は，土壌の吸着性に起因する。このことから，生徒たちは吸着性の強い土壌は浄化能に優れ，吸着性の弱い土壌は浄化能が劣ると考えた。土壌の吸着性を担うのは，粘土であり，腐植である。各土壌の粘土含有の多少は，土壌を指でこねて棒状になる状況で判断したが，水田土は粘土含有が多く，アンモニア態窒素，リン酸，COD とも浄化水濃度は０mg/L であった。また，林土は，粘土化（粘土の生成）が進み，腐植に富む土壌である。校庭土と裸地土は，粘土，腐植ともに含有が少なく，生徒たちは吸着性は弱かったと考えていた。

次いで，各班は分担して林土の深度の異なる土壌をカラムに詰め，その上

表 5-16　深度別に異なる土壌の浄化能の相違

水　質		pH	COD	NH_4-N	PO_4
汚濁水		7.3	70	50	2.0
土の深度（cm）	1	7.2	65	45	2.0
	10	7.0	50	25	1.8
	20	7.0	35	15	1.5
	30	6.9	25	0	0.4
	50	6.8	10	0	0
	70	6.8	10	0	0
	100	6.6	10	0	0

COD・NH_4-N・PO_4：mg/L

部から汚濁水を注入し，滲出液の pH，アンモニア態窒素，リン酸，COD の濃度を測定し，浄化を調べた結果，表 5-16に示した通りであった。この表から，土壌による浄化は上層より下層の土壌の方が大きいことが明らかとなった。各班の生徒は，「なぜ下層の土壌ほど，浄化する力が大きいのか。」，「表層土の浄化が小さい理由は何か。」について話し合い，まとめた。その後，各班は話し合った結果を発表し，質疑応答を行った。そして，浄化が表層土で小さい理由は，降雨水の浸透速度が表層の土壌では大きく，あまり土壌吸着されないまま，下層に浸透していくためであるという結論に達した。それは，表層土は団粒構造が発達していて有機物に富み，黒っぽい色をしている。また，表層土には多数の生きものが生息しており，ミミズなどが作った多くの穴隙がある。一方，下層の土壌は穴隙が少なく，粘土含有が高いが，有機物はほとんど含まれていない，黄褐色を呈している，などの特徴を有する。水の浸透速度は緩やかで，この間に吸着が行われるため，下層土では水質浄化されていく。生徒たちは，表層土と下層土の土壌穴隙の違いを実体顕微鏡で確かめたり，指の感触で粘土量の多少を確認していた。また，土壌有機物量の多少は土色帖を使って土壌の色から判断していた。ある班では，表層土と下層土の土塊を水の入ったビーカーに入れた時の気泡の発生の様子から土壌穴隙量の多少を判断していた。

土壌には物質を吸着する性質があり，この性質によって肥料が保持されたり，浄化能として機能する。2012年に実施したSSH校（Super Science High schoolの略で，将来の国際的な科学技術人材を育成するため，先進的な理数教育を実施する高等学校を指す。SSH事業は2002年から始まった国の施策であり，学習指導要領によらない教育課程の開発・編成や大学・研究機関等との連携，課題研究の実践などに取り組んでいる。）における講演・出前授業では土壌機能について取り上げ，野外調査，観察・実験などの実践を行った（福田，2011a；福田ら，2012）。土壌機能としての土壌浄化能を扱った授業では，原発事故による放射性物質や産業廃棄物などの汚染について講演した後土壌中に残留するしくみを考える課題研究を課した。課題研究では，科学的に探究する能力と態度を育てるとともに，創造性の基礎を培う目標があるが，土壌汚染物質の除染についても議論され，生徒同士の意見交換が積極的に行われた。土壌には物質を吸着する性質があり，この性質によって放射性物質が残留したとする班が5，土壌中の生物の体内に食物連鎖によって蓄積しているとする班が1，土壌中のすき間や土壌水中に残留しているとする班が1，であった。そこで，更に話し合い，全班が土壌の吸着性によると結論して吸着性を確認する実験を考えた。そして，土壌による汚染を浄化する働きに着眼して仮説及び検証実験を導き出した。

（ブランク濃度－土壌あるいは砂を通過した落水の濃度)/ブランク濃度の割合を浄化率として算出し，表層土と下層土，砂によるNH_4-NとPO_4の浄化力の相違を調べた結果，図5-10のようになった。この結果から，生徒たちはNH_4-N浄化率は下層土，PO_4浄化率は表層土で大きかったこと，砂は浄化能が認められなかったことをまとめ，報告した。土壌の構成物は腐植とレキ，砂，シルト，粘土であり，腐植粘土複合体を形成している（久馬，1997）。土壌溶液中のイオン保持の主体は土壌コロイド（粘土と腐植等で構成）であり，マイナスに荷電されている（船引，1972）。そのため，K^+，Na^+，NH_4^+，Ca^{2+}，Mg^{2+}などの陽イオンを電気的に結合させて保持する機能を持っていること，

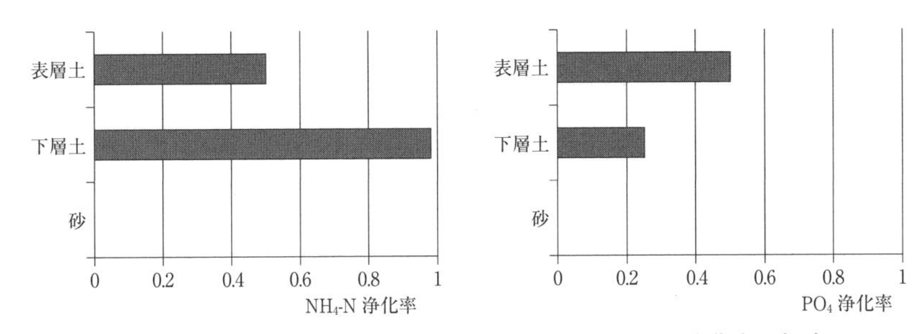

図 5-10　表層土，下層土，砂による NH_4-N と PO_4の浄化力の相違
表層土，下層土は林土である。

NO_3^-，PO_4^{3-}，SO_4^{2-}などの陰イオンは，アロフェン（SiO_2，Al_2O_3，Fe_2O_3の和水物が結合した非晶質鉱物で，火山灰土に多く含まれる）及び Fe，Al の水酸化物などの陽性コロイドに吸着される（川口ほか，1965；松中，2003）。この実験で使用した雑木林土は黒ボク土壌であり，火山灰土である。火山灰土から成るアロフェン質土壌はリン酸吸着力が大きく，固定されて植物がリン酸欠乏となりやすい（日本土壌肥料学会編，1983）。生徒たちは，黒ボク土壌の特性からリン酸吸着力の大きい表層土の浄化率が高くなったと結論した。また，NH_4-N 浄化率が下層土で大きかったのは粘土が多く含有されているため，積極的に陽イオンである NH_4^+ が吸着された結果であると結論した。

第5項　植物遷移と土壌形成（高等学校）

高等学校理科生物（現在は「生物基礎」）の教科書には，「植物遷移と土壌形成」が取り上げられている。溶岩台地に地衣植物やコケ植物が侵入し，遺骸となって溶岩の風化物と混じり合って，薄い土壌を形成していく。土壌が生成されていくと，草本が繁茂していく。さらに土壌が厚くなっていくと，陽樹が生えていく。やがて，土壌が醸成し，陰樹に移行していく。このように，植物の遷移に土壌形成は深く関わり，土壌生成には植物が重要な役割を果たしている（福田ら，1993；1994）。極相に達するのに数百年～千年を要するため，再現や検証は不可能である。教科書（浅島ら，2009；嶋田ら，2009）には桜島における火山植生の遷移が例として取り上げられており，裸地→地衣・コケ（0～20年）→草本（20～50年）→低木（50～100年）→クロマツ林（100～130年）→アラカシ林（150～200年）→タブ林（500～700年）と遷移する。この間に，土壌が形成されていく。しかし，教科書の記述は植物遷移が中心であり，土壌が形成されていくプロセスはほとんど説明されていない。そのため，高校生は植物遷移と土壌形成との関係をなかなか理解できない（表4-5）。そこで，野外調査を踏まえて，遷移と土壌形成の関係を調査・確認することとした。

1．授業計画

授業は，博物館で実施した。高校第3学年の選択生物（4時間連続）であり，内容は「植物遷移と土壌形成」の講義，観察・実験，野外実習であった。導入として，第一次遷移，第二次遷移，乾性遷移，湿性遷移を解説した。また，溶岩台地からの遷移では土壌形成が重要な役割を持っていることを説明した。周辺地図を配布し，植物調査及び土壌断面観察についての注意点を説明した後，植生調査を行った。調査に先立ち，授業計画（表5-17）を示し，調査活動及び留意点（表5-18），観点別評価基準の概要（表5-19）を説明した。これらの計画・概要説明により，授業目標，達成評価が明確となった。野外実習は，7～8名からなる7班編成とした。

2．野外実習及び観察・実験

野外では，班別行動とし，調査場所について侵入すること，調査することなどを，土地の地権者並びに河川事務所（河原）に事前に申し入れ，許可を取っていることを生徒に伝えた。とはいえ，むやみに植物や動物を採取したり，踏み荒らしたりしないこと，ゴミ等は持ち帰ることなどを注意事項として話した。

①実験器具等

地図，標高計，ポール，植物図鑑，検土杖，スコップ，土色帖，ものさし，

表 5-17 「植物遷移と土壌形成」に関する授業計画表

単元・章	時間	学習内容		ねらい
植生の遷移 遷移の過程とそのしくみ	3	事前学習	第一次遷移，第二次遷移，乾性遷移，湿性遷移の違いについて整理する 野外実習を行う場所と調査地点を地図にプロットし，野外実習上の注意点を確認する。	植物遷移と土壌形成の関係をモデル化し，双方の移り変わりを理解する。
課題研究	2	野外実習 観察実験	植物遷移と土壌形成の関係を調査する。各調査地点で落ち葉を採集する。 砂とシルト，粘土を手ざわりで区別する。 各調査地で植生・土壌・標高を調査し，記録する。 砂礫から未熟土，成熟土への変化と植生の変化との関係をモデル化する。	野外実習を通して，植物遷移と土壌形成の関係を探究する。 現地で，植生調査や標高，土壌調査を実施し，班全体でデータを処理し，まとめ，考察する。
	1	植物同定 まとめ	各調査地点で採集した落ち葉を教室で図鑑を使って同定する。 各班ごとに調査結果・考察を発表し合い，植物遷移と土壌形成の関係を模造紙にまとめる。	
	1	発　　表	各班は模造紙にまとめたことを発表する。	

表 5-18 本時（野外実習及び観察・実験）の調査活動及び留意点

過程	調査活動	留意点
導入 （5分）	遷移について復習する。 予想を話し合い，本時の観察実験を整理する。	前時までの授業の学習内容を振り返る。 本時の実習内容およびその目的を発表させる。 実習上の諸注意を伝える。
展開 （80分）	各地点における植生と土壌の形成状況（手触り，層厚，断面形態等）を確認し，記録する。 データをまとめる。 実地調査結果に基づいて話し合いを行い，遷移と土壌形成を考える。	実習校項目・内容を確認する 各班を巡視して，正しく観察実験されているかを確認する。 データの取り方・まとめ方が正しく行われているかを確認する。
まとめ （15分）	観察実験実習レポートをまとめる。 予想と観察結果から考察する。	班員との話し合いから自分の考えをまとめさせる。 次回の授業時に各班の実習成果を発表させる。

巻尺，植生記録用紙，断面記録用紙，ビニール袋

②野外調査及び観察・実験

ア　現地では，河原から丘に向かって歩き，植生の変わる地点にポールを立てる（図5-12 A～F 地点）。調査地点を地図に記す。各ポール地点の標高を標高計で測定する。

イ　河原に戻り，河原や各ポール地点の植生調査（植物図鑑によって検索：鈴木，2005；林ら監修，2003；矢野ら，2003；牧野，1985）を行い，用紙に記録する。植生調査時は，配布プリントの調査地の植生分布及び出現樹種等を活用する。植物名不明の場合は，葉を採取して持ち帰って調べる。

ウ　植生調査を行った地点の土壌調査を行う。検土杖を使って，断面の様子を確認した後，スコップで試坑（穴）を掘って断面調査を行い，用紙に記録する。その際，土色帖を使って，土色を調べる（日本土壌肥料学会土壌教育委員会編，2006）。

エ　土性は，手触りで砂の感じ，サラサラ感，粘り気などを判断する。

オ　土壌断面をA層，B層，C層の3層に大まかに分け，それぞれの発達の程度を把握する。

観察上の留意点は，

ⅰ）現地を観察・調査する場合は，必ず地権者の許可を申請する。なお，土壌に穴を掘ることについても，許可を申し出る。

ⅱ）事前調査を実施し，危険個所や危険生物等を確認しておく。

ⅲ）土壌を掘る時は隣にシートを置き，その上に掘り出した土壌を置く。調査終了後は埋め戻す土壌を順を考え，なるべく元の状態に復元することに留意する。

ⅳ）土壌断面調査は，全員が直接土壌に触れるなどして行う。

3．結果及び考察

博物館近隣の河原に行き，河川敷から陸地に向かって進み，植生の変化と土壌形成の関係を調査した。調査の結果，河原から丘に向かって砂礫地から

河原のツルヨシ

アカマツ林

コナラ・クヌギ林

岩を覆う地衣・コケ類

写真 5-6　植物遷移と土壌形成スポット（埼玉県秩父市）

未熟土，砂土（ほとんど砂），砂壌土（砂多い），壌土（砂まじり），土壌断面構造の発達した土壌へと変化する様子を確認し，植生の変化と関わっていることを確認した（写真 5-6）。生徒たちは，河原や斜面林，アカマツ林の各調査地点での植生調査とともに土壌調査（土の厚さ，層位の発達程度，粒径組成）を行った（図 5-12，表 5-17）。本時では，野外実習及び観察・実験，調査を通して植物遷移と土壌形成の関係を知る疑似体験である。詳細な調査活動及び留意点は，表 5-18に示した通りであり，この調査は遷移に要する時間を度外視して，地衣・コケ→草本類→陽樹の各場面における土壌発達と植生との関係を調べることで，植物遷移と土壌形成の関係を確認することに主眼点を置いたものである。

この学習の評価に当たっては知識や技能のみの評価など，一部の観点に偏した評価・評定が行われることのないようにすることは重要である。評価を実施する場合は，『関心・意欲・態度』，『思考・判断・表現』，『技能』及び『知識・理解』といった観点による評価を十分踏まえながら評定を行っていくとともに，「評定が教師の主観に流れて妥当性や信頼性等を欠くことのないよう留意する。」（国立教育政策研究所，2012b）ことが必要である。評価の4つの観点は，自然を愛する心情，問題解決の能力，自然の事物・現象についての理解を育成し，科学的な自然観を身に付けさせる上で重要である（図5-11）。また，中央教育審議会初等中等教育分科会（2010）は，「学習指導要領を踏まえ，『関心・意欲・態度』，『思考・判断・表現』，『技能』及び『知識・理解』に評価の観点を整理し，各教科等の特性に応じて示された観点に基づき，各学校で適切な観点を設定すること。」とある。これを受けて，観点別評価基準の概要を活用して，4つの観点から生徒の評価を実施した（表5-19）。

表5-19　観点別評価基準の概要

観　点	関心・意欲・態度	思考・判断・表現	観察・実験の技能	知識・理解
評価基準概要	植物遷移と土壌形成の関係について関心を持ち，意欲的に探究している。	植生と土壌が密接に関わり合っていること，双方は長い年月をかけて移り変わっていくことを考察し，導き出した考えを表現している。	植物遷移と土壌形成について現地実習で観察し，実験することを通して，基本的な操作を習得し，それらの過程や結果を的確に記録し，整理している。	植生の移り変わりと土壌形成の関係を理解し，知識を身に付けている。
評価方法	課題研究ノート 質疑応答	課題研究ノート	レポート 実習への取組の観察	定期考査

生徒たちは，砂とシルト，粘土の区別が難しく，何度も手ざわりでその違いを確かめ合っていた。その確認が正しくできるようになった後，各地点で

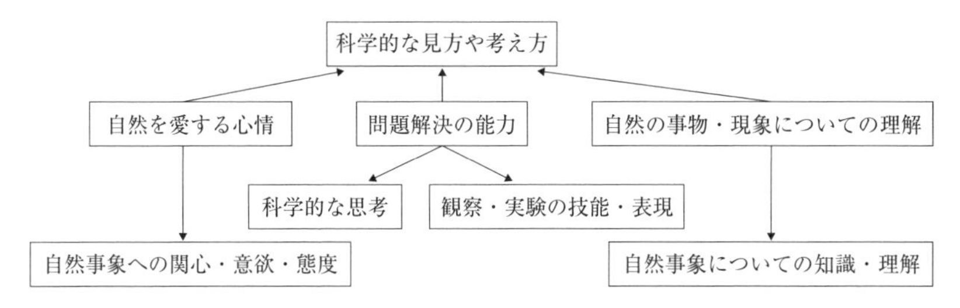

図5-11　評価の観点

植生と土壌調査を実施していた。また，現地でペットボトルを使って土壌粒子の分散実験（第4章第2項）を行っていた。各地点の観察の結果，各班が協力してまとめた作図（図5-12）から，植生と土壌形成の関係を学習することができた。河川のすぐ近くの砂地には植生は見当たらず，土壌生物も肉眼では確認できなかった。川の水量が増えると常に水をかぶるところであり，有機物や養分は洗い流されてしまう。砂地にはツルヨシやススキなどが生えており，その植物の根元には土らしいものがわずかに見られる程度であった。河原の砂礫地に散在する礫表面には地衣類が生えていたが，土壌は形成されていなかった。河川から離れていくと砂地ではあるがチガヤなどの植生が辺り一面に広がっており，表面にはうっすらと土の層が存在し，その厚さは1.4cmであった。これは，薄い未発達のA層であり，そのすぐ下はC層の砂であった。ここは，水かさが増えても水をほとんどかぶらないところであった。

河原から丘の方に進むと比較的大きな岩が点在しており，その表面には地衣やコケ類が生えており，地衣を剥がしても土壌は確認できなかったが，コケ類の下にはわずかに1.5～2.1mmの未熟土が確認された。さらに川から遠ざかると次第に斜面となるが，そこにはニセアカシアなどが自生しており，掘ってみると土層の分化が進んでいた。A層の厚さはチガヤが生えていた場所よりも増しており，土を手に取ると少し粘土が含まれていることが確認でき，土壌形成が見られた。しかし，斜面地の所々では降水に伴い，A 層の土が常に流去してしまう不安定な場所があり，そこの土はざらざらした感触であり，土壌化が進んでいないことが確認された。アカマツが自生しているところはなだらかな斜面～平地であり，土の流去は少ないことが考えられた。それ故，A 層と B 層の層厚は4.7cm ～11.4cm と厚く発達していた（表 5-20）。さらに，河原から離れた地点はクヌギ・コナラ・アカシデなどの平地林となっており，土壌の厚さは13.5～17.9cm であった。これらの地点での土の生成過程は，図 5-13，図 5-14に描かれたスケッチ図で示された。

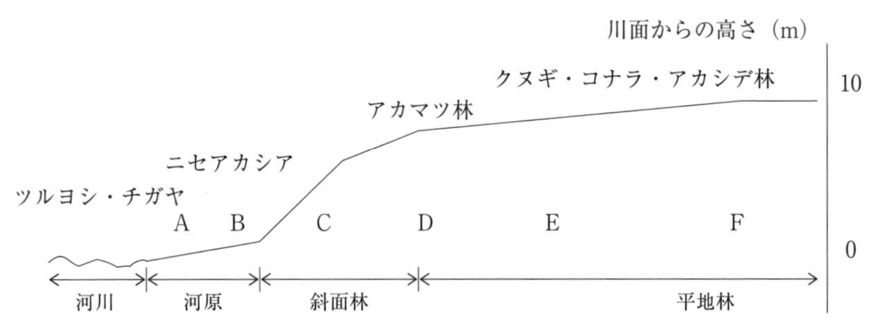

図 5-12　河原や斜面林，アカマツ等の林における各調査地点（埼玉県秩父市）

この実習後実施したアンケート調査から，植物遷移と土壌形成の関係について「よく理解できた」と「少し理解できた」を合わせると84.9％に達したことから，有意義だったと判断している（表 5-21）。一方，「教科書の解説のみ」の授業クラスでは19.1％であり，大きな差異があった。この結果から，教科書の解説のみではなく，野外実習や観察・実験，調査を実施することにより，植物遷移と土壌形成の関係をイメージすることができたと捉えている。生徒たちが，植物遷移に伴う土壌の形成について教科書の解説のみで理解することは難しく，「全く理解できなかった」と「あまり理解できなかった」を合わせて68.1％に達していたことからも明白である。

表 5-20　各調査地点での土の厚さ，層位の発達程度，粒径組成

地点	土の厚さ（A 層と B 層）（cm）	標高（m）	層位の発達程度	粒径組成
A	0.0	0.2	未発達	粗砂，レキ
B	0.2	0.8	ごく薄い A 層と基盤の砂層	粗砂，シルト，レキ
C	1.4	1.7	薄い A 層と基盤の砂層	粗砂，シルト，レキ
D	4.7	4.5	A 層と C 層，ごく薄い B 層	粗砂，シルト，粘土，レキ
E	11.4	7.0	A，B，C 層の分化	粗砂，シルト，粘土，レキ
F	17.9	8.2	A，B，C 層の分化	細砂，シルト，粘土，レキ

土の厚さは，11班（2クラス）の調査結果の平均値を表す。

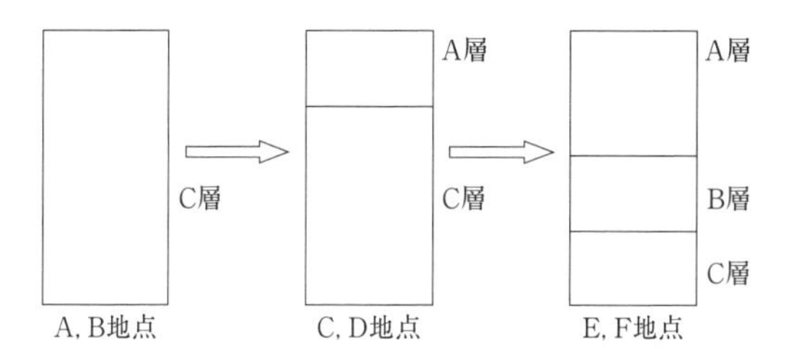

図 5-13　各調査地点における土壌形成から見た土壌の生成過程

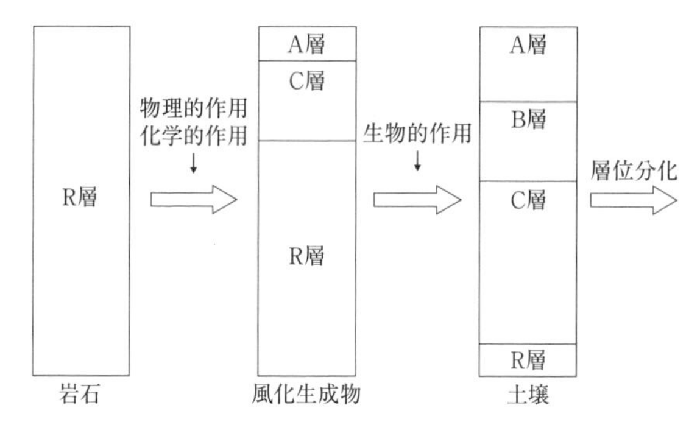

図 5-14　土壌の生成過程における物理的，化学的，生物的作用

表5-21　「教科書の解説のみ」の授業クラスと「教科書の解説＋野外実習」の授業クラスの生徒の理解度の相違（%）

授業方法	よく理解できた	少し理解できた	あまり理解できなかった	全く理解できなかった	どちらとも言えない
教科書の解説のみ	4.2	14.9	44.7	23.4	12.8
教科書の解説＋野外実習	62.3	22.6	7.5	5.7	1.9

生徒数（高校3年）：「教科書の解説のみ」：47名，「教科書の解説＋野外実習」：53名
表中数値は，「植物遷移と土壌形成の関係を理解できたか」という問いに対する回答割合を示している。

表5-22　授業形態が異なる2クラスの評価基準の評定が5と4の生徒の割合

授業形態別クラス	評価基準			
	関心・意欲・態度	思考・判断	技能・表現	知識・理解
教科書の解説のみ	10.6	14.9	4.3	25.5
教科書の解説と野外実習実践	32.1	20.8	11.3	17.0

評価：5（優れている），4（やや優れている），3（普通），2（やや劣っている），1（劣っている）
生徒数（高校3年）：「教科書の解説のみ」：47名，「教科書の解説＋野外実習」：53名
表中数値は％を示す。

4つの評価基準に基づいて「教科書の解説のみ」のクラスと「教科書の解説と野外実習実践」のクラスの全生徒の評価結果のうち，5と4を合わせた生徒の全生徒に占める割合を示したのが，表5-22である。この表から，「教科書の解説のみ」のクラスでは「知識・理解」，「教科書の解説と野外実習実践」のクラスでは「関心・意欲・態度」で高い評価を得ている生徒の割合が多かった。この結果から，観察・実験や調査・実習を実践することが「関心・意欲・態度」や「思考・判断」の育成の面で成果が上がることが考えられる。次期学習指導要領では，「探究の過程を通して，課題を解決するために必要な基本的な資質・能力を育成する。」ことが示されており，これからの社会では，様々な予測不能な難題を発見し，解決する資質・能力を持った人材育成が強く求められている。課題研究の実践を通して，課題発見や解決していく手法を体験的に学習する意義は，「関心・意欲・態度」や「思考・

判断」の育成にあると考えている。

第6項　ミニ土壌断面モノリスの作製（高等学校）

高等学校の理科生物あるいは地学の教科書には土壌断面模式図が記載され，簡単な層位の説明があるが，日本の代表的な土壌の断面記載図や写真，説明はない。アメリカの高校生物や科学などの教科書には土壌断面写真，模式図が記載され，解説されているはかりでなく，州別に編集された教科書の中には州の代表的な土壌断面写真や断面形態図，解説がある。高校生物，地学担当の教師（47名）に，「土壌断面について説明するか。」を尋ねると，「説明する。」という割合はわずか6.4%に過ぎず，「土壌断面を観察したことがある。」割合は12.8%であった。また，高校3年生に土壌断面に関する質問をした結果，「土壌断面を見たことがある。」，「土壌を掘ったことがある。」生徒は，わずかであることがわかった（表5-23）。また，「土壌は地層のようにいくつかの層に分かれている。」と思っている生徒は，2.4%に過ぎなかった。「土壌の本当の姿は断面に表れる。」と考える生徒も少なかった。土を掘ったことがない生徒が大半であり，「土壌の厚さは1m位である。」と考える生徒

表5-23　高等学校理科の課題研究選択者に対する土壌断面に関する調査

質問事項	「はい」または「そう思う」と答えた割合（%）
土壌断面を見たことがある。	3.5
土壌を掘ったことがある。	8.2
土壌は地層のようにいくつかの層に分かれている。	2.4
土壌の厚さは1m位である。	24.7
土壌は岩石が風化してできる。	48.2
土壌は岩石層の上にあり，気候や生物，人為などの影響を受ける。	61.2
土壌の本当の姿は断面に表れる。	5.9

調査対象：高校3年85名（2004～2006年）

は約4分の1，他は数cmから数百mまでであり，まるで架空の世界である。この結果から，断面観察を実施し，層位があること，各層位の特徴，土壌生成の過程を確認することは重要であり，土壌断面調査を体験する意義は大きいと考えている。しかし，選択者が多いこと，時間を要すること，野外に適当な場所が得にくいことなどから，実践されないのが実情である。土壌断面に関心を持たせ，理解を図るため，併せてミニ土壌断面モノリスの作製を試みた。

⑴授業計画

高校第3学年の課題研究の授業として，「土壌断面を探る」を取り上げた。授業は2時間連続であるので，1時限目は近隣の雑木林（事前に許諾申請済み）で土を掘って，試坑を作り，断面観察を行った。

⑵野外実習及び観察・実験

①実験器具等

地図，標高計，検土杖，土色帖，土壌硬度計，調査用紙，スコップ，移植ゴテ，軍手，竹串，ルーペ，巻尺，剪定ばさみ，土壌断面記録用紙，チャック式のポリ袋，ベニヤ板（縦20cm，横10cm），ボンド，接着スプレー，ラベル，ビニールシート

②観察実験方法（土壌調査法編集委員会編，1978；日本ペドロジー学会編，1997；森林土壌研究会編，1998）

ア　土壌を掘り，約1mの試坑を作る。土壌断面を垂直にしたら，飛び出している植物根を剪定ばさみで切り揃え，移植ゴテで整形する。

イ　断面全体を観察する。土色や湿り気，粒度の大きさ，土性，石礫の有無，植物根の有無，穴隙の量などを5感を使って調査し，いくつかの層位に区分する。土壌断面をA層，B層，C層にほぼ分けたら，土色帖や土壌硬度計を用いて調査し，必要に応じて修正し，3層の境界に竹串を刺す。巻尺を断面横に垂らし，写真を撮る。

a. 土色は黒色，褐色，黄褐色などと表現するが，土色帖を用いると色相，明

度，彩度が数値で表される。

b. 土壌の硬さは，指を押し当てて，その感触で堅軟を決めるが，土壌硬度計を用いて測定すると，数値として表すことができる。

c. 粒度は，ルーペを用いて調べる。

d. 土性は，親指と人差し指で土壌をつまみ，捏ねてみて砂の感じか，粘り気を感じるか，サラサラ感があるか，などの手触り，感触で判断する。粘着性や可塑性は少し水を加えた土を捏ねてひも状に伸びるか否かで判断する。

e. 腐植は，土色の黒味の程度で判断する。黒っぽい場合は，腐植に富み，明るい土色は腐植が少ない。

f. 穴隙は，土の隙間や穴を見て大きさや量を判断する。

ウ　土壌断面の層位別特徴，層厚を記録用紙に記載する。

エ　各層位の土壌サンプルを採取し，チャック式のポリ袋に入れる。植物根や石礫なども採取する。

オ　教室に戻り，調査した結果を模造紙にまとめる。

カ　実際に調査した土壌の深さを20cm に縮尺し，各層の厚さを算出して，ベニヤ板と同じ大きさの紙に記録する。

キ　記録用紙に書かれた層別の厚さを鉛筆でベニヤ板に書き込む。

ク　ベニヤ板にボンドを塗る。

ケ　採取した各層位の土壌サンプル，植物根，石礫を，ベニヤ板に書かれた層に置く。その際，適度にボンドを使用する。

コ　日差しのないところに24時間置く。24時間後に，接着スプレーを全体にかける。

サ　各層位にラベルを貼り，製作者，製作年月日，断面観察地点等を書いた紙を裏面に貼る。

実施上の留意点は，

i）野外で土壌断面調査を実施する場合は，あらかじめ地権者の許可を得ておく。

ⅱ）スコップで穴を掘る際は，周辺に気を使うなど，怪我のないように注意する。試坑作成についても許可を得る。

ⅲ）掘り上げた土壌は，ビニールシート上に積み上げておき，観察後は層位を崩さないように埋め戻していき，なるべく元の状態に復元する。

ⅳ）ボンド，接着スプレー等の使用時には周辺に注意する。

⑶結果及び考察

約１mの試坑を掘り，断面を整えてから，生徒たちに断面全体を見て気づいたことをあげさせた。最初に，気づいたことは土の色の異なる層が重なっていることであった。また，植物の根が深いところまで生えていること，下層に行くほど大きな石があることなどが発表された。各班は，層別にザラザラやヌルヌル，ベトベトなどの手触りや硬さ，湿り気，根や石礫の有無などの観察によって，大きくＡ層，Ｂ層，Ｃ層の三層に層位区分したことを説明していた。最後に，三層の上下に分布するＯ層とＲ層の存在を確認した。教師は，Ｏ層（堆積有機物層）が，さらにＬ層（未分解の落葉層），Ｆ層（やや分解の見られる腐植層），Ｈ層（分解が進んだ腐植層）に分かれることを解説した。また，生徒全員に土壌の色彩を判定する土色帖，土壌の硬さを測る土壌硬度計，１m以下の土壌断面を調べる検土杖を用いた判定法や測定法を説明した後，調査を行った。生徒各自は，観察結果を断面記録用紙に記載し，写真を撮った後，各層位から土壌サンプルをビニール袋に入れて教室に持ち帰った。表層の落ち葉，枯れ枝，下層の小石等もサンプリングした。観察後，掘った土をなるべく元の状態になるように埋め戻した。

⑷生徒の活動

①土壌断面観察の生徒の記録

生徒たちは，雑木林の土を１m掘り，断面観察を行った。掘っている途中で教師から「掘っていて何か気づいたことはないか。」と聞かれた。生徒からは，「表層は掘りやすかったが，下に行くほど掘りにくくなった。」，「掘っ

表5-24　ある生徒の土壌断面記録

層位区分	層厚(cm)	土色	腐植	土性	硬度(cm)	石礫の分布	根の有無	湿り気	穴隙
O層	1								
A層	0－20	暗褐色	頗る富む	粘性弱	2	なし	大根～細根に富む	やや湿	大小多
B層	20－80	褐色	含む	粘性中	12	わずか	中～細根少し	やや乾	中小少
C層	80－100	黄褐色	乏しい	粘性強	25	小礫	細根わずか	乾	なし
R層	130－	灰褐色	なし	粘性強	29	中～小礫	なし	乾	なし

ていくと途中からシャベルに土がへばりつくようになった。」,「掘り進んでいくと掘り始めた時と違い，サラサラから少しベトベトになったり，スコップが石にあたる，色が変わってきたなどの変化が見られる。」などを答えた。その他，根の張り方や小石の大きさ・数などに違いがあった。生徒たちは土の中を観察するのは初めてだった。調査用紙には土色や硬度（堅さ），湿り気，植物根・石礫の有無，孔隙などの調査項目があるので，一つづつ調べて記録していった（表5-24）。生徒たちは，表層から下層まで断面がほとんど違いがないと見ていたが，よく見ると実際には深さによってかなり違っていることを実感した。また，表層のA層は黒っぽい色をしており，下層の褐色のB層と明らかに違うことから層位区分することができたこと，下層のC層になると灰色っぽく小石が出現すること，B層とC層との違いが確認できたことなどを記録していた。

教師は,「土の層は大きくA層，B層，C層，R層に分かれており，特に表層のA層が重要である。A層の上にはさらにO層という層があり，これは落ち葉などが積もった層，少し腐って分解が進んでいる層が重なっている。さらに，落ち葉や動物の死骸などの有機物は腐って，土の無機的な鉱物質と混ざり合って土が生成される。自然界では，植物（生産者）が光合成によって物質生産し，それを動物（消費者）が利用する。落葉・落枝などの枯死した植物体や動物の死骸，排泄物は，土中に入ると土壌動物の餌となる。そして，微生物（分解者）によって無機物にまで分解され，再び植物に吸収・利用されて物質循環していく。土壌中の有機物が腐ったり，複雑に化合する過程で腐植が作られ，土の色を黒っぽくする。A層にはたくさんの小動物や微生物が生息しており，生物の活動が盛んなところである。それ故，A層は土壌活性が最も高い層位であり，土壌全体の中で最も栄養物が豊富で植物の根が成長する場である。このA層の土１cmがつくられるのに約百年かかること，そして１mの深さの土ができるのに約１万年という長い年月を要する。」という説明を行った。生徒たちは，「自分たちが今日掘った１m下の土は，約１万年前の土ということがわかり，感動した。」，「長い土の歴史を聞き。土が歴史的な資源であることを実感した。」と話していた。

２時限目は，教室に持ち帰った土壌サンプルを使って，ミニ土壌断面モノリスを作製した。各自が記載した断面記録用紙とスクリーンに映し出された現場での土壌断面写真をを見て，ノートに５分の１の断面縮図（O層，A層，B層，C層，R層の５層）を描いた。次に，その図をベニヤ板に描き，ビニール袋に入った各層位の土壌等を確認したら，ベニヤ板に木工用ボンドを塗った後，A層，B層，C層の土壌を薬さじで，それぞれの場所に置いていった。最後に落ち葉，根，小石などを置く。一昼夜放置した翌日，ボンドが乾いていることを確認した後，層位名を書いた紙を貼り，土壌モノリスの表面を薄めたクリアラッカーを噴霧して土壌粒子を固めるとともに，少し湿った感じにした。完成後，生徒はミニ土壌断面モノリスを持って，全員の前で一人づつ土壌断面について感想を書き，発表した。

⑸ミニ土壌断面モノリス作製の生徒の感想

生徒は，ミニ土壌断面モノリスづくりを体験し，感想を書いた。その一部を，以下に提示する。

・土に断面があることを初めて知った。実際に断面を観察したので，土壌のつくりや層位がわかり，興味を持った。B層の土壌は粘り気が強く，指でこねて細長くすることができた。また，これが粘土であることを知った。

・穴を掘るのは大変だった。最初は順調だったが，途中からかたくなって掘りづらかった。

・ミニ土壌断面モノリスを作った経験は貴重だと思った。土壌断面のことがとてもよくわかった。自分の部屋に飾っておき，それを見た時には地球にしかない大切な土のことを考えている。

・モノリスづくりは楽しく，土の課題研究は面白く，科学的な研究法を学んだことはとても有意義であった。班の仲間と相談し合いながら研究できたこともよかった。

・土には全く関心がなかったので，すごい勉強になった。土が自然の中で重要な存在であることを知らなかった。断面を見て土が少しづつでき上がっていくことを知り，これを機に土について関心を持っていきたいと思った。

・モノリスづくりでは，できるだけ自然に近いものを作るように心がけた。そのため，根や小石をピンセットで取り，貼り付けていったので，精巧なものができた。

・土の中をはじめてのぞいた。表面の数 cm の薄い部分だけが土だと思っていたが，本当の姿は断面にあったということを学ぶことができた。複雑な構造をしているので，説明だけでは理解できなかったが，ミニ土壌断面モノリスを自分で作ったことにより，土をよく知ることができた。

・ミニ土壌断面モノリスを家族に見せ，説明する積りである。学校で学んだことを家で話すのは，小学生の時以来である。

・土壌が層状に重なっているのは，大発見である。土を掘っている時には気付かなかった。植物の根が結構深くまで入っているのを見て，生命力の強さを感じた。土には小さな穴がたくさんあること発見した。土の色は表層近くは黒いのに，下に行くと明るい茶色になるのが疑問であったが，落ち葉などの有機物の色とのことで，そこに土壌動物がいるわけがよくわかった。

・「土の色いろいろ」の観察・実験の時に作った小ビン（様々な色の土が入っている）標本は，家に飾ってある。ミニモノリスとともに高校の時の貴重な思い出である。

第7項　土壌中の水の浸透（中学校）

出前授業「土を調べる」の時間に，ある中学生から「降った雨は畑にはたまっていないのに，なぜグラウンドには水たまりができるのか。」という疑問が発せられた。中学校理科第二分野では「自然界のつり合い」のところで，

表5-25　生徒が知っている土壌動物

知っている土壌動物	答えた生徒数	全体の割合（%）
ミミズ	77	97.5
ダンゴムシ	63	79.7
ムカデ	57	72.2
アリ	70	88.6
クモ	61	77.2
ハサミムシ	18	22.8
トビムシ	49	62.0
ダニ	34	43.0
ヒル	19	24.1
センチュウ	12	15.2
ヤスデ	22	27.8
クマムシ	31	39.2
ワラジムシ	9	11.4
ザトウムシ	7	8.9
カニムシ	3	3.8
モグラ	65	82.3
幼虫	11	13.9
シロアリ	5	6.3
シデムシ	3	3.8
ナメクジ	4	5.1
ゴキブリ	2	2.5
アザミウマ	1	1.3

中学3年生：79人

分解者として土壌動物及び微生物が扱われる。生徒が最も親しみを持つ土壌動物（表5-25）であるミミズは，「生きた耕耘機」と言われ，土壌に盛んにトンネルを作る。この時，水の浸透実験をするのがよいと考えた。教科書には，水の浸透の記述や実験はない。ミミズは落ち葉などを土と一緒に取り込み，1日に自分の体重と同じくらいの量の土を食べる。これらを，強力な筋肉層を持つ砂嚢で細かく砕いて腸で消化分解し，糞として500g/匹を排泄する（中村，2011）。このトンネルが土壌の通気性や水の浸透性，透過性を増加させ，土壌生物を住みやすくする。しかし，人為的に踏み固められ，耕耘や裸地化，化学肥料や農薬の施用によって生物の少なくなった土壌は穴隙が減少し，水の浸透性や透過性が低下する。土壌中の水の浸透性や透過性を簡単に測定する方法として，アクリルパイプを使うことを考えた（福田，1993b）。表層土と深度10cm，40cm の下層土にアクリルパイプ（下端をラップフィルムで覆い，輪ゴムで止める）を設置し，上部にロートを入れ，水を灌ぐ（図5-15）。輪ゴムをハサミで切り，ラップフィルムを取り去り，10分後に水位が低下した距離を測定し，1時間に換算した数値をグラフ化したのが，図5-16である

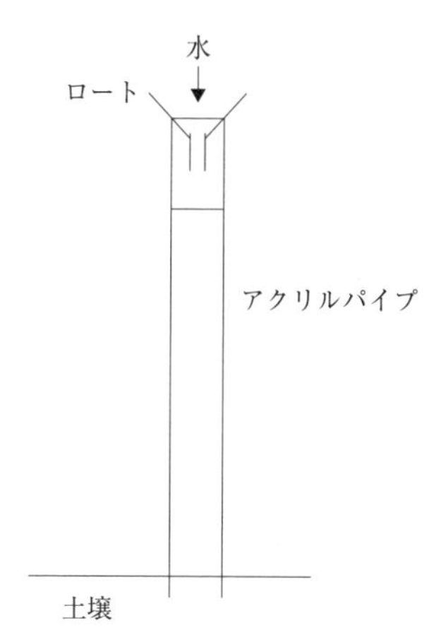

図5-15　土壌水の浸透速度の測定装置

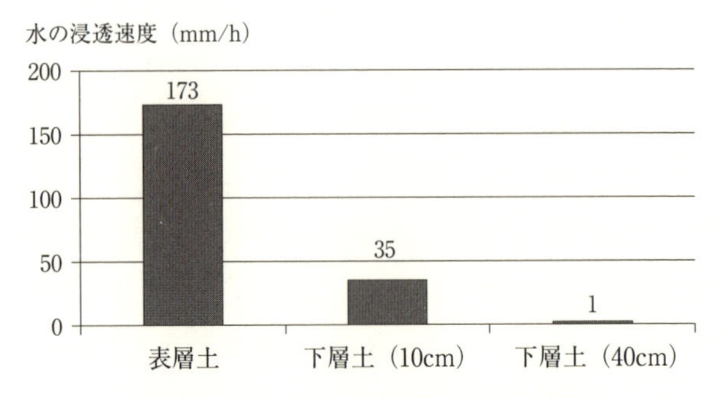

図 5-16　雑木林土壌の深度別水の浸透速度

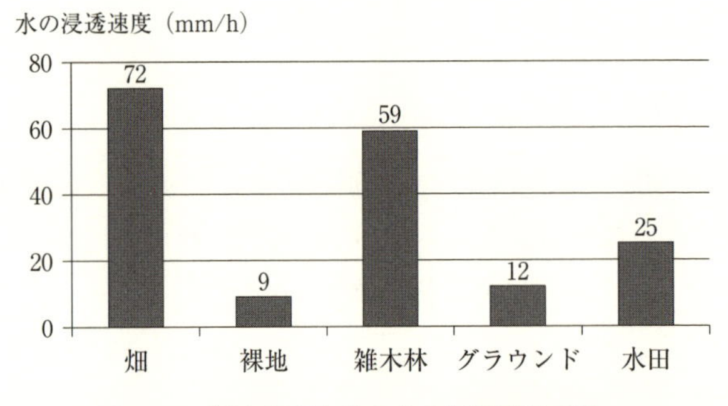

図 5-17　調査地別土壌の水の浸透速度の違い

る。この図から，表層土で水の浸透速度が最も大きく，下層に行くほど低下した。また，林や畑，グラウンドなどの各地で水の浸透速度を測定した。その結果，水の浸透速度は畑が最も大きく，次いで雑木林，水田と続き，グラウンドと裸地では小さかった（図 5-17）。畑の土壌はよく耕されており，穴隙が多いことが考えられる。一方，水田は湛水する土地であり，粘土の含有が多い土壌である。それ故，水の浸透能は小さい。雑木林土壌にはミミズやモグラが多く生息しており，穴隙は多い。しかし，深くまで耕耘している畑とは異なり，下層は圧密の状態であり，水の浸透は抑えられる。石崎（1984）は，減水深が関東ローム地で1,440mm/day，水田で1,050mm/day，裸地で10mm/day であることを報告している。

この実験により，生徒は降雨後にグラウンドに水溜りができるのに，畑にはできない理由を理解していた（表5-26）。授業の中で，表4-8の畑土とグラウンド土の三相分布の分析結果を示し，土壌の物理的構造が異なっていることが水の浸透に深く関わっていることを説明した。

生徒の感想（一部）

・表層からわずか40cm の深さの土では，1時間で10mm くらいしか水がしみ込んでいかないことには正直びっくりした。

・畑に設置したアクリルパイプの中の水が減っていく様子がわかり，浸透していることがわかった。グラウンドではあまり減っていかなかったことから，水たまりができることが理解できた。

・降った雨が地下水まで行くのに時間的にどのくらいかかるのだろうか。地面から深くなるほど，水はゆっくりと浸透していくのだから，地下水の水脈まで達するには想像できないくらいかかると思った。

・近隣の林でミミズの観察をした時，モグラの掘り出した土の山が見られた。ミミズが出した糞の山を探すこともできた。ミミズやモグラは降った雨水の通り道を作る動物たちである。ミミズが多い土はふかふかしている。林

表5-26　観察・実験前後の生徒の土壌理解の相違

質問事項	実験前	実験後
降雨後にグラウンドに水溜りができる理由がわかる。	26.9	91.0
土壌は，固相，気相，液相からなる。	6.4	95.6
土中の水の浸透速度は，表層から下層に行くに連れて小さくなる。	11.5	76.9
畑や林の土は踏み固められていないので穴隙が多いが，裸地やグラウンドの土は踏み固められているので穴隙が少ない。	75.6	93.6
ミミズが棲んでいる土壌の通気性や水の浸透性はよい。	87.2	92.3
地表面の土は乾いているが，土中の土は湿っている。	62.8	79.5

表中数値は「はい」と答えた割合（%）を表す。
調査対象：中学3年生78名（1998年）

の土とグラウンドの土は全く違う。降った雨は林にはたまらないが，グラウンドにはたまるのは，歩いてみればよくわかる。でも，実験したので，もっとよくわかった。

・ミミズは腐った葉の混じった土を食べ，固まった糞を排泄している。この糞が土の団粒をつくり，水の浸透をよくしている。しかし，農薬や化学肥料の使用でミミズは減っているということを本で読んで，土の能力を低下させている人間の行為に矛盾を感じている。

・斜面やがけの多い日本は，土砂災害がとても多く発生する。雨水をためる土を斜面に作らないと，災害発生が多くなると思った（浸透した水は一部土中を流れ下る）。どうしたら，雨水をためられる土ができるのか。ミミズがたくさんいる土が，そういう土ではないかと思った。

・アクリルパイプの水の減り方が，畑とグラウンドで全く違うことに興味を持った。この実験は，土の中のすき間に水がたまったり，水の通り道になったりしていることがわかってとてもおもしろかった。

第3節　児童・生徒の学習成果

現行学習指導要領を見ると，理科の目標について，小学校「自然に親しみ，見通しをもって観察，実験などを行い，問題解決の能力と自然を愛する心情を育てるとともに，自然の事物・現象についての実感を伴った理解を図り，科学的な見方や考え方を養う。」（文部科学省，2008b），中学校「自然の事物・現象に進んでかかわり，目的意識をもって観察，実験などを行い，科学的に探究する能力の基礎と態度を育てるとともに自然の事物・現象についての理解を深め，科学的な見方や考え方を養う。」（文部科学省，2008c），高等学校「自然の事物・現象に対する関心や探究心を高め，目的意識をもって観察，実験などを行い，科学的に探究する能力と態度を育てるとともに自然の事物・現象についての理解を深め，科学的な自然観を育成する。」（文部科学省，

2009a；2009b）ことが記されている。小学校の「自然に親しみ」は児童が関心や意欲をもって対象と関わること，中学校の「自然の事物・現象に進んでかかわり」は生徒が主体的に疑問を見付けるために不可欠であり，学習意欲を喚起すること，高等学校の「自然の事物・現象に対する関心や探究心を高め」は知的好奇心や探究心を喚起し，主体的に学ぼうとする態度を育てることを目標としており，それぞれ中央教育審議会（2008）答申の「生きる力」に通じるものである。「生きる力」は，「変化の激しい社会を担う子どもたちに必要な力は，基礎・基本を確実に身に付け，いかに社会が変化しようと，自ら課題を見つけ，自ら学び，自ら考え，主体的に判断し，行動し，よりよく問題を解決する資質や能力，自らを律しつつ，他人とともに協調し，他人を思いやる心や感動する心などの豊かな人間性，たくましく生きるための健康や体力が不可欠であることは言うまでもない。」と定義されており，理科目標は児童・生徒の主体性を育て，自ら学び，自ら考えること，主体的に行

表 5-27　土壌を使った観察・実験後の児童・生徒に対するアンケート調査の集計

観察・実験	①	②	③	④	⑤	⑥	⑦	⑧
土壌呼吸	92.0	97.3	84.0	86.7	73.3	76.0	64.0	80.0
土壌粒子	91.1	93.3	86.7	82.2	66.7	62.2	64.4	46.7
土壌吸着	97.2	95.8	90.3	94.4	73.6	84.7	69.4	62.5
土壌浄化	90.2	92.7	70.7	80.5	61.0	75.6	51.2	56.1
植物遷移と土壌形成	86.8	81.1	71.7	84.9	58.5	86.9	54.7	32.1
ミニ土壌断面モノリス	91.8	88.2	95.2	85.9	75.3	83.5	81.2	69.4
土壌中の水の浸透	96.2	92.4	89.4	83.5	67.1	88.2	69.6	77.2

質問事項①～⑧について，「強くそう思う」・「そう思う」の合計割合を％で表した。
①関心が持てた，②意欲的に取り組むことができた，③実験器具等を作ったり，使うことができた，④内容が理解できた，⑤結果をまとめる（中高生は考察する）ことができた，⑥グループの話し合いができた，⑦自分の考えや意見が発表できた，⑧自然や土あるいは土壌を大切にしていきたい（中高生は保全に寄与したい）
観察実験別調査対象
「土壌呼吸」：中学校3年75名，「土壌粒子」：小学校5年45名，「土壌吸着」：小学校5年72名，「土壌浄化」：中学校3年41名，「植物遷移と土壌形成」：高校3年53名，「ミニ土壌断面モノリス」：高校3年85名，「土壌中の水の浸透」：中学校3年79名

動することを求めている。本章では，児童・生徒の情動面の関心・意欲・態度を高める観察・実験を実践し，表5-27のような結果を得た。この表から，「関心が持てた」，「意欲的に取り組むことができた」，「内容が理解できた」は，全ての観察・実験で8割以上に達していたことから，関心や意欲の情動面はほぼ目標を満たしたと考えている。また，「実験器具等を作ったり，使うことができた」，「グループの話し合いができた」は7～8割の生徒が達成できたと答えており，ほぼ目標達成できたと考えている。「結果をまとめる（中高生は考察する）ことができた」，「自分の考えや意見が発表できた」と考える児童・生徒は5～7割程度であり，目標を達成できたとは言えない。その原因は，日頃の授業で「まとめる」，「考察する」，「発表する」という教育活動がほとんど実践されないことが影響していると考えられる。小・中・高校生ともに「自然や土あるいは土壌を大切にしていきたい（中高生は保全に寄与したい）」に対する肯定の回答は土壌呼吸実験後以外は3～8割と観察・実験の内容によってバラツキが見られるが，態度の評価としては不十分であり，目標達成とはなっていないと考えられる。

科学的探究は，見通し→〔自然事象に対する気付き→課題の設定→仮説の設定→検証計画の立案→観察・実験の実施→結果の処理→考察・推論→表現・伝達〕→振り返り，という過程で行われる（図5-18）。メタ認知力を高める上で，振り返りは重要である。この探究の過程を通して科学の方法を習得させ，自然に対する興味や関心，理解を深め，科学的に探究する能力と態度を育てるように指導を行うことが重要となる。中学校理科目標にある「自然の事物・現象に進んでかかわること」は，「生徒が主体的に疑問を見付けるために不可欠であり，学習意欲を喚起する点からも大切なこと。」である（文部科学省，2008c）。生徒の知的好奇心を育て，体験の大切さや日常生活，社会における科学の有用性を実感させる上で自ら学ぶ意欲は重要である。堀（1998；2003）は，「子ども自身が科学的概念を獲得し問題解決力を養っていくためには，学習前と学習後の自己の知識や考え方の変容を自覚することが

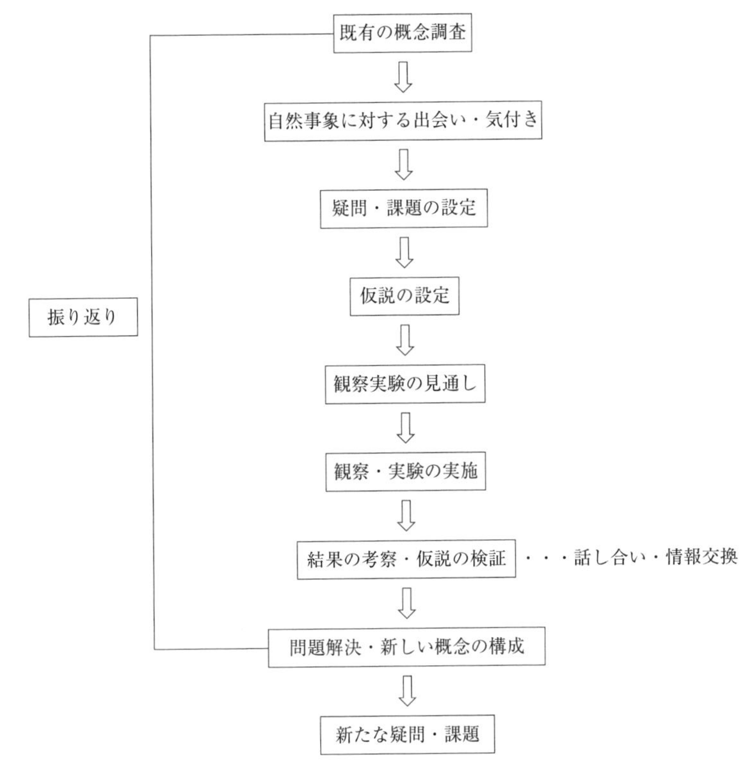

図 5-18　問題解決を図る学習過程

必要である。」と指摘する。児童・生徒の知識や考え方を明確にさせることにより，自己の既有の概念が，理科の学習を通してどのように変わったかを自覚することは，概念を科学的に構成していくために重要である。土壌呼吸の観察・実験を例にとって，生徒の関心・意欲の高まり，理解の増進を学習活動の経過に従って，表 5-28に示した。

中学校第３学年（41名）の理科第二分野の出前授業では，２時間続きで展開された。教科書の単元「自然界のつり合い」では，分解者が扱われており，菌類や細菌類について記述されている。また，高等学校生物の教科書では，

表 5-28 「土壌呼吸」に関する学習活動状況

時間（分）	教師の活動	A 班の活動	B 班の活動	全体の活動
1時限目				
0～3	質問「土は生きている」についてどう思うか。仮説設定。 どうしてわかるか。	生きていると思う。	生きているとは思わない。	話し合い：「そう思う」 班1，「そうは思わない」 班7．
3～7	その理由は何か。	呼吸している。	呼吸していない。	話し合い
7～12	どうしたら確認できるか。 実験方法は。	土中に分解者がいて呼吸している。	土は岩石が細かくなったもので無機物であり，呼吸しない。	話し合い
12～14	簡易ろ紙法の説明。	実験して確かめる。	実験して確かめる。	話し合い
14～17	実験器具・試薬・方法説明	わからない。	わからない。	全員がわからない。
17～24	質問があるか。	おもしろそう。	本当にわかるの。	各班とも実験方法などを理解。
24～27	水酸化ナトリウム溶液のCO_2吸収とフェノールフタレイン液のpH	なし	ろ紙の色が変わるとなぜ呼吸とわかるのか。	全体では質問は1つ
27～31	変化による変色を簡単に説明。 砂と土を用意したので，それぞれの呼吸について仮説を考えることを指示。	pHの相違とフェノールフタレインの色の変化の関係を確認。	pHの相違とフェノールフタレインの色の変化の関係を確認。	「よくわかった」「何となくわかった」が78.7%，「わからない」が21.3%（実験後再度説明）
31～35	実験を開始する。	砂は呼吸しないが，土は呼吸する。	砂，土とも呼吸しない。	話し合い
35～48	砂については継続観察することを指示。	ろ紙片の色の変化に着目。 土は2分57砂で白くなったのに，砂は10分経っても変わらない。	ろ紙片の色の変化に着目。色が本当に変わった。土は3分15砂で白くなった。でも砂は変化なし。なぜか。	全ての班でろ紙片の色の変化は土で確認，他班でも砂は変化していない。
48～50		交代で観察継続。	交代で観察継続。	交代で観察継続。

表 5-28の続き

２時限目				
０～３	20分以上が経過したが，砂の方のろ紙片の色は変わったか。	変わらない。	変わらない。	他班も変化あり。
３～10	班毎に仮説を検証する。	ほぼ仮説は正しかった。	砂の変化なしは正しかったが，土は呼吸していた。	仮説が正しかったのは１班のみ。
10～15	質疑	①どんな土でも呼吸しているか。調べてみたい。	②土は無機物なのになぜ呼吸するか。	③砂と土の違いは何か。④土の呼吸は土中の生きものの呼吸ではないか。
15～22	①～④について各班で話し合ってみよう。各班の発表。	校庭の土は踏みつけられて呼吸していないかも。分解者が呼吸している。土は土つぶだけではなく根や分解者を含めたもの。砂には生き物がいない。	土の呼吸は，土の中の生き物の呼吸かな。砂には生き物が少ないので呼吸していない。土によって呼吸は違うと思う。生き物の数が違うから。	土で呼吸に差はあまりないと思う。土はどこの土でも変わらない。土が呼吸するというのは変な気がする。
22～25	土の違いによって呼吸が違うかどうか確かめてみよう。１時間目に使った土は畑土，校庭土，林土，造成地土，雑草地土などで比較してみよう。時間がないから各班で違う土の呼吸を調べることを指示。実験を開始する。結果が出たら，黒板に板書することを指示。	校庭土を調べる。	林土を調べる。	他班は造成地土，雑草地土，花壇土，プランタ土の呼吸を分担して調べる。
25～40		８分12秒で変わった。他班の結果を見て土による違いがあることがはっきりした。	３分16秒。	造成地土11分10秒，雑草地土１分25秒，花壇土２分08秒，プランタの土１分35秒。

				土によって呼吸量が全く違っていた。
40～48	各班のまとめ・考察発表・意見交換	・土と砂のちがいがわかった。 ・林や雑草地の土壌呼吸は大きく，校庭や造成地は小さいことがわかった。これは，人の土への働きかけの影響が深く関わっていると考えられる。 ・人の影響の大きい畑や花壇，プランタの土の呼吸が大きかったのは，人が肥料や水を与えるなどしているからではないか。 ・関心のなかった土を知ることができてよかった。		
48～50	新しい概念の構成・新たな課題	・「土が生きている」ことを学ぶことができた。土が気持ちよく呼吸できる環境づくりをしていきたい。 ・「土壌呼吸」は，根や分解者の呼吸であり，呼吸が盛んな土は生き物が住みやすい土ということがわかり，新しい発見である。 ・土についてもっと知りたい。 ・土を元気にするにはどうしたらよいか。 ・土の呼吸が温度の影響を受けると聞いたので，温暖化と土壌呼吸との関係について調べてみたい。		

授業前に「土は生きている」について調査した結果：生きている4.9%，生きていない68.3%，わからない26.8%

根粒菌や菌根菌，アゾトバクター，クロストリジウム，硝化細菌などの土壌微生物が登場し，それぞれの働きが説明されている。自然界においては，植物（生産者）が作った有機物を消費者（動物：植食動物→肉食動物）が食べ，植物及び動物が死ぬと土壌動物や土壌微生物によって無機物にまで分解され，それが再び植物に吸収される，という物質循環が生じている。しかし，中学生あるいは高校生はこのようなダイナミックな物質循環を理解しきれていない（福田，1995b；2004a）。また，中学校で扱う土壌動物や土壌微生物に関する観察・実験では，ツルグレン装置による抽出や寒天培地上のデンプン分解（ヨウ素デンプン反応）が扱われているが，土壌と離脱していることから分解者と土壌との関係を正しく認識している生徒は少ない。土壌呼吸は，主に土壌微生物が有機物である腐植を分解する時に酸素を消費して二酸化炭素を排出する現象である。土壌呼吸は，土壌を総体として分解者の活動を調べることにより，自然界で土壌が果たしている機能や役割などの理解にもつながる。

図5-1から，「土は生きている」ことについて「強く思う」0％，「思う」4.9％であり，「思わない」68.3％，「わからない」26.8％であり，大半は否定的であった。そこで，「土が生きている」現象として土壌呼吸を確認することとした。生徒は，実験前に土と砂について呼吸しているか否かを考え班ごとに話し合い，仮説を設定した。実験後，仮説と実験結果が一致した場合には生徒は仮説が正しかったことになる。一方，両者が一致しなかった場合には，生徒は仮説を振り返り，見直し，再検討を加えることとした。

生徒は，土壌呼吸実験を通して土が呼吸していること，砂が呼吸していないことを確認し，その違いについて考察。その結果，土には生き物が生息しており，その活動の結果，呼吸産物である二酸化炭素が排出されて水酸化ナトリウム水溶液に吸収された。そして，化学反応を起こしてpHが変化し，フェノールフタレインの変色域が赤色から無色に変ったことを確認した。その後，生徒たちは「いろいろな土によって呼吸に違いがあるか。」に関心を持ち，それを確かめる実験を自発的に行った。その後，サンプリングした土を用いて土壌呼吸測定を行った。各班の生徒たちは様々な土の呼吸量を分担して測定した結果，スギ林とコナラ林，伐採林の土壌呼吸はそれぞれ2400mg，3900mg，820mgCO_2/m^2・日（密閉アルカリ吸収法による）であった。この結果から，生徒たちは人間の自然改変に与える影響の大きさに強いインパクトを持ったことがわかった。なお，河原（1985）はブナ，コナラ，アカマツ，ヒノキなどの各林分の年間の土壌呼吸量は1.1−1.7kgCO_2/m^2・yrであったことを報告しているが，生徒たちの実験結果はほぼ適正であることを示していた。生徒たちは，堀（1998；2003）の指摘する「学習前と学習後の自己の知識や考え方の変容」を自覚しはじめていることを認めることができる。

児童・生徒が既有の概念をもとに科学的な知識や概念を自ら構成していく

ためには，外界からの新情報を自らが取り入れ，実験・観察や意見交換等のフィルターを通して新たな認知構造に変容していく必要がある。そして，新しい概念による変容を自覚し，科学的な概念へとステップアップしていくことが期待される。課題として，以下の点があげられる。

・実験の目的を明確にし，結果と考察を記述するに当たっては，十分な思考と話し合いの時間を確保する。
・実験方法を考えたり，実験結果について予想を立て，その結果からどのようなことが分かるのかをあらかじめ考えてから実験を行ったりする習慣を身につけさせる。

今日温暖化が深刻となっているが，全地球の土壌中には約15,500億トンの炭素が有機物として存在（地上部の植物炭素の2.8倍に相当）する（梁，2009）ことから，温暖化と土壌呼吸が深く関わっている。そのため，高校では土壌呼吸と温暖化を課題研究として取り上げることができる。

第４節　まとめ

本章では，土壌リテラシーを高める土壌教育の在り方を模索するため，前章で開発した７つの観察・実験などを活用した授業実践を通して，児童・生徒の反応や感想，アンケート調査から，成果分析及び評価を行った。児童・生徒が土壌への関心を持ち，理解を深める教材開発や授業開発を実践することは，重要である。それには，児童・生徒が積極的に参加し，主体的，対話的に深く学習する授業の構築が必要である。そして，生徒の発想を生かした課題テーマに基づく授業づくり（課題発見力の育成）を行った。生徒たちの発想は自由かつ豊かであり，限りない広がりを持っている。その課題に対応していくには，教科の枠を超えた多様な学問領域からの横断的，総合的な知やアプローチ（課題解決力の育成）が不可欠となる。

世界各国の教育改革の潮流は，断片化された知識や技能ではなく，人間の全体的な能力をコンピテンシーとして定義し，それをもとに目標を設定し，教育施策をデザインしようとする方向にある。新学習指導要領では，教育課程全体としての教科横断的なつながりが重視されており，「各教科等の文脈の中で身に付けていく力と教科横断的に身に付けていく力とを相互に関連付けながら育成していく必要がある。」ことが指摘されている（文部科学省教育課程部会，2016b）。土壌教育は，理科や社会科をはじめ，多くの教科科目との関わりの中での構築が必要である。開発した土壌教材を活用した授業実践を行った中で，児童・生徒から要望された疑問などを生かし，疑問点や不明な点が残った場合は他教科と連携して解決策を見出していく必要があることを感じた。

開発した観察・実験は，現行学習指導要領の目標である「児童・生徒の科学的探究心の啓発」や「科学的自然観の育成」につながるものと考えている。自発的な発想に基づく授業展開や児童・生徒の興味を刺激する開発教材を生かした授業実践により，児童・生徒の土壌への関心・理解は大きく増進し，成果を上げることができた。特に，課題実験や研究では，生徒が自主的に課題設定し，推論して仮説を立て，検証実験等を実施していたことは，目的意識を持った観察・実験等を満たすものであったことから，積極的に土を理解し，土を認識するに至っていたことが窺えた。

第6章　土壌リテラシーを育成する教科横断型土壌教育の構築と実践

21世紀の知識基盤社会では，知識・技能とともに変化に対応して自ら課題を設定し，教科書の知識だけでは答を見出し難い問題に解を見出し，地球レベルの諸課題に対して様々な分野，枠組み，領域を超え，多様な知識を集結して解決策を見出していかなければならない。この課題解決には，探究的な資質・能力が必要であり，そのような能力を育成するには教科横断的視点に基づいて展開することが重要となる。そして，国民全てが持たなければならない様々なリテラシーを獲得しつつ，論理性や創造性の高い人材の育成を果たしていかなければならない。国立教育政策研究所（2013）は，21世紀型能力について「『生きる力』としての知・徳・体を構成する様々な資質・能力から，特に教科・領域横断的に学習することが求められる能力を汎用的能力として抽出し，それらを「基礎」・「思考」・「実践」の観点で再構成したものであり，知と心身の発達を総合した学力である。」（図6-1）としている。そして，21世紀型能力は「『思考力』と『実践力』を関連づけることによって学んだことを価値づけしたり，実生活（社会生活）における意味ある行為へつなげたりすることを意識しており，個別の教科ではなく学校教育全体を通して育成することが期待される力である。」としている。

そして，新学習指導要領では，①知識及び技能，②思考力，判断力，表現力等，③学びに向かう力，人間性等の資質・能力の育成を図ることが，変化の激しい社会で活躍できる人材に必要であることが指摘されている。これらの資質・能力育成には，「主体的・対話的で深い学び」の視点に立った授業改善，アクティブ・ラーニングやカリキュラム・マネジメント（教科等横断などの教育課程）の実践・展開が求められる。その結果，様々なリテラシー

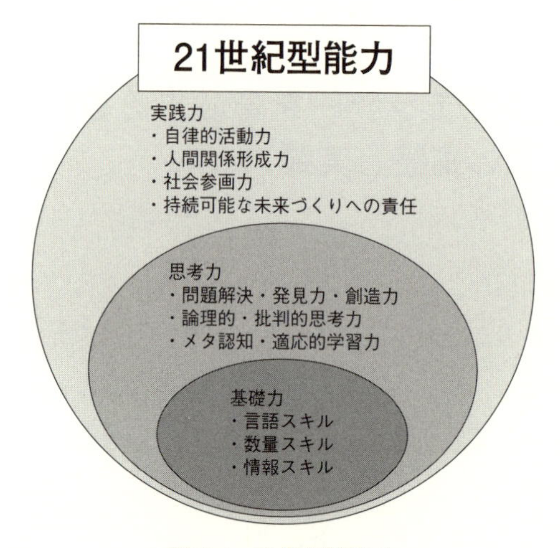

図6-1　21世紀型能力
国立教育政策研究所（2013）より転写

が育まれることに到達すると考えている。

近年，土壌問題（土壌劣化・土壌侵食など）は世界的に広がりつつあり，人口や貧困，資源，食糧などと複雑に絡み合っており，解決には困難を極めている。それ故，土壌を教科の枠を超えて取り上げ，あらゆる教科・科目の知を総動員して，様々な領域や観点から思考し，実生活の中で保全に向けた行動を見出すリテラシー（知識を活用できる能力）が必要である。

第1節　21世紀型能力の育成に向けた土壌教育の在り方

21世紀に入り，グローバル化や情報化，技術革新などが一層進展する今日，知識基盤社会や多文化共生社会，情報化社会が成立し始めている（国立教育政策研究所，2014）。複雑で激しく変化する社会を生きるために，各国では教育改革を敢行している。これからの社会では，単なる知識や技能だけではなく，それらを活用して問題解決できる能力が必要とされている。この21世紀型能力を世界は,「キー・スキル」(イギリス) や「コンピテンシー」(OECD, EU, ドイツ, フィンランド, ニュージーランドなど),「21世紀型スキル」(アメリカ),「汎用的能力」(オーストラリア),「共通基礎」(フランス),「核心力量」(韓国) などと呼んでいる。我が国では, 1996年中央教育審議会が「生きる力」として「基礎・基本を確実に身に付け, いかに社会が変化しようと, 自ら課題を見つけ, 自ら学び, 自ら考え, 主体的に判断し, 行動し, よりよく問題を解決する資質や能力, 自らを律しつつ, 他人と共に協調し, 他人を思いやる心や感動する心などの豊かな人間性, たくましく生きるための健康や体力」を定義した。2012年度報告書 (国立教育政策研究所, 2012a) では,「人間関係を大切にしながら集団で協力して課題を解決する心性」を提唱している。すなわち, 21世紀型能力としての「生きる力」を知・徳・体のバランスのとれた力として, 教科・領域横断的に育成すべき資質・能力の視点から基礎, 思考, 実践で再構成したものとしている (国立教育政策研究所, 2013)。

世界各国は, 21世紀の知識基盤社会で求められる創造的思考力や問題解決力, 分析力, 協働力などの能力を育成する教育改革を実行し始めている。中央教育審議会 (2012) は,「知識量のみを問う従来型の学力や主体的な思考力を伴わない協調性は通用性に乏しくなる中, 現状の高等学校教育, 大学教育, 大学入学者選抜は知識の暗記・再生に偏りがちで, 思考力・判断力・表現力や主体性を持って多様な人々と協働する態度など, 真の学力が十分に育成・評価されていない。」と指摘し,『教科型』に加えて現行の教科・科目の枠を越えた思考力・判断力・表現力を評価するため,『合教科・科目型』及び『総合型』の問題を組み合わせて出題するというものである。そして, 入試改革と並行して『合教科・科目型』及び『総合型』の導入を現行学習指導要領下で進めていく。としている。一方, 課題探究型アクティブ・ラーニング (溝上, 2007；2014；須永, 2010) や反転学習 (中村ら, 2012), ESD (日本学術会議環境学委員会環境思想・環境教育分科会, 2008；宇土ら, 2012) などの新しい指導法,「思考力・判断力・表現力」の評価法としてのパフォーマンス評価（中央教育審議会教育課程部会，2010；松下，2012a）やポートフォリオ評価（寺西，2001）などの評価法に加えて，ルーブリック評価（寺嶋ら，2006；鈴木，2011；松下，2012b；2014；西谷，2017）が学校教育に取り入れられ始めており，教育改革は急速に進みつつある。与えられた知識を獲得し，受容する「学習」から，自らの知的好奇心等を基盤にした既存の知識の批判的な捉え直しを通した創造的な「学び」がより問われるようになってきた。授業においても一定の教材を用意してその知識内容を効率的に相手に伝達する「学習」のスタンスから，自分にとって本当に重要な「学び」を拓いていくことが学び手には求められている（田中，2015）。国立教育政策研究所（2013）は，パフォーマンス評価を授業に取り入れることを推奨している。また，「児童・生徒が自らの学習の過程や生産物，成果をファイルやケースなどに綴り，それを学習中や学習後などに振り返り，自らの学習を縦断的に自己評価する。」（廣瀬，2006）ポートフォリオ評価法が「学校現場に広く普及し，その方法論の拡充が進んでいる。」（佐藤，2001）と指摘されている。ルーブリックは知識注入型から児童・生徒参加型の授業への転換により，評価法が大きく様変わりした表象である。児童・生徒は，求められる結果がどの程度達成される途上にあるか，またどの程度達成されたのかについてより認識を深められる。山田ら（2015）は，「この点がルーブリックが評価のためのツールとしてのみならず，評価観の変容を促すツールとして位置づけられる理由である。」と指摘している。また，佐藤（1998）は「児童・生徒の自己評価能力は，彼らの主体的な学びが展開される問題解決学習において育まれる。」と述べている。白水ら（2014）は，「子供たち一人ひとりが多様な学び手であり，一人ひとりが自ら答えを創り出す能力を持っており，対話が一人ひとりの考え方を変えていくという現象が一授業という短い時間の中でも確かに起き得ることが確認できる。」と指摘する。

改訂版タキソノミーでは，「記憶する」，「理解する」，「応用する」，「分析する」，「評価する」，「創造する」の認知過程次元が示されており，石井

(2002) は「自らの保持する知識や能力を総合的に活用し，答えが一義的に定まらない課題に対して独自の回答を提出できるレベルに至るまで，学びの深さの多様な次元が階層的に描かれている。」と指摘する。そして，「高次の認知目標は領域固有の専門的知識を基礎として成立する。」と述べている。それ故，学校における土壌教育により土壌知識を高め，土壌管理・保全を分析・評価・創造し，それに向けた行動がとれる土壌リテラシーの醸成が必要となる。これからの知識基盤社会では，新学習指導要領（文部科学省, 2017a；2018a；2018b；2018c）の目指す「何ができるようになるか」という資質・能力の育成が必要とされており，「何を学ぶか」という指導内容等の見直しや「どのように学ぶか」について「主体的・対話的で深い学び」の視点からの見直しが欠かせないとしている。

社会の変化に対応して求められる資質・能力を育成する観点から将来の教育課程を考える場合，「体系的な学校種や学年，領域・教科の構成，人間を全体的にとらえ，思考力等（知）と道徳性等（心）を関連づけることが必要である。」（国立教育政策研究所, 2012b）ことを示唆している。現在，様々なグローバル課題が噴出しているが，土壌問題もそのうちの一つである。グローバル課題である土壌について，教科を超えて横断的，合教科的に取り上げ，多面的にアプローチし，問題解決策を探る教育手法を構築することは重要である。吉崎（1999）は，「わが国の学校教育が抱えている問題点の１つは，各教科で学習したことが子どもの中でバラバラに分断化されていることである。」と述べ，「ある教科で習得した知識や技能を他の教科の学習に生かそうとはなかなかしない。」と指摘する。

土壌は，様々な教科科目で取り上げられて学習されているが，「チェルノーゼムやプレーリー土はなぜ肥沃であり，世界穀物生産の代表的な場となっているか。」という課題に答えられる高校生は皆無である。地理や生物，地学の知識を集約して考えることはしない。すなわち，知の総合化を図る思考力等の育成が強く求められる所以である。また，土壌問題を引き起こしている原因として，無計画な自然開発や廃棄物投棄，食生活の変化などの人為的な影響を上げることができる。この点では，人々の価値観や生き方の変容が問題解決には欠かせないわけで，合わせて道徳性倫理性等が問われることになる。この観点から，土壌教育の在り方を模索し，教科横断型土壌教育を構築して，その実践を通して土壌を深く学び，土壌リテラシーの育成を図る手法は教育改革を先取りしていると考えることができる。

第2節　教科横断型土壌教育の構築

吉崎（1999）は，「21世紀の社会で活躍する子どもたちは，私たち大人以上に，総合化された知識や思考・判断力を要求されることになる．このような状況を考えたとき，現在の教科学習の閉塞性を改善する1つの方策として，総合的学習への期待は大きい。」と述べている。そして，「教科学習→合科学習（複数の教科を組み合わせた学習）→総合学習（教科の枠組みにとらわれない学習）というように，現段階から「選択教科」学習の一部で合科学習（異教科T・Tの学習）を試行しておくことが大切である。」としている。

橋本ら（2010）は，問題解決が困難な社会問題を取り上げて，その問題の解決の在り方を児童・生徒が個々に考察することが可能になる授業を開発した。その際，「『教科固有の論理』を生かした単元を開発し，数学ー家庭科ー社会科，理科ー家庭科ー社会科をつなぎつつ，それぞれの教科の学習の「発展学習」として位置付けられるものを想定した。」としている。また，綿井ら（2005）は「生徒の『土』に対する関心が低い現状を改善するには，『土』に関する新しい教育プログラムを開発し，積極的に普及啓蒙していく必要がある。」ことを指摘している。土の学習は様々な教科や科目に亘って行われる。しかし，各教科・科目の土の内容の連結が果たされないまま，児童・生徒の土の理解が不消化の状態にある。地球環境を構成し，生態系を支える役割を持っている土は教科横断的に学習することが必要である。

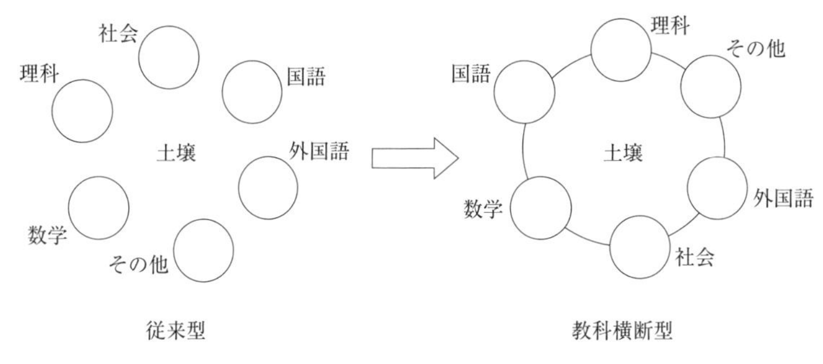

図6-2 「従来型」と「教科横断型」の模式図

児童・生徒の土への関心の低さ，知識の乏しさが，土壌リテラシーの育成を難しくしている。土壌は，多様な教科・科目で取り上げられており，今日の土壌問題解決には各教科科目の専門知を束ねた総合知の育成が求められる。そこで，本研究では従来型の教科・科目中心の授業形態を教科横断型の授業とする土壌教育（図6-2）を究明した。そして，小学校，中学校及び高等学校での授業実践を通して改善を重ねていき，新しい授業形式として確立することを目標とした。実際には，総合課題を設定し，多様な教科科目からアプローチして児童・生徒の土壌への関心・理解を高め，必要な知識を身に着けさせるとともに教科横断的に課題解決する方策を探る授業形態づくりを目指してきた。その結果，土壌をコアとする横断型の学習試案を作成することができた。この試案に基づき，高等学校で実践を行い，問題点，課題を洗い出し，改善を加えていった。

しかし，学校現場で教科横断型の授業を展開するには，関連する教科科目の担当者の協力を得なければならない。試行錯誤を繰り返した結果，教科横断型土壌教育の授業実践プロセスを図6-3の通りとした。この試案を学校責任者である校長に概要説明し，校長から各教科主任，そして教科目担当者へと説明していった。教科横断型土壌教育の授業を実践する上で，校長のリーダーシップはとても重要である。教師主導型授業から課題解決型授業への転

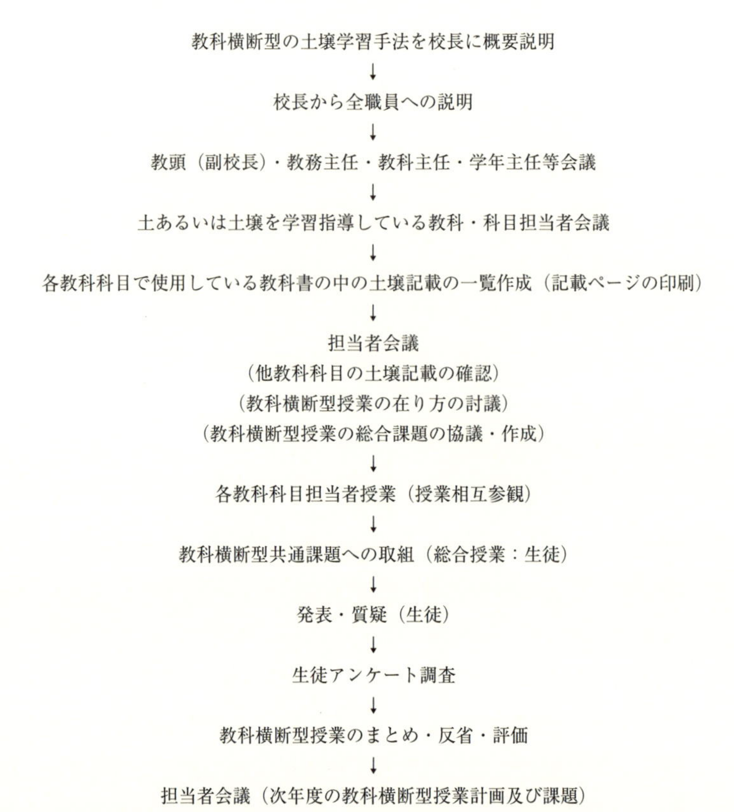

図 6-3　教科横断型土壌教育の構築に向けた関連教科・科目担当者による会議プロセス

換を試みる上で，その理念や授業法などを理解して教職員に働きかける必要がある。そのため，事前に管理職と話し合い，共通理解を図る。教科横断的な学習は，1999年改正の学習指導要領（文部科学省編，1999a；1999b）に登場した「総合的な学習の時間」に示されている。各教科科目の中で土壌に関する共通の課題を設定し，それらの課題について各教科科目の特色を生かした授業を展開していく中でアプローチしていく。そして，各教科科目が集まった「総合授業」を行って，共通課題の解決に向けた意見交換等を行い，まとめる。最後に，4つの観点から評価する。

その後，校内に土壌を学習指導している教科・科目担当者会議を開催した。この会議で，土壌指導の新しい方法として，従来のような教科型だけではなく，教科横断型による土壌教育試案を実践することについて話し合った。次いで，各教科・科目で使用している教科書に記載されている土壌内容をPDF化し，試案作成者に送付した。試案作成者は，それらをまとめた後，各教科・科目担当者に送付した。各担当者は，事前に資料に目を通しておき，次の担当者会議で質疑を行い，共通課題を設定した。その後，各教科・科目担当者の互いの授業を参観し合い，情報交換した。土壌に関するすべての授業終了後，児童・生徒は教科横断型課題に取り組み，パワーポイント，ポスター等を使ってまとめた。そして，発表・質疑応答を行い，反省とさらなる課題を整理して次年度の教科横断型授業につなげていくこととした（PDCAサイクル）。このような教科横断型土壌教育の実践を行い，生徒及び教師へのアンケート調査を実施した。そして，アンケート集計結果や様々な声から改善を加えていった。

今日，グローバル化が急速に進展しており，将来国際社会で活躍することが期待される児童・生徒の地球課題に対する関心や理解力，考える力，解決力などの育成は必須である。文部科学省の「スーパー・グローバル・ハイスクール」事業は英語力だけではなく，グローバルな問題の課題発見力，解決力を身につけ，活躍できる科学技術人材を育成することを目的にした高等学校づくりを目指している。それには，教科を超えた教科横断型学習の実践が必要であることが指摘されている。この教科横断型学習を行う教育は，地球環境問題を考え，その解決に向けた探究的学習をつくるESD（Education for Sustainable Developmentの略，持続可能な発展のための教育）と通じるところがある。田部ら（2010）は，アメリカにおける環境教育は理科教育，とりわけ生物教育がその中心を担っていたが，幅広い視点の環境教育を目指してESDを取り入れる動きがスタートしている。」と述べている。ESDは，

2002年の持続可能な開発に関する世界首脳会議（ヨハネスブルク・サミット）において日本政府によって提案され，主導機関である国連教育科学文化機関（UNESCO）は，2005年から2014年までの10年間を「国連持続可能な開発のための教育の10年（UN Decade of Education for Sustainable Development, UN-DESD）」（上原，2006）として定め，ESDの推進に努めた。既に，地球温暖化やオゾン層破壊，砂漠化，熱帯林伐採などの様々な地球環境問題は個別に生じるのではなく，複雑に関連し合って発生している。そして，現行の学習指導要領では教科横断して取り組むことができるのは，総合的な学習の時間である。田部（2011）は，「初等教育のESD実践のキーワードは各教科・領域との連携であり，小学校第3学年から第6学年においては社会科と理科，家庭科，総合的な学習の時間との連携関係を築くことが，推進への第一歩である。」と指摘している。ESDは，環境問題や国際理解，貧困，人権，気候変動，平和，開発，防災，資源・エネルギー，生物多様性など，多岐に渡る分野が関わって，知識・理解を進め，価値観のもとに行動する人材を育て，持続可能な社会を構築する教育活動である。この活動を通して，思考力，判断力，表現力などを身につけることができる。

途上国の土壌問題は，森林の農地転換，薪炭林の過剰伐採，耕地の酷使，焼畑などによって生じている。その背景には，貧困，燃料不足などがあり，生活を確保するために環境破壊をもたらしている。そして，人口増大が土壌や環境悪化に拍車をかけている。例えば，薪炭林不足は肥料分となる家畜の糞なども燃料として使用されており，地力低下を招いている。その結果，食糧生産の衰えや貧困につながっている。近年，増加傾向にある食生活の肉食化により，牧畜生産の促進が強力に進められている。そのため，単位面積当たりの家畜頭数が多く，牧草や木々の新芽，根までが食べ尽くされ，草木の再生が難しくなって，土壌侵食が進んでしまう。その結果，更なる貧困に陥っていく。この負の連鎖を止めるには，人口や貧困，環境問題の改善が必要であり，それには経済，教育，人権，格差などの様々な視点で方策を考えていかなければならない。しかし，問題解決は複雑に絡んでいる糸をほぐすようなものであり，決して簡単なことではない。

阪上（2016）は，「Haubrichが地理教育はよりよい現代，将来世界のために若い世代を教育することによって重要な役割を果たしている。」と述べていることを指摘し，地理教育国際憲章では「価値や倫理を用いての社会変革を行うことのできる人間を育成することに最終的な目標が置かれている。」ことを明らかにした。土壌教育も同様に，土壌リテラシーの育成を図り，土壌を保全して，次世代に引き継いでいく役割を担っている。特に，様々な土壌機能や役割，人と土壌との関わり，土壌問題などを課題として，各教科科目の特性を活かして探究的に調べることが必要である。

授業で土を取り上げている担当教師に土はどの教科・科目で最も扱われているかを確認すると，最も多くあげられた教科・科目は地理歴史地理であり，次いで理科生物や地学，公民現代社会の順であった（図6-4，表6-1-1）。その結果，関連教科・科目担当者会議では，地歴・公民，理科担当が主導する形で進行していった（表6-1-2）。油井（1988）は，「地理は自然科学と人文科学の橋渡し的分野にあり，両者を統合する総合科学として重要な位置にあ

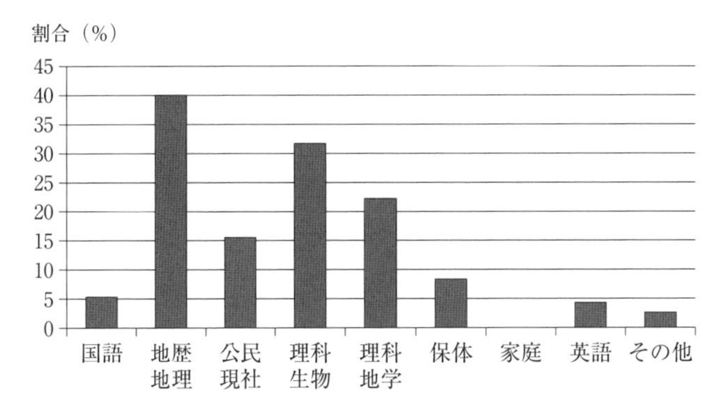

図6-4　高等学校教師が土を扱っている教科科目別の割合

調査担当校：国語19，地理25，公民13，生物41，地学9，保体12，家庭9，英語23，その他3

表 6-1-1　高等学校地理と生物，地学における土壌項目の取扱い（教科書調査）

土壌項目	地理	現代社会	生物	地学
土壌生物（土壌動物・土壌微生物）			○	
生態系を構成する土壌		○	○	
土壌の種類と分類	○			
遷移と土壌形成			○	
土壌断面			○	○
土壌侵食	○			
土壌の塩類化	○			
気候帯・植生帯・土壌帯	○			
土壌と農林業	○			
非生物的環境要因（土）			○	
土壌定義			○	○
団粒構造			○	
砂漠化	○	○		
森林伐採・温暖化と永久凍土融解	○			

表中の○は取り上げている。

表 6-1-2　高等学校学習指導要領理科及び地歴・公民の中の「土壌の学習」

教科	科目	単元	指導項目
理科	科学と人間生活	人間生活の中の科学	身近な自然景観と自然災害①
	生物基礎	生物の多様性と生態系	植生と遷移② 生態系と物質循環③
	地学	地球の活動と歴史	地表の変化 ④
	化学	有機化合物の性質と利用	有機化合物と人間生活⑤
	理科課題研究	自然環境の調査に基づく研究	
地歴	地理 A	現代世界の特色と諸課題の地理的考察	地球的課題の地理的考察⑥ 自然環境と防災⑦
	地理 B	現代世界の系統地理的考察	自然環境⑧ 資源，産業⑨
公民	現代社会	私たちの生きる社会⑩	

る。」と指摘する。土壌は，観察や実験，統計によって実証する自然科学と人間生活や経済，文化，社会との関わりで分析する人文科学とに分かれ，前者は理科，後者は地理が分担していることを考えると，教科横断して取り上げるのに適した教材と言える。また，文理融合を進める場合，経済学や社会学，心理学などを自然科学的手法を用いて調査・分析すること，科学などを人文科学的手法で実証することが有効となると考えられる。

教科横断型土壌教育の実践では，評価に関して各教科科目担当者の間で共通認識しておくことが重要であると考えている。理科の評価では，指導要録の評価の観点が変更されてきており（表6-2），1977年には情意の評価項目として「態度」が設定された。1989年には各教科「観点別学習状況」欄の「関心・態度」に「意欲」が加えられた。そして，1977年の「知識・理解」「技能」「思考」「関心・態度」は，「関心・意欲・態度」「思考」「技能・表現」「知識・理解」と変更され，「知識・理解」が大きく入れ替わったことは明白である。学習意欲の育成は大きな教育課題である。中学生に「理科を勉強すると何に役立つか」を問うと，３年生では75％が受験と答えている（理科教育研究会，2006）。そして，「なぜ」，「どうして」という知的好奇心を高めること，「わかる」，「できる」という成功体験が学習意欲を高めることや学習意欲の向上につながるとしている。評価の観点の順序を旧指導要録と逆転さ

表6-2　理科の評価の観点の変遷

改訂年	指導要録「観点別学習状況の評価」
1947年	「理解」・「態度」・「能力」（中学校は「理解」・「能力」・「習慣」）
1958年	「関心」・「思考」・「技能」・「知識・理解」・「応用・創意」
1969年	「知識・理解」・「能力」・「思考」
1977年	「知識・理解」・「技能」・「思考」・「関心・態度」
1989年	「関心・意欲・態度」・「思考」・「技能・表現」・「知識・理解」
1998年	「関心・意欲・態度」・「思考」・「技能・表現」・「知識・理解」
2010年	「関心・意欲・態度」・「思考・判断・表現」・「技能」・「知識・理解」

せ，「関心・意欲・態度」を最初の項目とし，「知識・理解」を項目の最後とした。天野（1993）は，「学習は，関心・意欲の形成を前提に思考を深め，判断力を養い，技能や表現力を養い，その結果として知識・理解に至る。そして知識・理解がさらに知的好奇心を呼びさまし，また関心・意欲を高めて学習態度を形成し，思考を深め学習の次元を高めていくという構造が基本となっている。」と述べている。岩崎（2007）は，「指導要録における情意に関する評価の妥当性や信頼性については，昭和23年通知での学籍簿改訂から恒常的に議論が行われてきた。」と指摘する一方，「多くの学校においては，評価規準・評価基準を設定して，目標に準拠した評価を実施している。具体的には，評価規準・評価基準を教師＝児童生徒＝保護者で共有するルーブリック，学習の成果を蓄積するポートフォリオ等に照らして学習を振り返る自己評価票といった評価ツールやそれらを仲立ちにして教師と児童生徒が学習の進捗状況を話し合うカンファレンス（会議）といった評価方法などを挙げることができる。」としている。教科横断型土壌教育を実践する場合，各教科科目の特色，内容（図6-5）を生かした授業が展開されるが，教科科目担当者会議では理科の評価の観点を参考として「関心・意欲・態度」，「思考・判断・表現」，「技能」，「知識・理解」の4点について評価することを共通認識した。

第3節　高等学校における教科横断型土壌教育の実践

第1項　学習指導要領に記された指導内容から見た教科横断型土壌教育

小・中・高等学校の各教科・科目の教科書に見られる土壌記載内容等（図6-5，表6-3）を見ると，多岐に渡っていることがわかる。小・中学校では，主に理科と社会，技術・家庭，高等学校で理科生物・地学と地歴地理，公民現代社会を主として多様な教科科目で取り上げられていることが明らか

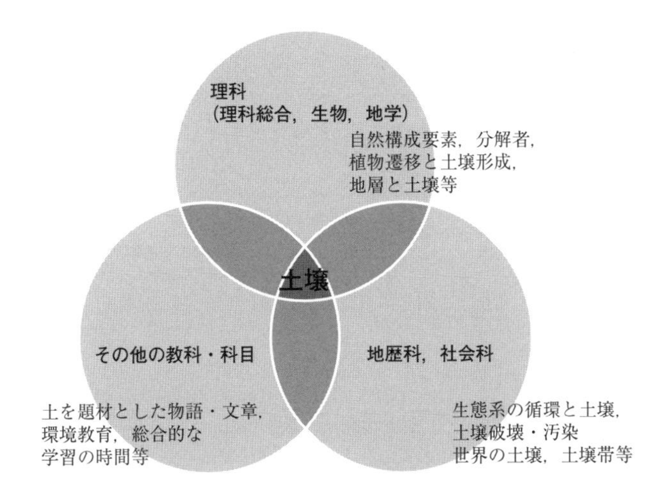

図6-5　学際的な土壌教材

である。幅広く多様な内容を取り上げている高等学校における教科横断型土壌教育の構築・実践に取り組んできた。高等学校「地理歴史・地理A」の「現代世界の特色と諸課題の地理的考察」で「環境，資源・エネルギー，人口，食料など」,「地理歴史・地理B」の「現代世界の系統地理学的考察」で「気候・植生・土壌」や「世界の資源・エネルギー，食料問題」が取り上げられる。理科では,「科学と人間生活」の「人間生活の中の科学」で「土壌微生物」,「生物基礎」の「生物の多様性と生態系」で「生態系と物質循環」,「生物」の「生態と環境」で「遷移と土壌形成」や「生物多様性」,「化学」の「有機化合物の性質と利用」で「有機肥料」,「地学基礎」の「変動する地球」で「岩石の風化」や「土壌」,「保健体育・保健」で「土壌汚染と健康」が取り上げられている。また,「課題研究」では「科学に関する課題設定，観察・実験」，第3学年「家庭（家庭総合)」の「食生活の科学と文化」で「食生活」が取り上げられている。そして，理科や社会科では，防災意識を高めたり，防災に触れる内容あるいは内容の取扱いが示されている。

表6-3　現行学習指導要領に基づく小・中・高等学校の各教科・科目の教科書に見られる土壌記載内容等

学校段階	教科・科目	土に関する内容など
小学校	生活	土の中のいきもの
	社会	農業と土
	理科	地温，植物の成長と養分，地層の最表層に黒土・赤土
中学校	技術家庭・技術	土の種類，作物と土・肥料，土壌要因，単粒構造・団粒構造
	社会・地理的分野	世界と日本の自然，永久凍土，赤土（関東ローム）
	理科第二分野	分解者，物質循環，（炭素の循環，窒素の循環），実験（土中微生物の働き）
高等学校	地歴・地理	気候帯・植生帯・土壌帯，成帯土壌・間帯土壌，土壌侵食，土壌の塩類化，世界の様々な土壌（ラトソル・砂漠土・赤黄色土・赤色土，黒色土（チェルノーゼム）・栗色土・プレーリー土・褐色森林土・ポドゾル・ツンドラ土・永久凍土，ラグール・テラロッシャ・テラロッサ），日本（褐色森林土・ポドゾル）
	公民・現社	生態系の循環と土壌，土壌汚染
	理科・生物基礎	課題研究（例「土壌の探究」），母材，腐植，落葉層・腐植層，団粒構造，土壌と遷移，ラテライト・チェルノーゼム・ポドゾル，分解者・物質循環，根粒菌，亜硝酸菌・硝酸菌・脱窒菌，実験（分解者による有機物分解，森林林床土壌と校庭裸地の水分量の比較，遷移と土壌養分），物質循環，植物遷移と土壌形成，団粒構造，土壌侵食
	理科・生物	非生物的環境要因，土壌動物・土壌微生物，土壌流出，実験（地衣性動物の種類と個体数調査）
	理科・化学基礎	窒素肥料
	理科・化学	イオン交換樹脂，土壌保水剤
	理科・地学基礎	砂漠化，黄砂，凍土
	理科・地学	土壌（土壌定義），関東ローム，火山灰土壌，黒ボク土，構造土
	保健体育・保健	土壌汚染と健康
	芸術・美術	絵具，粘土細工，陶芸
	芸術・音楽	土の楽器
	家庭	地産地消
	外国語・英語	soil erosion
	総合的な学習の時間	野外土壌調査

現行学習指導要領（文部科学省，2008b；2008c；2009a）を見ると，小学校社会第5学年(1)エ「国土の保全などのための森林資源の働き及び自然災害の防止」，中学校社会第5学年(ウ)(ア)「地域の自然災害に応じた防災対策が大切であることなどについて考える。」，理科第二分野内容の取扱い(8)「「災害」については，記録や資料などを用いて調べ，地域の災害について触れること。」，高等学校地理A(2)(イ)「自然環境と防災」，内容の取扱い「地形図やハザードマップなどの主題図の読図など，日常生活と結び付いた地理的技能を身に付けさせるとともに，防災意識を高めるよう工夫すること。」，地学基礎(2)エ(イ)「日本の自然環境を理解し，その恩恵や災害など自然環境と人間生活とのかかわりについて考察すること。」，内容の取扱い「自然災害の予測や防災にも触れること。」，地学(3)ア(イ)内容の取扱い「気象災害にも触れること。」と記されている。この防災に関しては，新学習指導要領（文部科学省，2018a；2018b；2018c）ではさらに踏み込んで取り上げられている。小学校社会では「自然災害から人々を守る活動」，第5学年社会(5)イ「(ア)災害の種類や発生の位置や時期，防災対策などに着目して，国土の自然災害の状況を捉え，自然条件との関連を考え，表現すること。」，理科第4学年B(3)「雨水の行方と地面の様子」，第5学年(3)のアの(ウ)「流れる水の働きと土地の変化」では「自然災害についても触れること。」の新設，第6学年(3)ア(ウ)「土地は，火山の噴火や地震によって変化すること。」では「自然災害についても触れること。」，内容の取扱い(4)「天気，川，土地などの指導に当たっては，災害に関する基礎的な理解が図られるようにすること。」の新設が見られる。防災教育は，学際的な内容が多く，教科横断的視点での取り扱いが学習効果を高める。防災教育の目標は，防災知識を理解，認識して，行動できるようにすることである。防災教育の目指す目標は，環境教育や土壌教育などにも通じる具体的な行動である。

例えば，高等学校の実践例を挙げると，生物の「土壌動物」，「土壌微生物」，「物質循環における土壌の役割」，「植物遷移と土壌形成」，地学の「岩石の風化・侵食」,「土壌断面」,「火山灰」, 地理の「気候・植生・土壌」,「世界の土壌と農業」, 家庭の「食物の栄養素」,「地産地消」, 保健の「風土病」などを扱う時に授業資料を共有し, 情報交換・連携した授業を展開することができる。そこで,「土壌」をキーワードとして, 家庭科ではクレイ・泥化粧品, 野菜の栄養と土壌, 保健体育・保健では土壌生物と風土病, 世界史では輪作と地力, 芸術では土楽器, 彫刻材としての粘土, 生物では土壌侵食, 土壌形成と植物などを授業で取り上げた。これらの授業後, 生徒アンケート調査から,「土壌に関心を持っている。」は実施前の4.7%から50.9%(生徒125名),「土壌は重要な自然の構成要素である。」は実施前の9.6%から62.4%, などと関心・理解が高くなったことがわかった。また, 感想を見ると,「いろいろな教科で角度を変えて土壌を学んだことで, 土壌を深く知ることができた。」,「土壌について多分野からアプローチして学んだことで関心が持てた。」,「土壌を横断的に扱うのがよかった。」など, 教科横断的に学ぶことに好意的なものが多かった。さらに, 教師たちの授業に対する反応は「とてもよかった」23.1%,「よかった」53.8%(教師13名)と好評であった。

そして, それぞれの教科担当が参加して実践する総合課題授業では, 生徒たちが「土壌侵食・流出の原因と防止対策」,「放射性物質による土壌汚染のしくみと除染」,「土壌劣化と食糧生産」,「医食同源を考える」などを共通テーマ(表6-4)として考察し, 発表・質疑応答を行った。総合課題の「身近な土壌資材を追求する」では, 近年話題となっている泥化粧品の一つである『クレイパック』や『クレイ洗顔フォーム』,『クレイシャンプー』,『クレイパウダー』等の製品を教室に持ち込み, 解説する。このようなパフォーマンスによって生徒たちの土の資材性に対する関心は高まる。一例を挙げると, 高等学校理科の授業で, マッド・ハンド&ボディ・ローション(ニュージーランド)を教室に持参して授業を行ったことにより, 特に女子生徒の「土は汚い」という気持ちや考えが大きく変わった(表6-5)。むしろ, 土が私たちをきれいにする, 健康にするという感覚さえ, 芽生えていた。このような身

表6-4　土壌教育に関する教科科目内容と教科横断総合課題（高等学校）

<table>
<tr><th>教科科目</th><th>土壌教育における関わり</th><th>教科横断総合課題</th></tr>
<tr><td>国語</td><td>「怒りの葡萄」</td><td rowspan="14">・土壌劣化・侵食の原因及び解決の方策を考える
・穀倉地帯の土壌（チェルノーゼム，パンパ土，プレーリー土）の特徴とは何か
・土壌問題と食糧生産との関係を考察する
・森林伐採と土壌流出・砂漠化との関わりを探る
・地球温暖化による永久凍土融解の問題点とは何か
・土壌と健康との関係「医食同源」・「身土不二」・「風土病」を考える
・身近な土壌資材（医薬品・化粧品・陶器・セラミックス・絵具・土の楽器など）を追及する
・森－川－海のつながりによる土壌ミネラルと海洋生態との関わりを調べる
・土壌呼吸と温暖化との関係を考える</td></tr>
<tr><td>理科・生物</td><td>土壌生物，団粒構造，遷移と土壌形成，土壌断面，土壌侵食</td></tr>
<tr><td>理科・地学</td><td>岩石の風化・侵食，土壌断面</td></tr>
<tr><td>理科・化学</td><td>有機肥料</td></tr>
<tr><td>地理歴史・地理</td><td>植生帯・気候帯・土壌帯，世界の土壌分布，土壌と農業，土壌侵食・塩類化</td></tr>
<tr><td>地理歴史・日本史</td><td>地租</td></tr>
<tr><td>地理歴史・世界史</td><td>三圃式農業，輪作</td></tr>
<tr><td>公民・現代社会</td><td>土壌侵食</td></tr>
<tr><td>家庭</td><td>地産地消</td></tr>
<tr><td>保健体育保健</td><td>土壌汚染と健康</td></tr>
<tr><td>芸術・美術</td><td>絵画・粘土細工，陶器づくり・彫刻</td></tr>
<tr><td>芸術・音楽</td><td>土の楽器</td></tr>
<tr><td>外国語・英語</td><td>「soil erosion」</td></tr>
<tr><td>その他（総合的な学習の時間等）</td><td>地域の環境調査</td></tr>
</table>

表6-5　泥石けんやマッド・ローション，クレイシャンプーなどの製品を使った授業前後の生徒の土に対する反応

質問事項	授業前		授業後	
	男子	女子	男子	女子
土は汚い	46.9	56.9	22.4	5.2
土を触れたくない	63.3	77.6	34.5	12.1
土は私たちに健康をもたらす	4.1	12.1	36.6	79.3

調査人数：高校3年男子49名，女子58名（1996年），表中数値は％を表す。

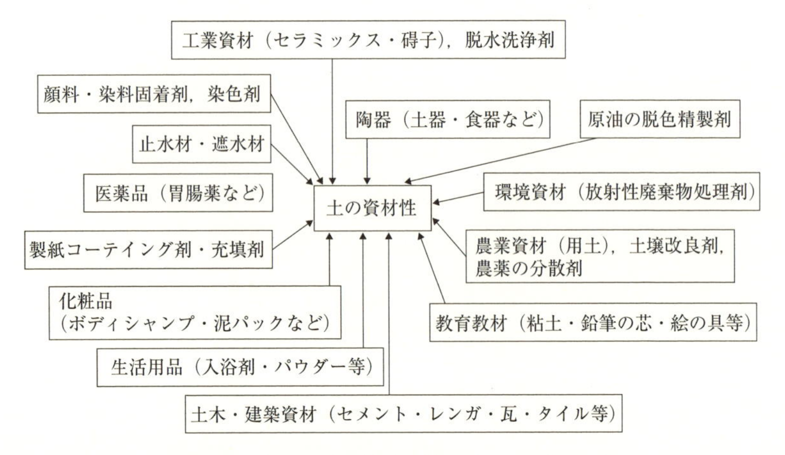

図6-6　土壌の多面的な価値からのアプローチ

近な話題や生活用品などを利用した授業や観察・実験を通して生徒たちの土に対する関心や理解は顕著に高まり，違和感は払拭され，土の見方や捉え方さえ変容する児童・生徒は決して少なくない。

土が他にどのような資材として活用されているかを調べさせると，生徒たちは強い関心を持ってインターネット等を活用して調べる。土は気相，液相，固相の3層から成り，固相は礫，砂，シルト，粘土の4種類の土壌鉱物と腐植，生物から成る。粘土鉱物は，その生成過程の違いで，砂やシルトなどの一次鉱物と粘土の二次鉱物に分類される。この粘土鉱物は，陶磁器や瓦，レンガ・碍子などの耐火物，タイル，セメント，化粧品，医薬品，顔料・塗料，セラミックスなどの様々な工業原料や材料として幅広く使われている（図6-6）。また，製紙用やゴムの充填剤，製紙のコーテイング剤，原油の脱色精製剤，止水材・遮水材，放射性廃棄物処理剤，土壌改良剤，農薬の分散剤などとしても幅広く利用されており，私たちの生活とも密接に結びついている（日本粘土学会編，1997）。

第２項　教科横断型授業「総合課題授業」の構築

21世紀の社会が求めている能力は，様々な知識を束ねる総合知を活用して課題解決の糸口を探る叡智や実行力である。現代社会は環境問題やエネルギー問題，少子・高齢化問題などの様々な課題を抱えており，人類社会全体に関わる問題である。このような課題を解決するには，一つの教科・科目，限られた専門分野だけでの知識・技能では到底無理である。その解決には教科枠，教科領域を越え分野横断的な文理融合が不可欠である。時には，学校や学年，クラスを越えた取組が必要となる。もちろん，専門知を統合した総合知が重要であることは明らかではあるが，専門知を有機的に結合していく能力の方が遥かに汎用性は高い。グローバル化が進展する社会で，総合知はますます重要視されていく。しかし，教科科目の境界が明確である現行の学習指導要領の基では，教科を横断して土壌教育を展開することは，教育課程の編成を変更しない限り，円滑に進行しない。教科横断型授業の開発研究（松田ら，2011）や実践は少ない。そこで，主に土壌を取り上げる生物や地学，地理担当者あるいは家庭や保健担当者も加わって協議し，相互の関連を図り，教科横断的に授業を作っていく必要がある。そして，実践後に正しく評価する学習活動を展開することが重要である。

土壌を学習指導している教科・科目担当者会議には，理科の生物，地学，地歴科地理，保健体育科，家庭科，国語，芸術科の教師が集合した。最初に，教科横断型教育の概要，その必要性の動向，先進的な取組などを説明した後，図 6-3 の教科横断型授業の構築に向けた関連教科・科目担当者による会議プロセスを確認し，全員で了解して実行することとした。また，教科・科目担当者は，教科横断型課題を準備・作成し，それぞれの課題に総合授業として取り組ませ，発表・質疑を行うことを計画した。総合課題としては，様々な土壌問題の中で「土壌侵食」を設定した。土壌劣化や森林伐採，過放牧，過耕作などによって引き起こされる土壌侵食は，最も深刻な21世紀の環境問題である。それは，土壌が食料生産や木材生産，養分・水分の貯留，生物多様性の維持など，人類を初め，大半の地球生命の基盤となっているからである。わずか1 cm の土壌形成には数百年を要する。この貴重な地球財産である土壌が配慮に欠けた人間活動の結果，喪失してしまったり，著しく機能低下してしまっている。「人間活動に起因する土壌劣化は，約20億 ha，全植生地のおよそ17%に達する。」(松中，2013) ことから，国連は総会で「適切な土壌管理が加盟各国の経済成長，貧困撲滅，女性の地位向上などの社会経済的な課題を乗り越えていくためにも重要であることが強く認識された。」とし，12月5日を「世界土壌デー」，2015年を「国際土壌年」とすることを決議した。

この決議では，「土壌は農業開発，生態系の基本的機能および食糧安全保障の基盤であることから，地球上の生命を維持する要である。」ことに留意し，「土壌の持続性は人口増加圧力に対処するための要であり，持続可能な土壌管理について，認識し，擁護し，そして支援することが土壌の健全性を保ち，食糧の安全が保障された世界と安定的でかつ持続可能な生態系利用の実現に寄与する。」，「優良な土壌管理を含めた土地管理がとくに経済成長，生物多様性，持続可能な農業と食糧の安全保障，貧困撲滅，女性の地位向上，気候変動への対応および水利用の改善への貢献を含む経済的および社会的な重要性を認識し，そして砂漠化，土地劣化および干害の脅威に対する取組は地球規模であり，かつ，これらの問題は発展途上国をはじめとする全ての国々が持続的な発展を遂げるために解決していくべき課題である。」，「全ての段階において，最適な科学的情報を用いるとともに，持続的開発の全ての側面に基づいて，限りある土壌資源について認知度を高め，その持続性を増進することが緊急に必要である。」ことを認識することを求めている (八木・高田，2014)。

土壌は，食料や燃料，医薬品などの基礎資材であり，生態系に不可欠なものである。国連は，「国際土壌年」を「①市民社会や意思決定者に対し，土壌が人々の生活のために担っている基本的な役割を周知する，②食料安全保障や気候変動への適応と緩和，本質的な生態系サービスや貧困撲滅と持続可能な開発において土壌が担っている大きな役割に対し十分な承認を得る，③効果的な政策を推進して土壌資源を持続的に管理そして保護する，④あらゆるレベルでの土壌情報の収集及び監視のための能力やシステムの機能向上を推進する，などをあげ，私たちの生活において土壌が担っている大きな役割への社会的認知を高める。」（FAO 駐日連絡事務所，2015）ために設置した。そして，「政府，企業，研究機関などのあらゆる土壌関係者が，食料安全保障と本質的な生態系機能のために土壌の重要性の認識並びに理解強化を推進する。」（FAO 駐日連絡事務所，2015）ことを求めている。

一方，地球人口は増え続けており，2050年には96億人に達すると推定されている。松中（2013）は，「土壌保全に努力しなければ，古代文明が衰退したと同じように，現代文明もまた衰退してしまうだろう。地球表面の平均して18cm の厚みにしか過ぎない土壌の保全に人類の将来がかかっている。」と警告している。土壌劣化は，「土壌の物理・化学性が変化し，土壌が有する食料生産などの多様な機能が正常に働かなくなる現象であり，その原因として土壌侵食による土の喪失，重金属汚染や塩類集積などの化学性変化，農業機械による圧密などの物理性変化が上げられる。」（谷山，2010）。深刻な土壌劣化は，世界の土壌の４分の１に達しているが，谷山（2010）は「降水による土壌侵食（水食）の被害面積が最も広く，全世界では約11億 ha に及び，強～極強度の劣化をうけた土地は２億 ha を超えている。地域的にはアフリカとアジアの被害面積が多い。風食による被害地は全体で5.5億 ha に達し，強～極強度の劣化を受けた土地の割合は全体の約５％である。化学性変化は2.3億 ha，物理性変化は0.8億 ha である。アフリカや南米では養分の減少，広大な乾燥地をかかえるアジアやアフリカでは塩類集積が主体であるのに対し，工業化や農業の機械化が進んだヨーロッパでは，汚染と圧縮が主な現象である。」と報告している。

それ故，この総合課題テーマを設定し，取り組むことは現生人類の課題であり，その課題解決に向けて思考し，判断し，表現することの可否が教科横断型授業の成否を決めると言っても過言ではない。また，中央教育審議会(2008)答申では，これからの能力として課題発見・解決能力，論理的思考力，コミュニケーション能力，多様な観点から考察する能力（クリティカル・シンキング）などの育成・習得を求めている。総合課題に取り組む生徒たちには，これらの能力の全てが問われることになる。

土壌侵食に関する記述を各教科書で見ると，地学基礎では「過放牧により植生が失われて表土流出し，乾燥表土から発生する砂塵が周辺に堆積し，砂漠化する。」，地理Aでは「大規模な農業開発は，土地の生態系を無視して強行されることが多く，森林破壊や土壌侵食・劣化を招いている。」，地理Bでは「黄土高原では年間降水量が300～600mmと少なく，土壌侵食が深刻である。」と記述されている。しかし，高校生は土壌侵食についての知識はほとんどない（図3-2）。生徒は，小学校や中学校時に文明崩壊の主原因に森林破壊と連動する土壌侵食があることは学習している。小学校6年と中学校2年の国語の教科書に取り上げられているのは，いずれもイースター島の文明崩壊である。前者は「イースター島にはなぜ森林がないのか」（鷲谷，2005），後者は「モアイは語る――地球の未来」（安田，2015）という読み物の中に，人口増大が森林伐採，土壌の劣化・侵食をもたらし，文明が衰亡した事実が記述されている。

佐藤（1997）は，「5世紀初め頃，イースター島に辿り着いた20～30人の人口は1600年頃には9千人に達し，更なる人口増大に従って農耕や家の建築，調理，カヌー製作のために木々が伐採されていった。」と記述している。それに加えて，700年以前に始まったモアイ像の製作に大量の木材を必要とし，森林伐採がさらに進み，17世紀には森林を喪失した。森林破壊は，土壌劣化・侵食を招き，その結果作物の生産は大きな打撃を受け，食料不足・飢餓を来たし，人口を養うことができなくなって文明社会は崩壊していった。そこで，実際に土壌侵食をテーマとして，高等学校2校で教科横断的に授業を展開したので，各教科の授業を紹介し，次いで総合課題授業における生徒のまとめを整理・考察する。

「土壌侵食」を取り上げた授業では，教科横断的に各教科科目担当が異なった角度からアプローチした結果，表6-6のような様々な授業が実践された。教科科目担当者が積極的に授業を展開し，「土壌侵食」へのアプローチを行った結果，それぞれの教科・科目の特色を発揮し，工夫を凝らした授業が展開されていた。国語総合で取り上げられた「怒りの葡萄」は，アメリカの作家ジョン・スタインベック（John Ernst Steinbeck，1902-1968）の小説である。初版は1939年であり，この小説でスタインベックは1940年にピューリッツァー賞を受賞した。その後，ノーベル文学賞を受賞（1962年）した。ほとんどの生徒は，この小説を知らず，映画上演されたことも知らなかった。1930年代，アメリカ中西部では深刻なダストボウル（砂嵐）が広域で発生し，耕作不能となって土地を追われて流民となった農民が続出し，大きな社会問題となった。この地帯は，我が国の輸入穀物の一大供給地である北アメリカの肥沃な穀倉地帯を形成する中央プレーリーであり，「1939年代にダストボウルと呼ばれる風食による表土流亡が深刻な事態となった。」（大倉，2010）。現在，世界では耕地の4分の1が土壌劣化している（国際連合食糧農業機関，2011）が，最も深刻なのは降雨や強風によって表土が流亡する土壌侵食である。そして，「国連食糧農業機関（FAO）のジャック・ディウフ事務局長は『世界は新たな食料危機に近づいている。』と警鐘を鳴らした。」（日本経済新聞，2011）と報告している。世界の山地の土壌侵食速度は5m^3/ha/年（約0.5mm/年）であり，山地を含めない陸地の平均土壌侵食速度は0.5m^3/ha/年（約0.05mm/年）である（駒村ら，2000）。また，普通畑で0.5～5m^3/ha/年，農地の裸地状態で15～20m^3/ha/年，荒廃地で200～300m^3/ha/年，アメリカのワタ・トウモロコシ畑で30～50m^3/ha/年である（駒村ら，2000）。特に，生徒たちは裸地状態の森林伐採地では急速な土壌侵食が生じ，集約的な農業経営

表 6-6 「土壌侵食」に対する各教科科目からのアプローチ

教科科目	土に関する指導内容	「土壌侵食」へのアプローチ
国語・国語総合	小説「怒りの葡萄」を読む。	ダストボウルから土壌侵食を考える。
地歴・日本史	地租から，土地の価値を評価する。	土地には良し悪しがある。
地歴・世界史	原始人が洞穴の壁に絵を書き残しているが，それは土を使って描いたものである。また，古代文明が土壌侵食によって崩壊していった経緯を考察する。中世ヨーロッパで三圃式農業や輪作が行われ，地力の維持や病虫害を避けるため，同じ土地には異なる作物を期間を置いて周期的に栽培する農法が発達したことを解説する。	人類が農耕を始めて以来，土壌活用が続いたが，人口増加によって土地生産性の過大な要求が土壌崩壊や悪化につながった。その結果，土壌劣化が進み，侵食を受ける土地が広がっていった。その対策のため，人々は様々な農法を開発し，確立した。
地歴・地理	気候・植生・土壌が相互に関連し合って成立していることを，世界の気候・植生・土壌の分布図を見つつ解説する。世界の主要な土壌（チェルノーゼム，ポドゾル，ラテライトなど）の特徴をまとめる。また，近年の土壌侵食や土壌の塩類化などの土壌問題を取り上げ，その原因と対策を考察する。過放牧，過耕作，過開発，森林破壊などが土壌侵食の原因となっている。	世界には気候や植生により，様々な土壌が存在する。大型農業の発展（大型機械の導入，化学肥料・農薬の使用など）や気象異変により，土壌侵食等が発生している。森林伐採や農業開発は土壌侵食を招いており，気象異変なども加わって土壌劣化・侵食，さらに砂漠化の原因ともなっていることを考える。
公民・現代社会	森林喪失により，洪水やがけ崩れなどの災害が生じる。	植林などの土壌保全対策を施すことにより，土壌侵食を防止することができる。
芸術・美術	絵の具の始まりは，赤や黒，黄色の土など色のついた泥である。現在はほとんどが石油から合成された顔料である。彫刻の素材は粘土である。	粘土は粘土層から採取される。粘土の種類や焼き方などにより，有田焼や備前焼，萩焼，清水焼，樽岡焼，丸谷焼などがある。
芸術・音楽	土で作られた楽器には，土笛（オカリナなど），ウドゥ（土太鼓）などがある。	土の素材を生かした楽器の音色から大地の音を連想する。大地を覆う土に関心を持たせる。
理科・生物基礎	土壌には団粒構造と単粒構造がある。腐植と粘土などが結合して，土壌粒子の塊である団粒を形成する。保水性に富みながら排水性・通気性がよく，植	単粒化すると，土壌粒子がバラバラになり，侵食を受けやすくなる。アメリカの農地では大型農機の導入による踏圧，化学肥料・農薬使用による土壌生

	物の生育に適する。団粒構造を発達させるためには，堆肥や緑肥などの有機物を投入する。	物の減少により，単粒化が進んでいる。そして，風食や水食の被害が拡大している。
理科・地学基礎	過放牧により植生が失われて表土流出する。乾燥地では，蒸発によって塩類鉱物が地表面に晶出する塩類化が進行している。	土壌侵食が過放牧などの人為的作用によることから，人間生活の見直しを考える。
理科・地学	岩石は風化，侵食を受け，地殻の最表層に土壌を形成する。花崗岩由来のまさや火山灰由来の黒ボク土の特徴を解説する。	土壌断面の表層土と下層土に分かれ表層土は植生により覆われており，土壌侵食を受けにくい。
外国語・英語	「Soil erosion」に関する文章を読む。	世界の環境破壊の一つである土壌侵食に関する文を読む。英文のため，生徒は地球レベルで深刻視されている土壌侵食を理解しながら読むので，強い関心を持つ。
家庭科・ 家庭基礎	中学校では地産地消を題材とした授業が行われるが，高校では食の安心・安全や環境問題，スローフード，フードマイレージと関連付けて扱う。また，地域農業の活性化の観点から扱う。日本は，世界一のフードマイレージを記録する国で，食料の6割を海外に依存している。それ故，世界一の土壌輸入国となっていることに気づく。	農地の土壌侵食が深刻化する中，地産地消は食の安全や地域活性などとともに土壌侵食を抑制することにもつながることを気づかせる。トウモロコシ1kgを作るのに2kgの土壌侵食を引き起こすと言われる。
保健体育・保健	ダイオキシンや農薬，産業廃棄物，重金属，放射能などの土壌汚染による健康被害の実態を知る。	土壌は環境を浄化する機能を持っている。とはいえ，大量の排出や投棄はその機能を越えており，土壌汚染をもたらしている。人々の健康を害する汚染は土壌を劣化させ，土壌侵食となっていくことを考える。
総合的な学習の時間	地域の様々な環境を調べる。森林や田畑，空き地，グラウンド，公園などにおける土壌を観察し，植生や土壌生物を調査する。 農林業体験を通して，土壌を学習する。	土壌の感触や硬さ，色などが異なることから土の多様性を知るとともに土壌生物の多少などから人為の影響の大きさとの関係を考察する。

が行われている農地での土壌侵食が進んでいることに気づいていた。

芸術・音楽の授業では，土で作られる楽器が取り上げられた。このような楽器としては，土笛（オカリナなど），ウドゥ（土太鼓），土鈴などが知られている。オカリナは，小学生の時に演奏をしたことがあるという生徒が多く，よく知られていた。近年は，プラスチックなどで作られているものがあるが，オカリナの素材は基本的には粘土である。そして，土によって音色が違うと言われる。粘土は，高温で焼くと，ケイ素が溶けて土のすき間をつなぎ，硬くなる。粘土には，粘性と可塑性があるが，熱によって失われる。生徒たちは，「粘土はそのほか，どんなことに使われているのか。」という質問があり，理科や社会科の教師が答えていた。粘土は陶器や鉛筆の芯。石鹸やシャンプー，医薬品，化粧品，プラスチック，紙の原材料などとして活用されている。例えば，紙の中にはカオリンやタルクなどの粘土が入っており，その役割はパルプのすき間を埋めて滑らかにすること，紙を白くすることである。音楽の時間では，生徒からは様々な質問が出された。その他の授業についても興味深い内容であふれており，教師たちは互いの授業を参観し合っていたが，教師たちの貴重な研修の場ともなっていた。

第3項　教科横断型授業「総合課題授業」の実践

⑴単元及び評価基準等

各授業終了後，生徒たちは総合課題授業（表6-7）に参加した。生徒たちは，班別に分かれて総合課題である「土壌侵食」の解決のために各自が取り組むべき改善方策を話し合った。総合課題授業及び評価基準は，次の通りとした。

1．学年　高校2年

2．単元「教科横断教科・科目」

理科・生物，理科・地学，地歴・地理，地歴・日本史，地歴・世界史，公民・現代社会，国語・国語総合，外国語・英語，家庭，保健体育・保健

表6-7　教科横断型授業「総合課題授業」の学習展開

	学習内容・活動	指導上の留意（観点別評価）
導入 （3分）	・前時の授業を復習する。 ・本時の内容を確認する。	・土壌侵食が生じる要因を考えさせる。
展開 （42分）	・各授業で学習したことを整理する。 ・土壌保全に向けた生活の実践できる方法をシールに書き出す。 ・班内で話し合い，まとめを行う。 ・各班の話し合い結果を発表する。 ・各班の発表内容から，新たな気づきをプリントに書き加える。	・グループ討議を通して，自分の考えを深めさせる。 ・机間巡視しながら積極的に作業を進めるように働きかける。 ・聴く・話す・意見をまとめるなど主体的な学習を実践させる。
まとめ （5分）	・本時で学んだことを確認する。 ・自己評価を行う。	授業の振り返りができるよう自己評価をさせる。

3．単元目標

様々な授業を通して，総合課題「土壌侵食」の解決策を考える

4．授業形態

総合課題授業

5．評価基準

評価基準は，①～④とし，ルーブリック表（表6-9）を用いて評価し，生徒に開示し，手渡す。

①関心・意欲・態度

土壌侵食に関心を持ち，意欲を持って学習活動に取り組んでいる。

②思考・判断・表現

土壌侵食について課題を見出し，その解決を目指して思考を深め，適切に判断し，表現している。

③技能

主体的に土壌保全のために必要な生活の改善，管理などの技術を身に付けている。

④知識・理解

土壌侵食について科学的に理解し，土壌に配慮した人間生活を営むための知識を身に付けている。

6．本時の目標

生物生存や食糧生産の基盤である土壌の劣化が進んでいることを理解するとともに，その問題点に気づき，その課題解決のために各自が取り組むべき改善方法について考える。

7．本時（1時間）の学習展開

調べる，まとめる，解説するという言語活動を取り入れることで，知識，理解を深めることができる。また，意見をまとめ，発表する能力を高めるために話し合いの時間を十分に確保する。他者の意見を共有することで，自己の考えを深めることができる。積極的な話し合いをし，土壌への配慮を踏まえたシール記入を行うことに心がける。他班のシールに書き込まれた内容から新たな気づきが生じる。意欲的に取り組む態度や関心を高めるため，新聞記事やテレビ視聴などの身近で新しい報道内容を積極的に取り入れる。この時，読んだ内容・視聴した内容から気づいたこと，考えた事を文章にまとめる。意見をまとめ，発表する能力を高めるために，グループワークやプレゼンテーション，ディベート，ロールプレイなどを積極的に取り入れ，アクティヴ・ラーニング手法による双方向的な授業展開を実施する。生徒たちは，班別に分かれて総合課題である「土壌侵食」の解決のために各自が取り組むべき改善方策を話し合った結果をシールに書き込み，黒板の白紙に張り付ける。

(2)授業実践及び総合討論

共通課題を教科横断的に捉え，多面的な授業成果として土壌侵食を防ぐための様々な方策を創出する努力が，貼り出されたシールから読み取れた（図6-7）。その後，各班から土壌侵食を防ぐ方策が発表され，生徒全員で活発な質疑応答，意見交換が実施された。この時，各教科担当教師も方策を考食料を無駄にしない。

化学肥料・農薬の使用を少なくする。有機物の混入による土壌団粒化を促進する。

日本の食料自給率を上げて，外国依存をやめる政策を実行する。

森林伐採を計画的に行うようにする。伐採後は植林する。裸地は作らない。

外国産木材の輸入を規制し，国産材の利用を促進する。

不耕起栽培を広げていき，輪作などの古い農法を復活させる。

無計画な土地開発を止める。世界の土壌評価を行い，有効な土壌利用を行う。

ライフスタイルを改善し，肉食化の進行を抑制する。

実効性のある世界人口抑制策（教育促進，貧困格差改善など）を考える。

ミミズを養殖して農地に入れる。

地球温暖化による台風やハリケーンなどが増えており，豪雨，突風などが頻発している。また，旱魃によって土壌劣化が進んでいる。温暖化を防止することが土壌浸食防止につながることを考え，私たちの生活を変えることが重要である。

家庭菜園を増やしていき，各家庭が食料の自給自足をする運動を起こし，拡げていく。

国連が管理する農地を作り，土壌侵食を起こさないで計画的に食糧生産して飢餓状態地域に食糧援助していく。ランドラッシュの防止にもなる。

農業は国の根幹。土壌は国の繁栄の基盤。土壌侵食は国の財産の喪失。土壌保全は国の最重要課題。

新しい食糧源を見出す。増殖の速い藻類など。

耕作放棄地の活用図る。

地産地消の促進（食の安心・安全）

途上国の農業技術指導を行い，土壌を保全する持続可能な食糧生産を支援する。

世界のアンバランスな食糧を計画的に配分する仕組みを作る（国連）。

土壌は地球の財産であり，多くの生物が住んでいる。土壌侵食は一瞬であるが，土壌 1cm ができるのに 100 ～ 500 年かかることを考え，その防止には人間の意識改革が必要である。土壌は永久機関ではない。

日本の農業政策の見直しを図る。若者の農業への関心を高める施策を展開していく。

空中・海上・海中食糧生産技術の開発や室内植物生産工場の誘致（被災地など）を推進する。

温暖化対策を強力に進め，気候変動を極力小さくして土壌侵食を防止していく。

人間の価値観を変える教育を行う。国のエゴより地球環境の改善を優先する。

農山村過疎集落，限界集落の復活と農林業の活性化

図 6-7　各班から提出された土壌侵食への対応策（ボードに貼られたメモシール）

え，生徒たちから求められた時には，積極的に発表し，質疑応答に加わっていた。

シールには「日本の食料自給率を上げて，外国依存をやめる政策を実行する。」，「ライフスタイルを改善し，肉食化の進行を抑制する。」，「人間の価値観を変える教育を行う，国のエゴより地球環境の改善を優先する。」など，

人間の生き方，価値観，ライフスタイルなどに触れるものがあった。「価値観」，「ライフスタイル」については，様々な意見が出て収拾がつかなくなったため，今後の課題とした。「地産地消の促進（食の安心・安全）」では，日本食のことが話題となり，食の外国依存により日本人が食文化を失っていることが話し合われた。また，家庭科教師から食材に含まれる様々な微量元素が日本食離れによって不足していることが，子どものアトピーや体の変調をきたしているとの指摘があることが話された。それを聞いた生徒たちは，食糧自給率や地産地消の問題を取り上げ，農林業を主体とした地域創生（地方創生と里地里山の復活）の重要性や自国の農業を発展させる意義を主張していた。近年，コメ離れが急速に進んでおり，パンやパスタ，スパゲティ，ピッツア，中華，うどんなど，小麦を使った食べ物が主食となりつつある。

家庭科の教師から，パンの主食化により，グルテンの成分の影響による健康問題が潜んでいることが話された。グルテンは，小麦粉のタンパク質で，グリアジンとグルテニンが絡み合って生成し，弾力性と粘着性を備えたタンパク質である（長尾，2007）。米の１人当たりの年間消費量は，1962年度の118kg をピークに一貫して減少傾向にあり，2013年度には57kg にまで減少している。また，コメの需要量は毎年約８万トンずつ減少している。

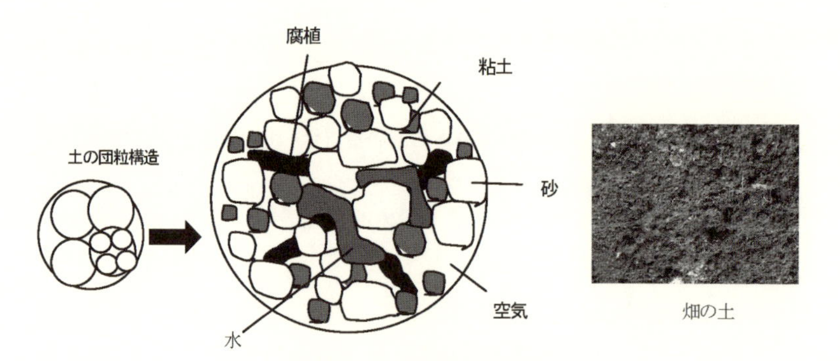

写真 6-1　土の団粒構造図

（blog.new-agriculture.com より作図）

全体質疑の中で，生物基礎の授業でアメリカの農業では大型機械の導入，肥料・農薬の多年の使用等で土壌団粒の単粒化が起こって侵食を受けやすくなり，被害が拡大しているとの話があった。しかし，生徒たちのほぼ全員が団粒構造（写真6-1）を実際に見たことがなかったので，単粒化がわからない。団粒の土を見たいという声が上がった。教師たちも見たことがなかった。採集しておいた管ビン入りの団粒と単粒の土を生徒たちに見較べてもらった。そして，総合課題授業終了後のワークショップの時間（会場には教科ごとの授業で扱った教科書や参考資料，授業プリント観察・実験器具・装置などの教材を展示し，壁には各班のプレゼンテーションポスターを貼り付けた。）には，演示実験や自由討論を行った。演示実験では，団粒と単粒の土をボードに薄く広げて斜めに置き，ボード下にポリ容器を設置して，ボード上方からジョーロで水を撒き，それぞれどのくらいの量の土が流出したかを演示実験した。その結果から，団粒構造を持つ土壌は水に強いことを知った生徒たちは，単粒化の防止を考えて討議していた。この時，教科担当が自主的にファシリテーターとなり，充実した自由討論となった。

メモシールの中から，各班は関心のある内容について調べて発表を行った。「土壌侵食とは何か」，「土壌侵食はなぜ広がっているか」，「土壌侵食が深刻な理由は何か」，「土壌侵食を防止するにはどうするか」について，各班の発表概要をまとめると次の通りであった。

①「土壌侵食とは何か」

・土壌侵食は，降雨や流水，風などによって，表土が流亡，飛散する現象である。
・土壌侵食の原因は，過度の放牧や森林伐採，耕作，開発などであり，土壌侵食が進行すると生態系の破壊や砂漠化を招く。
・土壌侵食は，生産性の高い表土が流出することによって食糧生産できなくなり，食料危機の要因となっている。

②「土壌侵食はなぜ広がっているか」

・土壌劣化は世界の農地の約4分の1で進んでいる。
・降水量の減少や人間活動（過農耕，過放牧，森林伐採，過開発など）により毎年600万 ha が砂漠化している。
・20年間で世界の5000億トンの表土が流失した。
・アメリカでは，グレートプレーンズ地帯で1930年代に大規模な土壌侵食が発生した。不適切な農業と少雨が主因であり，肥沃な表土が失われた。ジョン・スタインベックは，「怒りの葡萄」を著し，アメリカ中西部で発生したダストボウル（砂塵）によって流民となった農民の過酷な生活を描いた。後にスタインベックはノーベル賞を受賞し（1962年），作品は映画化された。
・アメリカでは，大型機械を使って耕作するため，深耕，強圧の原因となり，風食や水食を受けやすくなる。
・日本の水田は，土壌侵食が起こりにくい。また，水田は水を貯めるダムのような働きをしている。
・アメリカ合衆国は「世界の穀倉」である。「トウモロコシ1トンで2トンの土が失われる」と言われ，農作物輸出は，土と水の輸出である。土の持っている回復力を超えて農業を続けると，土は死に瀕し，やがて様々な土の持つ機能は失われてしまう。団粒構造が維持できなくなって，土はやせ衰え，風によって侵食されていく。また，乾燥すると砂漠化していく。

③「土壌侵食が深刻な理由は何か」

・土壌中には多様な生物が生息しており，また多くの植物が生きていくには土壌の存在が必要である。そのため，土壌流出や土壌飛散による土壌喪失は，生物多様性を失ってしまうことになる。
・長い時間をかけて生成された土壌が短時間に失われるが，元の状態に再生するには数千年を要する。
・水が保持されなくなり，水不足を招く。
・生物が住めない砂漠化が進行する。

・様々な自然遺産や文化遺産を失う。
・熱帯地域では，森林伐採によって薄い表土が露出する。雨が降ると，土壌を直撃して水中に浮遊している土壌粒が流れ去ってしまうと薄い表土がなくなる。そして，砂漠化していく。
④「土壌侵食を防止するにはどうするか」
・我が国では国土の約68％を森林が占めているが，安価な輸入材を大量輸入することにより熱帯林伐採し，深刻な表土流出などの土壌破壊を招いている。一方，国内では間伐などの管理が行われず，森林崩壊が進んでおり，大きな矛盾を孕んでいる。土壌侵食を防止するには，国産材を積極的に使用し外材輸入を止めること，森林伐採地を植林することなどを実行し，土壌保全に努める。
・森林伐採で裸地化した土地は，伐採後すぐに植林するなど，植生で被覆することが土砂災害などの防災につながる。
・土壌が単粒化すると侵食を受けやすくなるので，土壌の団粒化を促すことが土壌侵食の防止対策となる。土壌への有機物施用を推進し，腐植を増やして土壌生物を活性化させる。
・日本の穀物自給率は28%，食料自給率は40% である。そのため，毎年5800万トンもの食料を海外から輸入している。しかし，1940万トンの食料が毎年廃棄されている。この量は１日1800カロリーで暮らしている途上国の人たち4600万人分の食料に相当する。日本の食糧自給率を高めていくことが，食料の外国依存を減少させ，強いては外国の土壌を守ることになる。日本は農山村地域の高齢化が進み，過疎化が急進している。農業生産者の高齢化が進んで農業を諦める人が増え，耕作放棄地は増え続けている。食糧輸出は土壌輸出と同義と言われる。外国では，土壌を疲弊させて食糧輸出しているといっても言い過ぎではないと見られている。食糧自給率の向上は，日本の問題だけでなく，世界の土壌や環境のためにも重要である。特に，土壌保全の観点から重要なことである。ウィーン土壌宣言「人類および生

表6-8　ウィーン土壌宣言「人類および生態系のための土壌」に示された様々な土壌機能

土壌は環境の要であり，微生物，植物および動物の生活基盤である。 土壌は生物多様性の宝庫であり，人の健康に役立つ抗生物質や遺伝子の保存を担う。 土壌による水の浄化は，飲料水や他用途の水資源の供給にとって重要である。 土壌が水を溜めることで，植物は水を利用することができ，また，急激な流去も抑制できる。 土壌は植物養分の保持と供給を担い，汚染物質を含む多くの物質を変化させ，土壌は地球規模での食料生産の基盤であり，土壌は木材，繊維およびエネルギー資源作物などのバイオマス生産に必要であり，土壌は炭素を取り込むことで気候変動の緩和に貢献することができ，土壌は有限な資源であり，基本的に人間の世代時間内では再生することができず，土壌は何千年もの間，人類によって生産的に利用される一方で，また，しばしば悪影響をも受けてきた。

態系のための土壌」（表6-8）では，様々な機能を有して土壌について，その保護・保全の必要性を提言している（高田ら，2016）。

(3)ルーブリックを使った評価

教師主導の授業では，生徒が考える機会を設定することは難しい（図6-8）。とはいえ，教師が児童・生徒一人一人の課題やつまずき，到達状況を明確に把握していることは，大切なことである。そして，児童・生徒は自らの到達状況を客観的に捉え，明確な目標をもって学習に取り組むことにより，自ら学び，自ら考える力，学習意欲が持てるようになる。どこまで目標達成しているかがわかることによって，何が足りないかも把握でき，次の目標に向かって努力することができる。ルーブリック評価は，形成的評価を可能にするため，個に応じた指導を充実できる点で優れていると言える。土壌問題を教科横断型授業で実践した後，学習指導要領の4つの観点を評価項目としてルーブリック評価（表6-9）した結果，評価基準S，A，B，Cの分布割合は，図6-9の通りであった。技能・表現でCが目立ったのは，普段の授業で発表したり，資料を作成する機会がないためであると考えられる。4つの観点の中で，SとAの合計では「知識・理解」だけが6割を越えていたが，最も低かったのは「関心・意欲・態度」であった。その原因としては，教科横断型授業に不慣れであったことが考えられる。今後，「関心・意欲・態度」の評価を高める授業の工夫・改善が必要である。

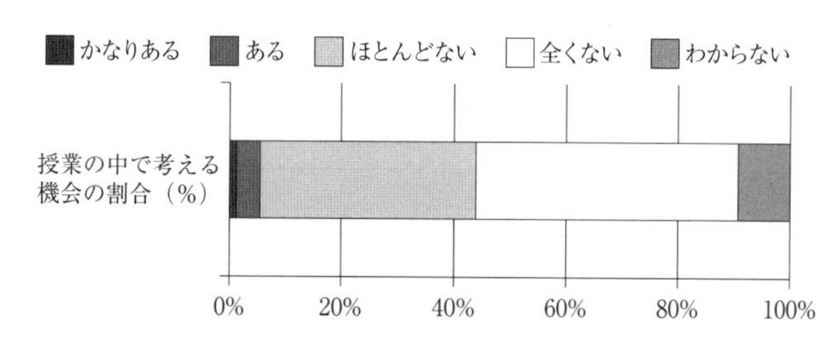

図 6-8　授業の中で考える機会の割合
調査対象者：高校2年生134名（2012年）

表 6-9　生徒用ルーブリック

評価の観点	S	A	B	C
関心・意欲・態度	土壌問題に関心・意欲を持って自ら進んで学習した。	土壌問題に関心・意欲を持って学習した。	土壌問題に関心・意欲はあったが，学習が不十分であった	土壌問題に対して関心・意欲が全く持てなかった。
思考・判断	よく考え，十分に判断ができていた。	考えは十分であったが，判断することが不十分であった	考えは十分であったが，判断することが不十分であった	考えがまとまらず，判断することができなかった。
技能・表現	まとまった資料を使い，積極的に発表できた。	資料は十分であったが，発表が不十分であった。	資料は十分であったが，発表が不十分であった。	資料ができず，発表できなかった。
知識・理解	土壌問題を理解し，説明することができた。	土壌問題を理解していたが。説明することができなかった。	土壌問題を多少理解できていたが，説明はできなかった。。	土壌問題を理解できなかった。

評価対象：高校2年生134名

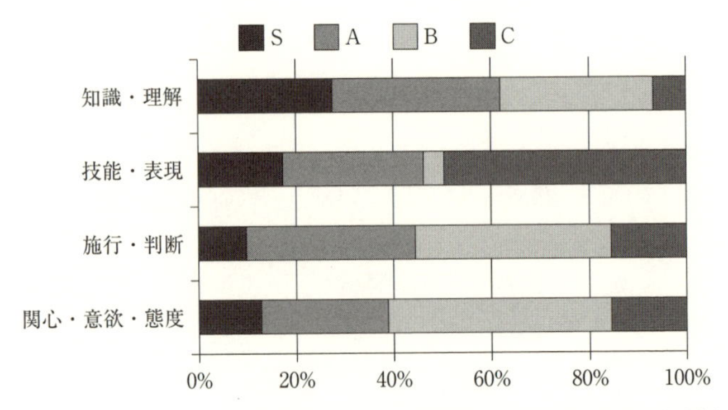

図6-9　ルーブリック評価表における評価観点別の評価基準分布割合
評価対象：高校2年生134名

第4項　SSH校における授業実践

筆者は，SSH校〔スーパーサイエンスハイスクール，Super Science High Schools：将来の国際的な科学技術人材を育成することを目指し，理数系教育に重点を置いた研究開発を行う高等学校等を指す。高大接続の在り方について大学との共同研究や国際性を育むための取組を推進したり（文部科学省，2014），創造性，独創性を高める指導方法，教材の開発等の取組を実施する（国立研究開発法人科学技術振興機構，2017；中央教育審議会，2014）に12年間運営指導委員（5年間委員長）として，その運営事業に関わっている。具体的には，SSH校における運営指導助言や講演，出前授業を実践したり，実際の授業や生徒研究発表会を見学して助言するなどを行ってきた。理数に特化した教育課程のもと，外部の大学や試験研究機関，博物館などと連携し，最先端の研究，技術に触れたり，課題研究に取り組むなどの実践を通して，理系大学に進学する生徒を増やし，将来の我が国の研究，技術の人材育成を目指す高等学校であり，新しい学び方を試みるのに適した学校と言える。

SSH校では理数を得意とする生徒が多く，普段から新聞等で科学ニュースを読んだり，理工系の書籍に積極的に目を向けている。しかし，土壌に関

表 6-10　SSH 校の高校 3 年生の環境あるいは土壌に関する知識の度合い

質問事項	割合（%）
土壌とは何か。	50.7
土壌はどのようにしてできるか。	11.3
地球上に土壌が形成されたのはいつ頃か。	69.0
他の惑星や衛星（例えば月）には土壌はあるか。	71.8
1cm の土壌が生成されるのにどのくらいの年月を要するか。	7.0
1g の土壌中にはどのくらいの生きものがいるか。	2.8
砂漠化は 1 年間でどのくらいの広さで進んでいるか。	2.8
アマゾンには世界の生物の何％くらいの生物種が生存しているか。	12.7
世界三大穀倉地帯の地域名とそれぞれの土壌名は何か。	26.8
良い土壌とはどのような土壌か。	9.9
現在，世界の土壌が危機的状態にあると言われるが，どんな危機か。	4.2
日本は，世界の土壌のもとで作られた食糧や木材を大量に輸入しているため，土壌問題に深く関わっている。	18.3

調査対象：高校 3 年生71名，表中％は「わかる」と答えた割合を表す。

する書物や科学雑誌，話題・ニュースなどにはほとんど出会っていないし，ほぼ関心がない。出前授業で土壌に関する話題を取り上げ，説明すると，初めて聞いたという生徒が大半で，強い関心を寄せていた（福田，2011a；福田ら，2012）。生命や宇宙，バイオ，先端産業などには強い関心を寄せるが，農業や林業，地質，環境・生態などに対する関心はあまりない。難解な理数，工学，医学・薬学などに対しても関心が高い。このような生徒が多い中で，土壌を取り上げ，授業実践した。授業の導入として，表 6-10の質問をしたが各問いに「わかる」と答えた生徒の割合は極めて低かった。「現在，世界の土壌が危機的状態にあると言われるが，どんな危機か。」について，「わかる」は4.2％，「日本は，世界の土壌のもとで作られた食糧や木材を大量に輸入しているため，土壌問題に深く関わっている。」は18.3％と低かったので，授業の中で説明した。

日本の木材自給率は，1955年94.5％が2015年30.8％まで低下した。戦後日本は，「住宅不足を解消するため，昭和30（1955）年を初年度とする「住宅建設十箇年計画」に基づいて住宅建設が推し進められた。しかし，住宅建材としての木材供給は国内木材だけでは，その旺盛な需要に追いつかなくなり…」（前田，2011），外材を輸入していった。その後，自給率は急速に低下していった。その主な理由は，薪炭から化石燃料に変わっていったことによる。日本の森林は国土の68％を占め，世界第3位の森林国である。戦後，スギやヒノキ，マツなどの大規模な植林が行われ，現在森林の約40％が人工林となっている。しかし，1960年に木材輸入を自由化して以降，国内の林業は衰退していった。日本の外材輸入は，「海外の森林を破壊しているばかりでなく，管理をしなくなったため，国内森林の機能低下を招いている。このような状況は，「木材資源を有効に利用できないばかりでなく，大雨による土砂災害などを引き起こしている。」（熱帯林行動ネットワークJATAN，2010）。

日本の総人口は，世界全体のわずか2％に過ぎないが，世界の穀物貿易量の8分の1を輸入している。日本の食料自給率（カロリーベース）は39％〔食糧自給率（重量ベース）28％〕であり，先進国の中で最も低く，海外依存度が高い。一方，食生活の変化が国内農業に大きな影響を与えている。消費者の食生活の欧米化により，コメ離れが進み，コメ作付面積は1970年の292万haから2017年には137万haにまで落ち込んでいる。とはいえ，世界の大規模農業地帯では，大型機械導入，化学肥料・農薬，単作化などにより，土壌劣化が進み，土壌侵食や流出，塩類化などが進行している。地球温暖化に伴う異常気象や地下水枯渇なども加わって，食糧生産を難しくしている。また，肉食化，バイオエタノール化（バイオ燃料：生物体（バイオマス）の持つエネルギーを利用した燃料であり，主に自動車で使われている。現在，バイオ・エタノールは，サトウキビ，ビート，トウモロコシ，小麦などのデンプン質・糖質からつくられている（佐久間，2008））の進行が，食糧確保に懸念を抱かせている。

日本の輸入の多くは熱帯材である。熱帯材を育てる土壌は，高温多湿下にあるため，有機物分解が急速で，ほとんど腐植が含まれない。その上，表土の厚さはわずか数cmしかなく，森林伐採するとモンスーン気候特有のスコールによって表土は削られ，流去してしまう。そして，岩盤などがむき出しになり，砂漠化する危険が生じる。熱帯林土壌は，遺伝子の宝庫であり，穀物原種や生物種の多数が保存されている生物多様性の場である。また，ゴムや樹脂などの工業製品，特効薬や麻酔，抗生物質，抗ガン剤などの様々な医薬品として有用な種が存在している。さらに，熱帯林は二炭酸炭素を吸収して固定し，酸素を供給する機能を果たしている「地球の肺」としての重要な役割を持っている。

食糧輸入は，米国からトウモロコシ74.5%，大豆71.5%，コムギ46.3%などである。1トンを生産するには，トウモロコシ1,900トン，大豆2,600トン，コムギ2,000トンの水を必要とする。しかし，米国のトウモロコシなどの穀倉地帯のグレートプレーンズでは，オガララ帯水層の地下水を使って農業を営んでいるが，近年地下水位が下がっており，水不足が懸念され始めている。

「地球上に土壌が形成されたのはいつ頃か。」について，わかると答えた生徒に確認したが，実際には誤答が多く，正しく答えられた生徒はわずかであった。また，「他の惑星や衛星（例えば月）には土壌はあるか。」についても正答はわかると答えた生徒は半分くらいであったが，それがなぜかを正しく答えられる生徒は少なかった。土壌についての生徒たちの知識は乏しく，わからないことが多かった。この質問で「わからないことがわかる。」ことが大事であり，自分を客観視して認知する。このメタ認知は，「認知過程の調整」を行う認知活動（三宅，2006）と考えられている。メタ認知は，「人間が認識する場合において，自己モニターの思考そのものや行動そのものを対象として把握し認識すること。」（中村，2006）であり，メタ認知を行う能力をメタ認知能力という。メタ認知は問題解決能力を高めるためになくてはならない重要な役割を担っている。「自らを律しつつ」は「自らをモニターし，コントロールする」ことであり，メタ認知に通じている（中村，2006）。

授業では「なぜ土壌は植物を育てたり，食糧生産の場となれるのか。」という問いに答えを出すことを課題1とした。1班6名づつのグループを作り，

表6-11　6種類の土壌の特徴

白バット No	様々な土壌	土壌の特徴（感触，色など）	植物の育ち方
1	グラウンド土	ザラザラ，ゴミのにおい，黒土，砂・小石まじり	あまり育たない
2	畑土	さらさら，泥くさい，土粒がそろっている，軟らかい，やや湿っている	良く育つ
3	雑木林土	暗黒色，かびくさい，大小様々な土塊，小動物が多い，腐った落ち葉が含まれている	良く育つ
4	砂土	ザラザラ，灰色，砂のにおい，土の感じがない	育たない
5	水田	粘る，灰褐色，堅い，ネトネトしている	少し育つ
6	裸地土	ザラザラ褐色，生ぐさい，乾いていて堅い，砂・小石まじり	あまり育たない

班内で話し合って結論をまとめることとした。その後，班内の考えや意見を発表し，他班からの質問を受けた。導入として，教師らは考える糸口となる情報を提供した。まず，地歴地理で「気候帯・植生帯・土壌帯」が取り上げられ，扱われている。そこで，植生は気候の影響下で分布を表し，土壌形成に深く関わること，土壌形成が進むと植生に影響することに触れた。また，食糧生産量を増加させるために化学肥料を作り，土壌に撒いてきたこと，などを説明した。その後，小学校時「石と土」で学んだことを思い起こさせるため，６種類の土壌を入れた白バットを用意し，生徒たちに自由に観察させた。土壌を触ったり，においを嗅いだりして，特徴を見出し，植物の生育との関係を予測させた。その結果，表6-11の通りとなった。白バットの中の土壌は明かさず，各土壌の特徴から植物が育つか否かを推理させたが，特徴を的確にあげており，推論はほぼ正しかった。この時，５感を使った観察が重要であり，色やにおい，感触，粒の大きさ（粒度），湿り気，腐植などの違いを調べていた。また，土壌と砂の違いに気づいていた生徒がいたが，両者の違いは植物を育てる基盤となるか否かを知る上で重要なポイントとなる。

表6-11から，「植物が育つ土壌とはどんな土壌か。」を課題２として，班

内討議をさせた。植物が育つには，根が健康に育つ土にしなければならない。そして，養分や水分を吸収して土中に根を張り，植物体が成長するには太陽光や温度，湿度なども必要となる。根が育つ土は，通気性，排水性，保水性に優れ，保肥性（肥料分を保つ力）のある土で，これらの条件を満たしているのが団粒構造の土である。園芸店で販売されている鹿沼土や腐葉土，培養土，赤玉土，真砂土，荒木田土などの各種土壌やバーミキュライト，パーライト，ゼオライトなどの土壌改良材について調べていた。生徒たちは，様々な話し合いにより，他人がどんな考えを持っているか，自分の意見はどうか，受け入れられているか，批判されているか，などがわかる。また，自分では考えが及ばない，素晴らしい回答が出される場合があり，学ぶことが楽しく，充実していたという感想を述べた生徒が多かった。

第5項　「従来型」と「教科横断型」の授業法による土壌に対する関心・理解の比較

21世紀の食糧生産を考える際，農地面積が現在より増えることが難しいこと，環境異変（地球温暖化や気候変動など），途上国の食生活の変化（肉食化など）などのマイナス要因が多く，世界で食糧不足が不安視されている。しかし，最も懸念されているのは，土壌劣化である。劣化とは何か，劣化するとどうなるか，劣化がどのくらい進んでいるか，などを説明すると，生徒たちはとても強い関心を寄せていた。一方，途上国の単収が低い理由には「窒素肥料の投入量が少ない。」（川島，2008）ことがあげられているが，途上国の経済発展が見込まれる中，将来肥料投与の増加による食糧増産が期待される。とはいえ，現在の土壌劣化の原因として化学肥料の投与などによる疲弊がある。化学肥料の使用を繰り返すと，地力低下を招くとともに土壌のミネラルバランスが崩れ，農作物のミネラルやビタミンの含有量が変化する。高等学校の課題研究で生徒に図6-10を示し，ほうれん草の栄養分の変化の原因が何かを班で話し合わせた。そして，各班からの発表では，ある班から土壌中

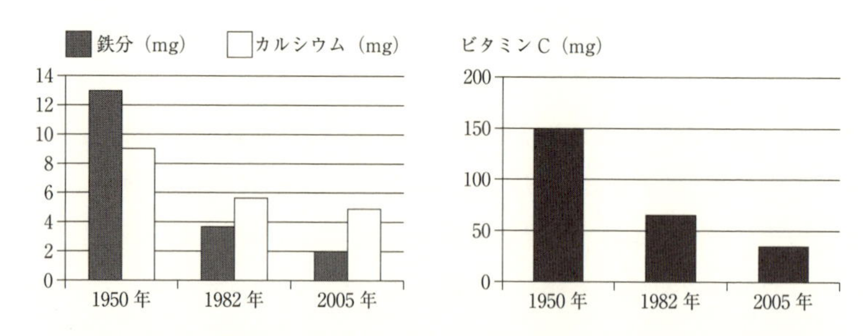

図6-10　ほうれん草に含まれるビタミンC，鉄分，カルシウム含量の変化
（「文部省科学技術・学術審議会・資源調査分科会，1950；1982；2005」より，グラフ作成）

のミネラルが植物遺体の分解→ほうれん草の吸収というサイクルから化学肥料の土壌への施肥によって変わってしまったのではないかと報告された。また，ある班の生徒からは人々の体に変調を来たすのではないかという疑問が発せられた。生徒たちは，活発な意見交換をして，食糧問題と土壌との結びつきに関心を持つとともに，世界の土壌問題と日本の食糧確保を問題提起していた。また，海外からの食料依存は，本来日本で生産された食料を食してきた日本人の体質に影響するのではないか，健康や病気との因果関係はないのか，などの心配をする生徒がいた。日本の食糧自給率が28%と著しく低いことに対して，科学技術力を武器に経済大国になっているからよいという考えと気象異変や土壌劣化・侵食，砂漠化あるいは人類の肉食化などの進行が心配される近未来に日本は食糧確保できないで飢餓状態になるという考えが集団を大きく二分する中，結論が出ないまま授業終了となった。

「医食同源」や「身土不二」，「健土健民」は，作物を健康に育てて，健康な食料を作れば，人の健康が維持されることを表している（松中，2013）。この議論を通して，生徒たちは考える力（批判的思考力）を身につけることの大切さを学んでいた。学校教育法第51条（高等学校における教育の目標）3には，「個性の確立に努めるとともに，社会について，広く深い理解と健全な批判力を養い，社会の発展に寄与する態度を養うこと。」とある。この批判的思考（クリティカル・シンキング）能力は，コミュニケーション能力や問題解決能力とともに育成したい目標となっている（楠見，2012）。授業では，ケイ素の骨密度上昇や高血圧予防，硝酸塩・亜硝酸塩のガン抑制，マグネシウムの糖尿病・高血圧に対する効果，ホウ素の脳機能・骨形成への関与など（渡辺ら，2012）の健康に結びつく元素が，土壌から農作物，畜産物を通して人間の体に取り込まれ，健康と深く関わっていることを紹介した。食は産業であり，文化である。2013年，日本食（和食）が日本人の伝統的な食文化として評価され，ユネスコ無形遺産登録された。和食の特徴は，①多様で新鮮な食材とその持ち味の尊重，②健康的な食生活を支える栄養バランス，③自然の美しさや季節の移ろいの表現，④年中行事との密接な関わり，の4点があげられた（農林水産省，2013）が，食材と土壌との関わりは深い。一方，日本人の和食離れは食料自給率の低下とも深く関係しており，その傾向は年々増している。まさしく日本の食文化の危機である。食料や木材の外国依存度の増加は，農山漁村の生業を失いつつあり，特に里山里地の崩壊にもつながっている。その結果，災害防止機能は減少し，放置林や耕作放棄地の増大による土壌劣化や生物多様性の減少などを招いている。地方創成が課題となっている今日，日本社会の在り方が問われている。土壌は，産業や健康，生態系保全などと深く関わっており，様々なテーマで取り上げることができる教材である。

土壌侵食を考える授業を「従来型」（教科・科目主体）クラスと「教科横断型」クラスで行った後にアンケート調査した結果を見ると（表6-12），生徒の土壌に対する関心・理解は双方で大きく異なっていた。すなわち，生徒の土についての関心・理解は各質問事項で見るとほぼ「従来型」授業の生徒よりも「教科横断型」授業の生徒の方が大きく増加していた。特に，「土壌に関心を持った」，「土壌侵食の問題を総合的に考えることができた」，「土壌侵食の原因がよくわかった」，「土壌について深く学ぶことができた」については，「従来型」と較べてかなりの隔たりが生じていた。しかし，「土壌侵食の

表6-12　「従来型」クラスと「教科横断型」クラスにおける「土壌侵食」授業実践による生徒の土壌に対する関心・理解の比較

質問事項	従来型	教科横断型
土壌について深く学ぶことができた	18.2	77.1
授業に積極的に参加することができた	11.6	65.4
自分の考えや意見を述べることができた	1.1	59.1
土壌侵食が深刻であることが理解できた	9.4	55.1
他人の考えや意見を聞くことができた	2.8	71.6
土壌侵食の問題を総合的に考えることができた	5.0	82.7
まとめや発表により，土壌理解が増した	0	57.5
自然界で土壌は重要な役割を果たしている	10.5	68.5
土壌に関心を持った	21.5	93.7
土壌は人為的影響を強く受けることがわかった	37.6	63.8
土壌侵食を防止する具体策がわかった	1.7	15.0
土壌侵食の原因がよくわかった	16.0	77.9
土壌侵食の防止につながる生活を考える	6.1	24.4
土壌保全は大切であると強く思った	22.7	59.8

高校3年：従来型（教科・科目型）181名，教科横断型127名
表中数値は「はい」の回答％を表している（2014年）。

防止につながる生活を考える」，「土壌侵食を防止する具体策がわかった」については差異は小さく，具体的な改善策や行動の在り方までには考えが至っていないことが判明した。この点は，土壌侵食の深刻さがもたらす状況について，必ずしも深い理解がされていないことに起因していることが考えられるが，その改善は今後の課題である。

教科横断型授業後の「土壌侵食」に対する関心・理解の変化（図6-11）では，授業前にほとんど関心を持っていなかったが，課題である「土壌侵食」に教科横断的に取り組ませた結果，生徒の関心・理解はかなり向上していることがわかった。質疑の中で，生徒からは「生物基礎の教科書にアメリカの農業では土壌団粒の単粒化により侵食が進んで被害が拡大していると書かれ

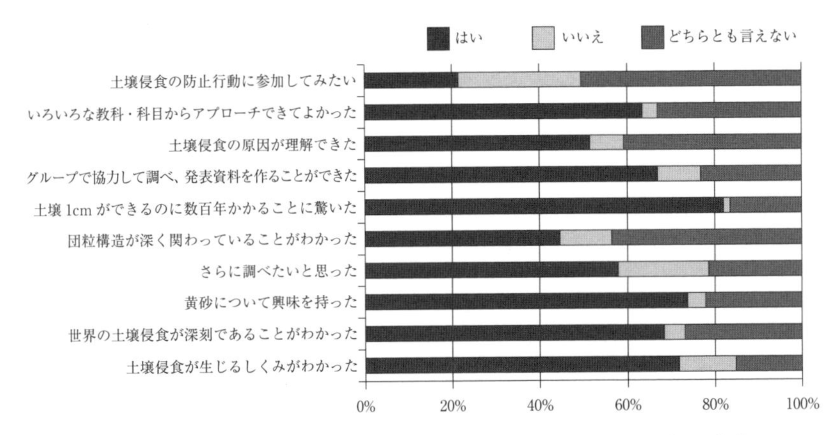

図6-11　教科横断型授業後の「土壌侵食」に対する関心・理解の変化
アンケート調査対象：高校2年生・高校3年生合計145名（2013年）

ていたが，団粒について「実際に見たことがないのでわからない」ということが出された。その後，団粒構造（写真6-1）の実物観察をしたことで，土壌侵食の理解は進んだ。図6-11から，教科横断型授業を受けて，「黄砂について興味を持った」，「世界の土壌侵食が深刻であることがわかった」，「土壌侵食が生じるしくみがわかった」，「土壌侵食の原因が理解できた」などについて十分なは成果が得られたが，「土壌侵食の防止行動に参加してみたい」という行動育成や「土壌保全は大切である」については必ずしも十分とは言えないことが明らかとなった。

教科横断型授業は，正解のない社会問題やグローバルな問題を取り上げ，アクティヴ・ラーニング手法によって課題解決していくものである。高等学校学習指導要領解説「総合的な学習の時間編」総説（文部科学省，1999b）には，「21世紀は新しい知識・情報・技術が政治・経済・文化をはじめ，社会のあらゆる領域での活動の基盤として飛躍的に重要性を増す，いわゆる「知識基盤社会」の時代である。」ことが記されている。また，「外部との連携を強化することが大切である。とりわけ高等学校の「総合的な学習の時間」では，地域にある大学等の高等教育機関，各種研究機関や団体等との連携が期待されている。」としている。この知識基盤社会において求められる課題解決力，生涯学習力，多文化・環境共生力などを育成する「総合的な学習の時間」では，横断的・総合的な学習や探究的な学習の実践が重要である。

1998年学習指導要領に創設された「総合的な学習の時間」の目標には，「横断的・総合的な学習や探究的な学習を通して，自ら課題を見付け，自ら学び，自ら考え，主体的に判断し，よりよく問題を解決する資質や能力を育成するとともに，学び方やものの考え方を身に付け，問題の解決や探究活動に主体的，創造的，協同的に取り組む態度を育て，自己の在り方生き方を考えることができるようにする。」とあり，横断的学習の必要性が示されている。その後，「総合的な学習の時間」以外の教科での横断的学習への取組の重要性が指摘され，教科横断型授業が注目されるようになった。教科横断型の土壌教育授業で得られたことは，各教科で習得した土壌の知識や技能等を相互に関連付けて「知の総合化」を図ることができたことである。高校生の「土壌侵食」への関心や知識は高まり，その保全に向けた解決策を考えるなど，飛躍的な知識活用や問題解決への積極的な取組ができていた。しかし，その取組を普段生活にどのように反映させて行くかについては，必ずしも十分な達成が得られたわけではない。現在，全世界では水食の被害面積は約11億 ha，風食による被害面積は5.5億 ha に達する（佐久間ら，1998）。村上（2013）は，「全世界の耕作可能地は陸地149億 ha の中32～44億 ha と推定されており，現在までのこのうち15億 ha が耕地化されている。逼迫する食糧需要を満たすために今後毎年約2千万 ha の耕地化が必要と予測される。」としているが，「穀物作付面積は1950年に5.9億 ha であったものが1981年には7.3億 ha で極大となり，2001年には6.7億 ha へと減少した。」としている。そのため，約8.8億 ha の原生林（FAO，2012）が農耕地拡大の対象となることが予測されており，今後森林破壊による土壌侵食が深刻化することは避けられない。

第4節　教科横断型土壌教育の課題

「教科横断型」授業の実施前は「土に対するイメージ」や「土は汚い，嫌い」という感情的にマイナスな考え方，捉え方の割合が高かったが，実施後はそれが大きく減じており，土のイメージや土に対する感情が変化していることが明らかとなった（表6-13）。そして，「土の感触やにおいは好き」，「土は人の扱いで変わる」，「土は大事なもの」と考える生徒が実施前に比べて大きく増加していた。課題研究授業を体験した生徒たちの変容を確認したアンケート調査の結果は，表6-14～表6-16である。表6-14から「土に関心を持った」，「土の存在が身近になった」と感じる生徒が増えていた。しかし，「土の破壊や汚染の問題や保全に取り組んでみたい」は29.5%（実施前は11.1%），「将来土について研究してみたい」は16.4%（実施前は5.4%）であり，必ずしも関心や理解の増大の反映とはならなかった。

綿井ら（2005）は，「我が国は先進国として，環境・食料問題に対応する科学技術を開発し世界をリードしていく人材を，そして後継者不足が懸念さ

表6-13　野外での土に触れる実習前後の土に対するイメージ・感情の変化

質問項目	実習前	実習後
土に対してよいイメージはない	76.7	28.8
土に触れると気持ちが落ち着く	1.4	15.1
土の感触やにおいは好きである	4.1	40.0
土は気持ち悪く好きではない	68.5	42.7
土は汚いので触りたくない	83.6	47.9
農作業は好きな方である	12.3	67.1
土は人の扱いで変わる	6.8	50.7
土は大事なものである	13.7	67.1

表中数値は「はい」「そう思う」と答えた%を表す。高校2年：134名。

表6-14　生徒アンケート調査－土について－

質問項目	かなり思う	思う	あまり思わない	全く思わない	どちらとも言えない
土に関心を持つようになった	32.4	45.9	14.5	20.9	6.3
土の存在が身近になった	25.6	42.5	17.4	4.4	10.1
土の知識が増え理解が進んだ	27.5	38.2	11.1	5.3	17.9
土について気になったり，考えたりするようになった	21.7	32.4	24.6	2.5	18.8
土の破壊や汚染の問題や保全に取り組んでみたい	5.8	23.7	38.1	12.1	20.0
将来土について研究してみたい	9.7	6.7	41.8	29.1	20.8

高校２年：134名

表6-15　「教科横断型」授業体験による中学生及び高校生の土壌に対する捉え方の変容

質問事項	中学生	高校生
土壌の学習に興味を持った	78.4	75.6
意見交換や話し合いができるようになった	48.6	43.9
土壌や自然を調べたり，実験するのが楽しくなった	83.8	85.4
考えたり，調べたりすることが好きになった	56.8	65.9
いろいろな教科の観点で総合的に考察することができるようになった	59.5	51.2
課題研究に積極的に参加できるようになった	45.9	41.5
みんなの前で発表することが苦にならなくなった	54.1	61.0
土壌問題の防止や解決につながる生活を考える	21.6	17.1
自然や地球環境に関心を持つようになった	83.8	80.5
勉強する意味や目的を見出せるようになった	51.3	53.7
土壌問題の改善に関わる仕事をしたい	8.1	4.9

調査対象：中学生37名，高校生41名。表中数値は％を示す（2013年）。

表6-16　教科横断型授業を実践した教科担当教員に対するアンケート調査結果の比較（%，高等学校）

質問項目	教科担当教員		
	理科	地歴・公民	家庭・保健
土壌断面をはじめて観察した	87.0	90.9	88.9
土壌をはじめて掘った	78.3	90.9	100
土壌侵食の発生のしくみは知らなかった	69.6	45.5	88.9
土壌実験をはじめて行った	73.9	81.8	77.8
土壌1cmができるのに数百年を要することは知らなかった	91.3	100	100
土壌は岩石が風化して崩れて生じると思っていた	60.9	54.5	77.8
大学で土壌を学んだことはなかった	95.6	81.8	100
土壌が様々な粒子や有機物からなることを実験で知った	56.5	63.6	88.9
チェルノーゼムやプレーリー土が肥沃な理由がわかった	82.6	81.8	88.9
土壌が水をきれいにすることが吸着実験でよくわかった	91.3	100	100
他教科・科目でどんな内容を教えているかを知ることができてよかった	91.3	100	100
様々な地球課題を解決するには教科横断型授業は重要である	87.0	90.9	77.8
様々な教科・科目から共通課題に取り組ませたのはよかった	82.6	81.8	88.9
教科横断型授業を通して，土壌を深く知ることができた	95.6	81.8	88.9
土壌をいろいろな教科からアプローチしたことから，総合的な授業を展開することができた	91.3	90.9	100

アンケート調査対象教師：理科25名（生物17，化学5，地学3），地理歴史・公民11名（地理8，現代社会3），家庭・保健9名（家庭3名，保健6名），表中数値は「はい」と答えた割合（%）を示す（2013年）。

れている日本農業の担い手を育成していくためには，理科離れを食い止めることに加え，明日を担う子供たちに，土の大切さや土壌資源の有限性を正しく認識させ，土や環境を保全する態度を育成することが極めて重要である。子供たちの知的好奇心や現場の問題解決能力を引き出す上で大いに効果が期待される。」と指摘する。

「教科横断型」授業体験による中学生及び高校生の土壌に対する捉え方の変容を，表6-15にまとめた。この表から，「土壌の学習に興味を持った」，

「土壌や自然を調べたり，実験するのが楽しくなった」，「自然や地球環境に関心を持つようになった」がいずれも75％以上であり，土壌リテラシー育成の第一歩となる結果であった。それに対して，「意見交換や話し合いができるようになった」，「課題研究に積極的に参加できるようになった」のは4割台と低かった。これは，ほとんどの授業が教師主導であり，それに慣れているためと考えている。「土壌問題の防止や解決につながる生活を考える」，「土壌問題の改善に関わる仕事をしたい」についての変化は小さく，具体的な改善策や行動の在り方までには考えが至っていない点は，今後の課題である。新学習指導要領では，「生きる力」の具体化を図り，①生きて働く「知識・技能」の習得，②未知の状況にも対応できる「思考力・判断力・表現力等」の育成，③学びを人生や社会に生かそうとする「学びに向かう力・人間性」の涵養を示している（中央教育審議会初等中等教育分科会教育課程部会，2016）。学校が育てるべき学力は「生きて働く力」と捉え，「主体的・対話的で深い学び」を目指す授業改善を必要としている。そして，文部科学省は「学習意欲の向上を図るために学ぶ意義，自己の進路・希望する職業等との関連を意識させた指導の充実」を求めている。

教科横断型授業を実践した教科担当教員に対するアンケート調査の結果は，表6-16の通りであった。「土壌をいろいろな教科からアプローチしたことから総合的な授業を展開することができた」，「教科横断型授業を通して，土壌を深く知ることができた」，「他教科・科目でどんな内容を教えているかを知ることができてよかった」，「様々な教科・科目から共通課題に取り組ませたのはよかった」という項目では，いずれも高い割合で肯定されていた。これは，教科横断型授業の大きな成果であると捉えている。様々な教科・科目を担当する教師たちが一堂に会して共通課題（総合課題）に取り組む授業を展開できたことは，学際的色彩の強い土壌教材を扱う土壌教育のこれからの姿であり，この手法が他教科に波及効果によって広がることは重要であり，児童・生徒が近い将来知識基盤社会あるいはAI（人工知能，Artificial Intelligence）社会やIoT（Internet of Things）社会の時代に活躍できる21世紀型学力の育成を果たすことができる教育手法であると考えている。生徒は，積極的に意見を述べるようになった。実践を通して，生徒の課題解決力や批判的能力，根拠のある推論力などは育っていたが，その反面下記の①～⑧の課題が明らかとなった。とはいえ，多くの労力は児童・生徒の満足感や達成感，成就感などによって報われることから，今後とも改善していく価値は極めて大きいと言える。また，土壌を多面的に扱ったり，様々な課題に対応することことにより，科学探究の手法を習得するとともに，アクティブ・ラーニングを実践することで自分の考えを発表したり，他人の意見を聞いて自分の考えを振り返ったりする機会が生まれ，深い学びを実現できると考えている。土壌は，自然あるいは人間生活と密接に関わっており，教科等の枠を超えた横断的・総合的な学習あるいは探究的に学習を行う教材として優れている（図6-12）。それ故，創意工夫のある土壌教育を実践することによって子どもたちの思考力・判断力・表現力等を育むことができる（都築，2009）。

①学校全体で取り組むには，校長のリーダーシップは欠かせない。それには，校長が十分に教科横断型授業の趣旨や目的，内容等を理解・認識することが重要である。

②教科担当者会議の時間設定や課題設定などの準備にかなりの時間を要する

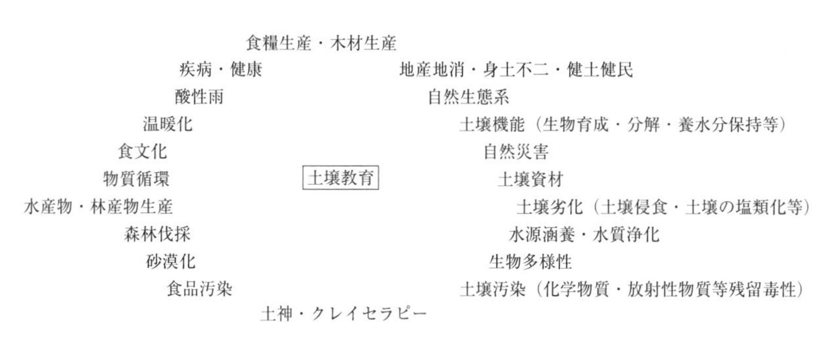

図6-12　土壌を取り巻く様々な因子

ので，協力体制のもと，仕事分担することが必要である。

③他教科の授業の情報収集や資料作成などに時間を要するが，生徒への配布資料を揃えるなど，周到に準備する。

④綿密に連絡・調整することが大事となる。

⑤各教科科目担当が関心のある共通課題を選定するのが難しい。

⑥生徒のデータ解析・考察，発表資料作成・発表指導・発表練習など，細かい作業やそれに伴う準備に時間がかかる。

⑦教科横断型授業を実践していく中で様々な生き違いなどが生じたことから，教師の指導法の共通理解・認識には十分な時間をかける必要がある。

⑧授業評価を適切に行う。特に，生徒の変容が正しく捉えられる評価の在り方を十分に検討する。

知識基盤社会やグローバル社会においては，基礎学力や専門知識を身につけることに加えて，「課題発見・解決能力，論理的思考力，コミュニケーション能力などの実社会や実生活で活用できる能力が不可欠なものであることは言うまでもない。そのためにも「総合的な学習の時間」を探究的な学習とすることがポイントとなる。」と指摘されている（文部科学省，2013）。それ故，「総合的な学習の時間」に取り組む教育の在り方を教科科目の横断的学習に活用していくことが，「主体的・対話的で深い学び」を実現することに連動していくと捉えている。

第5節　まとめ

本章では，土壌を教科横断的に扱うことを模索し，その方策を構築して中学校あるいは高等学校で実際に授業実宣した結果をまとめた。土壌は様々な教科・科目で扱われるが，それぞれの教科等が主体的に取り上げており，特に高等学校では連携は見られない。「土壌」をキーワードとして各教科・科目が共通課題テーマを設定して取り組んだ結果，生徒の土壌への関心・理解が進み，教師たちは成果が上がったことを実感した。そこで，学校全体で取り組むために，教科担当者会議を設定し，学校教育目標に位置づけた。校長より全校教職員への説明があり，共通理解・認識を測った。そして，教科横断型授業として土壌教育を構築し，実践して，従来型授業と教科横断型授業による土壌教育の成果を比較・考察した。比較は，それぞれのクラスの生徒へのアンケート調査の集計結果基づき，行った。その結果，「教科横断型」授業では「従来型」授業に較べて，土壌への関心・理解は高まるなど，生徒の学習成果は大きいことが判明した。この成果の判定には，ルーブリック評価法を用いた。

課題としては，担当者会議の時間設定や課題設定，指導法の共通理解・認識など，周到に準備しなければならないこと，連絡・調整すること，児童・生徒のデータ解析・考察，発表資料作成・発表指導などがあり，クリアしていかなければならない。特に，大変なのはかなりの時間を割いて準備しなければならないことである。とはいえ，児童・生徒の満足感や達成感，成就感などは大きいことから，授業実践の意義は極めて大きいと言える。特に，「教科横断型」授業は効果的である。また，児童・生徒の土壌教育実践が終生の土壌リテラシーの育成に醸成していくには，幼児期から成人期に及ぶ長い時間を要する。それ故，生涯学習としての土壌教育の充実・発展を期して，幼稚園・小・中・高等学校連携や学校外の諸機関との連携を併せて考えていく必要がある。さらに，21世紀型能力の育成に向けて，環境教育や産業教育，防災教育などと広く連携して多面的に土壌を捉える教科横断的土壌教育としていくことが重要である。

第７章　幼稚園児および小学生，大学生，成人の土壌教育

土壌リテラシーの育成には，幼児から成人に至る長いスパンで土壌教育を取り上げる生涯学習の視点を持つことが必要である。我が国では，子どもから大人に至る様々な世代で土離れが進んでいる一方，世界の農地の土壌劣化が４分の１に達し，砂漠化が急速に進行している。また，我が国では食料の６割，木材の７割近くを海外に依存していることを考えると，土壌について無関心ではいられないはずである。特に，土壌知識を生かし，あらゆる知や手段を総合して土壌悪化現象の進行を食い止め，その解決を図っていかなければならない。土壌は地球の財産であり，歴史的産物である。この土壌を保全し，次世代に財産を引き継いでいくことが，私たち人類の責務である。土壌教育の実践では幼少期が重要であり，特に脳の発達が著しい幼児期が土壌リテラシーの基盤を作る時期として重要となる。人間の脳は，「３歳までに80%，６歳までに90%，12歳までに100%完成する。」（文部科学省，2009c）と言われている。また，「１～３歳の時の記憶・感情は普段は忘れているが，脳の中には残っていて，ある引き金が引かれると動き出す。」（文部科学省，2005）との指摘もある。ノーベル経済学賞を受賞したジェームズ・J・ヘックマン（2015）は，幼児教育における非認知能力の育成の重要性を説くとともに，幼児期の質の高い教育投資がその後の社会的・経済的成功に影響することを明らかにした。武藤（2016）は，「学びに向かう力や姿勢である非認知能力」の重要性を指摘している。この非認知能力は，自然体験などの活動により育成される。

第１節　幼稚園児の土の教育

教育基本法第１章第二条（教育の目標）の四には，「生命を尊び，自然を大切にし，環境の保全に寄与する態度を養うこと。」を受けて，幼稚園教育要領（文部科学省，2006b）には身近な環境とのかかわりに関する領域「環境」が設定されている。この領域の目標は，「周囲の様々な環境に好奇心や探究心をもってかかわり，それらを生活に取り入れていこうとする力を養う。」ことである。幼稚園教諭研修会では，土の絵の具を使った絵描きや泥だんごづくりを説明し，参加者に実体験してもらった（福田，2016c）。後日，ある幼稚園では「土で絵を描く」活動が実践された。園児たちは土探しや土の絵の具づくりを体験し，絵を描き，絵の展示会が開催された。その結果，園児たちは土に触れたり，土の様々な色を発見し，土への好奇心を抱いていた。黒色や茶色，灰色，赤黄色などの絵の具を，いろいろなところで集めた土を捏ねて作っていた。発表会では，園児たちから「みどり色やあお色の土はないの。」，「土の色は石の色なんだよね。」など，様々な不思議や知りたいことが出された。絵本「土のコレクション」（栗田，2004）を見た園児たちは「こんなにいろいろな色の土がある。」と感激していた。その後，園児の中には「こんな色を発見した。」といって，関西や東北など，各地の土を小瓶に入れて幼稚園教諭に見せていた。また，ある幼稚園では，保護者会の活動で泥染め（浅野ら，2009a；日本林業技術協会編，1990；平野ら，2002）が行われた。

平成22年８月30日（月）～９月１日（水）の２泊３日で，K幼稚園では園児（年長組，24名）と５名の親，７名の引率教師の参加のもと，富士山登山を実行した（写真7-1）。筆者は，自然塾塾長として招かれ，同行した。バス到着地点の５合目は2,305m の森林限界付近であった。すなわち，標高2,400m より高くなると，火山荒原となり，樹木はほとんど見られなくなった。森林限界近くでは，ミヤマハンノキ（根粒菌共生）やフジザクラ，ハクサンシャクナゲ，コケモモ，レンゲツツジ，カラマツなどが生育していた。霧深い森の中には，地衣類のサルオガセがカラマツ林一帯に垂れさがっており，神秘的であった。そして，森林が途絶えて間もなく傾斜地にいるカモシカを発見し，子ども達に説明した。周辺の登山者も興味を持ち，立ち止まって熱心に耳を傾けていた。この様子は，TV局に撮影され，放映された。そこを越えると，辺りに樹木がなくなっていき，やがて砂礫地となった（写真7-2）。辺りには，ところどころにほとんど窒素栄養を必要としないイタドリやオンタデが生えていた。子ども達からは「何で木が生えていないの。」とか「溶岩はどこから来たの。」，「なぜ雲ができるの。」，「降った雨はどこに行ったの。」，「雲はどこで発生するの。」などといろいろな質問が出された。即答は避けて，「何でかな」と子ども達に質問を返し，一緒に考えたりした。休憩時には，

写真7-1　富士山の6合目付近の砂礫地

写真7-2　富士山登山の様子

足元の岩粒を手に取って「この岩のかけらを見てみよう。」と話し，ルーペで見させたりした。第一日目の山小屋に着くまでに岩にへばりついている地衣類，コケ類などを指し，植物だよ，と話した。3,000m 近くにある山小屋に到着し，宿泊した。夕食後，園児や親，教師の全員が集まり，「何でも会議」が開催された。この会議では，子どもが司会を担当し，一人ひとりが不思議なこと，発見したこと，疑問に思ったこと，興味を持ったこと，感動したことなどを発表し，質疑応答や意見交換を行い，わかると答えたりしていた。途中で行き詰ってしまったり，答えに窮したりした場合，話が続かなくなった時は，塾長が解説したり，ヒントを出したりした。質問は，植物や昆虫，鳥，星，岩石など，様々であったが，全員が積極的に参加していた。

アクティブ・ラーニングは，受動的な受講から能動的な学修への転換を図ることによって，知識・理解に留まらず，認知的・倫理的・社会的な能力，様々な経験などを含めた総合的，汎用的能力の育成を図ることが目標である。中央教育審議会答申（2012）は，「我が国においては，急速に進展するグローバル化，少子高齢化による人口構造の変化，エネルギーや資源，食料等の供給問題，地域間の格差の広がりなどの問題が急速に浮上している中で，社会の仕組みが大きく変容し，これまでの価値観が根本的に見直されつつある。このような状況は，今後長期にわたり持続するものと考えられる。このような時代に生き，社会に貢献していくには，想定外の事態に遭遇したときに，そこに存在する問題を発見し，それを解決するための道筋を見定める能力が求められる。」としており，「生涯にわたって学び続ける力，主体的に考える力を持った人材は，学生からみて受動的な教育の場では育成することができない。従来のような知識の伝達・注入を中心とした授業から，教員と学生が意思疎通を図りつつ，一緒になって切磋琢磨し，相互に刺激を与えながら知的に成長する場を創り，学生が主体的に問題を発見し解を見いだしていく能動的学修（アクティブ・ラーニング）への転換が必要である。すなわち個々の学生の認知的，倫理的，社会的能力を引き出し，それを鍛えるディスカッションやディベートといった双方向の講義，演習，実験，実習や実技等を中心とした授業への転換によって，学生の主体的な学修を促す質の高い学士課程教育を進めることが求められる。学生は主体的な学修の体験を重ねてこそ，生涯学び続ける力を修得できるのである。」と述べている。アクティブラーニングは，大学の教育改革として質的転換を図るために取り入れられるようになったが，現在では小学校や中学校，高等学校にも波及してきている。

ここでは，「何で木が生えていないのか。」という疑問について，園児と筆者とのやり取りを，以下に述べる。

「何でも会議」における話し合い

園児：さっき，黒っぽい小石にヒントがあるといっていたけど，あれは何。

塾長：スコリアというもので，多孔質の火山噴出物の一種，黒っぽい玄武岩質（火山噴出物：溶岩，火山ガス，火山砕屑物：火山岩塊・火山れき・火山砂・火山灰・火山弾・軽石・スコリア）だね。

園児：それには，小さな穴が一杯あった。

園児：地面がすべてスコアで多孔質のものだ。黒っぽい大きな塊が溶岩だよ。

塾長：溶岩はどこからくるのかな。

園児：富士山が爆発した時に，その噴火口から流れ出したものだよ。

塾長：幼稚園の地面と違うのかな。

園児：幼稚園のは土だよ。

塾長：じゃあ，富士山で木が生えていないところの地面にあるのは土ではないのかな。

園児：違う。土ではない。

塾長：何でわかるの。

園児：かたい。歩いた感じが全く違う。

園児：そうか。土ではないので，木は育たない。

塾長：土だとどうして育つのかな。

園児：土には木が育つための養分があるからだと思う。

塾長：2,500mを過ぎると木がなくなってくるのは，何でかな。

園児：水がないから。

塾長：木が育つためには水が必要だね。でも，斜面にはオンタデやイタドリがパッチ状に生えている。水は大丈夫なのかな。

園児：わかんない。

塾長：富士山の砂礫地に生えているオンタデ，イタドリ，フジハタザオなどは根や地下茎をたくさん，深くまでのばしてわずかな水を吸収している。それから，根などにたくさん栄養源を貯蔵しているんだ。

園児：生きていくためにすごくがんばっているんだね。

塾長：そうなんだ。5合目を過ぎてまもなく森林限界付近で話したように，その辺りにはミヤマハンノキやダケカンバ，カラマツなどしか見られなくなって，それらが地面にはうようにしていたね。

園児：覚えている。幹がぎゅっと曲がっている木だよね。

塾長：ミヤマハンノキやダケカンバ，カラマツなどは栄養分が少なくても乾燥していても育つんだ。ミヤマハンノキはマメ科植物で根に菌が住んでいる。その菌は，成長に必要な窒素を集めてミヤマハンノキにあげているんだよ。

園児：そういう菌がわたしにもいるといいな。

塾長：私たちの体の中にも，ビフィズス菌や乳酸菌などがいて消化を助けたり，感染を予防したりしている。

園児：知らなかった。

塾長：富士山と幼稚園周辺で大きな違いがあることに気づいたかな。

園児：おうちがない，コンビニがない，スーパーがない，テレビがない……。

塾長：環境の違いは？例えば，温度はどうかな。

園児：5合目では暑かったのに，2,500mを過ぎた時，急に寒くなった気がした。

塾長：いいところに気が付いたね。みんなが登ってきたところで，「葉っぱの形が違ってきたよ」という話をしたね。高いところまで登ってくると，広い葉っぱがだんだん減って針状の葉っぱになるんだね。
園児：葉っぱが丸まって，寒さと戦っているんだよね。
塾長：その通り。もっと高いところでは葉っぱは丸まっても寒さに耐えられないのかな。
園児：夏なのにこんなに寒いんだから，育たない。
塾長：富士山に降った雨はどうなるの。
園児：溶岩のすき間から流れていってしまう。
塾長：水は岩の中にはたまらない。どこへいってしまうのかな。
園児：塾長さんが歩いている時，富士山には川はないんだといっていたよ。
塾長：富士山は多孔質の溶岩と火山性の粗い土からなるので，振った雨はしみ込んで行ってしまう。入間川の源流域（園児たちは探索に行っている）の山の土は細かくて水を蓄える。
園児：さっき触ったらざらざらだった。きっと地下水だよ。地下にたまっているんだと思う。
塾長：富士山の地下水は豊富でわき水が湧いているんだ。柿田川や三島湧水，忍野八海などは知られている。他に何か違う考えがあるかな。
園児たち：ない。
園児：富士山の底には大きなどうくつみたいなものがあって，そこに水がたまっているって聞いたことがある。
塾長：地下水だね。富士山の５合目から少し上に登ると，植物が生えないのは砂礫地で土がないこと，寒いこと，水がないことでいいかな。
園児：種が飛んでこないというのも理由かな。
園児：種は鳥がはこんでくるから違うよ。
塾長：こんな高いところに鳥が飛んでいるかな。
園児：ツバメを見た。
塾長：イワツバメかな。植物が生えない理由はいいかな。

園児たち：いいです。

塾長：土は植物を育てたり，いろいろな動物の生活場所になっている。また，土は落ち葉や動物のしがいを分解する働きをしている。その大事な土が，今風で吹き飛ばされたり，水に流されてなくなってしまうということが世界で起こっているんだ。その原因は，人間が森の木をばっさいしすぎたり，食りょうをつくるために土に負担をかけたり，肉をつくるために放牧しすぎたりしたことにあるらしい。

園児：土がなくなったら植物は生えない。

塾長：どうしたら土を守れるかな。

園児：食りょうをむだにしない。

園児：木を大切にする。

塾長：伐採された木は何に使われるのかな。

園児：家をつくるのに使う。

園児：机やいす，ゆか，かべ，それから……。

塾長：紙をつくったり，まだ発展していない国ではたきぎや炭として燃料にしているんだ。

園児：紙を大事に使うことも土を守ることになる。

塾長：そうだね。

園児：大きな木を切ってしまうと，同じ大きさになるまでに何年かかるのだろう。

園児：20～30年かな。

園児：もっとかかるよ。50年以上。

塾長：木はいろいろなものに使われるとても大切な資源。そして，土を守ることもしている。「森は土を作り，土は森を育てる」って言われているんだ。

園児たちには，難しい内容を加えて様々な説明を行ったが，想像を超える関心の強さと理解には驚かされた。本当は，決して理解していないのではないかという考えもあるが，子ども達の質問や回答は適切であった。溶岩や火山灰，スコリアなどで覆われた地域では，虫たちは岩場のすき間などで水分確保と強風から身を守れる場所に住み，植物たちはわずかな土壌が溜まるところを探して根を発達させ，葉っぱを地面すれすれに大きく広げたりするなど，生き物はそれぞれ生き残り戦術をとっている。強風や水のほとんどないところでは，スギゴケなどの蘚苔類やハリガネゴケ，チズゴケなどの地衣類が岩にへばりついて生活していた。その様子を観察した子供たちは，自然の中で過酷な戦いを経て生き続けている生命の不思議さ，偉大さに感動している様子であった。

中央教育審議会（1996）は，子ども達の今日的な課題を解決する方策として，「生きる力」を育むことや自然体験，生活体験などの機会を増やすことの必要性を指摘している。青少年教育活動研究会（1999）の報告を見ると，「生活体験や自然体験の豊富な子どもほど，道徳観・正義感が身についている。」としている。また，山本ら（2005）は「自然活動を多く体験して卒園した小学1～4年生は運動能力や体力が高く，自然への理解が深く，望ましい生活習慣が身についている子どもである。」と結論している。さらに，平野（2008）は「自然体験活動を多くした青少年は問題解決能力や豊かな人間性などの『生きる力』がある，体力に自信がある，環境問題に関心がある，得意な教科の数が多い，などの特徴がある。」ことを明らかにしている。今日，屋外遊びをする子どもたちが減り，夜更かしをしたり，偏食する子どもが増えている。核家族化や少子高齢化に伴い，集団で遊ぶことは少ない。幼少期の自然体験活動や野外遊び体験は子どもの感性を育むとともに子ども同士の関係性やコミュニケーション力を身に付ける絶好の機会である。その貴重な体験が失われている昨今，気力や体力，好奇心，探究心などが備わっていない子ども達が多くなっている，ことが指摘されている。

学校教育法23条3は，旧法の「身辺な社会生活及び事象に対する正しい理解と態度の芽生えを養うこと」が「身近な社会生活，生命及び自然に対する興味を養い，それらに対する正しい理解と態度及び思考力の芽生えを養うこと」と改正された。それを受けて，幼稚園教育要領（文部科学省，2008a）には「幼児期において自然のもつ意味は大きく，自然の大きさ，美しさ，不思議さなどに直接触れる体験を通して，幼児の心が安らぎ，豊かな感情，好奇心，思考力，表現力の基礎が培われることを踏まえ，幼児が自然とのかかわりを深めることができるよう工夫すること」が記されたが，その実践は広がっていない。その主な理由は，野外活動の安全性の問題と教師の自然体験に関する指導力不足及び不安である。21世紀は日本を含め，世界は大きく転換しようとしている。グローバル化が急速に進展している今日の中，子ども達の秘めた才能を引き出し，伸ばして，将来日本あるいは世界で活躍する人材として成長していく上で，幼少期の実体験は貴重であるとともに極めて重要であると言える。

幼少期の自然体験がその後の子どもの特性にどのような影響を与えるかについて，筆者は高校２年生319名（男子183名，女子136名）を対象に調査した結果を図7-1に示した。すなわち，幼少期（幼稚園〜小学校３年）の自然体験活動（どろんこ遊び，虫とり，魚釣り，キャンプ，山登り，川遊び，海水浴，ハイキング，林遊び，雪遊び，砂遊びなど）の有無を調べて「かなりある」・「ある」と「あまりない」・「ない」の２グループに分類し，積極性や責任感，自然への関心，忍耐力，協調性，思いやりなどとの関連を調査した（福田，2011b）。その結果，積極性や責任感，自然への関心，協調性と幼少期の自然体験活動との関係は相関が高く，それらの基盤に少なからず自然体験活動があることが考えられ，成長とともに醸成されていくことが考えられる。この傾向は正義感や誠実さ，公共心でも認められた。一方，忍耐力は「あまりない」・「ない」がともに６割を超えており，必ずしも醸成されないことを示していた。近年，忍耐力は生活習慣や食生活とも深く関わることが指摘されている。また，思いやりは２グループ間でほとんど差異がなかった。

海洋学者のレイチェル・カーソンは，自著「センス・オブ・ワンダー」

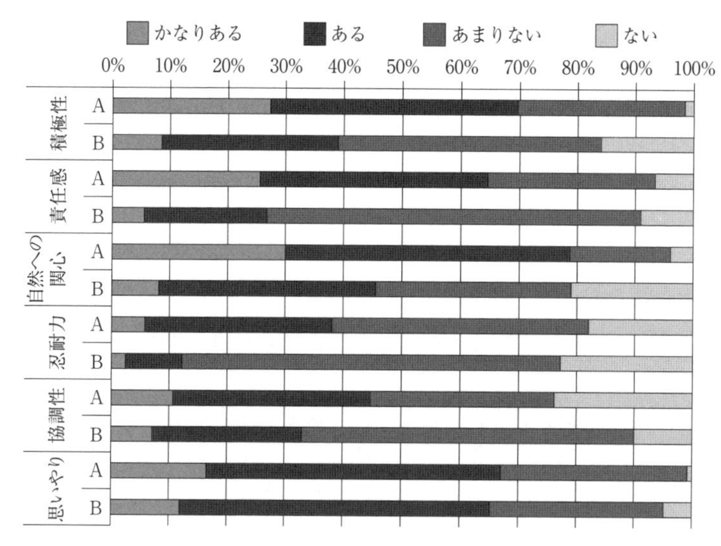

図 7-1　幼少期の自然体験がその後の子どもの特性に与える影響

幼少期（幼稚園〜小学校3年）の自然体験活動が「かなりある」・「ある」を A,「あまりない」・「ない」をBとしている。

（レイチェル・カーソン，1996）で「子どもたちの世界は，いつも生き生きとして新鮮で美しく，驚きと感激にみちあふれています。もしもわたしが，すべての子どもの成長を見守る善良な妖精に話しかける力をもっているとしたら，世界中の子どもに，生涯消えることのない『センス・オブ・ワンダー＜神秘さや不思議さに目を見はる感性＞』を授けてほしいとたのむでしょう。『知る』ことは『感じる』ことの半分も重要ではないと固く信じています。子どもたちがであう事実のひとつひとつが，やがて知織や知恵を生みだす種子だとしたら，さまざまな情緒やゆたかな感受性は，この種子をはぐくむ肥沃な土壌です。幼い子ども時代は，この土壌を耕すときです。美しいものを美しいと感じる感覚，新しいものや未知なものにふれたときの感激，思いやり，憐れみ，賛嘆や愛情などのさまざまな形の感情がひとたびよびさまされると，次はその対象となるものについてもっとよく知りたいと思うようになります。

そのようにして見つけだした知識は，しっかりと身につきます。」と著し，幼児期から自然の不思議さ・素晴らしさに触れることの大切さを説き，かけがえのない自然や環境を保全するための生涯変わらない感性を築く最も大事な時間であることを述べ，幼児期の感性教育の重要性を指摘している。同様なことはピアジェも「心をときめかす驚きは，教育や科学的探求において，本質的に原動力になるものである。優れた科学者を他と区別するのは，他の人が何とも思わないことに驚きの感覚を持つことである。」（上岡ら，2007）と述べている。自然に関する人間の感性を高めるには，幼少時の原体験が重要である（小林ら，1993）。岩本ら（2007）は，幼児の感性や意欲を高めることを目指し，土や砂を生かした保育実践を教育課程に位置づけ，取り組んで成果をあげている。

第2節　小学生の土の教育

幼稚園児や小学生は，土についてどう感じているのかを知るために，「土の好き・嫌い」について調べた結果，図7-2の通りであった。その結果，「土が好き」という子ども達が圧倒的に多かった。この結果は，土いじりや土あそびなどの土と接する機会が比較的多い幼稚園，小学校の子ども達であったことが影響していると考えられる。その後，同様な質問を土と接する機会の少ない都心の幼稚園の子ども達に行ったところ，好き52.9%，嫌い29.4%，わからない17.7%（年長児17名）であったことから判断すると，幼少期の土との関係性が土の捉え方に影響することが考えられる。また，図7-3では，親，教師（小学校）の土への関心の有無を調査した結果，ともに「関心がない」が多かった。普段土と出会う機会が乏しく，土に触れることもほとんどない親，教師の世代は土離れが進んでおり，土とかけ離れた日々の生活が反映しているのではないかと考えている。

学習指導要領の変遷を見ると，1989年の改訂により小学校第1学年と第2

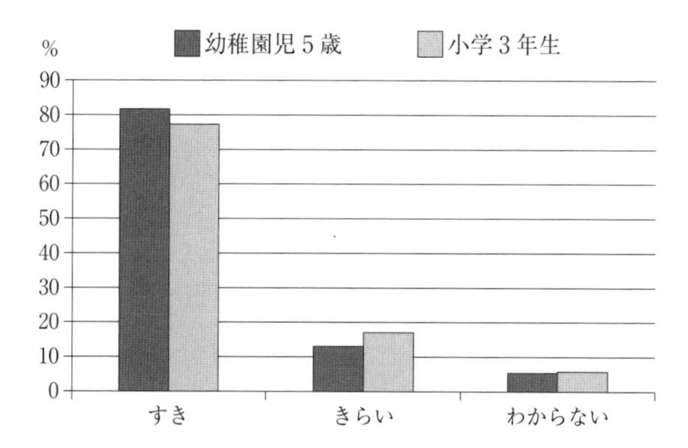

図7-2　幼稚園5歳児と小学校3年生の土の好き嫌いの比較
調査対象：幼稚園児5歳38名，小学校3年生35名
質問事項：「土はすきですか，きらいですか。」

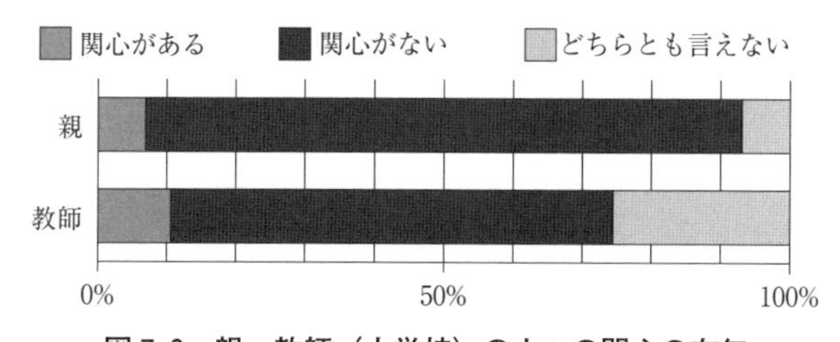

図7-3　親，教師（小学校）の土への関心の有無
調査対象：親（小学生）73名，教師（小学校）59名
質問事項：「土に関心がありますか」（ある，ない，どちらとも言えない）

学年の理科と社会科が廃止され，生活科が新設された。また，1998年の改定では「総合的な学習の時間」が新設され，小学校第3学年の単元「石と土」が削除された。生活科の目標の中には「自分と身近な動物や植物などの自然とのかかわりに関心をもち，自然のすばらしさに気付き，自然を大切にしたり，自分たちの遊びや生活を工夫したりすることができるようにする。」ことが記されている。そこで，生活科の出前授業で，土の色を教材として取り上げた授業を実践した。児童に「土にはどんな色があるか。」を聞き，まとめたのが図7-4である。参考までに高校生にも同じ質問を行った結果を，こ

の図に示している。図7-4から，小学生，高校生ともにくろやちゃいろが圧倒的に多く，幼少期の土との出会いが影響していることが窺えた。くろやちゃいろ以外では，小学生はあかときいろ，オレンジをあげていたが，高校生はその他に褐色，灰色，あお，しろをあげていた。その他として，小学生はピンクやみどりいろ，高校生は茶色をあげていた。実際には，土色は黒，褐，黄，赤，白，青の他，これらの色が混じり合った色，例えば黒褐色や暗黒色，暗褐色，黄褐色，赤褐色，茶褐色，黄赤色，灰褐色など，様々である。小学生には，これらの色の土が入った管ビンを提示した。子ども達は，口々に「きれい」，「こんなにいろいろな色の土がある」と感激していた。中には，「赤い土が欲しい」という児童がいた。全員に黒土と赤土と褐色土の入った管ビンを配布したが，とても喜ぶとともに土に関心を持ってもらうことができた。

土色は，小学生には最も関心が高い。特に，普段ほとんど目にしない赤い土や黄色い土を見ると，感動する。そして，一気に土を好きになる。それは，高校生でも同じである。高校生は，何で赤い土ができるのか，白い土ができるのか，など，土色の成因を知りたいとの思いが生じる。そして，調べる。

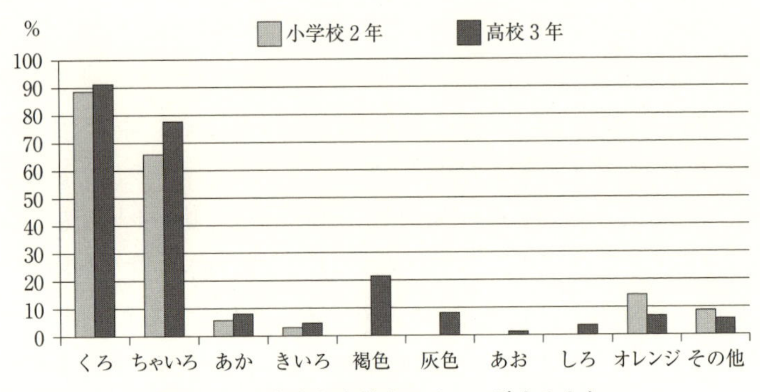

図7-4　小学生と高校生のイメージする土色

調査対象：小学校2年35名，高校3年89名

「土はどんな色をしていると思いますか」に対する回答割合（%）を示す。

一方，小学生は赤や黄色の土がどこにあるのか，探したくなる。そして，調べる。いずれも，土壌教育の導入として，土色を取り上げるのはよい。「土の色に子どもは反応性が高く，土を用いて作った絵の具を使った絵描きや泥染めなど，色彩心理の面でも興味深い。」と加藤（2009）は指摘する。

第3節　大学生の土壌教育

将来，子ども達と自然あそびや野外活動をすることになる幼児教育学科学生を対象に自然体験活動に対する考えや取り組みを調査した。その結果，表7-1の通りであった。「理系科目は好きである。」という学生は8.3％と低く，「自然系の科目を履修・習得した。」学生は3.4％に過ぎなかった。また，「地球環境問題には関心がある。」は18.8％であり，「幼児期の自然活動は大切である。」と考える学生は32.9％であった。このような結果から，将来教師あるいは保育士として土を積極的に取り上げ，泥んこ遊びや土いじりなどの土と接する機会を作っていくとは考えにくい。筆者は，自然系科目の授業（自然科学概論，生活科学，環境科学など）を担当していることから，土を取り

表7-1　幼児教育学科学生の自然体験活動に対する考えや取り組み

質問事項	はい	いいえ	どちらとも言えない
自然に興味・関心がある。	28.6	67.1	4.3
自然系の科目を履修・習得した。	3.4	9.7	86.9
理系科目は好きである。	8.3	73.5	18.2
理系科目は得意である。	5.5	86.5	8.0
地球環境問題には関心がある。	18.8	58.2	33.0
幼児には自然遊びをさせたい。	37.2	52.6	10.2
幼児の自然体験活動の方法はよくわからない。	50.8	25.2	24.0
幼児期の自然活動は大切である。	32.9	10.2	56.9

調査対象：幼児教育学科2年325人，表中数値は％を示す（2012年～2015年）。

上げ，「土のふしぎを探る」講義や観察・実験等を実施した。

２年後は，大半が保育所か幼稚園などに就職していく学生たちである。しかし，現場の園長に聞くと，「自然については子どもたちが好きで，興味があるので，話題となることが多い。」，「幼児期の自然体験は重要と言われているのに知識や経験がない。」「身近なチョウやトンボ，花などに全く関心がない教師が多く困っている。」，「若い先生は花壇の土づくりなどが全くわからないし，調べようともしない。」などと話しており，「自然についてはしっかり学んできて欲しい。」と言う。アンケート調査で「理系科目が好きではなく得意ではない。」という学生が７割を越えていることがわかった。また，「幼児の自然体験活動の方法はよくわからない。」学生が半分以上を占めていた。そして，「幼児期の自然活動は大切である。」，「幼児には自然遊びをさせたい。」とする学生は３割程度であった。このような現状から，自然体験活動の実践が課題となっていることを考えると，幼児教育学科では自然系科目のうち，いくつかは必修化させた方が望ましいと考える。また，自然体験活動に関する実習を積極的に導入するカリキュラム作成を考えて欲しいと願っている。さらに，現場の保育士あるいは教師には自然体験活動は実践する園での研修会を展開するなど，資質や実践力の向上に努めたい。

幼児教育学科及び教員養成系大学の学生は，それぞれ98.5％，88.9％と，将来は教師の道に進むという希望を持っている。その学生たちに土についてのアンケート調査を実施した。その結果，いずれも「土には関心がない。」，「土についてよくわからない。」，「普段土について考えたり，話題になることはほとんどない。」とする割合が高かった（表7-2）。その原因としては，幼少期の土に接する機会や土体験が減少していること，土の指導が乏しいことが深く関係していると考えている。また，「小さい頃，泥んこ遊びをした。」という学生の割合は20％前半であり，「小さい頃，親から「土は汚いから触らない」と言われた。」学生は40％台であった。「土には触れたくない。」割合が短大生74.1％，大学生59.6％であったが，小さい頃の泥んこ遊びの体験

表 7-2　幼児教育学科学生及び教員養成系大学学生を対象とした土壌に関するアンケート調査

質　問　事　項	幼児教育学科学生	教員養成系大学学生
土には関心がない。	91.7	74.5
土についてよくわからない。	87.7	82.0
小さい頃，親から「土は汚いから触らない」と言われた。	48.6	40.4
小学校～高校時に土の学習をしたことがある。	31.1	36.6
普段土について考えたり，話題になることはほとんどない。	95.4	83.6
ダニやトビムシを見たことがある。	5.8	8.1
小さい頃，泥んこ遊びをした。	20.0	24.2
土には触れたくない。	74.1	59.6
岩石や砂が細かくなると土になる。	82.8	45.3

調査対象：幼児教育学科学生325人，教員養成系大学学生161名
表中数値は「はい」と答えた％を示す（2012年～2015年）。

や親の土に対する感情などが強く影響していることが考えられる。「小学校～高校時に土の学習をしたことがある。」は30％台であり，「ダニやトビムシを見たことがある。」は10％以下と低かったことから，児童・生徒期の土壌学習が乏しかったことが原因していると考えている。星（2018）は，「土を土壌に限定した時，それが生物や有機物の関わりのない中で生成した，あるいは生態系の基盤となる存在として重要であるというイメージは，半数程度の学生しか持っていない。」と指摘している。

高校生と教員養成系大学2年を対象に食糧生産と土壌に関するアンケート調査を実施した結果，土壌劣化や土壌侵食についての知識はともに乏しく，ほとんどの生徒，学生がその深刻さを理解していないことが明らかとなった（表7-3）。また，我が国は年間約3千万トンの食糧（食料約5800万トン）を輸入しているが，それは大量の土壌や水を輸入していることを意味している。しかし，「トウモロコシ1トンを生産するのに2トンの土が失われている。」

表7-3　食糧生産と土壌に関するアンケート調査（高校生と大学生）

質問事項	高校3年	教員養成系大学2年
トウモロコシ1トンを生産するのに2トンの土が失われている。	3.8	8.7
世界全体では年間に750億トンもの土壌が失われている。	2.5	1.9
トウモロコシ1トンを生産するのに1800リットルの水が失われている。	6.3	5.6
日本は食糧輸入を通して，世界一の水と土の輸入国である。	13.9	15.6
日本は世界から輸入した食料の約3分の1を廃棄（ゴミ）している。	8.9	19.3
世界の土壌の4分の1が著しく劣化（侵食・塩類化など）している。	2.5	10.6

アンケート調査対象：高校3年生79名，教員養成系大学2年生161名
調査年：高校生2009年，大学生（2012年～2015年）
表中数値は，質問事項に「知っている」と回答した割合を示す。

（牧下，2004）や「トウモロコシ1トンを生産するのに1800リットルの水が使われている。」（環境省ウェブサイト http://env.go.jp/water/virtual_water/）について知っている割合は，高校生，大学生ともに極めて低かったことから，食糧生産が土壌を基盤とし，大量の水を必要とすることについても理解されていないと考えられる。食糧生産には，土壌や水が必須であり，重要なファクターとなることを生徒，学生に理解させることは，「食品ロス」問題を考えさせる上でも重要である。

五感を通して自然の不思議さ，美しさ，すばらしさなどに感動する体験は，豊かな人間性を育成するとともに本物の自然や実物を利用して科学的に思考することやいろいろな考えを巡らすことによって創造力の育成につながる。幼少期の自然体験活動は，子どもたちの感性を刺激し，豊かな表現力，発想力を生み出し，児童期・生徒期の科学への興味や関心・理解を高め，探究心，思考力の基盤を形成する。そして，21世紀を担う人材として成長していくと考えている。地球環境悪化が深刻さを増す中で，次世代を担う人材育成の最も大切な時期に当たる幼稚園・保育所が自然体験活動に関するカリキュラムを作り，実践していくことは極めて重要である。自然の異変や周辺環境の変

化に気づくには，普段から自然に接し，関心を持つことが必要となる。「野生生物が，1年間で4万種以上地球上から消えている。」（ノーマン・アイアーズ，1981）ことは，明らかに異変である。また，地球上では年々豪雨，少雨，豪雪などの局在発生が生じており，ハリケーンやサイクロン，台風が大型化している。また，猛暑，酷暑，極寒のような言葉がひんぱんに使われるようになっている。このような異変は，地球温暖化などの地球環境問題に起因していると言われ，その原因は人口増大と急激な人間活動の拡大にある。そして，その勢いは衰える様子がない。この地球環境異変に一人でも多くの人達が気づき，解決策考え，具体的に行動していくことが必要である。そして，早急に対処していくことが地球危機を救うことになる。土壌リテラシーの育成教育は，環境教育とも関連するものであり，土壌保全の態度や行動が到達点である。

筆者は，幼児教育学科短大及び教員養成系大学で土壌を取り上げた講義，観察・実験，実習〔土壌とは，地球の歴史と土壌，土壌生成，土壌の性質と機能（土壌組成・構造，育成・吸着・浄化・分解機能），土壌生物，地球環境と土壌保全（土壌劣化・侵食・塩類化，温暖化と土壌），食料生産と実習，土壌を使った観察・実験など〕を行っている。アクティヴ・ラーニング導入による授業を展開し，学生たちは「人間活動と土壌」を課題としてグループワーク，ディベートを行い，パワーポイントにまとめてプレゼンテーションを行った。そして，全授業終了後にアンケート調査を実施した（表7-4）。その結果，短大，4大の学生とも「土壌に関心を持ったり，知ることができた。」とする学生の割合が8割を越えていた。また，「土壌問題の解決には人間の働きかけが重要である。」ことに気づいたことは成果であったが，「土壌保全に向けた行動をしたい。」学生が4～5割であり，行動したいと思わない主な理由は具体的方法がわからないと答えていた学生が多かったが，保全の態度・行動の育成に向けて改善すべき課題である。「子ども達に土を教えることは重要である。」と捉える学生は7割以上であったが，「保育士や教師になったら，

表 7-4　土壌に関する全授業終了後のアンケート調査結果

質　問　事　項	幼児教育学科学生	教員養成系大学学生
土壌に関心を持った。	91.7	86.3
土壌について知ることができた。	82.8	83.7
自分で調べて発表できたことがよかった。	76.9	67.7
グループ討議がよかった。	85.5	69.6
調べ方，まとめ方が学べた。	88.3	58.9
土壌保全に向けた行動をしたい。	41.5	50.3
子ども達に土を教えることは重要である。	83.4	76.4
保育士や教師になったら，土を教えたい。	73.5	52.8
土壌問題の解決には人間の働きかけが重要である。	95.7	87.0
土壌のでき方や様々な機能を持っていることは全く知らなかった。	87.1	64.0

調査対象：幼児教育学科学生325人，教員養成系大学学生161名
表中数値は「強くそう思う」，「そう思う」と答えた合計%を示す（2012年～2015年）。

土を教えたい。」割合が教員養成系大学生では52.8%であった。その理由を聞くと，教科書やカリキュラムで土壌はあまり取り上げられていないこと，教科で土壌がそれほど重視されていないこと，などをあげていた。溝上(2014)は，教育現場では「一方的に教員が講義を行い，学生はただひたすらそれを聴く。そのような従来型の学びのスタイルを改善し，学生が主体的な学ぶスタイルに移行する。」と「教える」から「学ぶ」へのパラダイム転換を指摘している。21世紀の深刻な課題の地球環境問題の一つである土壌問題を取り上げ，扱う授業では，アクティブ・ラーニングを活用することにより，学生たちの積極的な学びが得られたこと，学生たちの個人力，グループ力が発揮されたことからとても有効な教育手法であると考えている。

第4節　成人の土壌教育

博物館で一般成人を対象とした土壌教室を開催し，「土壌呼吸と温暖化」を演題として講義と観察・実験，討議を実施した。この事業は，2011～2014年に開催され，参加者は38～76歳の成人（総計71名）であった。開会あいさつ，事業内容及び観察・実験の概説を行った後，野外で土壌断面観察，土壌呼吸測定を実施した。午後は室内で土壌呼吸測定，講義，班別討議，まとめ・発表を実施した。土壌呼吸は，簡易濾紙法によって測定した。図4-3の気温と地温の月別変化と図4-4の土壌呼吸と地温との相関を提示し，地球温暖化が土壌呼吸の上昇に深く関わることが懸念されていることを説明した。その後，実際にインキュベーターを使って実験を行った。参加者を班別とし，各班が別々の土壌，砂を使って測定実験を行った。各班は，試験管に土壌や砂を10gづつ取り，インキュベーターに入れて30分間放置した。その後，試験管を取りだし，水酸化ナトリウム水溶液とフェノールフタレイン液の混液に浸した濾紙片を入れてすばやくゴム栓をした後，濾紙片の変色に要する時間を測定した。各班の結果は，表7-5に示した。この表から，温度上昇によって土壌呼吸が畑土で2.3倍，林土で1.7倍，グラウンド土1.2倍，裸地土1.1倍高まっていることが明らかとなった。砂はほとんど変化がなかった。また，

表7-5　温度上昇が土壌呼吸に与える影響

各種土壌・砂	温度20℃	温度30℃	温度上昇による土壌呼吸の増加
林土	19	11	1.7倍
グラウンド土	53	45	1.2倍
畑土	9	4	2.3倍
裸地土	73	67	1.1倍
砂	496	479	1.0倍

表中の温度20℃時と30℃時の数値は，濾紙片の変色に要した時間（秒）を表す。

筆者がパワーポイントで密閉吸収法による土壌呼吸測定法を説明した後，その方法で測定し，グラフ化した図7-5を提示した。これらの図表をもとに土壌呼吸と温暖化についてグループ討議や意見交換を行った。

その取組について，表7-6の「成人向けルーブリック評価表」により，自己採点していただいた。自己評価の結果は，表7-7の通りであった。この成人向けルーブリック評価では，1975年に開催されたベオグラード会議で示された6つの環境教育の目的を評価項目として設定した。ベオグラード憲章では，環境教育の目的は「環境とそれに結びついた諸問題に関心をもつ人の全世界的な人間の数を増加させること。その人たちは，知識，技能，態度，意志をもち，現在の問題の解決について，個人的にも集団的にも貢献をなしえ，現在だけでなく将来の新しい問題の解決にも貢献しうる人たちであること。」とし，環境教育の目標として，環境問題への関心，知識，態度，技能，評価能力，参加の六つをあげている。この憲章は，今日の環境教育のフレームワークとなっている。

開催事業「地球温暖化と土壌呼吸」の中で実施した観察・実験をもとにルーブリック評価を実施した結果，評価項目「認識」及び「知識」は達成度が高かったが，「評価能力」及び「参加」は低かった。土壌リテラシーの育成には，土壌教育の実践が「認識」，「知識」を高め，「態度」・「技能」がアッ

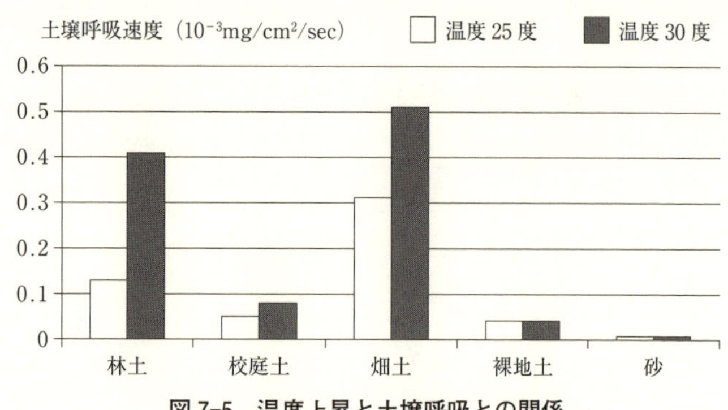

図7-5　温度上昇と土壌呼吸との関係

表 7-6　成人向けルーブリック評価表

評価基準	ステップ5	ステップ4	ステップ3	ステップ2	ステップ1
認識	土壌への関心は高く，知識・理解がかなりある。	土壌への関心は高く，知識・理解が多少ある。	土壌への関心はあり，知識・理解が多少ある。	土壌への関心はあるが，知識・理解が乏しい。	土壌への関心がなく，知識・理解が乏しい。
知識	温暖化以外の知識もあり，土壌呼吸との関わりを深く理解している	知識があり，土壌呼吸との関わりを理解している	知識はあるが，土壌呼吸との関わりをあまり理解していない。	知識は多少あるが，土壌呼吸との関わりをあまり理解していない。	知識はなく，土壌呼吸との関わりを全く理解していない
態度	資料を積極的に集め，まとめている。	資料を集め，まとめている	資料を集め，少しまとめ始めている。	資料を集めたが，まとめていない	資料を集めたり，まとめることをしない。
技能	観察実験等を手際よく行っている。	観察実験等を行っている。	察実験等を行っているが，失敗することがある。	観察実験等がうまくできない。	観察実験等を行うことが全くできない。
評価能力	土壌問題をしっかりと把握している。	土壌問題を多少把握している。	土壌問題を考えようとしている。	土壌問題を考えることはあまりない。	土壌問題を全く考えていない。
参加	土壌保全に向けて積極的に行動している。	土壌保全に向けて多少行動している。	土壌保全に向けた行動を考えている。	土壌保全に向けた行動はほとんどしていない。	土壌保全に向けた行動は全くしていない。

表 7-7　成人向けルーブリック評価表に基づく自己評価

評価基準	ステップ5	ステップ4	ステップ3	ステップ2	ステップ1
認識	15.5	39.4	35.2	7.0	2.9
知識	14.1	32.4	39.4	11.3	2.8
態度	9.9	19.7	40.8	16.9	12.7
技能	8.6	15.4	35.2	29.6	11.2
評価能力	4.2	9.9	21.1	38.0	26.8
参加	1.4	9.9	12.7	26.8	49.2

調査対象：総計71名，表中数値は％を表す。

プし，「評価能力」・「参加」が発揮されることが必要であり，最も重要な参加や行動に反映されていくことが望まれる。参加者たちは，ルーブリック評価結果で，行動を表す「評価能力」，「参加」が低かったことから，考えることよりも実際に行動することが大事であることに気づいた。しかし，具体的にどんな行動をしたらよいかが浮かばず，班の人達と話し合っていた。そして，今土壌保全に向けた行動をしていかないと，地球の土壌は疲弊しきっていることから守れないと考え，行動事例をあげていた。

【行動事例】

①温暖化防止

・節電する。

・エアコンの冷房28℃，暖房20℃を目安に設定する。

・公共交通機関を利用する。

・LED 照明にする。

・グリーンカーテンとする。

・買い物時はエコバッグを使う。

・無駄遣いをしない。

②土壌保全

・生ごみや落ち葉の堆肥化を行い，土に入れる。

・耕作放棄地を使って農業生産する。

・表土流出しやすい裸地をなくす。林地は植樹する。

・落ち葉などの有機物を入れて，土中の虫を増やす。

・子ども達に土の大切さを教える。

・放置林の管理をする。

・地産地消に協力する。

・土壌を守る運動を広げていく。

海洋研究開発機構（2008）は，「永久凍土地帯は北半球の地表の24%を占め，現在大気中に存在する2倍の量の炭素を閉じこめている。」，「シベリアの永久凍土の融解が急速に進んでいる。」と指摘する。また，梁（2009）は，「全地球の土壌中には約15,500億トンの炭素が有機物として存在（地上部の植物炭素の2.8倍に相当）することから，温暖化と土壌呼吸が深く関わる。」と指摘している。土壌呼吸は地温と高い相関があり（図４-４），地温の上昇は土壌呼吸に反映する。今後，地球温暖化が進行する中で，膨大な量をバイオマスとして貯留する土壌の呼吸が増大することが懸念される。土壌10gには，約100万種におよぶ約100億個のバクテリア細胞が含まれている（八木，2015）。また，八木（2015）は「全世界の土壌表層１mに蓄積されている炭素量は約１兆4000万トンと推計されている。土壌は光合成によって固定された二酸化炭素（CO_2）を有機物として蓄積することによって，大気CO_2濃度の調節，すなわち地球温暖化の緩和にも寄与している。これは，落葉や植物の枯死体などが土壌に還元され，その一部が安定な腐植として長期間にわたり，土壌に蓄積されることによるものである。」と指摘し，森林伐採による喪失は，温暖化は土壌に貯留されている有機物分解を促進させて，更なるCO_2増加を招くことになる。

我が国の木材自給率の推移を見ると，1955年94.5%，1975年71.4%，1985年35.6%，2000年18.2%と低下し続け，その後少しずつ回復して，2017年には36.1%まで上昇している（林野庁，2018）。とはいえ，未だ70%近くは外材に依存している状況にある。熱帯地方では，森林伐採後，裸地化して高温に曝され，土壌腐植は短時間で分解されてしまう。また，地表を覆う植物がなくなるため，薄い表土は豪雨によって簡単に流出してしまう。その後，砂漠化が進行していく。世界の森林面積の変化を見ると，2000年から2010年までおよそ5,200万ヘクタールが減少したと推定されている（FAO，2010）。世界の森林資源が急速に失われていることにより，温暖化の加速や森林生態系を支えている土壌喪失，野生生物の絶滅危機など，様々な問題が噴出している。

成人の多くは，地球が抱えている諸問題について，関心は薄く，あまり知らないのが実態である。大学における成人向けの公開講座では，「土と健康」，「土の文化」を講演した。かつては，人間社会では土食の慣習があったとされているが，現在でも世界では病気の予防や治療に土壌が供されているところがある。サルやシカなどの動物が土を食べることは知られているが，「土食は塩分やリン酸などの不足しがちな元素を摂取するための行動である。」（久馬，2010）と考えられている。「アフリカのタンザニアなどでは主に妊婦が土を食べることが報告されているが，土の粘土が有毒な物質を吸着することで悪阻の防止に役立つのではないか。」（久馬，2010）としている。土は，薬の原料ともなっており，人々の健康と深く関わっていることを先人たちは知っており，土を活用していたと考えられる。2015年，大村 智博士は抗寄生虫薬「イベルメクチン」の開発により，ノーベル医学・生理学賞を受賞した。オンコセルカ感染症，疥癬症などの治療薬として威力を発揮し，数億人を救ったと言われる。この物質は，ゴルフ場近くの土から採取した微生物の放線菌が作る抗生物質「エバーメクチン」である。土１ｇには数千万～数億匹の生物が生息しているが，その大半は調べられていない。特に，自然が豊かで地球上の全生物種の半数以上が生息する熱帯林では，実に98％の生物種が不明とされている。この膨大な生物の中には，将来新しい抗生物質を創出し，難病などを解決する可能性がある種が多数いることが考えられる。しかし，地球上では森林伐採などにより，土壌侵食が急速に進み，表土が猛スピードで失われている。これは，まさに人類の無計画な開発によって大切な未来の宝物である地球財産が失われていっていることを示している。

神社は自然崇拝の始まりの場とされており，自然物である山や森，樹木，岩石などが信仰されていた。小野（2005）は，「弥生時代には土地を守る神として「産土神」がまつられ，崇められるようになった。『古事記』には石土毘古神という土と家屋を守る神が登場する。陰陽道では『土公神』という神をまつる。」と述べている。我が国では，建築工事前には必ず地鎮祭を行う。

土壌教室の参加者は小グループに分かれて，「日頃土とどのような関わりを持っているか。」を話し合った。各グループからは，土は農林業を通して食糧などを生産し，食していること，壁や塀，蔵，土間，土器・陶磁器，レンガ・瓦などの原材料として活用していること，園芸用土壌などがあげられた。泥石鹸・クレイシャンプー，脱臭剤・吸着材，農業資材，教育資材（鉛筆・絵の具・粘土）などとしても活用されている。小野（2005）は，「日本の気候は四季によって温度や湿度の周年変化が大きいので，その変化をやわらげるためには『土』を材料に使った伝統的な和風建築は科学的にも理にかなった住居様式と言える。」と指摘している。土と砂，藁を混ぜてつくる土壁は，湿度を調節しているが，湿気の多い日本の住居等には適した建築資材と言える。長く日本で使われている瓦や土塀も，土を材料として作られている。

第５節　まとめ

土壌リテラシーの育成には，幼少期から大人に至るすべての世代で一貫した土壌教育を実践することが必要である。それ故，学校教育，社会教育などで生涯学習の視点で土壌教育の充実を図ることは重要である。特に，幼少期は自然に対する生涯の土台を築く大切な時期であり，様々な自然体験を５感を使って積極的に実践し，土に対する感性を身につけて欲しい時期である。我が国は，1960年代の経済成長に伴って，産業構造が大きく転換し，農山村人口は減少し，基幹産業であった農林業は衰退していった。そして，学習指導要領における土壌や農業，林業の取扱いは後退していった。その後，人々の農林業離れ，自然離れ，土壌離れが進み，現在に至っている。その結果，産業発展に伴う高度経済成長を実現した一方で，農山村地帯の里山里地の崩壊や文化・伝統の継承の喪失など，失ったものも多い。学校教育における土壌教育の進展とともに幼児期，大学在学期，さらに成人期における土壌教育の実践が土壌リテラシーの育成を図る上で重要である。日本人の故郷は，農山村地にあると言われ，冠婚葬祭の儀式や童話・童謡などの発祥の地であると言われる。

幼少期には，自然の中での遊びや体験を通して，感性を育み，磨く時期であり，レイチェル・カーソンの表現する生涯消えることのない「センス・オブ・ワンダー」を身に付ける重要な成長期である。周辺に土が多く，土いじりや土遊びの機会が比較的多い幼稚園５歳児と小学校３年生児童の土が好きという割合は８割前後と高かったが，ほとんど土のない都心の幼稚園の園児では５割程度であったことから，土と接することが土の好き嫌いに深く関係していると考えられる。幼稚園児が富士登山体験の中で木や草，コケ・地衣，溶岩・岩石，空気，水，土，雲，星など，様々な観察や対話，コミュニケーションを通して見たこと，感じたことはとても貴重である。子ども達が砂礫地を登る途中で，植物が見られなくなって，土の存在に気づいたことは大きな発見である。そして，食料生産の場として考えるに至ったことは重要である。また，がれき地と土の違いについて，手で触れて確かめて，知ったことが感性を育んだと考えている。幼稚園に戻った後もサツマイモづくりの際に土の話をする園児がいたことから，富士山登山時に考えたことが土壌リテラシー育成の第一歩となったと考えている。

幼児教育学系短期大学及び教員養成系大学の学生たちの大方は，将来保育士あるいは教師として子ども達の教育等に携わる職業に就く。しかし，学生たちの家庭教育や学校教育における土壌教育が消極的であったことから，土壌への関心・理解は乏しいのが実態である。短大・大学で，土壌を取り上げ，講義や観察・実験を実施した後のアンケート調査では，土壌への関心・理解は相当進み，土壌教育の成果が認められた。とはいえ，土壌保全に向けた行動，将来の教育活動の中での土壌教育についての考えは消極的であり，課題として残った。

成人への土壌教育は，博物館での観察会・科学教室等で実践した。温暖化と土壌呼吸を題材として実験等を踏まえ，グループ討議や意見交換，発表等を行った。その後，自己採点の方法でルーブリック評価した。その結果，「認識」，「知識」は達成度が高かったが，「評価能力」，「参加」は低かった。土壌リテラシーの育成には，土壌教育の実践が関心・理解を高め，「態度」・「技能」がアップし，「評価能力」・「参加」につながることが必要であり，最も重要な参加や行動に反映されていくことが目標であったが，十分には達成されなかった。この点が，環境教育の抱える課題であるとともに，土壌リテラシー育成にも欠かせない目標である。また，地球環境問題の解決には，1992年リオ・地球サミット（国連環境開発会議）で発信された「Sustainable Development」，「Think Globally, Act Locally」（井口，2002；(財)地球・人間環境フォーラム，1999）の考え方を捉えた取組が必要である。

第8章　諸機関等と学校教育との連携に基づく土壌教育の模索と実践及び課題

第1節　諸機関等と学校教育との連携に基づく土壌教育の模索と実践

21世紀は「知識基盤社会」の時代を迎え，グローバル化が進行する中で，学校教育では「生きる力」を育成する基本理念のもと，子どもの「確かな学力」や「豊かな人間性」などを育むことが求められている。知識・技能の活用力や自分とは異なる文化や背景をもつ人々との関係構築力などを育成することは，変化の激しい社会を生き抜いていく上で，重要である。このような要請に応える学校づくりを進めていくためには，学校の教育資源だけではなく，学校外の教育資源を積極的に活用していくことが必要である（産学連携によるグローバル人材育成推進会議，2011）。2006年には教育基本法が改正され，その第13条には「学校，家庭及び地域住民その他の関係者は，教育におけるそれぞれの役割と責任を自覚するとともに，相互の連携及び協力に努めるものとする。」と記されており，新しい時代にふさわしい教育を実現するには社会全体で子どもの教育に取り組む必要性があることが示されている。高等学校学習指導要領理科の課題研究では，「指導に効果的な場合には，大学や研究機関，博物館などと積極的に連携，協力を図ること」（文部科学省，2009b）とあり，「大学や研究機関，博物館などと学校が適切に連携を行うことで効果的な指導が行われていることから，例えば先端科学や学際的領域に関する研究など課題の内容等によっては，大学や研究機関，博物館，科学館などとの積極的な連携，協力を図るようにすること」，「連携先としては，これらの機関や施設のほか，教育センターや企業などが考えられる。専門的な指導を受けたり，連携先の機器などを活用したりして，研究の質を高めることが大切である。」としている（文部科学省，2009b）。

土壌リテラシーの育成は，図 8-1 に示した通り，様々な関係機関と連携して土壌教育していくことにより，達成が容易になると考える。教員は，①総合教育センター，②学会，③自然系博物館，④大学等が開催する土壌研修会や観察会，公開授業等で土壌を学ぶことができる。筆者は，これらの機関で土壌観察会や研修会，土壌研究発表会，公開シンポジウム等を体験してきた（福田，2017a）。そして，学校教育や社会教育，生涯学習教育を通して，児童・生徒，学生，成人，親，教師などの土壌教育に関わってきた。その結果，着実に人々の土壌への関心は高まり，土壌理解が進み，土壌の大切さ，重要性の認識を持つ人々が増加した。特に，児童・生徒は知的好奇心が旺盛であり，出前授業等で「土の不思議」をテーマに話をしたり，実験等を行うと強い関心を持つようになる。また，教師は土壌についての様々な知識や情報，観察・実験手法を入手すると，学校現場に持ち帰って教材化し，実践するこ

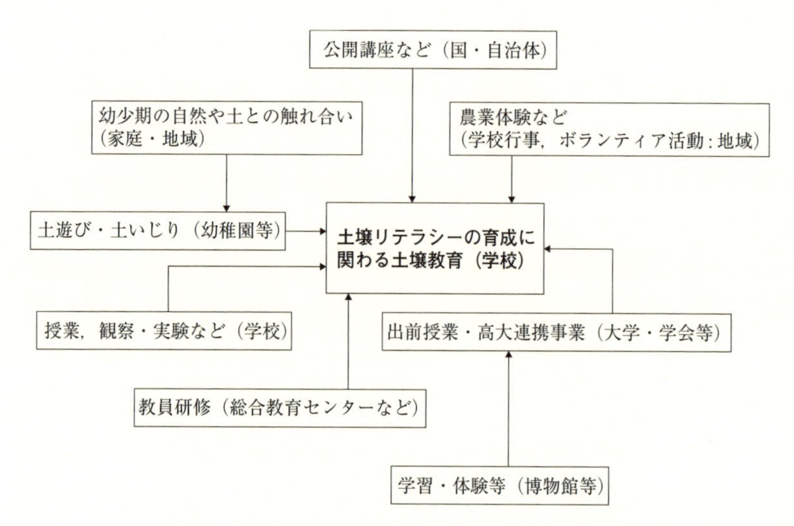

図 8-1　土壌リテラシーの育成に関わる土壌教育

とにつながる。

埼玉県立南教育センター（現在・埼玉県立総合教育センター）では，高校理科教員対象の研修会講師を担当し，土壌呼吸実験や土壌吸着実験を実施した（福田，1988d）。実施後，実験について様々な質問を受け，教師たちの強い関心を感じた。その後，授業で取り上げ，実践したという報告があった。また，東京都教育研究所では3泊4日で小・中・高校教員対象の現地巡検が実施され，「土壌教材の活用」に関する研修会（福田，1998c）として，土壌断面観察や野外での土壌呼吸測定実験，土壌動物による自然度調査，土壌形成過程の観察（福田，1995b，1995c，1996a，1998b）を行った。その後，参加した教師たちの勤務校の授業で土壌を取り上げ，土壌を使った観察・実験を実践したという報告を受けた。さらに，日本自然保護協会等主催の土壌観察会（第1回〜第7回）では，褐色森林土や黒ボク土，未熟土，褐色低地土，グライ土，泥炭土をそれぞれの土壌が分布する現地で土壌断面観察及び調査を実施し，様々な実験や簡易土壌モノリスの作成を行った（福田，1993a）。土壌観察会が珍しかったことから参加者は全国各地から集まっていた。この観察会は，日本自然観察指導員対象ではあったが，大学教員や小・中・高校教員，博物館学芸員，報道関係者が参加していた。このような機会を積極的に設定したことにより，あまり関心が持たれていない土壌が大学や博物館，小・中・高校現場で取り上げられた。その後，理科教育研究会で取り上げられるなど，波及していった。この観察会が新聞で報道されたことから，反響は大きかった。児童・生徒に土壌教育を実践するには，まず教師が土壌の生成や性質・機能，自然界における役割，世界の土壌問題の発生・原因などをを知ること，理解することが第一歩である。様々な土壌観察会や土壌研修会に参加することが，教師の土壌知識，認識を高めることになり，児童・生徒の土壌リテラシーに重要な役割を果たすことになると考えている。

第2節　諸機関と学校教育との連携の構築

土壌リテラシーを育成する土壌教育を推進するには，幼稚園教育や学校教育だけでは難しい。近年，学校と関係機関（大学，研究機関，博物館，企業など）との連携が盛んである。また，キャリア教育の観点から，農家やJAなどでの体験が盛んであり，土と関わる機会が作られている。前述の通り，埼玉県は小学生が大学で授業を受講する「子ども大学」（当事業は2010年度から始まり，子供の学ぶ力や生きる力を育むとともに地域で地域の子供を育てる仕組みを創るため，子ども大学の開校を推進している。）を開催している。私が担当した「子ども大学」では，小学生4～6年52名が雑木林内の樹木の観察後，落ち葉めくりと土壌断面観察を体験する授業を行った（福田，2014e）。落ち葉めくりでは，落ち葉が土に変化していく様子を観察した。また，土壌断面観察では小学生たちが交代でスコップを使って試坑を掘った。穴掘りは全員が初めてであり，断面の土の色や硬さ，粘り気などが変化することを実体験した。授業後のアンケート調査で小学生の実に9割以上が土に興味を持ち，土が層を持っていること，土の中にいろいろな動物がいること，腐った落ち葉が混じって黒っぽい土になること，下の土は茶色く粘っていること，さらにその下の層には石があることなどをまとめていた。土壌観察後，今世界の土（とくに熱帯地方の土）が風雨によって失われて砂漠化したり，土の働きが低下したり，異常気象下で降雨量が減少し旱魃となったり，汚染されて，食糧生産が難しくなっている農地が増えていることをパワーポイントを使って説明した。また，森林を守ること，土を保全することの大切さを説明した。児童たちは，しっかりと話を聞き，感想文を書いていた。

【感想文の一部】

・土をはじめて掘った。土がやわらかいのは表面近くだけで，その下はかたくて掘れなかった。また，水を含んでいて重かった。おどろいたのは，土

1 cm できるのに百年と聞いたこと，スコップでちょっと掘ると5百年くらい前の土かなと思ってふしぎに感じた。

・世界の土が大変なことになっていることをはじめて知った。土はあまりきれいでないと思っていやだったが，いろいろな働きをしている大切なものであることを学んで，これからは大事にしたいと思った。

・土ができるのにいきものが関係しているとは思わなかった。でも農薬や化学肥料の使い過ぎで土のいきものがいなくなり，土がつくられなくなるので，あまり農薬や化学肥料をつかわない農業をして欲しい。そうしないと，土がだめになって食べ物がつくられなくなってしまうので困る。

・土が雨や風によってなくなっているというのを聞いて，それをふせぐにはどうしたらいいか知りたい。森林を守るという話があったが，土を守ることとなるのか。

・授業は楽しかった。そして，とても勉強になった。月には土がないと聞いた時，何でかがわからなかった。落ち葉をめくっていくと，落ち葉が土になっていく様子がよくわかった。月には落ち葉がない，いきものがいない，だから土がない。「砂漠に土はあるかな。」と聞かれた時，土はあると答えてしまったが，砂漠には落ち葉がない，だから土がない。月と同じと思った。

中学生が博物館で校外授業を受講した時，館員が収蔵されている土壌モノリスを使って説明したり，野外で土壌断面を観察したり，採集した土を使って様々な観察・実験を実施した。その後，生徒たちの発表では普段の学校の授業とは異なる学習でとても新鮮だったこと，館内展示に興味を持ったこと，土の観察・実験に強い関心を持ったことなどが発表された。後日，その中学校は博物館の貸出資料を使って，授業を行っていた。大学や学会と連携して数多くの幼稚園や小・中・高等学校で出前授業を実践してきた。このような学校と学校外の教育機関あるいは生涯学習機関などとの連携による様々な学習機会の提供は，大きな教育成果を上げている。園児や児童・生徒は「普段の場所と異なるところで勉強できるのが楽しい」,「少し難しい話があって理解できないところもあるが，友達との話し合いや教え合いでわかったりする」,「いろいろな話が聞けてよかった」などと話していた。そして，おもしろい実験やわかろうとする努力が関心・理解・知識の増進につながる。

大学，学会，博物館の他にも，都道府県・市町村の総合教育センターや教育研究所，生涯学習施設（動物園・植物園・水族館・公民館・図書館・野外活動センター・ビジターセンター・少年自然の家等），研究所・試験場，民間企業等を活用したり，コラボレーションすることで，土壌教育の推進や土壌リテラシーの育成のための方法や場の幅が大きく広がっていく（図8-2）。大学や研究機関を児童・生徒が訪れ，専門家の話を聞いたり，施設の見学をしたりすることの意義は大きい。事業を円滑に推進するには，国・地方行政の主催あるいは後援があると手続がスムーズに進むのでよい。教育基本法に記されている通り，関係機関等との連携・協力の推進は，我が国の教育が改善・発展し

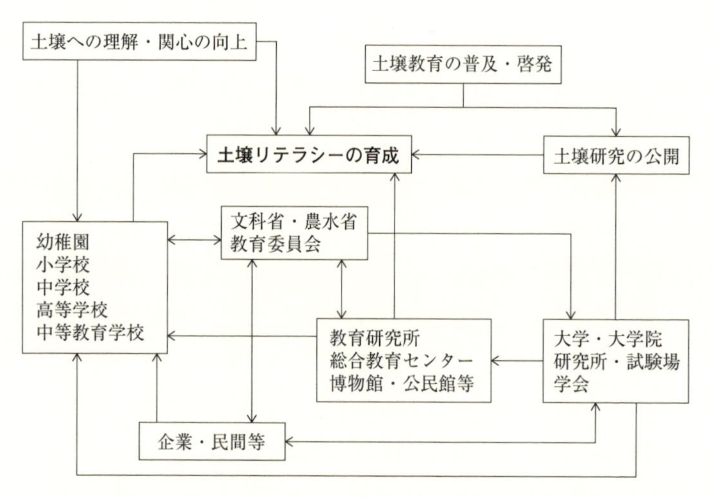

図8-2　土壌リテラシーの向上に向けた土壌教育の推進を図る諸機関との連携の在り方の関係図

ていくことになる故，各学校が連携のための申請手続きを行って，バックアップを受けられるようにしたい。

多くの学校外の機関や施設では，様々な植物や動物，地質，星座などの自然教室や観察会，探鳥会などを開催し，調査研究等がアウトリーチされている。しかし，土壌観察会や土壌研修会を実践しているところは極めて少ないのが実態である。全国の自然系博物館における土の取り扱いに関する実態調査を実施した結果，土壌標本や土壌モノリスなどの展示物，土の解説版，リーフレットなどがあるという博物館はわずか数%に過ぎず，様々な自然観察会で土壌を取り上げ，観察や解説などを実施している博物館は皆無に近いことが明らかとなった（福田，1996b）。また，土壌を研究している学芸員が極めて少ないことも判明した。土壌に関する解説書あるいは冊子があれば，それを観察会で活用することができることから，日本土壌肥料学会では普及啓発本を作成し，配布したことがある（福田，1995c）。小﨑（2008），小﨑ら（2009）は，エコツーリズムの中で土壌・環境・理科教育を拓く試みをしている。我が国では超高齢化が進み，過疎化や耕作放棄地などが大きな社会問題となっている。今後，これらの課題解決策としてのグリーン・ツーリズムやアグリフォレストなどを展開・実践する自治体が増加し，親子や学校が積極的に参加・体験する方策として，里山里地の廃屋や様々な施設，耕作放棄された農地などを積極的に活用した土壌教育活動を考えていくことは重要である。また，学校等は農林業従事者に協力を依頼して，農林業活動を行ったり，指導助言していただくとよい。

第1項　日本土壌肥料学会における土壌教育の推進のための取組

日本土壌肥料学会は1927年に設立された。1982年には学会内に土壌教育検討会（1983年土壌教育強化委員会，1984年土壌教育委員会に名称変更）が設置された（木内，1984）。検討会設置当時は，様々な環境問題が地球的規模に拡大し始め，土壌劣化に伴う砂漠化が深刻となりつつある頃であった。また，環境教育の普及が叫ばれ，土壌への関心・理解の増進が求められていた。設置後，土壌教育の実態把握のために全国の小・中学校教師対象のアンケート調査を実施したり，小・中学校教科書の土壌記載内容の検討を行ってきた（木内，1987)。しかし，学校教育の場で土壌教育実践がほとんど行われず，不活発状態であったため，1990年代には土壌教育委員会の活動はほとんど行われなくなった。筆者は，2004年に日本土壌肥料学会土壌教育委員会委員長（～2014年）を委嘱され，改めて学校教育における土壌教育の課題を調査した。その結果，児童・生徒の土への関心が低いこと，教師の土の知識・理解が乏しいこと，教科書における土の取扱いに問題があること，土壌の内容・項目が様々な教科科目に散在していること，取り上げられている内容・項目には関連性や系統性が薄いこと，土壌を使った観察・実験が少ないこと，土壌の指導書がないこと，土や土壌に関する記述に誤り及び不明な点があること，親の子どもへの土の指導に問題があること，などが明らかとなった（福田，2014b)。そこで，①親子，児童・生徒参加の土壌観察会実践，②教師対象の土壌研修会実践，③普及啓発本の作成・発行，④学習指導要領への土壌指導項目・内容に関する文部省（現在文部科学省）への提言・要望，⑤社会人等対象の土壌観察会の実践，⑥出前授業，講演会，シンポジウムの実践，などを実行してきた（図8-3)。

(1)土壌観察会

1990年代に入り，委員会は土壌の理解増進，土壌教育の普及啓発に観察会が重要と考え，1995年に科学研究費補助金研究成果公開促進費(B)の交付を受け，小学生を対象とした「土の話と観察会」（東京農工大学）を開催した。また，1999年から2009年の間の全国10ヵ所の「自然観察の森」（牛久，横浜，桐生，油山，太白山，豊田，姫路，栗東，和歌山，廿日市の各自然観察の森）と北海道栗山町生きものふれあいの里における土壌観察会（福田，2004c）を実施した（写真8-1～写真8-4)。この開催には，多くの親子や児童・生徒，教員，指導主事，一般成人が参加し（官公庁，企業，報道からの参加者もあった），室内と野外における土壌講義や観察・実験などを実施した。また，開催各地で土壌モノリス・観察リーフレットを作成し，それぞれの自然観察の森に寄贈してきた（福田ら，2011；福田，2014b）。また，土壌解説板の設置を行ってきた。さらに，10カ所で調査した土壌断面の写真及び層位区分データ・解説を「土壌の観察・実験テキスト－自然観察の森の土壌断面集つき－」（日本土壌肥料学会土壌教育委員会編，2014）に記載した。その後，各開催地からは観察会などの際に土壌モノリスや観察リーフレットを活用したことや大変好評であったことが報告されている。

最後の10カ所目に開催した土壌観察会について述べる。開催日時は2009年8月21日（金），場所は廿日市市おおの自然観察センター「廿日市自然観察の森」，タイムテーブルは下記の通りで，主催は日本土壌肥料学会土壌教育委員会，後援は廿日市市，廿日市市教育委員会，広島県教育委員会であった。当日は小学生の親子が5組，一般の方が6名参加し，野外で土壌断面観察や室内で土壌呼吸や浄化能の実験，土壌生物の観察，土の絵の具を使った塗り絵を行った（写真8-1，8-2，8-3，8-4）。親子とも土の観察・実験は初めてであり，「土の中にたくさんの動物がいたのに驚いた」，「土の断面をはじめて見た。表面近くの黒いところが土として大事な働きをしていることを知った。」，「土の浅いところと深いところで色や硬さなどが違っていた。足の下の土の世界がどうなっているのかがよくわかった。」，「土も呼吸していることがわかり，生きているということなので不思議だった。土が気持ちよく呼吸するようにしていきたい。」，「土の絵の具で絵を描いたのは楽しかった。」，「土がよごれた水をきれいにする実験は楽しかった。わき水がきれいでおいしいのは，雨水が土の中をとおる間に浄化され，石から溶け出てくるミネラルがまざっておいしい水を作っていることがわかった。」などの感想が聞かれた。子ども達はビニール袋に入れたいろいろな色の風乾土と土の絵の具で描いた絵を喜んで持ち帰った。

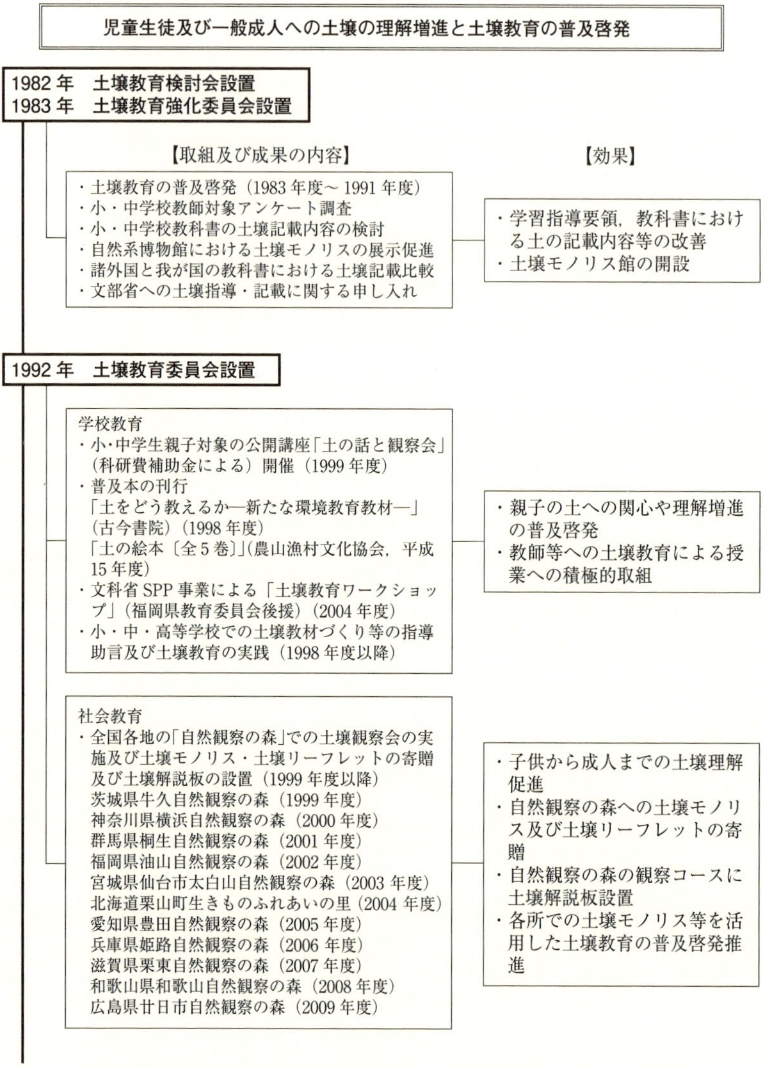

児童生徒及び一般成人への土壌の理解増進と土壌教育の普及啓発

1982年　土壌教育検討会設置
1983年　土壌教育強化委員会設置

【取組及び成果の内容】

- 土壌教育の普及啓発（1983年度～1991年度）
- 小・中学校教師対象アンケート調査
- 小・中学校教科書の土壌記載内容の検討
- 自然系博物館における土壌モノリスの展示促進
- 諸外国と我が国の教科書における土壌記載比較
- 文部省への土壌指導・記載に関する申し入れ

【効果】

- 学習指導要領，教科書における土の記載内容等の改善
- 土壌モノリス館の開設

1992年　土壌教育委員会設置

学校教育
- 小･中学生親子対象の公開講座「土の話と観察会」（科研費補助金による）開催（1999年度）
- 普及本の刊行
  「土をどう教えるか―新たな環境教育教材―」（古今書院）（1998年度）
  「土の絵本〔全5巻〕」（農山漁村文化協会，平成15年度）
- 文科省SPP事業による「土壌教育ワークショップ」（福岡県教育委員会後援）（2004年度）
- 小・中・高等学校での土壌教材づくり等の指導助言及び土壌教育の実践（1998年度以降）

効果：
- 親子の土への関心や理解増進の普及啓発
- 教師等への土壌教育による授業への積極的取組

社会教育
- 全国各地の「自然観察の森」での土壌観察会の実施及び土壌モノリス・土壌リーフレットの寄贈及び土壌解説板の設置（1999年度以降）
  茨城県牛久自然観察の森（1999年度）
  神奈川県横浜自然観察の森（2000年度）
  群馬県桐生自然観察の森（2001年度）
  福岡県油山自然観察の森（2002年度）
  宮城県仙台市太白山自然観察の森（2003年度）
  北海道栗山町生きものふれあいの里（2004年度）
  愛知県豊田自然観察の森（2005年度）
  兵庫県姫路自然観察の森（2006年度）
  滋賀県栗東自然観察の森（2007年度）
  和歌山県和歌山自然観察の森（2008年度）
  広島県廿日市自然観察の森（2009年度）

効果：
- 子供から成人までの土壌理解促進
- 自然観察の森への土壌モノリス及び土壌リーフレットの寄贈
- 自然観察の森の観察コースに土壌解説板設置
- 各所での土壌モノリス等を活用した土壌教育の普及啓発推進

図8-3　日本土壌肥料学会における土壌教育の普及啓発活動への取組（次頁に続く）

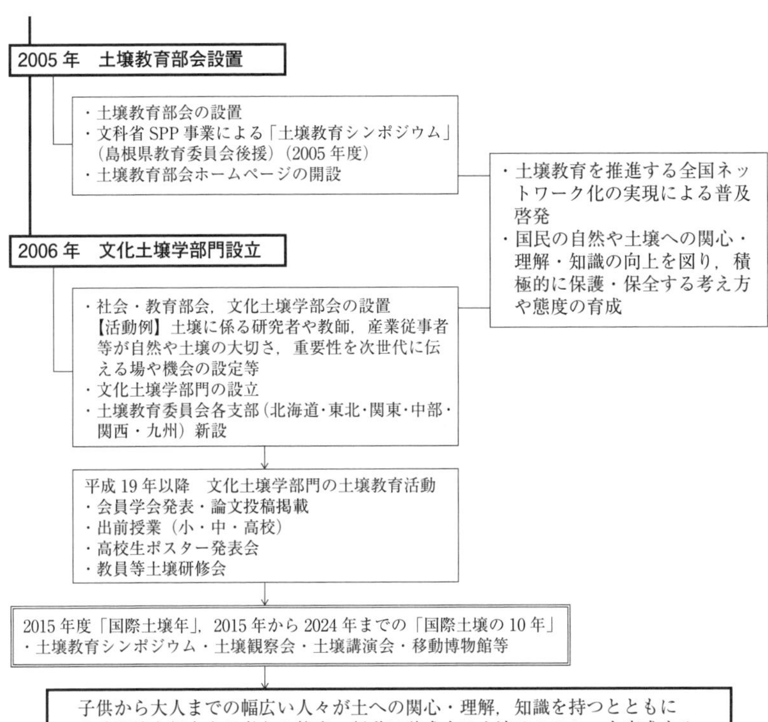

図8-3　日本土壌肥料学会における土壌教育の普及啓発活動への取組

タイムテーブル

09：30　受付

10：00　開会

10：00　福田土壌教育委員会委員長（挨拶）

10：02　廿日市市課長（挨拶）

10：05　諸注意（自然観察センター長）および参加者自己紹介

10：20　土壌の断面観察と土壌の生成過程の説明

　　　　実験試料採取およびモノリス採取実演

写真 8-1　土壌観察会（土壌断面観察）

写真 8-2　土壌観察会（土色帖による土色判定）

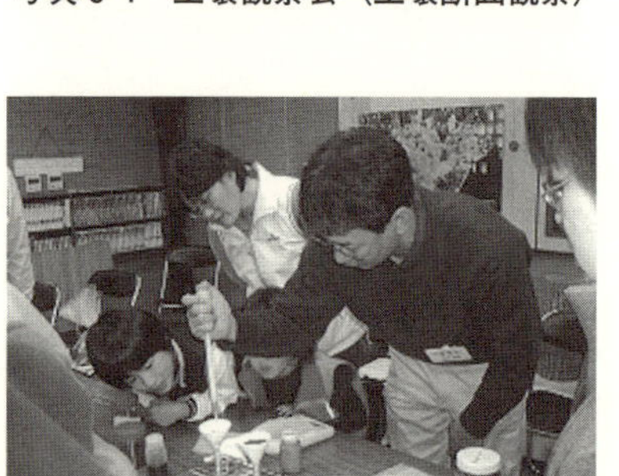

写真 8-3　土壌実験（吸着実験）

写真 8-4　土壌観察会(表土と土壌腐植)

12：00　昼食
13：00　土壌呼吸実験
　　　　土壌生物の観察
　　　　土壌の浄化能実験
　　　　土の絵の具
15：00　アンケート記載
15：15　実験の講評
15：30　解散

⑵教師対象の土壌研修会

写真 8-5　教師対象の土壌研修会（埼玉県）

教師対象の土壌研修会は，毎年実施しているが，土壌についての講義だけではなく，野外で土壌に触れて観察すること，土壌を使った観察・実験を実施することを重視して取り組んできた。以下に，これまで実施してきた土壌研修会をいくつか述べる。

2004年には小・中・高校教師対象のSPP（Science Partnership Project：文科省施策）事業として「土壌教育ワークショップ」を九州大学（福岡県教育委員会後援）で開催し，講義，野外実習，観察実験，情報交換等を実施した。参加教師たちは土壌への関心を高めるとともに土壌に対する理解を深めた。2009年，幼稚園～高校教師対象の土壌研修会（開催場所：狭山市立水富公民館，写真 8-5）を開催した（福田，2009b）。その後も毎年土壌研修会を実施している（智光山公園，埼玉県立川の博物館等）が，研修内容は参加者の年齢，学年により変えている。本研修会では，高校教師が多かったことから，午前に(1)雑木林の土壌断面観察（土壌断面づくり，層位区分調査）(2)観察「落ち葉のゆくえ」(3)水分浸透速度調査，午後に(1)観察・実験〔①土壌鉱物，②土壌粒子（レキ・砂・シルト・粘土の区分），③団粒構造・単粒構造，④土壌動物，⑤土壌呼吸，⑥土壌による養分吸着・水分保持〕(2)講義「土を探る－土壌危機を考える」などを実施した（福田，2013c)。参加した教師対象のアンケート調査から「土をどう扱ったらよいかわからない。」「土は大事だと思っているが知識が乏しい。」「土の生成や働きが教科書に載っていない。」「土を扱う時間がない。」などの理由で，授業で土を取り上げる機会がほとんどないとの様々な実態が明らかとなった。土壌研修会後のアンケート調査（過去2年間の集計：参加教師等203名）から「土に関心を持った。」(93.6%)「土壌や自然に関する様々な知識を得ることができた。」(88.2%)「研修会の内容等を授業で取り上げたい。」(79.3%)「土を使った観察・実験を授業の中で実践したい。」(57.6%)「土は児童・生徒に興味を持たせる科学教材としてよい」(71.9%)「土壌破壊や汚染の仕組が理解できた。」(82.8%)「土壌保全は遺伝子保存や食糧生産，水源保持などの面から重要である。」(91.1%) など，実施前より土壌への関心や理解が高まっていた。その反面「土はバラエティに富んでいて扱いにくい。」(53.7%)「土壌断面観察は専門的であり，実験はテクニックを要する。」(76.8%)「土は大切であるが授業で扱う時間がない」(65.5%) などの課題が明らかとなった。

2011年，SSH 校における土壌観察会を実施し「加治丘陵の植生と土壌」というテーマで露頭観察（地層と土壌，土壌断面），生態調査（植生と土壌，植物遷移と土壌，土壌動物）を行った（福田，2011a)。近年，児童・生徒の土の研究が多くなり，教師の土壌を取り上げた論文も少しづつ増えてきている。特に，SSH 校における課題研究テーマとして土壌が積極的に取り上げられている。また，土壌をテーマとした出前授業の依頼が増える傾向にある。土壌研修会等の実施後，土壌教育に取り組む学校が報告されるなど，学校教育における土壌教育の普及が着実に広がっていることを実感している。今後，更なる土壌教育の普及啓発に向けて研修活動，出前授業，観察会などの一層の充実に努めることが重要であるとともに効果的であると考えている。

(3)普及啓発本の作成

日本土壌肥料学会土壌教育委員会は，今日まで土壌教育の推進に向けて普及啓発本を作成し，出版してきた。1998年教師向けの普及本として「土をどう教えるか―新たな環境教育教材」（古今書院）を刊行した。この書籍で取り上げた土壌内容が学習指導要領に準拠していたこと，事例を多数掲載し，様々な観点から取り上げたこと，が授業で活用できると好評であった。その後，学習指導要領の改訂に伴い，改訂版として「土をどう教えるか―現場で役立つ環境教育教材―」（古今書院，p.29）（浅野ら，2009a；2009b）を出版した。この書籍は上巻・下巻からなり，上巻は小学校及び中学校，一般向けのものとし，図表や写真，イラストを多く取り入れ，授業や野外観察などでそのまま使えるように編集した。一方，下巻は高等学校向けで，教科横断して「土壌」の役割，機能などが理解できるように編集した。児童・生徒たちが読んでも地球上の生態系・食物連鎖・物質循環の基盤になっている「土壌」の役割，機能を理解するとともに，食料生産や資源として人間社会に果たす「土壌」の重要性を学ぶことができる。また，様々な観察・実験や課題研究，トピックスを掲載しており。土壌への関心・知識を高めることが可能である。さらに，理科（生物，地学，化学など），家庭科，地歴科（地理）など，土壌に関連した高校の教科・科目に役立つ資料と課題研究マニュアルを付記しており，他教科でどのような内容が扱われているかがわかる。

2002年，親子向けの本として「土の絵本」（農山漁村文化協会，各p.29）を刊行した（日本土壌肥料学会編，2002）。この本は「土とあそぼう」「土の中の生き物」「土と作物」「土と風景」「環境を守る」の5分冊からなっており，幼稚園や学校，図書館，博物館，児童センターなどで広く読まれている。大学では授業教材として使用しているところもある。その後，この絵本は産経児童出版文化賞を受賞した。

学校教育現場や土壌観察会等で活用されることを目指して，「土壌の観察・実験テキスト―土壌を調べよう―」（日本土壌肥料学会土壌教育委員会編，2006）を出版し，その改訂版である「土壌の観察・実験テキスト―自然観察の森の土壌断面集つき―」（日本土壌肥料学会土壌教育委員会編）（日本土壌肥料学会土壌教育委員会編，2014）を出版した。

⑷学習指導要領の土壌指導項目・内容に関する文部省（現在文部科学省）への提言・要望

1983年，日本土壌肥料学会土壌教育強化委員会は教科書の土壌記載についての改善を文部省に提言した。1985年には土壌教育に関する要望書を都道府県・大学などの教育関係者，国会議員，博物館など，土壌教育に関係した機関・人々に送付して，土壌教育強化への理解を求めた。1997年，土壌教育委員会は学習指導要領改訂に向けて関連教科の土壌記載内容の改善を提案・要望した。2009年，福田（2009a）は改定案の土壌の取扱いに対して詳細なパブリック・コメントを文部科学省に送付した。2015年，国連が「国際土壌年」を決議した。我が国は，GSP（Global Soil Partnership）に加入し，深刻化している土壌劣化に貢献することを示した。

今後，土壌問題を理解し，保全する態度や行動を備えた人材育成に向けて教育することは必然となる。そこで，小学校，中学校，高等学校理科あるいは生物などの教科科目で取り上げることが望まれる土壌内容について，現行学習指導要領に欠如している単元項目として，小学校では「石と土」（1998年まで取り上げられていた），中学校では「土壌呼吸」，高等学校では「土壌断面」を導入することを要望書に盛り込んだ（平井ら，2015；福田，2015b）。そして，2015年に日本土壌肥料学会の要望に賛同した19学会が加わった要望書が作成され，学会長より文部科学省に提出された。

⑸出前授業

出前授業とは，小学校や中学校，高等学校に出向いて行う授業であり，事前に実施する学校の担当教師と十分に打ち合わせをすることが重要である。授業科目や単元，ねらいなどを話し合い，どんな内容を取り上げるかを決める。授業指導案や授業資料ができたら，学習活動の流れや量，難易の程度をチェックしておく。学習指導要領小学校理科の目標では，「自然に親しみ，見通しをもって観察，実験などを行い，問題解決の能力と自然を愛する心情を育てるとともに，自然の事物・現象についての実感を伴った理解を図り，科学的な見方や考え方を養う。」（文部科学省，2008b）と記されており，「実物を観る」，「実物に触れる」直接体験を通した観察を行うことは重要である。特に，野外で観察などを実施する場合は，事前に現地踏査を行い，①観察場所の安全性の確認，②観察場所が私有地の場合は事前に許可をとっておく，③むやみに生物や岩石の採集をしない，④毒をもつ生物に注意をする，⑤事故防止に配慮する，などに留意する。

①学会主催

㈠京都大会開催事業「出前授業：京都市立北白川小学校」

日本土壌肥料学会は，2009年に出前授業と高校生ポスター発表会を新事業として設置した。そして，その年の京都大会で出前授業を京都市立北白川小学校（京都市教育委員会・日本土壌微生物学会・日本ペドロジー学会後援），高校生ポスター発表会（京都大学，京都府教育委員会後援）を京都大学で開催し，ともに好評を博した。出前授業の実施概要について述べる。

・実施日時：2009年８月28日　10：50～12：20
・授業場所：体育館
・実施学年：第３学年60名，第６学年52名
・日程

　　10：45　小学３年生と６年生が体育館に集合
　　10：50　学校長挨拶

10：55　日本土壌肥料学会土壌教育委員会福田委員長挨拶

11：00　授業概要説明：実験の種類と実験方法，進め方の説明

11：05　授業「土の秘密を探る」

課題１「３種類の土がどこの土かを５感で調べる」

課題２「土の粒子を観察する」

課題３「土が水をきれいにする（土の吸着）」

12：00　DVD による土壌動物および土壌呼吸の説明

12：10　実験のまとめ：土の粒子，土の吸着

12：15　授業のまとめと挨拶

・児童の反応

55分で３つの課題に取り組み，４グループともほぼ予定通り実験が進行し，期待された結果が得られた。児童たちは熱心に実験を行っていた。最初に「土を触りたくない」，「土は汚いもの」と思っている児童に挙手させたが，数十人が手を挙げた。しかし，土の実験にはほぼ全員が取り組んでいた。土の粒子実験では，ペットボトルに土を10g 入れ，水を加えて激しく振り，放置した後，粒子の沈殿の様子を観察した。児童たちは，「重力が働いて大きい粒が早く沈み，細かい粒がゆっくり沈んで層になる。」と答えていた。また，「水面には浮力によって浮いている枯れ葉などの有機物である。」と答える児童がいた。よく気づいたことを指摘したが，他のグループも確認していた。あるグループではアリが浮いて動いているのを発見し，ミミズやムカデなどがいないかを真剣に探していた。

土の吸着実験では，水で薄めた青インク液を横に半分切ってロート状に重ねたペットボトルを３つ作って濾紙を敷き，それぞれに土，砂を入れたものと何も入れないものにスポイトで滴下し，浸透してきた液体の色が薄くなっていたことを観察した。各グループとも落液の色は，林土でごく薄い青色，砂で薄い青色となった。砂は，小学校の砂場の砂を使ったので，少し土（主に粘土）が混ざっていた。粘土の存在を知らない児童たちに砂の方が土より

吸着されると捉えられる可能性があるので，砂で薄い青色になった理由を説明した。土と砂の吸着力の違いに気付かせるためには，予め洗浄した砂を用いたり，川砂を用意する方がよいと考えられた。最後に全児童に授業の感想を聞いたが，課題実験を通して土に興味を持った児童が多かったことがわかり，出前授業の当初の目標は概ね達成できた。

⑷鳥取大会開催事業「出前授業：鳥取大学附属中学校」

2012年鳥取大会では，鳥取大学附属中学校第３学年を対象に出前授業「土の不思議を探る」を実施し，土の話・土壌断面観察，観察実験（土壌粒子，土壌吸着，土壌呼吸）を行った。授業終了後実施したアンケート調査から，授業に対して「よくわかった」・「わかった」が87.8%「とても楽しかった」・「楽しかった」が92.3%と好評であった。また，土について「強い関心を持てた」・「関心を持てた」が75.7%であり，ほぼ目的を達成できた。さらに，生徒の感想を読むと「実験が楽しかった」「わかりやすかった」「土の重要性を知った」「ふだん考えない土について学んだことはとてもよかった」「土の話は初めて聞く内容であり，土の大切さがよくわかった」「食糧を作る土が世界の至る所で劣化していることを知って，食糧をムダにしないとともに土をもっとしっかり学びたいと思った」など，出前授業を通して土壌に興味・関心を持った生徒が多いことがわかった。

②土壌教育委員会主催

2010年，狭山市立水富小学校（主催・後援：狭山市教育委員会・埼玉県教育委員会・日本土壌肥料学会）で出前授業を実施した。対象学年は第６学年，授業時間は８時50分～12時40分の４時限であった。

⑺実施概要

・実施日　　平成22年３月11日

・実施校　　狭山市立水富小学校

・授業時間・内容

　第１～４時限 「林の自然を探る－土の世界」

第１限（８：50～９：40）　教室での準備（授業の日程・内容，班編成，調査用具の準備，諸注意）・林への移動

第２～３限（９：50～11：40）　野外での観察

調査活動（班別）

調べたことの報告（班別）・質疑

学校への移動

第４限（11：50～12：40）　まとめ・感想発表，アンケート及び感想文（教室）

・対象児童　第６学年37名（男19名，女18名）

・引率教員　学年主任・担任・副担任・「総合的な学習の時間」担当

・講師　日本土壌肥料学会土壌教育委員会委員長　福田　直

小学校６年生の出前授業では，「総合的な学習の時間」が充てられ，４時間の授業を担当した（福田，2010d）。「林の自然を探る」活動では，前回「植物の世界」を探究することを課題とした。児童たちは，森林の階層構造，樹種，林内外の気温・照度・湿度などを調べた。森林の樹種はコナラやクヌギ，クリなどの落葉広葉樹とスギ，ヒノキ，マツ，カシなどの常緑針葉樹のエリアに分かれていた。スギ，ヒノキは人工林の主要な樹種でもあった。そして，本授業では「土の世界」を探究することが課題であり，常緑針葉樹林地（人工林地）と落葉広葉樹林地の土壌の比較調査を行った（写真8-6）。調査することや注意事項，観察道具の使い方などを説明した後，現地に移動した。土壌の観察・調査を班別に行うため，班編成と調査用具（ルーペ，土壌硬度計，アクリルパイプ，ストップウォッチ，ものさし，双眼実体顕微鏡，シャーレ），スコップ，移植ゴテ，ビニール袋，図鑑などを準備した。現地では，諸注意，調べたことを班ごとにまとめること，発表することを話した。調査は，６～７人から成る班別で行った（写真8-7）。落ち葉めくりや土壌断面調査，土壌硬度及び水の浸透速度の測定，臨床の植物種数調査を実施した。また，サンプリングした土壌中の動物数は，土を100cm^3 30分ツルグレン装置に設置して

落葉広葉樹林

針葉樹林（人工林）

写真 8-6　出前授業「林の自然を探る一土の世界」調査地の様子

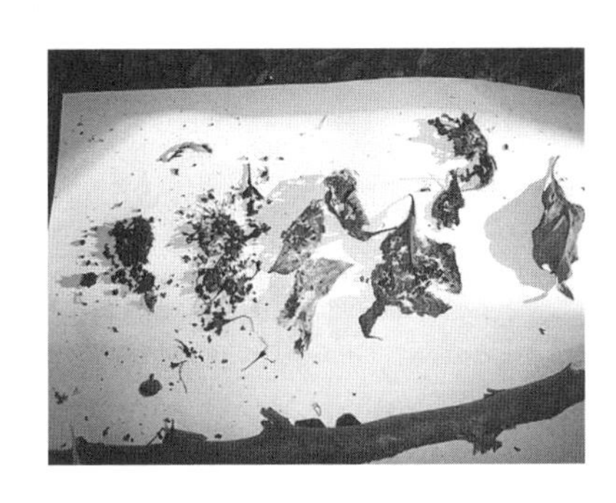

写真 8-7　林の中の土壌実験及び土壌動物調査，落ち葉めくりの様子

抽出し，双眼実体顕微鏡でカウントした。わからないことは図鑑で調べたり，教師に質問すること，互いの意見や考えを尊重することを児童たちに話した。各班は体験あるいは調査したことを記録用紙に書き，話し合ってまとめ，発表した。

(イ)結果

班別行動による調査の結果を表8-1に示した。最初に，落葉広葉樹林と常緑針葉樹林で落ち葉めくりを行った。その結果，葉が動物に食われて細かくなり，だんだん腐って土になっていく様子を確認した。その時，常緑針葉樹林に較べて，落葉広葉樹林では落ち葉が多かったことがわかった。また，スギやヒノキの葉はコナラなどに較べてあまり分解が進んでいないことが明らかになった。落葉広葉樹林と常緑針葉樹林の表土の土壌硬度はそれぞれ2.4kg/cm^{3}と7.3kg/cm^{3}であった。児童たちは落葉広葉樹林の方が落葉落枝が多く，表土も踏むと沈むくらいやわらかいと発表していたが，データからも明らかであった。そして，児童は落葉広葉樹林の土はやわらかく，すき間が多いことが考えられると発表していた。そのため，水の浸透速度はすき間の多い落葉広葉樹林土で大きく，すき間と深く関係していることを発表していた。土壌動物数と林床の植物種数はともに落葉広葉樹林の方が多かったが，その理由は餌となる植物や養分となる枯れた落ち葉の栄養が豊富であったことである，とまとめていた。落葉広葉樹林の土がすき間が多いと推論するの

表8-1　落葉広葉樹林地と常緑針葉樹林地の土壌硬度，土壌動物数，水の浸透速度，林床の植物種数の相違

樹種別土壌	土壌硬度 (kg/cm^3)	土壌動物数 (匹 /100cm^3)	水の浸透速度 (ml/ 分)	林床の植物種数 (1m 四方)
落葉広葉樹林土	2.4	38	329	11
常緑針葉樹林土	7.3	7	190	2

土壌硬度は山中式土壌硬度計を用いて，表土の硬度を測定した。
土壌動物数は，ツルグレン装置によって抽出した動物数を数えた。
水の浸透速度は，第4章第項のアクリルパイプ（長さ150cm，内径20mm）を用いた。

はよいとして，その科学的根拠，理由をきちんと説明することは重要である，ということを児童たちに話した。そして，落葉広葉樹林土は常緑針葉樹林土と較べて，団粒土壌の占める割合が異なることを解説した。実際に，団粒土壌を手に取って確認させ，両林地表土の団粒土壌の量を較べさせた。

㈦生徒の感想

・土のすき間のことがわからなかった。グラウンドの土はすき間がないのはわかるが，何でスギ・ヒノキの林の土にはすき間が少ないのか，考えてもわからなかった。でも，仲間と考えることができてとても楽しかった。

・落ち葉の枚数が数えきれないほど落ちていた。落ち葉はコナラなどの落葉広葉樹の方がスギやヒノキ林よりもはるかに多かった。落ち葉の葉を集めると，落葉樹林で９種類，針葉樹林で２種類であった。

・落ち葉めくりでは，落ち葉を上から順に白い紙に置いていったら，最後は土になっていた。また，下の方の落ち葉は湿っていて，白いカビがたくさん生えていた。

・コナラやクヌギの葉に較べると，スギやヒノキ，カシの葉はあまり分解していなくて葉形が残っていた。

・ツルグレン装置に鏡で反射光が当たるように置くのが難しかった。時々当てる方向を調節するようだったが，それで地球が動いているのではないかということがわかった。

・土を食べて，ミミズはくさった落ち葉とともにダニやカビも一緒に食べる。落ち葉を分解し，土のかたまりのようなふんを出す。それは，団粒といい，いい土になることがわかった。

・土壌の硬度を測ったのは初めてだったが，数字で土のかたさがはかれる硬度計はすごいと思った。

・林の下の植物調べでは，図鑑を見たが全く分からず，困っていた。仕方がないので，名前はわからなかったけれども葉や花の違いから種類が違うと判断した。

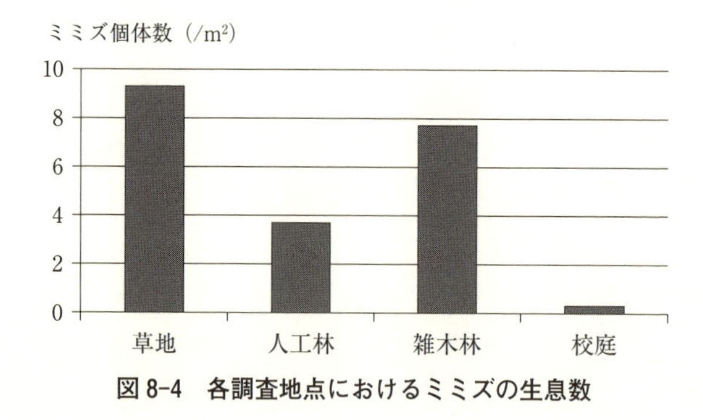

図8-4　各調査地点におけるミミズの生息数

・水の浸透速度を測定するのは，水がすぐにアクリルパイプの中を落ちていくので難しかった。

・ミミズはこまかい土をかためたふんを出し，土をかき回すなどをしていい土を作る。

この出前授業の中で話題になったミミズの調査を実施し（図8-4），ミミズの土づくりなどの興味深い報告があった。日本の国土は，その約67%（約2,500万 ha）が森林に覆われており，その多くは水源地である。森林土壌は水源かん養機能を担っており，安定した流量できれいな水を供給する役割を果たしていることを話したところ，名水，天然水，ミネラルウォーターが話題となった。そして，おいしい水が土中を通って作られることが話し合われた。

⑹学会内の部会・部門の新設

2004年筆者は土壌教育委員会の活動の活発化，広域化及び初等・中等教育あるいは生涯学習教育における土壌教育の推進及び普及啓発，理解増進を図るために日本土壌肥料学会に土壌教育部会を新設することを強く要望した。当学会には，教育に係る部門，部会はなく，幼稚園や小・中・高等学校教員が入会して発表，論文投稿等の活動に参加する会則がなかったため，教諭等の会員登録者はわずかであった。学会評議員会，理事会ではなかなか理解されなかった。「なぜ設置する必要があるか。」，「教育分野を研究している会員がほとんどいない。」などの理由で，承認を得るのは難しかった。その後，趣意書を提出して再三きめ細かい説明を行った。そして，2005年に第5部門「土壌生成・分類・調査」内に「土壌教育部会」が新設された。その翌年には，第9部門「文化土壌学部会」が新設され，「土壌教育部会」は「社会・教育部会」に改められ，これに「文化土壌学部会」が併合され，「社会・文化土壌学」部門に昇格した。また，土壌教育委員会の活動を活発にするために6支部（北海道・東北・関東・中部・関西・九州）に各支部土壌教育委員会を新設した。そして，これまでの土壌教育委員会を本部とし，各支部より選出された委員1名を本部委員とした。各支部は，土壌教育活動を積極的に実践し，定期的に学会に活動報告することとした。

十年間の委員長を含めて16年間に及ぶ土壌教育委員会等の活動は，我が国の土壌教育の普及・啓発に大きな役割を果たし，様々な実績を上げてきたと考えている（図8-3，表8-2）。埼玉県内の小・中・高等学校における土壌教育の実施率を2000年と2012年で比べると，小学校では多少下がったが，中学校と高等学校では上がっていた（図8-5）。小学校での実施率低下は，学習指導要領の変更の影響と捉えている。また，土壌観察会及び研修会への小・中・高校教員の参加率は，いずれも上がっていた（図8-6）。上昇率は小さかったが土壌教育委員会の活動の成果が表れたものと見ている。

表8-2　我が国の土壌肥料の普及啓発の歴史

年	事項
1912	肥料懇談会設立
1933	日本土壌肥料学会設立
1982	日本土壌肥料学会に土壌教育強化委員会設置
1983	初中等教育における土壌教育に関する全国アンケート調査実施，文部省に教科書の土壌記載改善に関する提言
1984	土壌教育強化委員会を土壌教育委 員会に名称変更

1985　「土壌の教育充実に関する要望書」を大学・教育委員会・衆参両議院文教委員会等に配布・陳情

1995　小・中学校教師のための副読本「教師のための土のはなし」（古今書院）刊行，小学生対象「土の話と観察会」（東京農工大学，科研費補助金研究成果公開促進費（B））開催

1997　学習指導要領改訂に伴う関連教科の土壌記載内容改善要望書提出

1998　日本土壌肥料学会土壌教育委員会編「土をどう教えるか―新たな環境教育教材―」（古今書院）刊行

1999～2009　全国各地（計 10ヵ所）「自然観察の森」における土壌観察会実施（各地で土壌モノリス・観察リーフレットを作製・寄贈）

2002　日本土壌肥料学会編「土の絵本（全5巻）」（農山漁村文化協会）刊行（2003産経児童出版文化賞受賞）

2004　日本ペドロジー学会シンポジウム「土：生きている地球遺産・次世代への継承を教育現場から考える」開催，九州大会（九州大学）「土壌教育ワークショップ」（SPP 事業）開催

2005　第5部門「土壌生成・分類・調査」内に「土壌教育部会」新設
島根大会（島根大学，島根県教育委員会後援）土壌教育30周年記念シンポジウム「土と向き合って－土壌教育の重要性を考える－」開催

2006　第9部門「社会・文化土壌学」新設（「社会・教育 部会」と「文化土壌学部会」が設置）
日本土壌肥料学会土壌教育委員会編「改訂版土壌の観察・実験テキスト－土壌を調べよう－」刊行，土壌教育委員会が文部科学大臣賞（理解促進部門）受賞

2009　京都大会（京都大学）で第一回高校生ポスター発表会（京都府教育委員会後援）開催（第二回以降継続事業），出前授業開催（京都市立北白川小学校：京都市教育委員会・日本土壌微生物学会・日本ペドロジー学会後援），日本土壌肥料学会土壌教育委員会編「土をどう教えるか－現場で役立つ環境教育教材－」上巻・下巻（古今書院）刊行

2010　北海道大会（北海道大学）で出前授業「土をしらべよう！」開催（長沼町こども理科教室，長沼町教育委員会後援），学習指導要領公示に対するパブリック・コメント（土壌内容等）を文部科学省に提出

2011　第52回科学技術週間イベント「親と子の土の教室－土のふしぎを発見しよう－」（日本ペドロジー学会・東京農工大学共催，農林水産省後援）開催（2012第53回と2013第54回は埼玉県立川の博物館館にて開催）

2012　鳥取大会（鳥取大学）で出前授業（鳥取大学附属中学校）開催

2013　名古屋大会（名古屋大学）でミニシンポジウム「海外の土壌教育の報告から日本の土壌教育を考える」開催，学会員対象「学習指導要領改訂に向けたアンケート調査」実施

2014　日本土壌肥料学会土壌教育委員会編「改訂版土壌の観察・実験テキスト－自然観察の森の土壌断面集つき－」刊行

2015　国際土壌年，2015年から2024年までの「国際土壌の10年」
日本土壌肥料学会等主催の多数のシンポジウム開催，事業（移動博物館等）開催
日本土壌肥料学会は文部科学省に学習指導要領の土・土壌の取り扱い方について要望書を提出

2017　新学習指導要領小学校第4学年理科「雨水の行方と地面の様子」が新設
日本土壌肥料学会，指導案「地面をつくる土の粒と雨水の行方」を公開

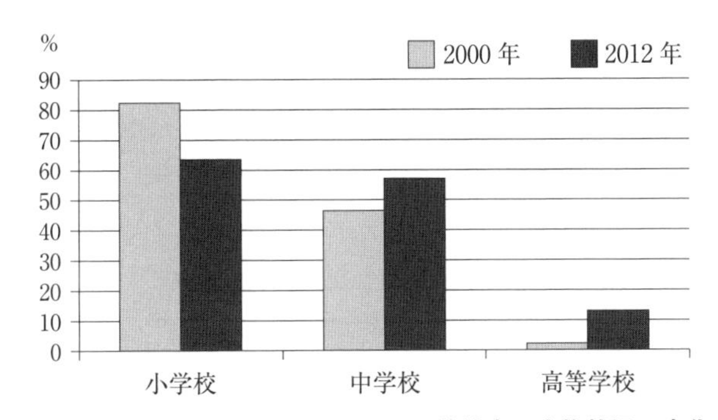

図8-5　小・中・高等学校における土壌教育の実施状況の変化
（2000年・2012年調査校数：小学校17校・11校，中学校13校・14校，高等学校19校・23校）

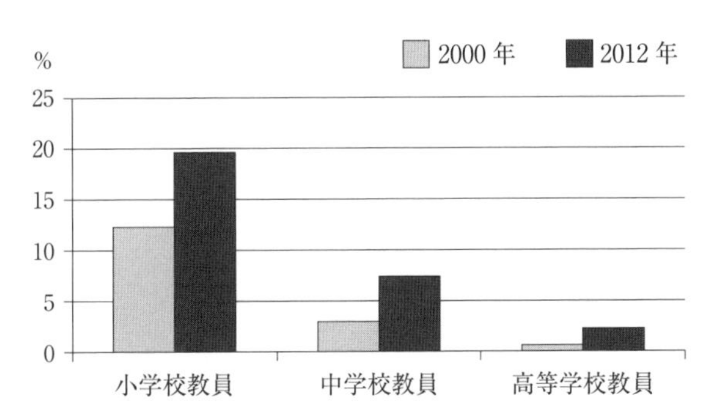

図8-6　土壌観察会及び研修会への小・中・高校教員の参加率の変化
（参加者総数：2000年8回・171名，2012年7回・148名）

土壌は，生物学（動物学，植物学，微生物学），物理学，化学，理学，農学，土壌肥料学，植物栄養学，畜産学，草地学，林学，水産学，工学，土木地盤学，資源学，教育学，考古歴史学，人文地理学，芸術学，文学，地質学，環境学，生態学，医学，薬学，健康学，火山地震学，考古学，粘土学，窯業学などと多面的な関わりを持っており，学際融合的な学問領域を開発する絶好の自然物である。陽（2010）は，「人間が健康な環境で健康に生きるためには，健全な土壌と健全な作物と健全な水を保全しなければならない。21世紀

表 8-3　2015年度各学会全国大会における土壌に係る研究発表およびポスター発表

各種学会	土壌教育に係る発表数／総口頭研究発表数（%）	土壌教育に係るポスター数／総発表ポスター数
日本生物教育学会	1／72（1.4）	0／57
日本地理教育学会	2／44（4.5）	－
日本環境教育学会	1／173（0.6）	0／39
日本土壌肥料学会	9／327（2.8）	2／72

に早急に必要な科学は，農業と人間の健康に関わる生命科学ではないか。」と指摘し，農業と健康に関わる環境問題を取り上げている。そして，「土壌はそこに生きている民族の思想・宗教・意識・生活・健康など，文化・文明・生業に深く関わっている。」と述べている。教科・科目領域を超えた新しい指導法を模索することが求められる（福田，2010b）。今日，地球では自然環境破壊・汚染や天然資源・エネルギー源枯渇，人口増大・食料不足，紛争・テロ，疫病蔓延などの様々な課題が山積する中，21世紀を担う子どもたちに農林業あるいは国土保全，環境教育の重要性を土壌と関連づけて取り上げ，指導していくことは重要であり，地球課題解決に向けた人材を育成することは教師や研究者，大人たちの使命であり，役割である。

学会発表，論文投稿などの状況から，土壌教育に関わる研究や取組は必ずしも活発とは言い難い。2015年度の土壌教育に関わる４つの学会の全国大会における研究発表およびポスター発表を調査した結果，土壌教育に係る発表が極めて少ないことが明らかとなった（表8-3）。その中でも，日本地理教育学会及び日本土壌肥料学会における土壌関係の発表数はそれぞれ4.5%，2.8%であり，幾多ある学会の中では土壌教育について積極的に取り上げ，研究したり，実践している学会と言える。とりわけ，日本土壌肥料学会土壌教育委員会は土壌の普及啓発に積極的に貢献してきており，その活動は2015年の「国際土壌年」を機に一層活発化している。その実践例を以下に述べる。

第2項　博物館における土壌教育の推進のための取組

教育基本法第3条には，「国民一人一人が，自己の人格を磨き，豊かな人生を送ることができるよう，その生涯にわたって，あらゆる機会に，あらゆる場所において学習することができ，その成果を適切に生かすことのできる社会の実現が図られなければならない。」と生涯学習の理念が明示されている。博物館法第2条には「『博物館』とは「歴史，芸術，民俗，産業，自然科学等に関する資料を収集し，保管（育成を含む）し，展示して教育的配慮の下に一般公衆の利用に供し，その教養，調査研究，レクリエーション等に資するために必要な事業を行い，あわせてこれらの資料に関する調査研究をすることを目的とする機関……」とあり，博物館では資料収集，整理保管，調査研究，展示・教育普及などが行われる機関である。また，同法第3条の2には「博物館は，その事業を行うに当っては，土地の事情を考慮し，国民の実生活の向上に資し，更に学校教育を援助し得るようにも留意しなければならない。」ことが記されている。学習指導要領理科では，指導計画の作成と内容の取扱いに「ウ　博物館や科学学習センターなどと積極的に連携，協力を図るよう配慮すること。」と明記されている。しかし，多くの人々は土壌に対して関心が乏しく，土壌リテラシーが低い現状にある（福田，2010c）。埼玉県立自然史博物館（埼玉県自然の博物館に改名）の来館者の約4割は幼児・児童・生徒及び学生であるが，そのうちの7割以上は小学生である（表8-4）。また，残りの約6割は一般成人であるが，その9割は60歳以上である。

全国の自然系博物館等の調査を実施した結果，土壌展示や解説をしている館は少なく，土壌をテーマとした自然観察会等も乏しいことが明らかとなった（福田，1996a）。また，土壌の取扱いの実態調査の結果（表8-5），土壌を収蔵の対象としている博物館等は16.5%であり，土壌を展示しているところは15.7%であった。土壌展示している博物館の大方は，土壌を収蔵対象とし

表 8-4　来館者の年代別割合

来館者の年代	割合（%）
幼稚園	2.4
小学生	27.2
中学生・高校生	5.2
大学生	4.4
20代	0.9
30代	2.9
40代	3.7
50代	3.2
60歳以上	50.1

参加者総数：790名

表 8-5　全国の博物館における土壌の取扱い

質問事項	「はい」の回答率
観察会等で土をテーマとしたものを実施しているか	18.2
土壌展示はあるか	15.7
土壌を収蔵しているか	16.5
土壌担当者はいるか	4.1

調査対象　135館，アンケート回収率　89.6%（1996）

表 8-6　土壌の展示内容

展示している土壌内容	割合（%）
土壌の定義	78.9
土壌の性質	31.6
土壌の機能	57.9
土壌の生成	21.1
土壌生物	89.5
土壌断面	15.8
様々な土壌（日本各地・世界）	5.3
その他	5.3

調査対象：表 8-5 で土壌展示している博物館等
その他：資材としての土壌

表 8-7　土壌の展示方法

展示方法	割合（%）
土壌モノリス	15.8
土壌の解説リーフレット	26.3
土壌図	5.3
土壌の解説パネル	57.9
土壌標本	10.5
その他	5.3

調査対象：表 8-5 で土壌展示している博物館等,
その他：他の展示物の中で解説等

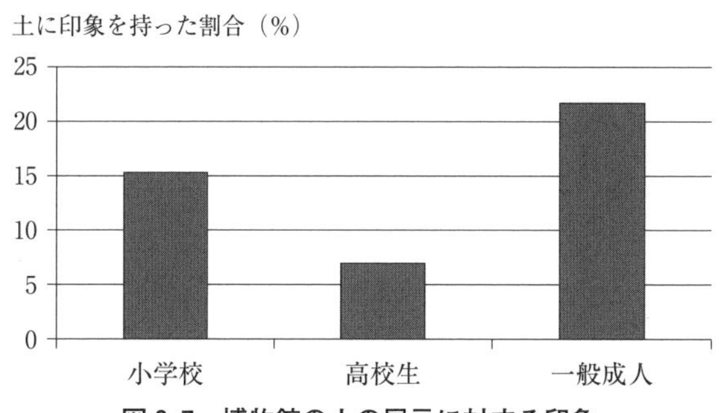

図 8-7　博物館の土の展示に対する印象

グラフは「土に印象を持った」割合を示す。
小学生72名，高校生43名，一般成人51名

ている館であった。土壌の展示内容は，土壌生物や土壌定義，土壌の機能に関するものが多かった（表 8-6）。展示方法は，土壌の解説パネルが５割を超えており，次いで土壌の解説リーフレット26.3%，土壌モノリス15.8%，土壌標本10.5%の順であった（表 8-7）。このような展示状況で，土に関心を持たせることは難しく，「土に関心を持った。」という割合は低かった（図 8-7）。つまり，「土についてはほとんど印象に残っていない。」というのが実態である。土壌を広く普及啓発するには，博物館の展示あるいは解説に土壌を積極的に取り上げること，博物館主催の様々な観察会等で土壌を取り上げること，

土壌専門家を配置することなどが考えられる。今後，博物館が生涯学習の視点で土壌教育を推進していく場となることが必要であると考える。日本土壌肥料学会土壌教育委員では，全国各地の博物館で各種観察会や研修会，講演会等を実践しているが，その結果多くの人たちが土への関心を高め，土の保全に向けた様々な取り組みを考え，一部実践し，その活動を広げている（福田，2014b）ことは重要である。そして，この実践を学校同志，学校と大学，学校と国・地方自治体，企業等と連携するなど，博物館事業への参加が縁で連携が広がっている。そして，産官学が共同して取り組むことが更なる普及啓発につながると考える。

第3項　農林水産省との開催

近年，様々な機関におけるアウトリーチ活動が盛んとなっている。国の諸機関では，省間機関と連携はもちろん，外部関係との連携が積極的に図られている。土壌教育委員会代表として筆者は，2005年の文化土壌学部門設立後，農林水産省政策課との話し合いに出席し，委員会活動との共催・後援での土壌観察会や研修会，出前授業などの開催における後援，農業や土壌に関するパンフレット（農林水産省作成）の利用等の便宜を図っていくことを確約した。その後，国の科学技術週間イベントに主催者として参加した（図8-8，図8-9）。土壌教育委員会独自で開催した土壌観察会等とは違って，様々な方面からの反響があった。農林水産省から無料提供のあった「日本や世界の土の種類や分布」，「日本の農産物・コメ」の本，冊子，資料などを観察会等で配布し，参加者からはわかりやすく，理解しやすいのでよかったとの評価をもらった。その後の観察会などでは参加者が大幅に増えており，効果が大きかったと考えている。また，農林水産省から事業のPR等をしていただいたことも大きな支援であった。

(1)第52回科学技術週間イベント「親と子の土の教室」（日本ペドロジー学会・東京農工大学共催，農林水産省後援，会場東京農工大学，2011年）（図8-8）

第52回科学技術週間イベント「親と子の土の教室」が開催され，講師として参加し，協力した。3歳児から小学校低学年の子どもとその保護者19組が参加した（写真8-8）。参加者の構成は，子ども25名，保護者24名であった。

第52回科学技術週間イベント「親と子の土の教室」	
日　　時	2011年4月24日（日曜日）13時00分～16時00分
場　　所	東京農工大学府中キャンパス（東京都府中市幸町3-5-8）
主　　催	日本土壌肥料学会 土壌教育委員会
共　　催	日本ペドロジー学会，東京農工大学
後　　援	農林水産省
参 加 者	3歳児から小学校低学年の子どもとその保護者19組
講　　師	福田　直（武蔵野学院大学・土壌教育委員会委員長）
	田中治夫（東京農工大学）
	森　圭子（埼玉県立川の博物館）
	浅野眞希（筑波大学）
スタッフ	筑波大学及び東京農工大学学生9名
内　　容	1．光る泥ダンゴつくり
	2．土のなかみを調べよう
	3．林の土と畑の土
参 加 費	無料

図8-8　第52回科学技術週間イベント「親と子の土の教室」

写真8-8　2011年度第52回科学技術週間イベント
「親と子の土の教室」

大学構内の林の土と畑の土について，あらかじめ掘られていた試坑を見ながら観察した。参加者は，試坑の中に入って，実際の断面を前に各層の土の硬さを指で押して確かめたり，触って粘り気や湿り気を確かめていた。また，光る泥ダンゴつくりでは，子ども達はこねたり，丸い形を整えたりするなど，熱心に取り組んでいた。幼少期の土との触れ合いは，土壌リテラシー育成の土台づくりとして重要である。また，土の中に入って断面観察したことは，子ども達に強い印象を与えていた。

⑵第53回科学技術週間イベント「親と子の土の教室―土のふしぎを発見しよう―」（会場埼玉県立川の博物館館，2012年）（図 8-9）

参加者は，小学生15名，中学生１名，保護者８名の計24名であった。土に関する講話，観察・実験について，「よくわかった」が子75%，保護者66%，「わかった」が子25%，保護者34%であった。また，興味を持ったものは「土の話」が子０%，保護者17%，「観察・実験」が子100%，保護者83%であった。観察や実験で関心を持ったものとして，土による水の浄化，土の粒子をあげていた。これまでに土の観察会に参加した人はなく，全員が初めてであった。土に対する関心は子供，保護者とも「大変持った」あるいは「持った」と答えていた。

〔感想〕

・場所により土がちがうことがわかってとてもおもしろかった（小１）。
・土がとても大事なことがわかりました（保護者）。
・土の中のどうぶつがたくさんみられてよかった（小１）。
・だに，とびむし，くも，あり，だんごむしがいた（小４）。
・土のつぶがきれいだった（小１）。
・土の断面を見て，土の色で何層かに分かれていたのを見たのははじめてだった。地面のうすい層が土だと思っていた（中１）。
・土のいきものがたくさんいるので，じぶんでもしらべてみたい（小３）。

2012年度第53回科学技術週間イベント
「親と子の土の教室－土のふしぎを発見しよう－」

1．日　　時　平成24年4月22日（日）13：00～15：30（12時30分より受付）

2．場　　所　埼玉県立川の博物館（大里郡寄居町小字小園39，http://www.river-museum.jp/）
アクセス：車：関越自動車道花園ICから8分，TEL048-581-7333
公共交通機関：東武東上線鉢形駅下車徒歩20分　東武東上線寄居駅下車タクシー10分あるいは東秩父村営バス博物館下車徒歩1分

3．対　　象　小学生とその保護者20組（先着順）

4．主催・共催・後援　主催：日本土壌肥料学会，共催：埼玉県立川の博物館，後援：農林水産省，埼玉県教育委員会

5．内　　容
13：00　挨拶・諸連絡
13：10～14：10　土の観察：「土はどうやってできるのかな？」・「土の断面をみてみよう」
14：20～15：20　土の実験：「土のつぶをしらべよう」・「土が水をきれいにするのをたしかめよう」・「土の中の生きものたちをみてみよう」
15：20　まとめ・アンケート記載
15：30　解散・館内自由見学（観覧料無料）

6．講　　師　福田　直（武蔵野学院大学・土壌教育委員会委員長）・安西徹郎（全国農業協同組合連合会）・瀧勝俊（愛知県農業総合試験場）・森　圭子（埼玉県立川の博物館）

7．参 加 費　無料（自家用車で来られる場合は駐車料金￥300がかかります）

8．申込方法　A4用紙に参加者（子どもと保護者の両方）の氏名，性別，お子様の年齢・学年，住所，連絡先をご記入の上，埼玉県立川の博物館（FAX 048-581-7332）までお申込みください。平成24年4月17日（火）を締切日とし先着順とします。

9．備　　考　観察を行いますので，汚れてもよい服装等でご参加ください。昼食・飲み物は各自でご用意ください。埼玉県立川の博物館には駐車場及びレストランがあります。

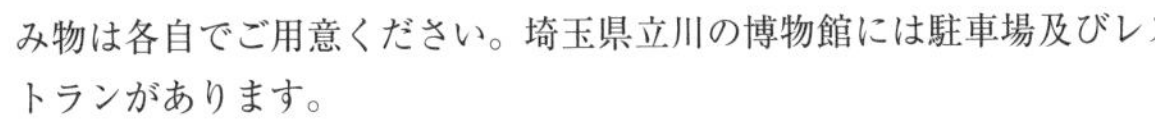

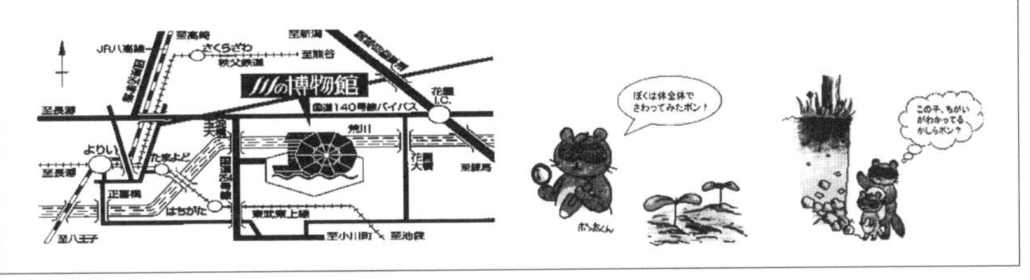

図8-9　2012年度第53回科学技術週間イベント「親と子の土の教室－土のふしぎを発見しよう」

・土遊びをしたり，土をさわったりできて楽しかった（小3）。
・穴に入って土をほるのが楽しかった（中1）。
・土のいろがちがうのがきれいだった（小2）。
・今まで，土を調べたことはなかった。土による薄めた青インク液を使った水の浄化は，子どもにもとてもわかりやすい，簡単な実験でとてもよかったです（保護者）。
・土のあなの中をみたことはなかったので，おもしろかった（小2）。

(3)第54回科学技術週間イベント「親と子の土の教室―土のふしぎを発見しよう―」（会場埼玉県立川の博物館館，2013年）

参加者は，小学生19名，中学生3名，保護者6家族28名が参加した。午前は，博物館横の林で落ち葉めくりを行って，落ち葉が次第に土になっていく様子を観察した。その後，穴を掘って土壌断面観察を実施した。断面に土の色の違いからいくつかの層を確認した。館内の戻り，赤色土，黒色土，ポドゾル土，黒ボク土，灰色低地土（水田土），博物館前の未熟土などの国内外の土壌モノリス（soil monolith，土壌断面標本）を見ながら，簡単に解説をした。土壌モノリスとは，「地面に穴を掘り，現れた垂直の断面を土壌断面といい，その姿をそのまま取り出した土壌断面標本であり，通常幅20cm，高さ100cmで作製されたもの」（農林水産省農業環境技術研究所，2007）である。多少の専門用語はあったが，子どもたちは一生懸命聞いていた。続いて「土のつぶをしらべよう」と「土が水をきれいにするのをたしかめよう」の実験を行った。子ども達は博物館横にある林の土をペットボトルに入れ（図8-3），水を加えて真剣に振り，静かに置いた。粒子が沈殿する間に土による浄化実験を行った。濾紙を三角ロートに詰め，土を入れた後水で薄めた青インク液を少しづつスポイトで垂らしていき，どんな色の水が落ちてくるかを調べた。子どもたちは，滲み出してきた水がほぼ透明だったことにとても興奮していた。何で青色が消えたのかを子ども達に聞くと「青い色の物質が土にとられたから」,「青インクが土によって分解されたから」という答が返ってきた。講師は，インクの青い色の物質が吸着されたため，透明な水が落ちてきたことを説明した。

2011年に原発事故があって，放射性物質が飛散して広がり，空気や水，土が汚染されたことがあったという話をすると，全員が知っていた。なぜ，放射性物質によって土が汚染されたかを簡単に解説した。土には，物質を吸着する性質があり，放射性物質を吸着した。そして，なかなか離さないので汚染されたままになっている。それ故，土を使う場合は除染する必要があることを話したが，子ども達の関心は高かった。この吸着のしくみは，みんなが行った実験と同じで，青インク物質と放射性物質は土に吸着されたということである。この話が分かったかどうか，子ども達に聞くと，9割近くがわかったと手を挙げた。なお，イベントで観察及び使用した土は放射性物質に汚染されていないことを伝えた。

土の粒子の実験では，ペットボトルの様子を観察させて，どんなことがわかったかを質問した。粒子が沈んでいること，大きい粒子が下に沈み，小さな粒子ほど上に重なっていることが答えられた。講師から，水面に浮いているものは何かを聞かれると，葉っぱという答が返ってきた。また，粘土は最も小さい粒子で沈殿に時間がかかること，土が作られるには岩石が細かくなるだけではできないこと，生物の死骸や腐った落ち葉などが混じって長い時間をかけて土になっていくことを説明した。そのため，土ができるのに生物の働きが必要であること，月には土がないのは生物が生存していないからであることなどにも触れた。「土の中の動物を観察しよう」では博物館前の土をハンド・ソーティングで採集し，次いでツルグレン装置にセットして落下動物を双眼実体顕微鏡で観察した。そして，撮影装置を用いてスクリーンに土壌動物を映し出した。子どもたちは「何かいる」とスクリーンに食い入るように見ていた。ハンド・ソーティング法ではアリやクモ，ダンゴムシ，シロアリ，ハサミムシなど，ツルグレン法ではダニやトビムシ，ジムカデ，カニムシ，センチュウなどの小動物を観察した。その後，博物館収蔵のミミズ（長さ30cm位の大型ミミズなど）やモグラの液浸標本，ミミズの糞塚標本を見て，親子が歓声をあげていた。

「土だんごづくりをしよう！」では，作るのに時間がかかるため，あらかじめ博物館支援員が手伝い，完成間じかまで作成しておいた。子どもたちは，最後の磨きのところを体験した。土だんごは子どもたち全員に持ち帰ってもらった。最後に簡単なアンケート調査を行った「楽しかった」「わかった」「もっと調べたい」などが9割を超えており，おおむね好評であった。子ども達からは，「どろだんごがうまくつくれた。」「光るどろダンゴづくりはおもしろかった。」など，保護者からも「土に関心が持てた」「土ができるのに生物の存在が大切であること，土によるセシウムの吸着，土にはいろいろな断面があることを子どもと一緒に学ぶことができてとてもよかった」など，参加してよかったという声が多く聞かれた。また，今年の夏休み一研究のテーマとして，土を取り上げたいとする家族が何組かあった。

土壌教育委員会の諸事業については，農林水産省や諸学会，都道府県教育委員会，市町村教育委員会などの共催・後援を受けて実施している。今後，文部科学省，小・中・高等学校理科研究会及び農業高等学校研究会，都道府県・市町村総合教育センター，博物館，公民館・少年自然の家・野外活動センター・自治センター・ビジターセンターなどに共催・後援を働きかけていきたい。また，学校現場などとのコラボレーションやネットワークづくり（土壌観察会，土壌教材づくり等），他学会（日本ペドロジー学会や日本土壌微生物学会，日本土壌動物学会，日本生態学会，日本理科教育学会，日本環境教育学会，日本科学教育学会，日本農学会，日本生態学会，日本植物学会，日本土木工学会等）・研究機関等との連携に基づいた様々な新事業開催を考案することを考えていきたい。

土壌教育委員会は，現在の教育諸課題や動向を鑑み，今後の活動の更なる活性化に向けて新しい施策を考えていくことが必要と考える。具体的には，

①地球環境が深刻視されている今日，土壌の重要性・大切さを子どもから大人まで多くの人たちが気づき，関心を持つこと，②理科離れが進んでいる児童・生徒に魅力のある授業や観察・実験を実践できる土壌教材を開発すること，③生涯学習の一環として自然・環境・産業・文化・経済・健康・防災などとの関わりの視点から土壌を幅広く普及・啓発すること，などの観点から，土壌教育を開発・実践していき，土壌リテラシーの育成に努めていくことが求められる。

近年，世界各地で発生している土壌破壊や汚染，砂漠化は人為によるところが大きく，土壌への配慮に欠けた過耕作や過放牧，森林伐採，開発などに起因している。無計画な森林伐採や土地利用形態の急激な変化などに伴う土壌侵食や喪失，劣化などの破壊や農薬，産業廃棄物などによる土壌汚染を防ぐ対策を施すことは急務である。FAO（2011a，2011b）が指摘するように，地球上の作物栽培地面積（耕地）は15.3億 ha であるが，その4分の1以上が激しく劣化している。そして，国連は，世界の深刻な土壌問題の解決に向けて，2015年を「国際土壌年」とした。土壌は生物生産機能，物質循環機能，有機物分解機能，物質吸着・交換・固定機能，保水機能，炭素貯留機能，水・大気浄化機能，生物環境保全機能などの機能を持ち（松本，2010），物質循環の要である土壌は，生態系を保全する大切な基盤であり，温暖化緩和や生物多様性の保持など，様々な役割を持っている。

土壌は貴重な資源であり，様々な資材である土壌を守らなければ，21世紀の人類社会あるいは地球の存続は難しいとの指摘もある。今こそ，世界が協調して改めて深刻な土壌危機を認識し，その保全に向けた取組・行動を起こしていかなければならない。人類の働きかけ次第により，機能を発揮するあるいは機能停止する土壌となる。世界人口が爆発的に増えている一方，世界の作物栽培面積はわずかしか増えていない。FAO の統計では，「耕地面積と永年作物地（永年放牧地を除く）の和が作物栽培地に近似するが，作物栽培地面積は，1961年の13.7億 ha が2009年には15.3億 ha にしか増加しなかった。」（総務省統計局，2014）としている。それ故，世界の耕地土壌を保全していくことが重要となる。

特に，国連の指摘にもあるように土壌教育は大変重要であり，その取組を通して，多くの人々，中でも次代を担う子供たちに土の大切さや土壌資源の有限性を正しく認識させ，土や環境を保全する考え方や態度，行動を育成する必要がある。

第4項　校内外における授業と学びの度合い

諸機関等と学校との連携に基づく教育活動は，一斉授業のみの実践とは大きく異なる。これからの教育の在り方は，学校・家庭・地域の連携のもと，諸機関等からの支援を受けて子どもの能力育成や成長を図っていくことが重要である。学校が地域連携を進める上で地元の農家や博物館・公民館などと協力体制をつくることは比較的容易である。筆者は，「土壌の不思議を探る」という内容を様々な授業形態別に実践し，それぞれの学びの度合いを調査した結果，表8-8に示した通りとなった。すなわち，「深く学べた」と「ある程度学べた」を合わせると「農業体験」が最も高く93.5%であった。次いで，「博物館実習」89.7%，「グループ学習」87.3%，「課題研究」80.5%，「観察・実験」76.0%と続き，「一斉授業のみ」では53.9%であり，他と比べて低かった。この結果から，「農業体験」や「博物館実習」のように，体験・実習や他機関との連携による学びは極めて有効であることが分かる。

様々な授業形態と関心・理解との関係を示したのが，表8-9である。この表から，高校生の関心・理解が「かなり高まった」と「高まった」の合計では「博物館実習」が最も高く92.3%であった。次いで，「観察・実験」88.0%，「農業体験」87.1%，「グループ学習」84.5%，「課題研究」83.3%の順で，最も低かったのは「一斉授業のみ」の47.9%であった。関心・理解についても「博物館実習」と「農業体験」はともに高かった。次期学習指導要領では「深い学び」の実践が必須であり，様々な関連諸機関との連携やア

表 8-8　様々な授業形態と高校生の学びの度合いとの関係

学びの度合い	授業形態別回答率（%）					
	一斉授業のみ	観察・実験	課題研究	博物館実習	農業体験	グループ学習
深く学べた	10.3	25.3	36.1	41.0	41.9	49.3
ある程度学べた	43.6	50.7	44.4	48.7	51.6	38.0
学ぶことができたとは言えない	35.0	14.7	13.9	8.0	6.5	2.7
どちらとも言えない	11.1	9.3	5.6	2.3	0.0	9.9

調査対象：「一斉授業のみ」117名，「観察・実験」75名，「課題研究」36名，「博物館」39名，「農業体験」31名，「グループ学習」71名，
質問：「土壌について学べたか」，「一斉授業のみ」以外の授業形態でも一斉授業は実施した。

表 8-9　様々な授業形態と高校生の関心・理解との関係

関心・理解	授業形態別回答率（%）					
	一斉授業のみ	観察・実験	課題研究	博物館実習	農業体験	グループ学習
かなり高まった	6.0	25.3	58.3	53.8	54.8	32.4
高まった	41.9	62.7	25.0	38.5	32.3	52.1
全く高まらなかった	47.9	10.7	13.9	5.1	9.8	9.9
どちらとも言えない	4.2	1.3	2.8	2.6	3.2	5.6

調査対象：表 8-8 と同じ，質問「土壌への関心・理解は高まったか」

クティブ・ラーニングの教育手法が重要となる。

現在，児童・生徒の教育は学校だけでは十分とは言えず，文部科学省教育課程部会（2016a）は「子供たちの体験的な学習の場を広げ，豊かな社会性をはぐくんでいくために，社会教育施設，青少年教育施設，文化施設，スポーツ施設などの公共施設や企業等の機関との連携を積極的に図り，教育の場を広く考えて，教育活動を展開していくことが必要である。」と指摘する。「知識基盤社会」の時代においては，「基礎・基本を確実に身に付け，いかに社会が変化しようと自ら課題を見つけ，自ら学び，自ら考え，主体的に判断し，行動し，よりよく問題を解決する資質や能力とともに，自らを律しつつ，他

人とともに協調し，他人を思いやる心や感動する心などの豊かな人間性，たくましく生きるための健康や体力など」である「生きる力」を育むことが求められており，「深い学び」を行って「何ができるようになるか」を追及しなければならないとされる（中央教育審議会初等中等教育分科会教育課程部会，2016）。

中央教育審議会（2006）は，答申で「急速な科学技術の高度化や情報化等の変化に対応していくためには狭義の知識や技術のみならず，自ら課題を見つけ考える力，柔軟な思考力，身に付けた知識や技能を活用して複雑な課題を解決する力及び他者との関係を築く力等，豊かな人間性を含む総合的な『知』が必要となる。」ことを指摘している。また，我が国の学校教育においては，変化の激しい社会を担う子どもたちに必要とされる力をいわゆる「生きる力」であるとし，この「生きる力」は学校教育のみならず，実社会における多様な体験等と相まって育まれ伸張していくものであり，子どもたちが学校の内外で，その発達段階に応じて「生きる力」を育むことができるような環境づくりが求められていることを強調している。

土壌は学際的な自然であり，教科等の枠を超えた横断的・総合的な学習，探究的な学習，生徒の興味・関心等に基づく学習など創意工夫を生かした教育活動を行うことが重要となる。本研究では，諸機関との連携に基づく土壌教育を実践した結果，児童・生徒の土壌への関心・理解を高め，土壌リテラシーを育むことにつながることを確認することができた。21世紀に入り，世界の土壌はますます劣化が進んでおり，即座に全人類が土壌危機の事実を知り，土壌保全していくことを真剣に考え，行動していくことがますます重要となる。

第3節　まとめ

本章では，大学や学会，国や地方の行政機関，都道府県・市町村総合教育センター・教育研究所，生涯学習機関・施設（博物館・動物園・植物園・水族館・公民館・図書館・野外活動センター・ビジターセンター・少年自然の家等），研究所・試験場，民間企業，試験研究機関等の外部諸機関と学校との連携に基づく土壌教育を開発し，その実践を通して，大きな成果が得られた。諸機関等との連携に基づく土壌教育実践は，着実に子ども達の知的好奇心や科学的探究心を増し，土への関心や理解は飛躍的に進むことが明らかとなった。学校近隣の農家との連携による農業体験や地元の自然や歴史，文化等を学ぶ場である博物館や公民館，資料館等を活用した学習は比較的容易に実行できる。特に，専門的な知識を有する研究者等の講話や土壌展示されている博物館等の施設見学，様々な観察・実験などを体験することは，児童・生徒の学びの度合いや関心・理解が高まる点で重要であることが分かった。また，諸機関との連携に関する課題について明白にし，その解決策をまとめた。一方，筆者は日本土壌肥料学会土壌教育委員会に所属していることから，土壌教育の普及啓発，理解増進を図る方策として，当学会に土壌教育部会を開設することを提案した。その結果，文化土壌学部門の新設が決まり，土壌教育の発展に大きく寄与していくと考えている。また，全国各地で土壌観察会や土壌研修会，講演会，シンポジウム，出前授業などを実践してきた。特に，全国の自然観察の森博物館における土壌観察会等の実践により開発した観察・実験や授業の方法等が広く普及・啓発され，全国に浸透させることができた。そして，開催場所で作製した土壌モノリスや解説リーフレットを寄贈してきたことにより，各博物館独自の土壌観察会等が行事として位置付けられたことは意義深い。その結果，博物館における土壌観察・展示等が増しており，来館者への土壌教育が行われ，子ども～大人までの幅広い層で土に関心が持たれ，世界の土壌問題を考える人々が着実に増加している。当委員会は土壌教育の普及啓発に向けた児童書の「土の絵本〔全5巻〕」（農山漁村文化協会，2002年），学校教師向けの「土をどう教えるか－新たな環境教育教材－」上巻・下巻（古今書院）（2009年），学校教師や野外観察指導者向けの「土壌の観察・実験テキスト」(2014年) 等を出版してきたことも，学校などにおける土壌教育活動が広がったことにつながっていると認識している。

終章　本研究の成果と今後の課題

21世紀に入り，地球環境問題はますます深刻となっている。今世紀が「環境の世紀」と言われる所以である。地球温暖化やオゾン層破壊，熱帯林減少，砂漠化，酸性雨，生物多様性の減少などに加えて，様々な環境問題と密接に関わる土壌劣化・侵食・塩類化・汚染が急速に進行していることが，人類をはじめとする生物の生存に大きな不安を投げかけている。この地球環境問題に向けて，全人類が早急に取り組まなければ，取り返しがつかないことが指摘されている。特に深刻な地球温暖化の解決に向けて，2015年にはCOP21が開催され，気温上昇を2℃未満（努力目標1.5℃以内）抑制，各国の温室効果ガス削減目標の作成・報告，達成対策の義務化などのパリ協定が採択された。また，同年国連は「国際土壌年」として決議し，実行した。いずれも，全人類が温暖化や土壌危機を真剣に受け止め，その抑制あるいは改善にむけて歩み始めなければならないことを全世界に向けて強く発信したものである。

土壌は，食糧や木材などの生産基盤であり，生物生存の場である。また，養分や水の保持，有機物分解，物質循環，炭素貯留，環境浄化・保全など，様々な機能を有している。20世紀には，世界人口が爆発的に増加していく中で，肥料や農薬などの施用，灌漑施設・設備の発達，大型機械の導入，品種改良などにより，食糧増産を果たしてきた。しかし，近年耕地土壌は疲弊し，森林伐採後の表土流出などが進み，国連は土壌が危機的状況にあることを指摘している。また，耕地土壌の拡大の困難さや近年の温暖化・気候変動，水不足などが加わって，食糧生産量の確保が危ぶまれる事態となってきている。そして，現在世界の飢餓人口は，7億9,500万人に達している。

このような情勢の中，我が国は土壌を基盤とする食糧の約72%（食料としては約60%），木材の約69%を輸入している。特に，私たちの生存と深く関わる食料自給率は先進国の中で最も低くなっている。しかし，その一方で食料廃棄量は世界第一位である。我が国は，年間5,800万トンの食料を輸入し，1,940万トンを廃棄していると言われる。この量は，世界食糧支援量である740万トンを遥かに超えている。また，我が国は世界有数の森林大国であり，国土の68%を占めている。それにもかかわらず，熱帯材などを大量伐採し，輸入している。このような矛盾を，土壌問題と絡めて学校教育の中で取り上げ，児童・生徒に情報提供して考えさせ，課題解決力を育成することは極めて重要である。しかし，土壌への関心・理解，知識の低さは，児童・生徒だけに限らず，学生から成人に至るまで幅広い層に見られる現象である。そして，多くの国民は今世紀の土壌危機の状況を把握していない。

本研究の目標は，21世紀の深刻な地球課題である土壌危機に鑑み，土壌に関心・理解が乏しい我が国の次世代を担う児童・生徒の関心を高め，理解を進める土壌教育を開発し，構築することである。また，児童・生徒から成人の土壌リテラシーの育成に向けた土壌教育を学校教育あるいは生涯学習教育の中で実践し，評価して確立することである。そして，研究に取り組んだ結果，下記の成果をあげることができたとともに新たな課題を発見したので，以下に示す。

第１節　本研究の成果

本論文は，一般化されていない土壌リテラシーについて概念規定し，その育成に向けた土壌教育を開発・構築するため，教材開発や授業開発，カリキュラム開発などを幼児から児童，生徒，学生，成人に至る幅広い発達段階で実証的に研究し，数多くの意義や知見を明らかにしたことをまとめたものである。主な成果は，①土壌教育の歴史的解明，②学習指導要領の変遷による土壌の取扱いの変化の背景の解明，③諸外国と日本の土壌教育比較，④定性的視点に立った土壌教材の開発・実践，⑤教科横断型土壌教育の開発・実践，

⑥生涯学習的視点に立った土壌教育の開発・実践，⑦諸機関と学校との連携に基づく土壌教育の開発・実践などである。

21世紀はグローバル化が進展する知識基盤社会であり，近未来にはAI，Iot社会が到来し，地球環境悪化，資源枯渇などが深刻視される。予測困難な社会が到来する。このような中，世界はその解決に向けて教育改革を急進させている。我が国は，「確かな学力」，「豊かな心」，「健やかな体」のバランスを重視した「生きる力」の育成を目指している。そして，基礎的な知識及び技能，思考力・判断力・表現力等，学びに向かう力・人間性等を学力とし，「何ができるようになるか」を評価していく。その達成には，「主体的・対話的で深い学び」の授業（アクティブ・ラーニング）や「教科横断的学習」，「カリキュラム・マネジメント」などの実現が求められている。21世紀型能力は，「実践力・思考力・基礎力」の三つで構成されているが，その中心となる思考力には問題発見力・問題解決力，創造力，論理的・批判的思考力，メタ認知・適応的学習力，非認知能力などが含まれている。

土壌教育は，21世紀の深刻な課題である土壌劣化等の土壌危機に対処する方策を模索する上で，その解を作り上げる思考力が必要となる。この思考力を支えるのは基礎力であり，土壌生成や性質・機能，生態的分布，産業と土壌などの知識・理解は必要である。また，その解を実行するには判断力や実践力の育成が欠かせない。土壌リテラシーに関する研究はほとんどなく，本研究で得られたその育成に向けた開発や取組，提言などは，理科教育や社会科教育，環境教育などに多くの示唆を与える重要な資料となり得る。

1．土壌教育の歴史的経過

土壌リテラシーを定義し，土壌教育の歴史的経過を明らかにした。人類の土壌への関心は，古代ギリシャ時代からあった。当時，万物は風・火・水・土の四つの元素からなっていると考えられていた。その後，肥沃な土壌を作ることが農業には不可欠であり，その秘策が伝承されていった。やがて，化学肥料が製造されるようになって，土壌研究は肥料，農作物との関わりで進んだ。土壌は科学的に研究され，その成果は大学や試験場等で教育されていくようになった。

学校等における土壌教育の誕生は，1972年の国連人間環境会議の開催で環境教育の推進が議決されたことがきっかけとなり，その背景には土壌悪化の進行があった。会議開催当時は，環境破壊・汚染の悪化が進み，地球的規模に拡大していき，深刻な地球課題となりつつあった。その後，環境教育の目標等を定めたベオグラード憲章の制定がきっかけとなり，環境教育は1970年半ばには欧米で取り組まれるようになり，少しづつ世界に広がっていった。そして，少し遅れて土壌教育が米国で研究・実践されるようになり，各国に伝播していった。我が国では，1980年代に土壌教育の実践や研究が少しづつ見られるようになった。そのきっかけは，1982年日本土壌肥料学会に土壌教育検討会が設置されたことにある。当時，日本は食糧や木材等の外国依存度が増大していた。その一方で，世界では土壌破壊・汚染や劣化が深刻となっていた。しかし，経済成長が著しかった日本では，土壌教育は必ずしも進展していかなかった。今世紀に入り，新興国，途上国の発展が急速かつ大きくなるに連れて土壌劣化が一層進行し，2015年の国際土壌年を機に土壌教育は再び注目されるようになった。

先行研究の調査から，土壌は食糧生産などとの関わりで研究されてきており，化学肥料や農薬などの開発，製造によって，研究内容等は大きく変容していった。日本，諸外国ともに土壌に関する論文では，土壌生成，土壌分類，土壌物理，土壌化学，土壌生物，土壌肥沃度，土壌環境，肥料，植物栄養などに関わる研究がほとんどであり，教育に関わる土壌研究論文は極めて少ない。また，土壌教育に関わる論文では，授業実践や教材開発に関するものが圧倒的に多く，土壌の大切さ，重要性に気づかせる土壌教育に関する論文は少ないことが判明した。さらに，土壌リテラシーに関する論文等は，皆無に等しいこともわかった。土壌に関する技術開発や伝承は，古来から行われてきており，土壌の科学的研究の歴史は古い。それらの成果を大学等で専門的に講義したり，研究することは長く行われている。しかし，それは「soil science education」であり，「soil education」とは異なる。

2．児童・生徒，学生，成人の土壌に対する興味・関心・理解

児童・生徒から成人の土壌に対する関心・理解の度合いや教師の土壌教育への取り組みの実態をアンケート調査から明らかにした。その結果，児童・生徒の土に対する興味・関心は低く，基本的な知識・理解が乏しいことが明確になった。また，小学校や中学校，高等学校の理科教師で大学時に土壌を学習した比率は低く，その後の教員研修会等での学習機会も少ないことがわかった。

沼田（1987）がアメリカで実施した環境質の重要性の評価報告を受けて，我が国の市民及び高校生を対象として環境質を調査した結果，アメリカ市民に較べて日本の市民及び高校生はともに土壌評価が著しく低く，両国間の土壌の重要性に対する認識に大きな隔たりがあることが明らかとなった。その原因が何かを明らかにするとともに，子どもから大人の土壌への関心・理解を高め，土壌リテラシーの育成に向けた土壌教育を構築し，実践していくことが重要であることを明確にした。今日，世界の土壌劣化や侵食が深刻な状況にあるが，その実態を知っている日本の高校生は1割程度であった（欧米の高校生は約7割）。国連は，地球環境問題の解決施策として教育の充実，具体的行動のとれる人材育成などをあげており，環境整備や実効性を要望することを発信し，各国政府等に土壌教育の実行を求めている。世界の土壌劣化や砂漠化の進行を抑制し，改善する上で，土壌から恩恵を受けている全人類が土壌に関心を持ち，その知識を得て保全に向けて行動することは重要である。そして，土壌保全に向けた態度，行動を包含する土壌リテラシーの育成に向けた土壌教育の開発・構築が必要である。

3. 日本と諸外国の土壌教育の比較―教科書・教師

土壌リテラシーの育成に向けた土壌教育の在り方を探るため，日本と諸外国の教科書調査と生徒及び教師対象のアンケート調査を実施した。その結果，欧米諸国の教科書には土壌記載が多く，土壌観察や土壌実験が豊富であり，日本及びアジア諸国の教科書と大きく異なることを明らかにした。また，土壌教育に対する積極性が日本及びアジア諸国に較べて，欧米の教師で高く，土壌理解が進んでいることが判明した。土壌を教材として積極的に取り上げる欧米諸国のアメリカ型とやや消極的なアジア諸国の日本型に分かれることが判明した。

4. 学習指導要領の変遷と土・土壌の取扱い変化

第二次世界大戦後の1947年に学習指導要領が試案として策定されてからほぼ十年ごとに改訂されているが，現行学習指導要領に至る変遷を調査し，指導内容・項目として土壌の取扱いがどのように変わってきたかを明らかするとともに，その背景を調査した。その結果，学習指導要領の改訂は日本社会の変化を強く反映しており，土壌内容・項目の記載が大幅に削減されてきた背景には産業構造の大転換があったことが明確となった。すなわち，戦後復興の途上，工業国への道に進んだ我が国は実学教育から科学技術教育の重視に変わっていき，1958年の学習指導要領改訂により，理科及び社会科から農業や林業，土あるいは土壌などの記述及び文言は激減していった。さらに，1968年改訂から始まったゆとり教育の推進に伴う指導内容の精選・厳選により，1998年の改定では小学校第3学年理科で長く取り上げられてきた「石と土」が削除され，小学校課程で土を学習する機会が失われた。2008年の改定ではゆとり教育から学力重視への転換が図られたが，「石と土」は削除されたままとなっている。しかし，小学校低学年から中学年の土の教育は関心や情動の面で極めて重要と考え，日本土壌肥料学会は次期学習指導要領の改訂作業を進めている文部科学省に「石と土」の復活などに関する要望書が提出した。このことは，土壌教育の重要性をアピールする機会となったと捉えている。

5．土壌リテラシーの育成を図る土壌教育の開発・構築

土壌専門家の考えや要望，現職教員の考えなどを調査し，その結果を反映させた土壌内容のミニマム・エッセンシャルズを策定することができた。現行学習指導要領では，土壌は小・中学校では理科や社会，技術家庭，高等学校では理科生物基礎，地学，地理歴史地理などの様々な教科科目で取り上げられている。世界が抱えている土壌問題は，過度の人間活動（過耕作，過放牧，化学肥料・農薬の多投，森林伐採，過開墾など）による疲弊が原因となっている。土壌劣化や侵食等の土壌問題は，人口増大による食糧増産や食生活の変化（肉食化など），便利で快適な生活への移行などが関わって，土壌に負荷を与えている。日本は，長い間の研究成果で土壌改良や肥培管理が行われ，農業生産に適する土壌に生まれ変わっている。しかし，戦後の産業改革により，食料，木材などの外材依存国となっている。一方，食糧や木材輸出国では，食糧増産あるいは森林伐採により，土壌疲弊，土壌流出などを招いてまでも外貨を獲得している。特に，途上国では貧困，人口，教育，エネルギーなどの問題が関わる。それ故，土壌問題解決には様々な知識を結集して総合的に判断していかなければならない。それには，教科横断的な土壌教育を構築することやアクティブ・ラーニングによる意見交換や討論などの土壌教育手法の実践，学校と外部諸機関との連携に基づく土壌教育を開発・構築することが必要であると考え，取り組んだ結果，以下の成果が得られた。

⑴興味・関心を高める土壌教材の開発

児童・生徒が土壌への興味・関心を持つ，土壌を科学的に探究することができる教材開発に取り組んだ。理科の目標には，小・中・高等学校とも「観察・実験などを行い」と記されており，観察・実験などの重要性が指摘されている。変化を視覚的に捉える定性的な視点で観察・実験教材の開発を行う

ことができる教材開発に取り組んだ。その結果，特に児童・生徒，教師に好評を博した土壌呼吸，土壌粒子，土壌吸着，土壌浄化，植物遷移と土壌形成，ミニ土壌断面モノリス（土壌標本），土壌中の水の浸透に関する開発教材について取り上げ，授業実践を通して教材として優れていることを実証した。これらの開発教材については，学会誌等に寄稿したが，その後全国各地で反響を呼び，活用実践されている。

土壌リテラシーを育成する土壌教育の開発には，児童・生徒の発想を生かしたテーマに基づく授業づくりに心がけることが重要である。積極的かつ意欲的に参加する授業を開発するには，児童・生徒の豊かな発想に根差した多様な課題を発見させることが望ましい。そして，様々な発想課題に向かうには，教科の枠を超えた学問領域からの知やアプローチが不可欠であるものが多い。また，前章で述べた開発教材を活用した授業実践を行った。いずれも，現行学習指導要領の目標としている児童・生徒の科学的探究心の啓発，科学的自然観の育成につながる自発的な発想に基づく授業実践や児童・生徒の興味を刺激する開発教材を生かした授業実践となり，土壌への関心・理解は大幅に増し，独創的な課題探究となって成果を上げることができた。特に，中学生や高校生が取り組む課題研究では，生徒が自主的に課題を発見し，仮説を推論して実験を実施し，結果から設定仮設の正否を検証し，考察する過程を経て，新たな課題発見を行ってまとめていたことは，目的意識を持った観察・実験等を満たすものであり，積極的に土壌を理解し，土壌を認識するに至っていたことが窺えた。また，科学的探究過程を体験したことにより，真理を探究する方法を学んだことにもなる。

⑵教科横断的な土壌教育の開発

高等学校では，土壌は多様な教科目で扱われている。そして，教科ごとに取り上げられている土壌を教科横断的視点で見直して実践することを模索し，その方策を開発・構築することを試みた。そこで，土壌指導を行っている教科担当者が集まって話し合い，試案を作って計画，実行するプロセス表を作成した。その後，学校長と趣旨や指導方法などを話し合った。職員会議で校長より「教科横断型」授業試案の説明が行われ，学校教育目標に位置づけられた。担当者が共通認識を持つまでに時間がかかったが，実践した結果，大きな成果が得られた。「従来型」の教科中心授業との比較から，教科横断的な土壌教育の効果を明らかにした。「従来型」に較べて「教科横断型」では，生徒の学習効果は大きく，土壌への関心・理解は高まった。課題としては，担当者間の会議時間の設定や総合課題設定，指導法の共通理解・認識，周到な準備，連絡・調整，児童生徒のデータ解析及び考察，発表資料作成，発表指導など，様々な解決すべき点があることが明らかとなった。これらを改善するには，かなりの時間と労力を割いて準備し，対応しなければならないが，システムを構築することにより，解決できると考えている。特に，総合課題の選定は重要であり，この課題に取り組むことにより，児童・生徒の意欲や関心を引き出し，自ら調べ，課題解決していくことができる。また，この学習過程でアクティブ・ラーニング手法を導入することにより次期学習指導要領の目指す「主体的で，対話的な深い学び」とすることができた。その結果，児童・生徒の満足感や達成感，成就感を高めることができた。また，ルーブリック評価法を用いたことによって，生徒や成人の土壌リテラシー達成の問題点・課題を明らかにすることができた。

環境教育や産業教育，防災教育などと連携して多面的に土壌を捉える教科横断的土壌教育としていくことにより，21世紀型能力の育成を図ることができる。そして，学校教育では教科横断型授業を実践することにより，土壌を多面的に学習するとともに21世紀型能力の開発・伸長につながること，行政・関連機関との連携が有効であることを明らかにすることができた。その結果，児童・生徒の土壌への関心・理解は大きく前進した。また，教師や成人の土壌への関心・認識は高まった。そして，地球課題である様々な土壌問題に強い関心を持つとともに，その解決に向けた考えを積極的に持つ態度や姿勢を示す人たちが増加している点で大きな成果が得られたと考えている。

⑶学校と外部諸機関との連携に基づく土壌教育の開発・構築

学校と外部諸機関との連携に基づく土壌教育を開発・構築し，実践を通して検証した結果，児童・生徒の関心や理解が飛躍的に進むことが明らかとなった。特に，専門的な知識を有する研究者等の講話や課題研究指導，施設見学，観察・実験や実習の体験などにより，児童・生徒の土の捉え方などは大きく変容していた。また，諸機関と連携する上での課題について考察し，その解決策をまとめた。文部科学省や農林水産省，都道府県・市町村，大学，試験研究機関，博物館などと学校とが連携構築することにより，土壌教育は着実に広がり，定着してきている。日本土壌肥料学会では学校と全国の自然観察の森や博物館等との連携の下，土壌観察会や出前授業などを実践した結果，子どもから大人までの幅広い層で土壌に関心が持たれ，土壌の大切さや重要性に気づき，世界の土壌問題を考える人々が着実に増加するなど，成果を上げた。

⑷生涯学習的な視点による土壌教育の開発・構築

学校教育における土壌教育を成果のあるものとしていくには，土との触れ合いを通して土の感性を育み，土壌リテラシーの基盤を作る幼少期が極めて重要な時期であることを実践し，実証してきたことは，成果である。また，大学在学期や成人期における土壌教育は，土壌リテラシーを着実に身に付ける上で重要であり，積極的な実践が求められることが明らかとなった。将来保育士あるいは教師を志望している幼児教育学系及び教員養成系の大学・短期大学の学生に対する土壌教育実践では，土壌への関心・理解は高まったものの将来の教育活動の中での土壌の取扱いに対する意欲や考えが必ずしも十分ではないことがわかった。そのため，土壌リテラシー育成や土壌保全に向けた参加，行動への発展・転化に必ずしも反映されていないことが明らかとなり，大きな課題であると考えている。成人では保全の考えや態度，行動が不足しており，生涯学習視点からの土壌教育の不断の積み重ねが必要であることが判明した。

小学校，中学校，高等学校で取り上げる土壌内容の関連性や系統性を示し，教科横断的な関わりで授業構築している意義は大きいと考えている。幼稚園，小学校，中学校，高等学校間の発達段階に応じた土壌教育を開発したことから，学校等間の連携を進める上で参考となるものと考えられる。児童・生徒から成人の土壌リテラシーを育成するには幼少期からの土壌教育が必要であること，幼少期は土壌リテラシー育成の揺籃期に当たり，土と接し，土と触れ合うことで土に対する感性が育まれること，土壌への関心・理解を進めるには教材開発・実践が重要であること，教科横断的な土壌教育が必要であること，生徒期には土壌の性質や機能などを理解させる内容，社会とのつながりの中で土壌を考えていく内容を教育することが必要となることなどを明確にするとともに，それぞれの発達段階で展開する土壌教育を構築することができたことが成果と考えている。また，様々な地球環境問題と関連させて土壌問題に視点を当てて扱っていくことが大切であり，21世紀のグローバル人材に必要となる土壌保全の意識・態度・行動の育成を図るプロセスを確立することができたと考えている。さらに，成人教育の中で土壌に配慮した判断・態度・行動がとれる土壌教育を実践することが土壌リテラシーを身に付けるために重要と考え，系統的，継続的な土壌教育を行う上で行政や諸機関との連携構築が不可欠であることを実践を通して明らかにしたことが成果である。

第2節　今後の課題

我が国の次世代を担う児童・生徒の土壌への関心を高め，理解を進める土壌教育を開発・構築し，児童・生徒から成人の土壌リテラシーの育成に向けた土壌教育を生涯学習の視点で捉え，開発して，学校教育の中で実践・評価した上で確立できたことは，大きな成果と考えている。一方，新たな課題として下記の1～5が見出されたので，今後その解決に向けて鋭意努力していきたいと考えている。

1．学習指導要領における土あるいは土壌の取扱い

学校教育は，学習指導要領に基づいて行われる。それ故，学習指導要領で土あるいは土壌を積極的に取り上げることが重要である。現行学習指導要領における土あるいは土壌の取扱いは不十分であり，今後土壌教育を推進する上で最も大きな課題であると考えている。特に，小学校第3学年の「石と土」は土壌リテラシーの育成上，大切な時期である幼児期に土の学習を失っている点で深刻である。TIMSS調査から，このよう時期に土の学習を位置づけている国が多いことから，次期学習指導要領を検討する文部科学省への要望は行っている。

その後，新学習指導要領が告示され，小学校理科第4学年の指導内容として，「(3)雨水の行方と地面の様子」が新設され，土の粒が扱われることになる。それ故，小学校における土壌教育の機会が復活したと捉えている。この項目を「深い学び」の授業とするか，また自然災害との関連を図り，防災を考える指導としていく課題がある。それには，社会科の「国土の成立と保全」と教科横断的に取り上げ，扱うことが望ましいと考える。そして，国土の自然と災害の発生のしくみ，土との関わりを総合的に深く学び，防災を考え，行動できる人材を育成することが求められる。

2．教科横断型授業の構築

教科横断型授業は，児童・生徒の満足感や達成感，成就感などが大きいことから，実践の意義・成果は極めて大きい。しかし，土壌を授業で扱う担当者の会議時間の設定や共通課題設定，指導法の共通理解・認識，学校教育目標への位置づけなど，周到に準備しなければならないこと，連絡・調整すること，児童・生徒のデータ解析・考察，発表資料作成指導，発表指導などに時間を要すること，など様々な課題がある。また，土壌は，生物，地理，地

学にすみ分けられている。今後，関連教科目のカリキュラムについて根本的に考えていく必要があり，カリキュラム・マネジメントの問題でもある。さらに，21世紀型能力の育成に向けて，環境教育や産業教育，防災教育，消費者教育，道徳教育などと幅広く連携して，多面的に土壌を捉える教科横断的，総合的な土壌教育としていくことが課題である。

3．他機関との連携づくりの簡素化

学校と大学や研究機関，博物館などとが適切に連携を行うことで，効果的な土壌教育が行われ，十分な成果をあげることが明らかとなった。しかし，連携先を見出し，連絡を取って，講師や施設利用・見学，体験学習などの依頼・申込みなどを行うことに相当な時間と労力を要することがわかった。それ故，連携先や連携内容，講師などのリストづくりが課題である。都道府県あるいは市町村教育委員会などが連携可能な関係機関のリストアップをしていただくのが望ましい。

4．開発教材の取扱い

児童・生徒は，土壌を使った観察・実験，実習に強い興味・関心を持つことが明らかとなった。それには，魅力ある，面白い観察・実験などの開発は不可欠である。土壌は，不均質な自然物であり，扱いにくいとの指摘がある。土壌観察や分析をする際には，専門性が求められると受け止められ，教材開発は進まない。定性的視点を重視した教材開発に取り組んだ結果，児童・生徒の関心・理解を高めることができた。また，これらの開発教材は教師たちにも好評であり，大きな成果と言える。しかし，開発した土壌教材の取扱いには多少のテクニックを要することから，更なる改良を加えて，誰にでも簡単に活用できるようにしていくことが必要である。そして，再現性や精度の面で改善していくことが課題である。例えば，土壌吸着実験では土壌の詰め方によって水で薄めた青インク液の通過による脱色がうまく行かない場合が

あるなど，改良の余地があると考えている。また，子どもの発達段階と土壌のイメージ力を考慮した時，観察・実験の定性的視点と定量的視点の組み合わせ，ウェートの比率を考えなければならない。それ故，子ども達の発達状況を考慮しつつ，両視点の観察・実験の組み合わせを考えていく必要がある。

5．生涯学習的視点

土壌リテラシーを育成する土壌教育は，幼少期から成人に至るそれぞれの過程で達成目標に従って実施することが望ましい。そして，本研究では，成長過程を幼少期，児童期，生徒期，学生・成人期に分けて，土壌教育の達成目標を定めることができたことは，成果である。しかし，学生や成人の頃から芽生える土壌リテラシーを確実に身に付けているかは，常に疑問を抱かざるを得ないことであった。今後，土壌リテラシーの育成を図り，土壌課題解決に向けた取組や行動にまで昇華する土壌教育を開発・構築することが課題である。それには，自然科学の視点だけではなく，社会科学的視点を加えた土壌教育とすることが肝要である。また，発達段階を考慮した生涯学習の視点で，更なる開発を進めていく必要がある。

地球は「土の惑星」であり，太陽系惑星の中で唯一土壌を持った星である。この地球上の大切な資源である土壌を保全して失われないようにしていくことが必要である。それには，多くの人たちが土に関心を持ち，土の性質や働きを知って土の大切さ，重要性に気づくことが土を保全していく第一歩となる。2015年の「国際土壌年」を機に地球の土壌危機の認識を世界が共有し，土壌教育を積極的に実践する取組を世界で進めていかなければならないと考えている。この研究を機に，世界の人々が土壌危機を共有し，土壌保全に向けた考えや行動がとれる土壌リテラシーを育成する新しい土壌教育を世界に発信するとともに，世界と交流して一層土壌教育に関する開発研究を進めていく所存である。

資料１．「土壌肥料に関する歴史」年表（世界）

「環境史年表　昭和・平成編」(2004，河出書房新社）等参照・加筆

BC.10000頃　狩猟採集生活から農耕牧畜生活への転換

BC.9000頃　栽培農業始まる

BC.7000頃　インダス川流域農耕始まる

BC.6000頃　メソポタミア定住農耕始まる

BC.5000頃　中国黄河流域，エジプト農耕始まる

BC.4c　アリストテレスの『動物誌』

AC.77　古代ローマ　プリニウスの『博物誌』(全37巻)

1570　ヘレスバハ「農業書」耕地にクローバーなどマメ科植物の牧草を栽培する農法を記載

1639　徐光啓「農政全書」

1650　世界人口約５億人

1700　農地：地球の陸地面積の７％

1731　トゥル「土壌栄養説」

1749　ビュフォン「博物誌」

1761　ワーレリウス「腐植栄養説」

1769　ワット蒸気機関発明，イギリスで産業革命起こる

1770　ヤング「農業経済論」

1804　ド・ソシュール「植物による二酸化炭素吸収」

1806　チリ硝石・グアノ発見（フンボルト）

1809　A. テーア「合理的農業原論」(腐植栄養説)（～1812）

1823　J. F. L. ハウスマン（地質学的土壌分類）

1828　尿素の合成（ヴェーラー）

1840　リービッヒ「無機栄養説（鉱物説)」，アメリカで産業革命始まる

1843　J. B. ロース「過リン酸石灰」，英）

1860　ザックス水耕法（植物の成長：窒素，リン，カリウム，硫黄，カルシウム，マグネシウム，鉄必要）

1861　ジョン・ティンダル（水蒸気・二酸化炭素・オゾン・メタンなどが主要な温室効果ガス）

1877　シュレシング・ムンツ「消化細菌発見」，ウォーリントン「有機体窒素の無機化」

1883　V. V. ドクチャエフ「ロシアのチェルノーゼム」（土壌生成因子）

1886　ヘルリーゲル・ウィルファルト（独，マメ科植物根と根粒菌との共生によって空中窒素固定）

1892　E. W. ヒルガード「土壌と気候の対応に関する研究」

1896　スヴァンテ・アレニウス（著書『宇宙の成立』：石炭などの大量消費によって今後大気中の二酸化炭素濃度が増加すること，二酸化炭素濃度が2倍になれば気温が5～6℃上昇する可能性があること）

1900　アルトナ博物館設立（土壌断面見本），世界人口約15億人

1913　アンモニア合成法開発（ハーバー，ボッシュ）

1930　アメリカ土壌侵食「ダストボウル」，ヨーロッパで気温上昇観測，アルプス氷河後退

1938　キャレンダー「大気中CO_2濃度上昇観測」，DDT 製造（スイス，ミュラー）

1941　BHC 製造（仏）

1944　パラチオン製造（独），ディルドリン製造（米）

1954　ソ連世界最初の原子力発電所建設，塩化カリ工場設立（独シュタスフルト）

1960　世界人口約30億人

1962　R. カーソン「沈黙の春」（化学汚染警告），ベトナム戦争での枯葉剤散布，A. ファロウ（地質学的土壌分類）

1969　国連環境計画（UNEP）発足

1971　ラムサール条約採択（1975発効）

1972　国連人間環境会議（ストックホルム），ローマクラブ報告書『成長の限界』，ロンドン条約（廃棄物の海上投棄・洋上焼却規制採択），国連環境計画（UNEP）設立

1973　ワシントン条約（野生動植物保護採択）

1975　国際環境教育専門家会議（ベオグラード）「ベオグラード憲章採択」

1977　環境教育政府間会議（トビリシ）「トビリシ宣言・勧告」，国連砂漠化防止計画（ナイロビ），環境教育国際会議（テサロニキ）

1978　マルサス『人口論』

1979　スリーマイル島原子力発電所事故，長距離越境大気汚染条約締結（ジュネーブ）

1982　国連環境計画特別会議（ナイロビ）

1985　酸性雨原因物質削減「ヘルシンキ議定書」締結，ウィーン条約（オゾン層保護）

1986　チェルノブイリ原発事故
1987　モントリオール議定書「10年後にフロン半減」，南極のオゾン50%に減少，世界人口約50億人
1988　気候変動に関する政府間パネル（IPCC）の設立，ソフィア議定書採択（酸性雨対策）
1989　有害廃棄物の越境移動およびその処分の規制に関するバーゼル条約採択，ヘルシンキ宣言「特定フロンの全廃」
1990　地球温暖化防止行動計画，アメリカで「環境教育の推進等のための法律」制定
1992　環境と開発に関する国連会議（地球サミット，リオデジャネイロ）：「気候変動枠組条約」，「生物多様性条約」，「21世紀に向けて持続可能な開発を実現するための具体的な行動計画（アジェンダ21）」採択
1994　砂漠化防止条約採択
1995　COP1（気候変動枠組条約第１回締結国会議，ベルリン）
1997　地球温暖化防止条約第３回締約国会議（気候変動枠組み条約締約国会議）COP3（京都）「京都議定書」採択，テサロニキ宣言（持続可能な社会の構築のためには環境教育が不可欠）
1998　COP4（ブエノスアイレス）各国対立顕著，世界各地で異常気象・記録的高温記録
2000　COP6（ハーグ），国連ミレニアム・サミット（ニューヨーク，2015年までに達成すべき８目標）
2002　持続可能な開発に関する世界首脳会議（ヨハネスブルグ）
2005　京都議定書発効，CO11（モントリオール）
2007　IPCC 第４次評価報告書・統合報告書，アル・ゴアノーベル平和賞受賞
2008　COP14（ボズナニ），G8北海道洞爺湖サミット
2009　G8ラクイラサミット（2050 年までの長期目標として温室効果ガス排出量を世界全体で50%，先進国全体で80%削減することを合意，産業革命以降の気温上昇が２℃を超えないようにすべきとの広範な科学的見解認識）
2010　COP16（カンクン）
2011　世界人口70億人，福島原発事故
2012　COP18（カタール）京都議定書約束期間2013年～2020年，地球サミット（リオ＋20）開催「我々の求める未来」を採択
2013　COP19（ボン）2015年合意を通じた適応の強化，2020年までの緩和の野心向上について「再生可能エネルギー，エネルギー効率，CCS（二酸化炭素回

収・貯留）の強化を含むエネルギー転換」をテーマに開催され，有識者や国際機関からのプレゼンテーションを受けて各国による意見交換が行われた。しかし，締約国間の対立状況が打開されず，正式な議論を行う機会がないまま会合期間が終了した。

2014　国連気候変動会議（ボン）開催
COP20・COP/MOP10（リマ，国連気候変動枠組条約第20回締約国会議および京都議定書第10回締約国会議）開催，IPCC 第5次評価報告書公表（20世紀半ば以降の温暖化が人間の影響による可能性極めて高い）

2015　ポスト2015年開発アジェンダに関する宣言採択（予定），国際土壌年
第21回気候変動枠組条約締約国会議（COP21）が開催され，パリ協定（産業革命前からの気温上昇を2度未満に抑える，1.5度未満を目指す）が採択された。

2016　第22回締約国会議（COP22，マラケシュ）でパリ協定の実施ルールを2018年までに決定する作業計画が採択された。

2018　国連気候変動枠組条約第24回締約国会議（COP24，ポーランドのカトヴィツェ）で2016＝パリ協定の実施に向けたガイドライン採択

資料２．「土壌肥料に関する歴史」年表（日本）

1697　宮崎安貞農業全書全10巻刊行
1875　農事修学場設置，札幌学校（翌年札幌農学校）開校
1876　イギリスよりキンチ招聘
1878　足尾銅山鉱毒事件，駒場農学校開校
1981　ドイツよりケルネル招聘
1882　ドイツよりフェスカ地質調査所に招聘（1883日本全国土壌調査，土性図・解説書作成）
1986　東京帝国大学設立
1887　農学会設立
1893　農事試験場及び６支場設置
1899　肥料取締法公布
1901　麻生慶次郎　土壌学・肥料論講義開始
1904　恒藤規隆「日本土壌論」
1907　麻生慶次郎・村松舜祐「土壌学」
1912　肥料懇談会設立（1914土壌肥料学会に改組，1934日本土壌肥料学会に改称）
1916　全国的な施肥標準調査事業計画
1916　大工原銀太郎「土壌学講義（上巻）」
1917　鈴木重礼「土壌生成論」
1918　米騒動
1919　大工原銀太郎「土壌学講義（中巻）」
1921　川瀬惣次郎「土壌学」
1922　神通川イタイイタイ病
1923　石灰窒素と合成硫安の製造開始
1929　関豊太郎「新撰提要土壌学」
1934　川村一水「土壌學講話」
1937　安中亜鉛精錬所塩害
1942　大杉　繁「一般土壌学」，食糧管理法
1946　農地改革
1948　麻生慶次郎「土壌學」
1950　内山修男「土壌調査法」
1956　水俣病（熊本・水俣湾）

1961　四日市喘息
1965　水俣病（新潟・阿賀野川）
1967　公害対策基本法制定，イタイイタイ病原因究明
1968　大気汚染防止法制定
1970　農用地土壌汚染防止法制定，水質汚濁防止法制定，海洋汚染防止法制定
1971　環境庁発足
1991　土壌汚染に係わる環境基準
1993　環境基本法施行
1994　環境基本計画決定
1995　食管法廃止と食糧法制定
1998　地球温暖化対策推進法公布
1997　京都議定書採択（2005発効）
1999　食料・農業・農村基本法公布
2002　土壌汚染対策法公布
2006　有機農業推進法施行
2008　エコツーリズム推進法施行・生物多様性基本法制定
2011　原発事故による放射性物質拡散
2012　生物多様性国家戦略2012－2020策定
2013　PM2.5社会問題化
2015　TPP（環太平洋連携協定），「国際土壌年」（国連），フロン排出抑制法施行

資料3．「環境教育・土壌教育に関する歴史」年表（日本）

1912　肥料懇談会設立（1914土壌肥料学会に改組，1934日本土壌肥料学会に改称）
1919　大工原銀太郎「土壌學講義上巻」
1948　国際自然保護連合設立（用語「環境教育」初出）
1954　土壌微生物談話会（日本土壌微生物学会）
1958　ペドロジスト懇談会（1958年日本ペドロジー学会），粘土研究会（1958年日本粘土学会），土壌物理研究会（1958年土壌物理学会），
1959　日本植物生理学会，森林立地懇話会（1959年森林立地学会）
1968　プラウデン報告書（イギリス，環境を題材）
　　　公害対策基本法制定，全国小中学校公害対策研究会発足
1969　スウェーデン初等教育学習要領改訂（環境問題重視）
1970　アメリカ合衆国環境教育法制定
1972　ストックホルム国連人間環境会議，自然環境保全法制定
1975　ベオグラード国際環境教育会議（ベオグラード憲章）
1977　トビリシ環境教育政府間会議
　　　小・中学校学習指導要領改訂（環境問題重視）
1978　高等学校新学習指導要領改訂（環境問題重視）
1982　土壌教育検討会設置
1983　土壌教育強化委員会に改変
1986　環境省「環境教育懇談会」設置
1990　アメリカ合衆国環境教育推進法
1991　環境教育指導資料－中・高等学校編（文部省）
1992　国連環境・開発サミット in ブラジルー（アジェンダ21）
　　　環境教育指導資料－小学校編（文部省），土壌教育委員会に改組
1997　「環境と社会」国際会議開催（テサロニキ）
1998　土壌肥料学会土壌教育委員会編「土をどう教えるか－新たな環境教育教材－」刊行
1999～2009　全国各地（計11ヵ所）「自然観察の森」における土壌観察会実施
1999　中央環境審議会「これからの環境教育・環境学習」答申
2002　日本土壌肥料学会編「土の絵本（全5巻）」刊行
2003　「土の絵本（全5巻）」（産経児童出版文化賞受賞）
　　　環境の保全のための意欲の増進及び環境教育の推進に関する法律」制定・公布

2004　日本土壌肥料学会度九州大会・SPP事業「土壌教育ワークショップ」（九州大学農学部附属福岡演習林）実施

2004～2009　「全国自然観察の森」（10ヶ所）及び「ふるさといきものふれあいの里（北海道栗山町）」における土壌観察会開催・実施

2005　日本土壌肥料学会度鳥取大会・SPP事業土壌教育シンポジウム「土と向き合って－土壌教育の重要性を考える－」（島根県教育委員会後援）
国連「持続可能な開発のための教育の10年」
第5部門「土壌生成・分類・調査」内に「土壌教育部会」新設

2006　第9部門「社会・文化土壌学」新設（「社会・教育部会」と「文化土壌学部会」設置）
「土のふしぎ－ワクワク　ドキドキ　土体験！」（平成18年度科学研究費補助金研究成果公開費B）

2007　「土壌の観察・実験テキスト－土壌を調べよう！－」ウェブ公開
新環境教育指導資料（小学校版）21世紀環境立国戦略

2009　日本土壌肥料学会度京都大会・出前授業「土の秘密を探る」（京都市立北白川小学校，京都府・京都市教育委会後援），「高校生ポスター発表会」開催・実施（出前授業，高校生ポスター発表会ともにこの年から始まった），「新版 土をどう教えるか－現場で役立つ環境教育教材（上巻・下巻）」刊行

2010　日本土壌肥料学会北海道大会・長沼町こども理科教室「土をしらべよう！」（日本ペドロジー学会後援）開催，月刊『地理』－特集「土をどう教えるか」
第19回国際土壌科学会議（オーストラリア）「土壌の文化的意義や土壌教育の重要性」指摘

2011　第52回科学技術週間イベント「親と子の土の教室」（東京農工大学，農林水産省後援）開催・実施

2012　日本土壌肥料学会度鳥取大会・出前授業「土の不思議を探る」（鳥取大学附属中学校）
第53回科学技術週間イベント「親と子の土の教室－土のふしぎを発見しよう－」（埼玉県立川の博物館，埼玉県教育委員会後援）開催・実施

2013　第54回科学技術週間イベント「親と子の土の教室－土のふしぎを発見しよう－」（埼玉県立川の博物館，埼玉県教育委員会後援）開催・実施

2015　「国際土壌年」（国連）記念事業開催

2017　新学習指導要領小学校理科第4学年の項目「（3）雨水の行方と地面の様子」に「土の粒」新設

2018　日本土壌肥料学会神奈川大会公開シンポジウム「いま改めて問う，土をどう教えるかー土壌教育の再設計と未来の学習指導要領ー」開催・実施，土壌教育動画集公開

参 考 文 献

青木淳一，1989：土壌動物を指標とした自然の豊かさの評価，都市化・工業化の動植物影響調査法マニュアル，127-143

青木淳一，1999：日本産土壌動物－分類のための図解検索，pp. 1076，東海大学出版会

青木淳一，2005：だれでもできるやさしい土壌動物のしらべかた－採集・標本・分類，pp. 102，合同出版

青山正和，2010：土壌団粒－形成・崩壊のドラマと有機物利用，pp. 173，農山漁村文化協会

赤江剛夫，2016：実感する土壌教育，土壌の物理性第132号，1-2

明石茂生，2005：気候変動と文明の崩壊，成城大學經濟研究（169），37-87

秋本弘章，1996：高校地理教育の現状と課題，日本地理学会発表予稿集，49，48

安彦忠彦他，2002：新版現代学校教育大事典 第1巻，ぎょうせい

天笠　茂，2013：カリキュラムを基盤とする学校経営，pp. 255，ぎょうせい

天野正輝，1993：『教育評価史研究－教育実践における評価論の系譜－』，pp. 328，東信堂

有吉佐和子，1975：複合汚染，pp. 621，新潮社

浅川　晋・木村眞人・小野信一，2008：白鳥神社と水田農業（補遺），農業と科学，598，11-14

浅野真希，2012：日本における土壌教育の現状と課題，第四紀研究 Vol. 50（2011）No. 5，221-230

浅野眞希・田村憲司・東照雄，2007：土じょうはどうやってできるのかな？，筑波大学土壌環境化学研究室

浅野真希・伊藤豊彰・菅野均志・柴原藤善・鈴木武志・瀧　勝俊・田中治夫・田村憲司・橋本　均・東　照雄・平井英明・福田　直・矢内純太，2009a：『土をどう教えるか－現場で役立つ環境教育教材－』上巻（日本土壌肥料学会土壌教育委員会編），pp. 129，古今書院

浅野真希・伊藤豊彰・菅野均志・柴原藤善・鈴木武志・瀧　勝俊・田中治夫・田村憲司・橋本　均・東　照雄・平井英明・福田　直・矢内純，2009b：『土をどう教えるか－現場で役立つ環境教育教材－』下巻（日本土壌肥料学会土壌教育委員会編），pp. 245，古今書院

浅海重夫，2001：土壌地理学，pp. 302，古今書院
荒木祐二・齊藤亜紗美・田代しほり・石川莉帆，2015：団粒構造の指標化による学校園土壌の診断法，技術科教育の研究20，1-7
別府志海・佐々井　司，2015：国連世界人口推計2012年版の概要，人口問題研究，260-295
D. A. バッカーリ，2009：迫り来るリン資源の危機，日経サイエンス
デイビッド・モントゴメリー（片岡夏実訳），2010：土の文明史，pp. 362，築地書館
独立行政法人国立オリンピック記念青少年総合センター，2004：「青少年の自然体験活動に関する実態調査」報告書－平成15年度調査－，1-24
土壌版レッドデータブック作成委員会，2000：わが国の失われつつある土壌の保全をめざして～レッド・データ土壌の保全～，pp. 88，日本ペドロジー学会，
土壌教育強化委員会，1983：初中等教育における土壌教育についての現場　小，中学校教師の考え方と実態についての全国アンケート結果報告，日本土壌肥料学雑誌，54，269-271.
土壌汚染技術士ネットワーク，2009：イラストでわかる土壌汚染，pp. 198，技報堂出版
土壌調査法編集委員会編，1978：土壌調査法，pp. 522，博友社
土壌標準分析測定法委員会編，1986：土壌標準分析・測定法，pp. 354，博友社
土壌環境分析法編集委員会編，1997：土壌環境分析法，pp. 427，博友社
Drohan, P.J. et al., 2010 ： The “Dig it!” Smithonian Soils Exhibition: Lessons Learned and Goal for the Future, Soil Science Society of America Journal 74, 607-705
江橋慎四郎編，1987：『野外教育の理論と実際』，pp. 256，杏林書院
尹　喜淑，2009：中国ハルピン市における小中学校教師の環境教育に対する意識，兵庫教育大学連合大学院学校教育学研究報告，119-128
FAO, 2010：世界森林資源評価2010（概要），国際農林業協働協会版
FAO, 2011a：The state of food and agriculture 2010-11, pp. 147
FAO, 2011b：The State of the World's Land and Water Resources for Food and Agriculture, pp. 285
FAO, 2012：林産物需給と木材産業，森林・林業白書，1-17
FAO・ISRIC・IUSS, 2006：World reference base for soil resources. 128p, World Soil Resource Reports, 103, FAO
FAO 駐日連絡事務所，2015：国際土壌年について，www.fao.org/japan/portal-sites

/pulses-2016/2015/en/
浜崎忠雄・三土正則・小原洋・中井信，1983：土壌モノリスの作製法改訂版，農技研資B，18，1-27
羽生一予・森澤建行・田村　憲司，2015：いわき市「土曜学習」における土壌教育に対する児童の評価と土壌に対する意識変化，環境情報科学 学術研究論文集 29，247-252
橋本佳世子・近森憲助・喜多雅一・武田　清・村田勝夫，1999：土壌における有機物の分解：その定量化および教材化の試み，粘土科学39（2），103，12-28
秦　澄江・少林浩道・秦　明徳，1998：土教材化に関する研究Ⅱ－総合的視点に立つ土学習の構想.日本理科教育学会全国大会要項（48），71
秦　明徳・松本一郎，2010：理科における土教材開発の視点，島根大学教育臨床総合研究９，111-122
畑　明郎，2001：土壌・地下水汚染，pp.233，有斐閣
畑　明郎編，2011：深刻化する土壌汚染，pp.264，世界思想社
林　弥栄・畔上能力監修，2003：樹木見分けのポイント図鑑，pp.336，講談社
橋本康弘・荒井紀子・伊禮三之・山本博文・香川喜一郎・奥山和彦・下池未紗・松田真依・市川　薫・鏑木優佳・永井良次，2010：『教科横断型授業』の開発研究（Ⅰ）－2008・2009年度協働実践研究プロジェクトでの取り組みから－，福井大学教育実践研究第35号，67-78
東　照雄，1990：わが国の土壌教育の現状と課題，アジア地域農業教育研究会編「アジア諸国における農業教育の現状と課題：アジア地域教育開発計画研究開発委嘱事業報告書」，筑波大学農林技術センター，1-16
東　照雄，2004：日本土壌肥料学会土壌教育委員会ウェブサイト－委員会の歩み，http//www.soc.nii.ac.jp/jssspn/edu/cat_７_.html.
東　照雄・平井英明・田中治夫・菅野均志・山本広基・福田　直・福田　恵・松本一郎・藤本順子，2006：土と向き合って－土の重要性を考える，日本土壌肥料学雑誌，77，451.
樋口利彦，1990：小・中学校における土壌教育の日本と海外の比較－教科書調査を主として－，野外教育（東京学芸大学野外教育実習施設研究報告）１，25-35.
樋口利彦，2004：参加型環境学習プログラムにおける土壌の存在と可能性，ペドロジスト48-2，93-99
樋口利彦，2005：親子向けの環境学習イベントにおける土壌の展示とインタープリテーションの実施から学ぶ土壌教材開発の視点，環境教育学研究（東京学芸大学環

境教育実践施設研究報告）15，53-57.

樋口利彦・木内知美，1987：博物館・植物園における土壌の取り扱いに関する実態調査，環境教育研究，10，51-60.

永川　元，2001. 環境教育における土壌学習のための教材－リバーサルフィルムの腐食を利用する土壌評価法の開発，理科教育学研究42（1），31-38

平井英明，1989："集え若者今こそ土壌調査だ" に参加して，ペドロジスト33（2），213

平井英明，2007：土壌の観察会の概要，日本土壌肥料学雑誌78，227

平井英明，篠崎亮介，星野幸一，2011：小学校理科，社会科および生活科の学習指導要領における土の取り扱い方の変遷と小学校理科における土の学習内容の提案，日本土壌肥料学雑誌82-1，52-57

平井英明・赤羽幾子・福田　直，2015：学習指導要領の次期改訂に向けた「土壌教育に関する要望書」の文部科学省への提出の背景と経緯，日本土壌肥料学雑誌86-6，595-598

平井英明・岡本直人・小暮健太・布川嘉英，2014：学校及び社会における土壌教育実践講座２．土壌断面と農地の生産力から土壌の重要性を伝える野外観察の手引き，日本土壌肥料学雑誌85（5），473-480

平井英明・櫻井克年・広谷博史・鳥居厚志・米林甲陽，1989：小学生，中学生，高校生，大学生を対象とした土に関するアンケート調査，ペドロジスト33（1），33-74.

平野愛理，齋藤益美，脇田登美司，2002：土による衣料用繊維の染色，岐阜女子大学紀要第31号，71-74

平野吉直，2008：「自然体験活動」の成果と意義，中央教育審議会ヒアリング資料

平山良治，1991：展示用モノリスとしての超大型土壌薄片の作成，ペドロジスト，35，2-12.

平山良治・小原　洋・田村憲司・丹下　健・金子文宜，2000：わが国の失われつつある土壌の保全を目指して－レッドデータ土壌の保全－，ペドロジスト，44，40-48，

平山良治，森　圭子，2013：土壌モノリスを収集し展示する意義は何か？，川博紀要13号，29-32

平山良治，森　圭子，2016：博物館等活動での土壌教育の実例，川博紀要16号，13-16

廣瀬真琴，2006：児童の評価能力の変容に関する事例研究，都市文化研究 Vol. 8，

16-31

堀　哲夫，1998：問題解決能力を育てるストラテジー―素朴概念をふまえて（授業への挑戦），pp. 240，明治図書出版

堀　哲夫，2003：学びの意味を育てる理科の教育評価，pp. 156，東洋館出版社，pp. 156

堀村志をり，2013：最近接発達領域は「可能性の領域」か―発達力動の観点からの考察―，東京大学大学院教育学研究科研究紀要39，43-52

保坂義男・大木久光・高堂彰二・大岩敏男，2013：トコトンやさしい　土壌汚染の本，pp. 154，日刊工業新聞　https://soracom.jp/iot

星　博幸，2018：土についての大学生の認識と小学校・中学校理科教育との関連，愛知教育大学研究報告，53-60

藤井一至，2015：大地の５億年，pp. 229，山と渓谷社

藤谷智子，2011：幼児期におけるメタ認知の発達と支援，武庫川女子大紀要59，31-42

藤永豪，2015：中高地理教育における自然地理領域と人文地理領域の学習内容の融合的理解に関する課題―教員養成系学部を中心とした大学生への“扇状地”に関するアンケート調査をもとに―，J. Fac. Edu. Saga Univ. Vol. 20，No. 1，123-133

藤原彰夫，1991. 土と日本古代文化　日本文化のルーツを求めて―文化土壌学試論，pp. 445，博友社

藤原俊六郎監修，2013：肥料と土つくりの絵本（①～⑤），各巻 pp. 36，農山漁村文化協会

藤原俊六郎，2013：図解 土壌の基礎知識，pp. 172，農山漁村文化協会

福田　直，1986：生態系における土壌微生物の役割を明らかにする実験システムの確立に関する研究，pp. 38，昭和61年度文部省科研費補助金研究報告書

福田　直，1987：土壌の教材化に関する研究―土壌教育の在り方と土壌を使った観察・実験の開発・検討―，pp. 108，須賀印刷

福田　直，1988a：土壌の教材化，第18回関東理科研究発表会千葉大会要項・研究発表会資料

福田　直，1988b：土壌を使った環境教育―人為的影響の異なる土壌間における CO_2 発生速度の相違―，埼玉生物28，22-24

福田　直，1988c：土壌を使った観察・実験―土壌呼吸―，遺伝42-4，裳華房，105-110

福田　直，1989a：土壌を使った環境教育―各種土壌における細菌・放線菌及び糸状

菌数ー，埼玉生物29，16-20
福田　直，1989b：生物教育における「土壌」の取り扱いに関する考察（第一報），埼玉県立川越南高等学校紀要第2号，1-72
福田　直，1989c：土壌微生物の観察・計数，遺伝43-7，裳華房，102-107
福田　直，1990a：小・中・高等学校における土壌教育のあり方（「土の世界」編集グループ編『土の世界』），朝倉書店，152-156
福田　直，1990b：土壌の教材化ー土壌を使った観察・実験の実践（1）ー，生物教育30-2，95-99
福田　直，1990c：初等中等教育段階における環境教育の現状と課題，筑波大学農林技術センター研究報告，23-44
福田　直，1991：初等中等教育段階における土壌教育の現状と課題，筑波大学農林技術センター研究報告，21-45
福田　直，1992a：土壌の教材化に関する研究，平成4年度文部省科研費補助金研究報告書，pp. 110
福田　直，1992b：自然史だより19「土の話ー土のできかたー」，埼玉県立自然史博物館，3-4
福田　直，1993a：日本自然観察指導員研修会冊子（第1回～第7回），各冊子とも pp. 12
福田　直，1993b：土壌中の水分移動を確認する簡易実験法による層位別移動速度の測定，自然観察指導員研修会資料集，11-19
福田　直，1993c：自然史だより22「土の話ー土は生きているー」，埼玉県立自然史博物館，3-4
福田　直，1993d：自然史百科51「土のできかた」，埼玉県立自然史博物館，1-2
福田　直，1994a：小・中・高等学校理科及び生物教育における土の取り扱いのあり方に関する考察，生物教育34-4，281-291
福田　直，1994b：身近な土を題材とした環境教育の実践，環境教育4-1，61-67
福田　直，1994c：土を使った観察・実験（2）ー土による養分吸着および保持，遺伝48-11，裳華房，54-60
福田　直，1994d：自然史だより23「『科学教室』に参加した小学生からの手紙，埼玉県立自然史博物館，3-4
福田　直，1995a：土を教材とした探究活動，科学教育研究19-1，59-65
福田　直，1995b：土壌呼吸を探究的に調べる，科学教育研究19-2，121-129
福田　直，1995c：土作りの主役土壌微生物を調べよう（やってみよう理科の最新版），

pp. 191，朝日新聞社
福田　直，1995d：博物館におけるボランティア活動の現状と課題，埼玉県博物館連絡協議会報告集，15-22
福田　直，1995e：土を教材とした探究学習ー生徒に探究させる観察・実験ー，遺伝 49-10，裳華房，89-94
福田　直，1995f：高等学校における土壌教育ー土壌を使った探究活動ー，理科の教育44-1，58-62
福田　直，1995g：土による養水分の吸着・保持に関する指導，理科の教育44-4，256-261
福田　直，1995h：土のなかのいきもの（「土の話と観察会」），日本土壌肥料学会土壌教育委員会，1-16
福田　直，1995i：土作りの主役　土壌微生物を調べよう（理科の自由研究「最新版やってみよう」，pp. 191），朝日新聞社
福田　直，1996a：博物館等における土の取り扱いに関する実態調査，環境情報科学 25-1，126-133
福田　直，1996b：土を題材とした環境教育の実践ー森林破壊を学ぶー，環境教育 5-1，2～13
福田　直，1996c：基礎教養講座「教師のためのやさしい‘土の科学’」Ⅰ，土とは何かー土のでき方を探る，理科の教育45-1，55-59
福田　直，1996d：基礎教養講座「教師のためのやさしい‘土の科学’」Ⅱ，土の断面ー断面モノリスをつくる，理科の教育45-2，44-49
福田　直，1996e：基礎教養講座「教師のためのやさしい‘土の科学’」Ⅲ，土壌生物ー土中の分解者を調べる，理科の教育45-3，46-51
福田　直，1996f：基礎教養講座「教師のためのやさしい‘土の科学’」Ⅳ，土地利用と土壌，理科の教育45-4，44-48
福田　直，1996g：基礎教養講座「教師のためのやさしい‘土の科学’」Ⅴ，土の機能ー土の浄化能および緩衝能，理科の教育45-5，52-56
福田　直，1996h：基礎教養講座「教師のためのやさしい‘土の科学’」Ⅵ，土壌教育のあり方ー土壌指導の視点，理科の教育45-6，52-57
福田　直，1996i：土を使った学習指導の実践，科学教育研究 19（2）：121-129
福田　直，1997a：土壌呼吸速度の教材性と環境教育的効果に関する検討，環境教育 7-1，2-11
福田　直，1997b：表土が危ない！，ナチュラルアイ No.37，日本生態系保護協会，

1-12
福田　直，1998a：高等学校生物における生物と土とのかかわりを視点とした指導法に関する研究，生物教育38-1，2-11
福田　直，1998b：学校開放講座「身近な自然を調べる－森林と土壌」，埼玉県立入間高等学校紀要第2号，67-99
福田　直，1998c：土壌生態系の生物多様性，東京都小学校・中学校・高等学校教員研修会資料，1-18
福田　直，1999：特集自然環境に生物を学ぶ－教材である土をどう扱うか，遺伝53-3，29-34，裳華房
福田　直，2004a：環境教育としての土の教材性に関する研究，環境教育13-2，3-12
福田　直，2004b：初等・中等教育段階における土壌教育の現状と課題，ペドロジスト48-2，109-116
福田　直，2004c：北海道栗山町「生きものふれあいの里」土壌観察会資料，1-7
福田　直，2005：川越市内中学校出前授業「土壌機能を調べる」，1-15
福田　直，2006a：わが国における小学校・中学校・高等学校の土壌教育の現状と展望，日本土壌肥料学会雑誌73-5，597-605
福田　直，2006b：我が国における小学校・中学校・高等学校の土壌教育の現状と展望，季刊肥料104号，18-37
福田　直，2007：雑木林の自然－里山の危機がもたらす土壌危機，駿河台大学公開講座資料，1-27
福田　直，2009a：平成21年度新学習指導要領公示に対するパブリック・コメント，1-3
福田　直，2009b：土壌研修会資料「土を科学する」，日本土壌肥学会土壌教育委員会，1-15
福田　直，2010a：土壌教育の課題と改善の試み．地理55-3，pp. 22-30
福田　直，2010b：わが国における小・中・高等学校の土壌教育の現状と展望，日本土壌肥料学雑誌77-5，597-605
福田　直，2010c：わが国における小・中・高等学校の土壌教育の現状と展望，季刊肥料104，18-37
福田　直，2010d：狭山市立水富小学校出前授業「林の自然を探索する」，資料1-6
福田　直，2011a：森林と土壌生態，埼玉県立川越高等学校出前授業資料，1-16
福田　直，2011b：幼少期の自然体験活動と子供の変容（「自然体験からかかわりと表現へ」入門編，けやの森出版），124-125

福田　直，2012a：『科学的リテラシー』を高める生物教育のあり方に関する研究，武蔵野学院大学日本総合研究所 9，151-165

福田　直，2012b：土壌と食糧生産，埼玉県立宮代高等学校講演資料，1-12

福田　直，2013a：『科学的リテラシー』を高める生物教育のあり方に関する研究－第二報－，武蔵野学院大学日本総合研究所10，133-147

福田　直，2013b：学力観の変遷－ナラティブ・アプローチによる21世紀型学力の模索と育成－，武蔵野学院大学日本総合研究所10，357-364

福田　直，2013c：小・中・高等学校等への土壌教育の推進，日本土壌肥料学雑誌，84，363-366

福田　直，2014a. 土壌をコアとした学際融合的教育の構築に向けた取組，日本土壌肥料学会講演要旨集第60集，177

福田　直，2014b：我が国の土壌教育の現状と課題－土壌教育委員会の活動30余年を振り返る－，日本土壌肥料学雑誌，84-89

福田　直，2014c：海外と日本の教科書における土壌記載から見た土壌教育の比較検討（1）－日本とアメリカの教科書比較－，武蔵野学院大学日本総合研究所11，131-146

福田　直，2014d：新しい学問領域としての土壌教材，日本環境教育学会第25回大会研究発表要旨集，164

福田　直，2014e：子ども大学「狭山の自然について　5感を使って観察しよう！」資料，1-5

福田　直，2015a：地理教育における土壌の取扱い，日本地理教育学会第65回大会研究発表要旨集，236

福田　直，2015b：学習指導要領改訂に向けた学会員の要望調査結果の分析と土壌教育への提言，日本土壌肥料学雑誌 86（5），489-495

福田　直，2015c：総合知の教育，一般社団法人経営研究所シンポジウム基調講演資料，1-9

福田　直，2015d：日本と世界の土壌教育の歴史，第五回農業・環境・健康研究所シンポジウム資料，1-15

福田　直，2015e：日本と中国の環境教育の比較研究，武蔵野学院大学日本総合研究所，12，95-107

福田　直，2015f：土壌と教育「日本と世界の土壌教育の歴史」，シンポジウム「土壌と人間－国際土壌年 2015 を祝して－」資料，公益財団法人農業・環境・健康研究所，1-7

福田　直，2015g：日本とフランスの幼少期教育に関する比較調査－両国の比較を踏まえた幼少期教育の模索－日本の幼少期の教育－豊かな自然体験を通して－，フランス講演資料，1-6

福田　直，2016a：21世紀型能力の育成にけるフレネ教育技法の導入の意義と課題，武蔵野学院大学研究紀要12，105-119

福田　直，2016b：子ども大学「土のふしぎを考えよう」資料，1-8

福田　直，2017a：関係諸機関との連携に基づく教育活動の構築に関する研究－土壌リテラシーの育成に向けた取組－，武蔵野学院大学研究紀要13，131-146

福田　直，2017b：日本における土壌教育の課題とその展望，日本生態学会第64回全国大会自由集会，3-4

福田　直，2017c：世界の様々な土壌問題，埼玉県立久喜工業高等学校全校講演会資料，1-10

福田　直・浅野眞希・菅野均志・矢内純太，2010：「土をどう教えるか」，古今書院，22-51

福田　直・長谷川　寛・大小治悦夫，1999：在来タンポポと外来タンポポの生態分布と土壌との関わり合い，埼玉県立自然史博物館研究報告17，47-55

福田　直・東　照雄・木村眞人，2011：第９部門　社会・文化土壌学，日本土壌肥料学雑誌82-6，586-600

福田　直・坂上寛一，1993：埼玉県内荒川流域の土壌生態に関する研究（第１報）山地・丘陵・台地及び低地の土壌断面形態と層位別溶存イオン分布について，埼玉県立自然史博物館研究報告 No.11，１～35

福田　直・坂上寛一，1994：埼玉県内荒川流域の土壌生態に関する研究（第２報）－石灰岩母材土壌とチャート母材土壌における土壌溶液のイオン分布について，埼玉県立自然史博物館研究報告 No.12，５～31

福田　直・坂上寛一・平山良治・小作明規，2001：多摩川上支流の土壌生態に関する研究，pp.105，財団法人とうきゅう環境財団

福田　直・渡辺憲二，2012.地質探訪と土壌機能，埼玉県立川越高等学校出前授業資料，1-25

船引真吾，1972：新編土壌学講義，pp.241，養賢堂

風呂和志，2006. 中学校理科における土の教材化に関する研究（授業研究・学習指導，日本理科教育学会 第56回全国大会，115

後藤逸男監修，2012：イラスト 基本からわかる土と肥料の作り方・使い方，pp.160，家の光協会

グローバル人材育成推進会議，2012：グローバル人材育成戦略（グローバル人材育成推進会議審議まとめ），1-44

井口泰泉，2002：環境教育の歴史，16-18

池田博明，1993：アメリカの「生物」教科書を見て，神奈川県理科部会会報（37），37-42

稲松勝子，1987：土をはかる，pp. 110，日本規格協会

井波律子，2002：土泥礼讃，pp. 64，INAX BOOKLET

一般財団法人日本土壌協会，2014：図解でよくわかる土・肥料のきほん，pp. 159，誠文堂新光社

石井英真，2002：「改訂版タキソノミー」によるブルーム・タキソノミーの再構築－知識と認知過程の二次元構成の検討を中心に－，教育方法学研究 28（0），47-58

石崎勝義，1984：土壌を利用した水環境の保全技術－雨水浸透と土壌浄化－，月間下水道 6，1-19

伊藤明彦，2008：学校で「土」はどのようにおしえられているか－地学教育の現状と課題－，ペドロジスト52-1，51-53

IUSS（International Union of Soil Sciences），2013：IUSS proclaims the International Decade of Soils 2015-2024

岩崎保之，2007：指導要録における情意に関する評価の変遷，現代社会文化研究，207-314

岩田進午，1985：土のはなし，pp. 200，大月書店

岩田進午，1991：土のはたらき，pp. 191，家の光協会

岩田進午，2005：「健康な土」「病んだ土」，pp. 181，新日本出版社

岩本廣美・平賀章三・前田喜四雄・上野由利子・竹内範子・木村公美・山田祐子・長谷川かおり・石田晶子・山口智佳子，2007：自然素材を活かした幼児の感性を高める保育実践の研究－土・砂との触れ合いを中心に－，奈良教育大学教育実践総合センター研究紀要，16号，159-167

JA 全農肥料農薬部編，2014：よくわかる土と肥料のハンドブック，pp. 200，農山漁村文化協会

ジェームズ・J・ヘックマン（古草秀子訳），2015：幼児教育の経済学，pp. 128．東洋経済新報社

ジャレド・ダイアモンド（楡井浩一訳），2005：文明崩壊（上）（下）－滅亡と存続の命運を分けるもの，上 pp. 437，下 pp. 433，草思社

ジャン・ブレーヌ（永塚鎮男訳），2011：人は土をどうとらえてきたか―土壌学の歴史とペドロジスト群像，pp. 415，農山漁村文化協会
海洋研究開発機構，2008：シベリアの凍土融解が急激に進行～地中の温度が観測史上最高を記録し地表面で劇的な変化が発生～，プレスリリース
科学技術庁，1993：平成５年度科学技術白書（科学技術庁年報38）「若者と科学技術」，pp. 293，大蔵省印刷局
カーター，V.G.・デール，T.（山路　健訳），1995：土と文明，pp. 332，家の光協会，
金子信博，2007：土壌生態学入門―土壌動物の多様性と機能―，pp. 199，東海大学出版会
加藤　實，2009：心理療法における「表現」とその意味に関する研究，岐阜聖徳学園大学紀要. 教育学部編 43，73-93，73-93
上岡克己・上遠恵子，2007：レイチェル・カーソン，pp. 175，ミネルヴァ書房
河原輝彦，1985：森林生態系における炭素の循環―リターフォール量とその分解速度を中心として―，林試研報 Bull. For. & For. Prod. Res. Inst. No. 334，21-52
環境庁，2006：平成18年版環境白書，日経印刷
環境省自然環境局自然環境計画課，2000：環境省パンフレット「世界の森林とその保全」
菅野均志・平井英明・高橋　正・南條正巳，2008：1/100万日本土壌図，1990の読替えによる日本の統一的土壌分類体系―第二次案（2002）の土壌大群名を図示単位とした日本土壌図，ペドロジスト，52，129-133，
菅野均志・平井英明・高橋　正・南條正巳，2009：土壌教育教材としての日本および世界土壌図の試作，日土肥講要55，201
菅野均志，2010：なぜ学校教科書や資料集の土壌分布図を改訂する必要があるのか，地理，55（３），36-43.
川口桂三郎，1977：土壌学概論，pp. 279，養賢堂
川島博之，2008：「世界の食料生産とバイオマスエネルギー―2050 年の展望」，pp. 300，東京大学出版会
KBI 出版編，1994：「土」土の生活文化史 土の博物館，pp. 195，KBI 出版
木村眞人，1997：土壌圏と地球環境問題，pp. 277，名古屋大学出版会
桐田博充，1971a：野外における土壌呼吸の測定―密閉吸収法の検討Ⅲ　カバーの底面積と CO_2吸収面積が測定値に与える影響―，日生態誌21，43-47
桐田博充，1971b：野外における土壌呼吸の測定―密閉吸収法の検討Ⅳ　スポンジを利用した密閉吸収法の開発，日生態誌21，119-127

北林雅洋，2009：土の教材化に関する研究，日本理科教育学会四国支部会報，23-24

北林雅洋，2011：土の色の違いに着目した土の教材化に関する研究，日本理科教育学会四国支部会報，53-54

北野日出男，樋口利彦編，2002：自然との共生をめざす環境学習，pp. 224，玉川大学出版部

木内知美，1984：昭和57・58年度土壌教育強化委員会報告，日本土壌肥料学雑誌，55, 389-390

木内知美，1987：小・中学校における土壌に関する教育のあり方および実態とそれに関する２・３の考察，科学教育研究11-3，120-129

清野博子，2002：最新現場報告　子育ての発達心理学－育つ育てられる親と子，pp. 236，講談社

少林浩道・秦　明徳，1997：新しい土に関する教育の構想，野外学習のための土教材開発，日本理科教育学会全国大会要項（47），170

少林浩道・秦　明徳，1998：土教材化に関する研究Ⅰ：子ども達の土壌断面観察とその理解，日本理科教育学会研究紀要33-2，53-58

小林辰至・雨森良子・山田卓三，1992：理科学習の基礎としての原体験の教育的意義，日本理科教育学会全国大会要項（48），71

小林辰至・山田卓三，1993：環境教育の基盤としての原体験，環境教育，２巻２号，28-33

小舘誓治，2015：土ってなんだろう？身近なところで観察した「土と生き物」，ひとはく通信ハーモニー90，兵庫県立人と自然の博物館

小池一之・坂上寛一・佐瀬　隆・高野武男・細野　衛，1994：地表環境の地学－地形と土壌，pp. 212，東海大学出版会

国立研究開発法人科学技術振興機構，2017：スーパーサイエンスハイスクール，www.jst.go.jp

国立教育政策研究所，2004：PISA2003年調査評価の枠組み　OECD 生徒の学習到達度調査，pp. 181，ぎょうせい

国立教育政策研究所，2012a：「教育課程の編成に関する基礎的研究報告書３」研究成果報告書『社会の変化に対応する資質や能力を育成する教育課程－研究開発事例分析等からの示唆－』，pp. 224

国立教育政策研究所，2012b：評価規準の作成，評価方法等の工夫改善のための参考資料（高等学校 理科）～新しい学習指導要領を踏まえた生徒一人一人の学習の確実な定着に向けて～，pp. 154

国立教育政策研究所，2013：「教育課程の編成に関する基礎的研究報告書５」研究成果報告書『社会の変化に対応する資質や能力を育成する教育課程編成の基本原理〔改訂版〕』，pp. 101
国立教育政策研究所，2014：「教育課程の編成に関する基礎的研究報告書７」研究成果報告書『資質や能力の包括的育成に向けた教育課程の基準の原理』，pp. 283
国立教育政策研究所，2016：国際数学・理科教育動向調査の2015年調査報告書，pp. 408，明石書店
国立教育政策研究所監修，2016：PISA2015年調査評価の枠組み　OECD生徒の学習到達度調査（PISA2015），pp. 408，明石書店
国際農林業協働協会，2015a：特集国際土壌年2015－健全な土壌は健全な食料生産の基盤－，世界の農林水産 Summer 2015 通巻839号，1-40
国際農林業協働協会，2015b：世界の食料不安の現状 2015年報告，pp. 60，誠文堂
国際連合広報センター，2015：2015年は「国際土壌年」－人類の寡黙な同志である土壌に目を向けよう－
国際連合食糧農業機関，2011：調査報告書，www.afpbb.com/articles/-/2843171?act=all
国際連合食糧農業機関，2015：改訂世界土壌憲章2015，soil-survey-inventory-forum.net/?page
国際連合食糧農業機関（FAO）（高田裕介・和頴朗太・赤羽幾子・板橋　直・レオン愛・米村正一郎・白戸康人・岸本（莫）文紅・長谷川広美・八木一行訳），2016：世界土壌資源報告要約報告書，農業環境技術研究所報告第35号，119-153
国際連合食糧農業機関，国連世界食糧計画および国際農業開発基金（国際農林業協働協会監訳），2015：『The State of Food Insecurity in the World 2015』（「世界の食料不安の現状2015年報告」），pp. 56，国際農林業協働協会
駒村正治・桝田 信弥・中村好男，2000：土と水と植物の環境，pp. 157，理工図書
公益財団法人 アジア人口・開発協会（APDA），2013：人口と開発（2013年秋号），1-1
公益財団法人 農業・環境・健康研究所，2014：農業の視点から環境と健康を考える，伊豆の国だより第５号，1-23
鴻池久代・近森憲助・西村　宏，2003：木綿の布及びゼラチンの土壌による分解，粘土科学 42（３），189
厚生労働省，2008：保育所保育指針解説書，pp. 261，フレーベル館
厚生労働省，2017：保育所保育指針解説，pp. 39，フレーベル館

コルボーン，T.ら（長尾　力訳），1977：「奪われし未来」，翔泳社
小崎　隆，2008：エコツーリズムが拓く土壌・環境・理科教育，日本土壌肥料学会講演要旨集，54，203.
小崎　隆・高橋美穂・伊ヶ崎健大・大山修一・真常仁志，2009：エコツーリズムが拓く土壌・環境・理科教育（2）－「エコツアー：体験！砂漠化」の企画－，日本土壌肥料学会講演要旨集，55，200.
小山雄生，1990：土の危機，pp. 228，読売新聞社
熊野善介，2002：科学的リテラシーの再検討と日本の文脈での再構築－全米科学教育スタンダードとPISAの科学リテラシーの比較とその後の論文を基盤として－，『新しい科学リテラシー論に基づく科学教育改革の基礎研究』，40-51.
熊澤喜久雄，1978：リービッヒと日本の農業，肥料科学1，40-76
熊澤喜久雄，1986：キンチとケルネル－わが国における農芸化学の曙－，肥料科学 9，1-41
倉林三郎，1980：粘土と暮らし，pp. 196，東海大学出版会
倉林三郎，1986：生きている土，pp. 158，古今書院
栗田宏一，芳村俊一，2001：秘土巡礼　土はきれい，土は不思議，pp. 72，INAX BOOKLET
栗田宏一，2004：土の色って，どんな色？月刊たくさんのふしぎ252号，pp. 40，福音館書店
栗田宏一，2006：土のコレクション，pp. 47，フレーベル館
黒杭清治，2002：理科離れについて考える，工業教育50巻4号，27-34
楠見 孝，2012：批判的思考について－これからの教育の方向性の提言－，中央教育審議会高等学校教育部会資料，1-28
京都大学農学部農芸化学教室編，1965：農芸化学実験書（増補）第二巻，pp. 566，産業図書
久馬一剛，2005：土とは何だろうか？，pp. 299，京都大学学術出版会
久馬一剛，2010：土の科学　いのちを育むパワーの秘密，pp. 206，PHP研究所
久馬一剛，2011：古代中国の土壌認識について，肥料科学33号
久馬一剛，2015：草創期日本土壌学とペドロジー，ペドロジスト第59巻第2号，75-89
久馬一剛・庄子貞雄・鍬塚昭三・服部　勉・和田光史・加藤芳郎・和田秀徳・大羽裕・岡島秀夫・高井康雄，1984：新土壌学，pp. 271，朝倉書店
久馬一剛・永塚鎮男編，1987：土壌学と考古学，pp. 214，博友社

久馬一剛・小﨑　隆・井上克弘・米林甲陽・木村眞人・和田真一郎・波多野隆介・有光一登・金野隆光・若月利　之・三枝正彦・松本　聰，1997：最新土壌学，pp. 216，朝倉書店

レスター・R・ブラウン，1991：「地球白書―ワールドウォッチ」，pp. 384，ダイヤモンド社

前田拓生，2011：日本における木材の需給ギャップについての考察，高崎経済大学論集第54巻第1号，57～69

前田正男・松尾嘉郎，1974：土壌の基礎知識，pp. 206，農山漁村文化協会

前田正男編，1976：肥料便覧第2版，pp. 223，農山漁村文化協会

牧野富太郎，1985：原色牧野日本植物図鑑，pp. 396，北隆館

牧下圭貴，2004：食品廃棄物と輸入量，年農と食の環境フォーラム会報「ねもはも24号」いまさら聞けない勉強室

益田裕充，2005：中学生の「分解者による分解」概念形成の実態と土の理解がその形成に与える影響 Vol. 29

町田　洋・小野　昭・河村善也・大場忠道・山﨑　晴雄・百原　新，2003：第四紀学，pp. 323，朝倉書店

松田淑子・荒井紀子・伊禮三之・山本博文・橋本康弘・池島将司・行壽浩司・二丹田雄一・山田志穂・吉村祐美，2011：『教科横断型授業』の開発研究（Ⅱ）―2009・2010年度協働実践研究プロジェクトでの取り組みから―，福井大学教育実践研究第36号，35-42

松井　健，1977：理科教育の宝庫「土」に学ぶ，理科教室，20（7），6-12.

松井　健，1979：ペドロジーへの道，pp. 266，蒼樹書房

松井　健，1988：土壌地理学序説，pp. 316，築地書館

松井　健・岡崎正規，1993：環境土壌学，pp. 257，朝倉書店

松本健一，2006：泥の文明，pp. 240，新潮選書

松本　聰，2010：土壌の機能，地球環境 Vol. 15 No. 1，9-14

松尾嘉郎・奥薗寿子，1989：絵とき生きている土の世界，pp. 136，農山漁村文化協会

松尾嘉郎・奥薗寿子，1990a. 絵とき地球環境を土からみると，pp. 136，農山漁村文化協会

松尾嘉郎・奥薗寿子，1990b：絵とき ヒトの命を支える土，pp. 136，農山漁村文化協会

松尾嘉郎・奥薗寿子，1992：絵とき　土と遊ぼう―からだで感じる地球のいのち，

pp. 136, 農山漁村文化協会
松中照夫, 2004：土壌学の基礎, pp. 389, 農山漁村文化協会
松中照夫, 2013：土は土である, pp. 211, 農山漁村文化協会
松下佳代, 2012a：『〈新しい能力〉は教育を変えるか 学力・リテラシー・コンピテンシー』, pp. 319, ミネルヴァ書房
松下佳代, 2012b：パフォーマンス評価による学習の質の評価：学習評価の構図の分析にもとづいて, 京都大学高等教育研究 (18), 75-114
松下佳代, 2014：学習成果としての能力とその評価―ルーブリックを用いた評価の可能性課題―, 名古屋大学高等教育研究第14号, 235-255.
陽　捷行, 1991：土壌生態系のガス代謝と地球環境, 1. 総論, 土肥誌63, 445- 450
陽　捷行, 1994：土壌圏と大気圏―土壌生態系のガス代謝と地球環境, pp. 145, 朝倉書店
陽　捷行編著, 1995：地球環境変動と農林業, 朝倉書店
陽　捷行, 2004：農業活動と地球規模の炭素および窒素循環, 農業生態系における炭素と窒素の循環, 農業環境研究叢書第15号, 農業環境技術研究所編, 1-16
陽　捷行, 2005：土壌から考える農と環境, イリューム, Vol. 17, No. 1, 41-56
陽　捷行, 2006：土壌と人類；文化―文明―生業, 土肥誌77, 429-438
陽　捷行, 2007a：農医連携の視点から肥料を考える, 肥料106, 22-25
陽　捷行, 2007b：農と環境と健康, pp. 311, 清水弘文堂書房
陽 捷行編著, 2007c：代替医療と代替農業の連携を求めて, 養賢堂
陽　捷行, 2008a：土壌が語る文化・文明・生業・健康　日本土壌肥料学会に設立された社会・文化土壌学部門, 化学と生物46-8, 582-585
陽　捷行, 2008b：土壌が語る文化, 食農と環境, 3, 1-9
陽　捷行, 2010：農業と健康に関わる環境問題―半世紀にわたる歴史とわれらの研究史―, 肥料科学, 第32号, 1～86
陽　捷行, 2015：18cm の奇跡, pp168, 三五館
陽　捷行・東　照雄・小野信一, 2009：第9部門　社会・文化土壌学, 土肥誌79 (6), 665-662
南新秀一・佐々木英一・吉岡真佐樹, 2003：『新・教育学―現代教育の理論的基礎―』, pp. 280, ミネルヴァ書房
水原克敏, 2010：学習指導要領は国民形成の設計書―その能力観と人間像の歴史的変遷, pp. 291,
溝上慎一, 2007：アクティブ・ラーニング導入の実践的課題, 名古屋高等教育研究,

269-287
溝上慎一，2014：アクティブラーニングと教授学習パラダイムの転換，pp. 196，東信堂
三石 初雄・大森 享編，1998：小学校の環境教育実践シリーズ 3「生きている土・生きている川」，pp. 186，旬報社
三宅なほみ，2006：学習プロセスそのものの学習：メタ認知研究から学習科学へ，1-8
三宅征夫，1996：理科教育における科学的リテラシー，教育と情報 459
三宅征夫，2006：科学教育研究に携わった34年を振り返って，科学教育研究 30（1），48-50.
宮崎貴史・安藤秀俊，2004：酸性雨・樹幹流・土壌を対象とした高等学校化学における環境教育の実際－部活動での測定データを授業に活かす－，科教研報 Vol. 22 No. 1，89-94
宮崎　毅，2016：人間と土壌，（公財）農学会・日本農学アカデミー共同主催公開シンポジウム．7-8
文部科学省，1999a：高等学校学習指導要領，pp. 388，独立行政法人国立印刷局
文部科学省，1999b：高等学校学習指導要領解説　総合的な学習の時間編，pp. 88，独立行政法人国立印刷局
文部科学省，2005：情動の科学的解明と教育等への応用に関する検討会報告書，pp. 35
文部科学省，2006a：小学校理科，中学校理科，高等学校理科指導資料－PISA2003（科学的リテラシー）及び TIMSS2003（理科）結果の分析と指導改善の方向－，pp. 221，東洋館出版社
文部科学省，2006b：平成18年版科学技術白書　第 1 部 未来社会に向けた挑戦－少子高齢社会における科学技術の役割－，国立印刷局，pp. 387
文部科学省，2007：OECD 生徒の学習到達度調査（PISA）～2006年調査国際結果の要約～，1-15
文部科学省，2008a：幼稚園教育要領解説書，pp. 299，フレーベル館
文部科学省，2008b：小学校学習指導要領. pp. 237，東山書房
文部科学省，2008c：中学校学習指導要領. pp. 237，東山書房
文部科学省，2009a：高等学校学習指導要領. pp. 141，東山書房
文部科学省，2009b:：高等学校学習指導要領解説理科編. pp. 131
文部科学省，2009c：幼児期の無償化の論点，1-53

文部科学省，2013：今，求められる力を高める総合的な学習の時間の展開　高等学校編，pp. 152，教育出版
文部科学省，2014：高大接続特別部会（第16回）配付資料
文部科学省，2015：高等学校学習指導要領解説理科編理数編，pp. 232，実教出版
文部科学省，2016a：平成28年版科学技術白書，43-50
文部科学省，2016 b：資料１　幼児教育部会取りまとめ（案），www.mext.go.jp ›
文部科学省，2017a：新しい学習指導要領の考え方－中央教育審議会における議論から改訂そして実施へ－，1-55
文部科学省，2017b：幼稚園教育要領，pp. 27，フレーベル館
文部科学省，2018a：小学校学習指導要領，pp. 335，東洋館出版社
文部科学省，2018b：中学校学習指導要領，pp. 329，東山書房
文部科学省，2018c：高等学校新学習指導要領　全文と解説，pp. 374，学事出版
文部省科学技術・学術審議会・資源調査分科会，1950：日本食品標準成分表
文部省科学技術・学術審議会・資源調査分科会，1982：四訂版日本食品標準成分表
文部省科学技術・学術審議会・資源調査分科会，2005：五訂増補版日本食品標準成分表
文部科学省科学技術・学術政策研究所，2015：スーパーサイエンスハイスクール事業の俯瞰と効果の検証，DISCUSSION PAPER No. 117，1-92
文部科学省教育課程部会，2016a：教育課程内外の教育活動，家庭や地域社会との連携等に関する資料，1-19
文部科学省教育課程部会，2016b：次期学習指導要領等に向けたこれまでの審議のまとめ（案）のポイント，教育課程部会教育課程企画特別部会資料１，1-17
文部科学省編，2014：学習指導要領データベース一覧……
・昭和22年度小学校・中学校学習指導要領理科編（試案）
・昭和22年度小学校・中学校学習指導要領社会科編（試案）
・昭和22年度高等学校学習指導要領　物理・化学・生物・地学（試案）
・昭和26年度小学校学習指導要領社会科編（試案）改訂版
・昭和26年度中学校・高等学校学習指導要領理科編（試案）改訂版
・昭和26年度中学校・高等学校学習指導要領社会科編Ｉ中等社会科とその指導法（試案）改訂版
・昭和27年度小学校学習指導要領理科編（試案）改訂版
・昭和33年度小学校学習指導要領，中学校学習指導要領，高等学校学習指導要領
・昭和43年度小学校学習指導要領，中学校学習指導要領，高等学校学習指導要領

・昭和52年度小学校学習指導要領，中学校学習指導要領，高等学校学習指導要領
・平成元年度小学校学習指導要領，中学校学習指導要領，高等学校学習指導要領
・平成10年度小学校学習指導要領，中学校学習指導要領，高等学校学習指導要領
・平成20年度小学校学習指導要領，中学校学習指導要領，高等学校学習指導要領

森　一夫，2009：21世紀の理科教育，pp.176，学文社

森　幸一・太田義人・高桑正樹，2006：土壌動物を用いた環境教育教材の開発に関する研究 -- 指標生物としてのササラダニ類，環境教育15-2，56-65

森田康夫，2011：アメリカの地理・歴史教科書の検証と国土教育（後編）－日米「地理」教科書比較と内村鑑三『地人論』－，JICE REPORT vol.20，1-18

村上公久，2013：静かにしのび寄る危機 土壌浸食：土壌浸食問題と土壌保全の方策，聖学院大学論叢 25（2），91-104

村上憲郎，2013：SNS と IoT（Internet of Things）が切り拓く，ビッグデータ2.0の世界，情報管理 56（2），71-77

武藤　隆，2016：生涯の学びを支える「非認知能力」をどう育てるか，ベネッセ教育総合研究所，18-21

無藤　隆・岡本祐子・大坪治彦，2009：よくわかる発達心理学，pp.216，ミネルヴァ書房

中井　信，2008：土壌モノリスと土壌情報システム，ペドロジスト，52，1，

中井　信・小原　洋・戸上和樹，2006：土壌モノリスの収集目録及びデータ集，農業環境技術研究所資料，29，118p，農業環境技術研究所，

中村和夫，1998：『ヴィゴツキーの発達論－文化・歴史理論の形成と展開－』，東京大学出版会，pp.43-52

中村太戯留・脇田玲・千代倉弘明・田丸恵理子・上林憲行，2012：スキル習得型の学習における反転授業の活用法の検討，日本認知科学会第29回大会，430-433

中村祥一，2006：学習活動におけるメタ認知の活用について～小学校での実践例をとおして～，千葉県総合教育センター紀要，115-116

中野政詩・宮崎　毅・塩沢　昌，1995：土壌物理環境測定法，pp.248，東京大学出版会

中尾文子，2011：SATOYAMA イニシアティブ国際パートナーシップの発足について，海外の森林と林業 No.80，1-6

中嶋常允，1985：土を知る－土と作物のエコロジー，pp.230，地湧社

長沼祥太郎，2015：理科離れの動向に関する一考察，科学教育研究 Vol.39 No.2，114-123

長尾精一，2007：小麦粉の科学と商品知識，pp. 78，製粉振興会
永塚鎮男，1989：教師のためのやさしい土壌学，理科の教育５～９月号
永塚鎭男，2011：ドクチャーエフの思想がわが国の土壌学に及ぼした影響，肥料科学第33号，107～139
永塚鎭男，2014：土壌生成分類学，pp. 402，養賢堂
中村祥一，2006：学習活動におけるメタ認知の活用について～小学校での実践例をとおして～，千葉県総合教育センター『教学相長－研究集録－』第二号，115-116
中村好男，1998：ミミズと土と有機農業，創森社，pp. 128
中村好男編著，2011：ミミズのはたらき，pp. 144，創森社
中山遼平・四本裕子，2012：メタ認知，https://bsd.neuroinf.jp/wiki/ メタ認知
熱帯林行動ネットワーク JATAN，2010：日本の木材貿易と森林破壊
日本土壌肥料学会，2016：学会について　部会紹介，jssspn.jp
日本土壌肥料学会編，1981：土壌の吸着現象－基礎と応用－，pp. 160，博友社
日本土壌肥料学会編，1983：火山灰土－生成・性質・分類，pp. 204，博友社
日本土壌肥料学会編（西尾道徳・東　照雄・樋口利彦・福田　直・植田善太郎・栗栖宣博），2002：土の絵本，１巻～５巻，そだててあそぼう，シリーズ36，農山漁村文化協会
日本土壌肥料学会編，2009：土と食糧（普及版）－健康な未来のために－，pp. 224，朝倉書店
日本土壌肥料学会編，2010a：土と食糧，pp. 212，朝倉書店
日本土壌肥料学会編，2010b：「文化土壌学からみたリン」，pp. 196，博友社
日本土壌肥料学会編，2013：土壌微生物実験法，pp. 375，博友社
日本土壌肥料学会編，2015：世界の土・日本の土は今，pp. 126，農山漁村文化協会
日本土壌肥料学会土壌教育委員会編，2006：土壌の観察・実験テキスト－土壌を調べよう！－，pp. 118，日本土壌肥料学会
日本土壌肥料学会土壌教育委員会編（伊藤豊彰・菅野均志・坂本一憲・佐々木絵里・田中治夫・田村憲司・橋本　均・東　照雄・平井英明・深野基嗣・福田　直・古川信雄），2014：「土壌の観察・実験テキスト－自然観察の森の土壌断面集つき－」，pp. 108，日本土壌肥料学会
日本土壌肥料学会「土のひみつ」編集グループ編，2015：土のひみつ－食料・環境・生命－，朝倉書店，pp. 228
日本土壌肥料学会監修，2014：土・肥料のきほん，誠文堂新光社，pp. 159
日本土壌協会編，2012：土壌診断と作物生育改善，pp. 236，日本土壌協会

日本土壌協会編，2013：土壌診断と対策，pp. 288，日本土壌協会
日本土壌協会編，2014：土づくりと作物生産，pp. 130，日本土壌協会
日本学術会議環境学委員会環境思想・環境教育分科会，2008：提言学校教育を中心とした環境教育の充実に向けて，pp. 108
日本経済新聞，2011：「食料危機で政情不安も」FAO 事務局長が警鐘
日本生態系協会，2001：環境教育がわかる事典－世界のうごき・日本のうごき，pp. 429，柏書房
日本粘土学会編，1997：粘土の世界，pp. 257，KDDI クリエイティブ
日本ペドロジー学会編，1997：改訂版土壌調査ハンドブック，pp. 169，博友社
日本林業技術協会編，1990：土の100不思議，pp. 217，東京書籍
日本野外教育研究会編，2001：「野外活動－その考え方と実際」，pp. 206，杏林書院
西尾道徳，1989：土壌微生物の基礎知識，pp. 206，農山漁村文化協会
西谷尚徳，2017：文章力養成のためのルーブリック活用の教育的意義の検討－授業実践から見る教育手法－，京都大学高等教育研究第23号，25–34
ノーマン・アイアーズ（林雄次郎訳），1981：沈みゆく箱舟－種の絶滅についての新しい考察，pp. 348，岩波書店
農林水産省，2013：日本食文化のユネスコ無形文化遺産登録について「和食；日本人の伝統的な食文化」の内容」，www.maff.go.jp
農林水産省，2015：農林業センサス，大臣官房統計部経営・構造統計課センサス統計室
農林水産省，2016：農林業センサス，大臣官房統計部経営・構造統計課センサス統計室
農林水産省編，2010：かけがえのない農地を守るために－耕作放棄地対策推進の手引き－，1–52
農林水産省生産局環境保全型農業対策室，2007：農地土壌が有する多様な公益的機能と土壌管理のあり方（1），1–30
農林水産省統計部編，2011：2010年世界農林業センサス第７巻　農山村地域調査報告書－都道府県編，農林統計協会
農林水産省農業環境技術研究所，2007：土壌モノリス館，農業環境インベントリーセンター，1–8
沼田　真，1987：都市の生態学，pp. 225，岩波書店
岡島秀夫，1989：土の構造と機能－複雑系をどうとらえるか－，pp. 268，農山漁村文化協会

奥村裕之・北野日出男，1994：土壌動物のはたらきの教材化に関する素材研究　―ミミズとダンゴムシが土壌に与える影響を中心として―．環境教育 VOL. 4，NO. 1
小原　洋・小崎　隆・坂上寛一・竹迫　紘・東　照雄・樋口利彦・福田　直，1998：土をどう教えるか，pp. 118，古今書院
小野信一，2005：土と人のきずな，pp. 174，新風舎
大羽　裕・永塚鎮男，1988：土壌生成分類学，pp. 338，養賢堂
大橋欣治，2015：水と土の文化論，pp. 468，東京農業大学出版会
大倉利明，2010：世界の土壌劣化，地球環境 Vol. 1 No. 1，3-7
大政正隆，1951：ブナ林土壌の研究，林土調報，1-243
大政正隆，1977：土の科学，pp. 225，日本放送出版協会
大野栄三，2003：市民の科学リテラシーと学校教育」教育学研究70（３）
大野春雄監修，1997：土―なぜなぜおもしろ読本―，pp. 171，山海堂
大竹久夫編著，2011：リン資源枯渇危機とはなにか，pp. 226，大阪大学出版会
ペドロジスト懇談会編，1984：土壌調査ハンドブック，pp. 169，博友社
ピーター・トムプキンス，クリストファー・バード，1998：土壌の神秘，pp. 687，春秋社
P. ロバーツ（神保哲生訳），2012：食の終焉，pp. 544，ダイヤモンド社
レイチェル・カーソン（青樹簗一訳），1974：沈黙の春，pp. 394，新潮社
レイチェル・カーソン（上遠恵子訳），1996：センス・オブ・ワンダー，pp. 60，新潮社
理科教育研究会，2006：未来を展望する理科教育，pp. 230，東洋館出版社
陸　維・横張　真，2008：中国における環境教育の変遷と緑色学校プログラムの成立，ランドスケープ研究，Vol. 71，817-820
劉　継和・田中　実，2000：中国における環境教育の発展，北海道教育大学環境教育情報センター環境教育研究，15-32
梁　乃申，2009：地球温暖化に伴う森林土壌有機炭素の変動を探る，国立環境研究所ニュース28巻１号
林野庁，2014：平成25年木材需給表，1-10
林野庁，2018：平成29年木材需給表，1-10
坂上寛一・久戸瀬　哲・浜田竜之介，1984：自然教育園における植生と土壌微生物相，自然教育園報告15，13-19
阪上弘彬，2016：ESD の視点を取り入れた地理教育改革―ドイツ地理教育を事例として―，広島大学学位論文要約，1-14

齊藤萌木・長崎栄三，2008：日本の科学教育における科学的リテラシーとその研究の動向，国立教育政策研究所紀要137，9-26

佐久間敏雄・梅田安治編著，1998：土の自然史－食料・生命・環境－，pp. 241，北海道大学出版会

佐久間智子，2008：日本の食料の海外依存がもたらしているもの，みんなで家庭科を，9-16

櫻井克年，1990：若手研究者を中心とした土に関する一般書作り，ペドロジスト第34巻第2号，35-41

産学連携によるグローバル人材育成推進会議，2011：産学官によるグローバル人材の育成のための戦略，1-27

猿田祐嗣，2007：わが国の理科の教育課程の特徴と科学的リテラシー，国立教育政策研究所紀要 第137集，27-45

佐々木清一，古坂澄石，山根一郎，岡島秀夫，川口圭三郎，熊田恭一，船引真吾，青峰重徳，高井康雄，1974：改訂新版土壌学，pp. 262，朝倉書店

佐々木和也・本田泉・木村厚志・神山晃一，2012：伝統左官による土壌教育の試み，宇都宮大学教育学部教育実践総合センター紀要第35号，239-244

佐島群巳・堀内一男・山下宏文，1992：学校の中での環境教育，pp. 288，国土社

佐藤朝代・石井佐恵美・福田　直，2013a：自然の教育カリキュラム　ふれる　感じる　気づく－年少編，pp. 128，ひとなる書房

佐藤朝代・石井佐恵美・福田　直，2013b：自然の教育カリキュラム　ふしぎの心をふくらませる－年中編，pp. 120，ひとなる書房

佐藤朝代・石井佐恵美・福田　直，2013c：自然の教育カリキュラム　冒険する　仲間と学びあう－年長編，pp. 128，ひとなる書房

佐藤　綾，2017：中学校理科で「分解者」をどのように定義すべきか－生物教育と土壌生態学の視点から－，生物教育　第58巻第3号，147

佐藤寛之・森本信也，2004：理科学習における類推的思考の意味と意義に関する考察，理科教育学研究，29-36

佐藤邦明・吉木沙耶香・岩島範子・若月利之・増永二之，2015：多段土壌層法における地域資源の活用による土壌の通水性改良と水質浄化能との関係，水環境学会誌38（5），127-137

佐藤孝裕，1997：環境破壊と文明の衰亡，別府大学短期大学部紀要第16号，43-54

佐藤　真，1998：「総合的な学習」の実践と新しい評価法，pp. 167，学事出版

佐藤　真，2001：ポートフォリオで子どもの自己評価力を育む，ぎょうせい，53-72

佐藤　学，2003：リテラシー概念とその再定義，教育学研究 70（3），292-301
佐藤真久（研究代表者），2009：平成21年度横浜市業務委託調査「持続可能な開発のための教育（ESD)」の国際的動向に関する調査研究，pp. 215
関　祐二，2004：土壌三相分布で解決法を探る，農業経営者，76-78
青少年教育活動研究会，1999：子どもの体験活動等に関するアンケート調査報告書
瀬戸昌之・松前恭子・田崎忠良，1978：林床における二酸化炭素の発生速度の季節変化と土壌の生物及び環境条件に関するいくつかの考察，生物環境調節16-4，103-108
シーア・コルボーンら（長尾　力訳），1977：「奪われし未来」，pp. 466，翔泳社
四手井綱英，1993：森に学ぶ：エコロジーから自然保護へ，pp. 241，海鳴社
滋賀県総合教育センター，2004：環境教育に関する研究　土壌動物を素材とした環境教育教材の開発－ササラダニ類を指標生物とした環境調査－研究紀要第46集
森林土壌研究会編，1993：改訂版森林土壌の調べ方とその性質，pp. 334，林野弘済会
新谷真悟・川村寿郎・星　順子・佐野　尚・狩野克彦，2011：土からみる環境の移り変わりの学習－仙台市立高森小学校における実践事例－，宮城教育大学環境教育研究紀要第4巻，37-43
白井哲之，2000：地理学と地学の連携をもとめて，地理 45（1），32-34，
白水 始・三宅なほみ・益川弘如，2014：学習科学の新展開：学びの科学を実践学へ，254-267
白戸康人，2016：国際土壌年2015から国際土壌の10年へ，土肥要旨集　第62集，202
SORACOM，2015：IoT とは？，Internet of Thing，https//soracom.jp/iot/
総合的な学習における環境学習研究会，2002：環境学習，pp. 287，清水書院
総務省統計局，2014：世界の統計－農用地面積，pp. 373
杉山修一，2013：すごい畑のすごい土，pp. 190，幻冬舎
住　明正・太田猛彦，2004：考えよう地球環境（3）森と水と土の本，pp. 47，ポプラ社
須長一幸，2010：アクティブ・ラーニングの諸理解と授業実践への課題－activeness概念を中心に－，関西大学高等教育研究－創刊号，1-11
鈴木庸夫，2005：樹木図鑑，pp. 367，日本文芸社
鈴木雅之，2011：ルーブリックの提示が学習者に及ぼす影響のメカニズムと具体的事例の効果の検討，日本教育工学会論文誌，279-287
T. Fukuda, 1990 : Environmental Education in Elementary and Secondary

Schools-Present Conditions and Problems as seen from the School Level-, TASAE University of Tsukuba, 117-133
T. Fukuda, 1991：The Present Conditions And The Future Problems of Environmental Education, TASAE　University of Tsukuba, 149-171
田部俊充，2011：初等教育におけるESD授業の考察，地理科学 66（3），124-132
田部俊充，永田成文，2010：米国地理教育におけるESDの現在－北米環境教育学会報告およびポートランドでの取組み，地理 55（9），104-110
高田秀重，2016：海洋マイクロプラスチックの分布と生物への影響，第129回海洋フォーラム要旨，1-4
高田裕介・白戸康人・小﨑　隆・犬伏和之，2016：資料　ウィーン土壌宣言「人類および生態系のための土壌」，日本土壌肥料学雑誌87巻4号，282
高橋英一，1984：肥料の歴史－人間活動とのかかわり合い，Vol.22，No.9，671-673
高橋英一，2004：肥料になった鉱物の物語，pp.172，研成社
高橋　剛，2002：中学校理科において自然環境保全の意識を高める学習の進め方に関する研究－土壌を用いた自然環境調査を中心に－（第1報），岩手県立総合教育センター教育研究，14-17
高橋　剛，2003：中学校理科において自然環境保全の意識を高める学習の進め方に関する研究－土壌を用いた自然環境調査を中心に－（第2報），岩手県総合教育センター教育研究
高橋哲郎，2001：市民的教養としての科学教育，教育10
田村憲司，2002a：現代土壌肥料学の断面〔17〕－土壌の環境教育の普及と啓蒙－，農業および園芸，77，618-632.
田村憲司，2002b：土壌多様性とその保全，地球環境 Vol.10 No.2，145-152
田村憲司，2008：土壌の環境教育の普及と地域・学校・家庭との連携，第25回土・水研究会資料，農業環境技術研究所，11-16
田村憲司，2011：土壌に触れ合う環境教育の推進　土とは何か－土壌体認識の重要性，情報誌 CEL Vol.97，32-35
田村憲司・高橋純子，2016：学校及び社会における土壌教育実践講座（6）土壌教育における放射能教育，日本土壌肥料学雑誌 87（1），49-53
田辺市郎・渡辺　厳，1966，微生物に関する研究法その1　土壌微生物作用の研究法，日本土壌肥料学雑誌37，46-54
田中治夫・瀧　勝俊・菅野均志，2015：学校および社会における土壌教育実践講座4．土壌の特性や機能が実感できるアトラクティブな室内実験，日本土壌肥料学会雑

誌86，120-125
田中久徳，2006：科学技術リテラシーの向上をめぐって－公共政策の社会的合意形成の観点から，レファレンス662，57-83
田中雅文，2001：学校と地域組織の協働（『学校と地域でつくる学びの未来』），ぎょうせい，137-158
田中俊也，2015：授業の方法と教師の役割（子安増生・田中俊也・南風原朝和・伊東裕司共著『教育心理学［第3版］』有斐閣），135-152
谷本雄治，2005：『土をつくる生きものたち』，pp. 32，岩崎書店
谷山一郎，2010：食料増産，環境変動と世界の土壌資源，農業と環境 No. 124，pp. 2
寺川智祐編，1990：『教職科学講座第21巻理科教育学』，pp. 208，福村出版
寺西和子，2001：『総合的学習の評価－ポートフォリオ評価の可能性－』，pp. 120，明治図書出版
寺嶋浩介・林　朋美（2006）「ルーブリック構築により自己評価を促す問題解決学習の開発，京都大学高等教育研究第12号，63-71
東京大学農学部編，2011：土壌圏の科学，pp. 135，朝倉書店
塚本良則，1998：森林・水・土の保全，pp. 138，朝倉書店
塚本明美・岩田進午，2005：だれでもできるやさしい土のしらべかた，pp. 127，合同出版
都留信也，1994：土のある惑星，pp. 126，岩波書店
「土の世界」編集グループ，1990：土の世界－大地からのメッセージ－，pp. 159，朝倉書店
都筑良明，2009：日本の学校教育における環境教育と土木学の教育の可能性についての考察，土木学会教育論文集 Vol. 1, 6，65-74
中央教育審議会，1981：生涯教育について（答申），www.mext.go.jp＞政策・審議会＞審議会情報＞過去の中央教育審議会
中央教育審議会，1996：「21世紀を展望した我が国の教育の在り方について（第一次答申）
中央教育審議会，2006：答申「新しい時代を切り拓く生涯学習の振興方策について～知の循環型社会の構築を目指して～」
中央教育審議会，2008：答申「幼稚園，小学校，中学校，高等学校及び特別支援学校の学習指導要領等の改善について」，1-151
中央教育審議会，2012：新たな未来を築くための大学教育の質的転換に向けて～生涯学び続け，主体的に考える力を育成する大学へ～（答申），pp. 167

中央教育審議会，2014：新しい時代にふさわしい高大接続の実現に向けた高等学校教育，大学教育，大学入学者選抜の一体的改革について（答申），pp. 31
中央教育審議会教育課程部会，2010：児童・生徒の学習評価の在り方について（報告）
中央教育審議会初等中等教育分科会教育課程部会，2016：「次期学習指導要領等に向けたこれまでの審議のまとめ」，1-100
上原有紀子，2006：国連持続可能な開発のための教育の10年－日本の実施計画策定へ－，レファレンス，95-104
植村耕作，1977：中学校の教科書における「土のとりあつかい」とその問題点，理科教室，20（7），13-18
植山俊宏，1993：環境教材としての説明的文章－「生きている土」（教育出版小学6上）を中心に－，京都教育大学環境教育研究年報第1号，41-54
宇田川徹朗，2009：土に含まれるミクロ粒子の観察から環境を学ぶ，日産科学振興財団理科／環境教育助成成果報告種，1-5
宇土泰寛・川野幸彦・松原道晴，2012：ESD（持続発展教育）と社会科・理科教育のつながり，椙山女学園大学教育学部紀要5，1-12
梅宮善章・妹尾啓史・松中照夫・後藤逸男・筒木　潔・犬伏和之・安西徹郎，2001：土壌学概論，pp. 219，朝倉書店
梅埜国夫・富樫　裕・下野　洋・上田　博・滝沢利夫・白井　馨・冷川昌彦・福田　直，1989b：ミニマム・エッセンシャルズの策定に基づいた高校「生物」教育課程試案，生物教育29（1・2），3-15
梅埜國夫・富樫　裕・白井　馨・福田　直・滝沢利夫・上田　博・冷川昌彦，1989a：ミニマム・エッセンシャルズの策定に基づいた高校生物教育課程の開発研究，文部省科学研究費補助金（一般C）研究成果報告書
梅澤　実，2000：土を調べる　総合的学習調べよう　身近な自然，学研
畦　浩二・鎌谷泰州，2012：土壌微生物の新たな教材開発：中学校理科「自然と人間」への導入を目指して，Hikobia 16（1），105-110
ヴィゴツキーL. S.（土井捷三・神谷栄司訳），2003：『「発達の最近接領域」の理論－教授・学習過程における子どもの発達』，三学出版
V. G. カーター・T. デール（山路　健訳），1995：土と文明，pp. 332，家の光協会
和田秀徳，1977：ペドロジー－土壌学の基礎，pp. 494，博友社
若月利之・小村修一・阿部裕治・泉　一成，1989：多段土壌層法による生活は異種中の窒素，リン及びBOD成分の除去とその浄化能の評価，日本土壌肥料学雑誌60，

335-344
鷲谷いづみ，2005：新編　新しい国語６年上「イースター島にはなぜ森林がないのか」，東京書籍
綿井博一・瀬田穂乃佳・佐々木千恵子・米倉功蔵・比佐　昭・溝口　勝・宮崎　毅，2005：理科離れが進む初等・中等教育における土壌教育の実践，平成17年度農業土木学会，pp. 648-649
渡辺和彦・後藤逸男・小川吉雄・六本木和夫，2012：土と施肥の新知識，pp. 255，農山漁村文化協会
渡辺弘之監修，1979：土壌動物の生態と観察，築地書館，pp. 146
渡辺弘之，2011：土のなかの奇妙な生きもの，pp. 182，築地書館
八木一行・高田裕介，2014：国連世界土壌デーと国際土壌年，農業と環境 No. 168，農業環境技術研究所
八木一行，2015：Key Note 土壌の役割とその地球規模での変化（特集　人類を養う土壌），ARDEC53号，10-14
八幡敏雄，1989：すばらしき土壌圏，pp. 167，地湧社
山田嘉徳・森　朋子・毛利美穂・岩﨑千晶・田中俊也，2015：学びに活用するルーブリックの評価に関する方法論の検討，関西大学高等教育研究６号，21-30
山根一郎，1988：土と微生物と肥料のはたらき，pp. 193，農山漁村文化協会
山本裕之・平野吉直・内田幸一，2005：幼児期に豊富な自然体験活動をした児童に関する研究，国立オリンピック記念青少年総合センター研究紀要，第５号，69-80
山野井貴浩，2013：後期中等教育において進化のしくみを理解させる実験・実習教材に関する研究，東京大学大学院学際情報学府博士課程文化・人間情報学コース博士論文，pp. 185
山野井　徹，2015：日本の土，pp. 250，築地書館
山岡寛人，1997：球環境子ども探検隊⑥　土のふしぎな力を育てよう，pp. 61，フレーベル館
矢内純太，2010：博物館における土壌教育の可能性　土壌教育の課題と改善の試み，地理55-3，44-51
矢野正孝，2002：土壌を用いた環境教育，高等専門学校の教育と研究創造教育実践事例集（日本高専学会）３号
矢野正孝・谷山竜平・田原太一，2002：土壌を教材に用いた環境教育：生きている土：地域交流としての出前授業，日本高専学会誌３（別冊），67-73
矢野　佐・石戸　忠，2003：現色植物検索図鑑，pp. 246，北隆館

安田喜憲，2015：中学校国語２「モアイは語る――地球の未来」，光村図書出版，pp. 324

Yoda, K., Nisioka, M., 1982 : soil respiration in dry and wet seasons in a tropical dry-evergreen forest in Sakaerat, N. E. Thailand, Jap. J. Ecol., 32（4）, 539-541

横山和成監修，2015：土壌微生物，pp. 195，誠文堂新光社

横山和成，2015：図解でよくわかる　土壌微生物のきほん，pp. 160，誠文堂新光社

吉田武彦，1986：J. リービッヒ『化学の農業および生理学への応用』，北海道農業試験場研究資料第30号，1-152

吉崎静夫，1999：総合的学習のカリキュラム開発と授業設計，日本教育工学雑誌23，17-22

油井正昭・石井　弘，1984：諸外国の地理教科書にみる環境教育の一考察，千葉大学園芸学部学術報告 33，7-21

油井将雄，1988：社会科の中の地理教育で自然をどう扱うか，地理教育17，66-71

United Nations, 2014：General Assembly「Resolution adopted by the General Assembly on 20 December 2013 －World Soil Day and International Year of Soils」, 1-3

（財）地球・人間環境フォーラム，1999：ローカルアジェンダ21策定状況及びその内容等に関する調査，1-20

全国国語教育実践研究会編，1994：「たんぽぽのちえ」「生きている土」：教材研究と全授業記録，pp. 255，明治図書出版

全国農業協同組合連合会肥料農薬部，2010：だれにもできる土壌診断の読み方と肥料計算，pp. 101，農山漁村文化協会

Alfred E Hartemink, Alex McBratney; Budiman Minasny, 2008 : Trends in soil science education: Looking beyond the number of students Journal of Soil and Water Conservation63, 3; Research Library pg. 76A-83A

Brevik EC, Abit S, Brown D, Dolliver H, Hopkins D, Lindbo D, Manu A, Mbila M, Parikh SJ, Schulze D, Shaw J, Weil R, Weindorf D. 2014. Soil science education in the United States: history and current enrollment trends. J. Indian Soc. Soil Sci. 62: 299-306

Dokuchaev, V.V., 1893：The Russian Steppe：Study of the Soil in Russia, Its Past and Present.St.Peterburg

Eric C. Brevik, 2009：The teaching of soil science in geology, geography, environmental science, and Agricultural programs. Soil Survey Horizons 50, 120-123

Eric C. Brevik, Sergio Abit, David Brown, Holly Dolliver, David Hopkins, David Lindbo, Andrew Manu, Monday Mbila, Sanjai J. Parikh, Darrell Schulze, Joey Shaw, Ray Weil, David Weindorf, 2010 : Soil Science Education in the United States: History and Current Enrollment Trends, Journal of the Indian Society of Soil Science Vol62, No4

Eric C. Brevik, Sergio M. Abi, David Joseph Brown, David Weindorf, 2014 : Soil Science Education in the United States: History and Current Enrollment Trends, Journal of the Indian Society of Soil Science, Vol. 62, No. 4, pp 299-306

Eric C. Brevik, 2017 : A History of Soil Science Education in the United States, Geophysical Research Abstracts Vol. 19

Hansmeyer, T. L.; Cooper, T. H, 1993 : Developing Intepretive Soil Education Displays, Journal of Natural Resources and Life Sciences Education, v22 p131-33

Hartemink AE, McBratney A, Minasny B.2008a : A soil science renaissance, Geoderma148, 123-129

Hartemink AE, McBratney A, Minasny B. 2008b. Trends in soil science education: looking beyond the number of students. J. Soil Water Conserv. 63 : 76A-83A

Hilgard, E.W., 1891 : Soil Studies and Soil Maps.Overland Monthly 18, 607-616

Hulya Gulay, Sevket Yilmaz, Esin Turan Gullac and Alev Onder, 2010 : The effect of soil education project on pre-school children, Educational Research and Review Vol. 5 (11), pp. 703-711

Hülya Gülay, Alev Önder, Esin Turan-Güllaç, ùevket YÕlmaz, 2011 : Children in need of protection and learning about the soil: A soil education project with children in Turkey, Procedia Social and Behavioral Sciences 15, 1839-1844

HülyaGülay Ogelman, 2012 : Teaching Preschool Children About Nature: A Project to Provide Soil Education for Children in Turkey, Early Childhood Education Journal, Vol.40, Issue3, 177-185

Herrmann, L., 2006a.Soil Education: A Public Need - Developments in Germany since the Mid 1990s., J. Plant Nut. Soil Sci., 169, 464-471

Herrmann, L., 2006b : The curriculum of Soil Education in German , Journal of Plant Nutrition and Soil Science Vol.169, Issue 3, 464-471

Krzic M, Wilson J, Basiliko N, Bedard-Haughn A, Humphreys E, Dyanatkar S, Hazlett P, Strivelli R, Crowley C, Dampier L. 2014. Soil 4 Youth: charting new territory in Canadian high school soil science education. Nat. Sci. Educ.43: 73-80

T. L. Hansmeyer and T. H. Cooper, 1983 : Developing Interpretive Soil Education Displays, d. Nat. Resour. Life Sci. Educ., Vol. 22, no.2, 131-133

Walter, H., 1952, Eine einfache Methode zur Okologischen Erfassung des CO_2-Factors am Standort, Ber.Dtsch.Bot.Ges., 65, 175-182

Wasson, R.J., 2006 : Exploration and Conservation of Soil in the 3000-Year Agricultural and Forestry History of South Asia

Willy H. Verheye, 2012 : SOILS, PLANT GROWTH AND CROP PRODUCTION -Vol.III -Soil Education and Public Awareness-

教科書（外国）

A.T.XPNHKOBOH, 2003 : ECTECTBOHAHNE, MOCKBA

Ben Franklin, 2000 : Science, McGraw-Hill School Division, pp. 624. McGraw-Hill

Charles H Heimler, 1987 : FOCUS ON Life Science, pp. 1267, Columbus, Ohio;Merrill

Charles H.Heimler, 2008 : FOCUS ON Life Science, pp. 509, Charles E.Merrill Publishing Co.

C.Lizeraux, et al dir., 2008 : Sciences de la vie et de la Terre 5e, pp. 216. Hachette Education

C.Lizeraux, et al dir., 2008 : Sciences de la vie et de la Terre 6c, pp. 207. Hachette Education

C.Lizeraux, et al dir., 2008 : Sciences de la vie et de la Terre 6e, pp. 176. Bordas

Gammon, P., 2003 : Framework Science 8, pp. 53. Oxford University Press

Garms., et al., 1970 : Die Natur, Georg Westermann Verlag, pp. 223Gert. Haala, u.a., 2003 : Natura, Biologe für Gymnasien, 5/7-8 /9, Klett

Gert. Haala, u.a., 2004 : Natura, Biologe für Gymnasien, 8/9, Stuttgart

Gert. Haala, u.a., 1980 : Natura, Ernst Klett Verlag, pp. 240Robert Barrass, 1981 : Human Biology-Made Simple-, pp. 303. William Heinemann Ltd

George G.Mallinson, et al, 1978 : Science-UNDERSTANDING YOUR ENVIRONMENT, pp. 220, Silver Burdett Company

George G.Mallinson. et al, 1981 : Science-UNDER STANDING YOUR ENVIRONMENT. pp. 277. Silver Burdett Pr.

Greenway, T., et al., 2008 : Collins KS3 Science Book 2, pp. 125. Harper Collins

Publisher
Horst Bickel., et al., 1970 : Natura, pp. 304. Ernst Klett Verlag
Indra Prakash, et al., 1989 : Basic Secondary School Biology（For Class X）, pp. 216. Arya Book Depot
Jacques Escalier, et al dir., 2008 : Biologie, pp. 144. Ferhand Nathan
Jenifer Burden, et al, 1978 : GCSE Biology, pp. 269. OXFORD
J. Guichard dir., 2003 : Sciences expérimentales et technologie CE2, pp. 140. Hachette Education
J. Guichard dir., 2003 : Sciences expérimentales et technologie CM, pp. 142. Hachette Education
Harry K.C.Shukla, et al., 1984 : Secondary School Biology（For Class Ⅳ）, pp. 224. Arya Book Depot
Kenneth R. Miller and Joseph S. Levine, 2008 : Prentice Hall Biology , pp. 1146. Pearson Prentice Hall
Ludwig Bauer et al dir., 2008 : Sachbuch 4.Schuljahr, pp. 128. R.Oldenbourg
M.-C.Hervé, et al dir., 2008 : Sciences de la vie et de la Terre 3e, pp. 35. Bordas
MaryL Date, 2008 : FOCUS ON Life Science, pp. 615. Glencoe/Mcgraw-Hill
Michael J. Padilla, Ioannis Miaoulis , Martha Cyr, 2007 : Focus on Life Science, pp. 728, PearsonPrentice Hall
Neil A.Campbell, et al., 2008 : Biology 8th Edition, pp. 1393. Pearson Benjamin Cummings
Paddy Gannon, 2004 : Framework Science, OXFORD, pp. 158
Peter Raven, George Johnson, Kenneth Mason, Jonathan Losos, Susan Singer, 2016 : Biology 11th Edition, pp. 1408, McGraw-Hill Education
Robert Barrass. 1981 : Human Biology-Made Simple. pp. 320. Made Simple
Robert Brooker, Eric Widmaier, Linda Graham, Peter Stiling, 2016 : Biology 4th Edition, pp. 1440, McGraw-Hill Education R.S.Mittal, et al., 1989 : Science, pp. 392. Arya Book Depot
S.K.Ahuja, et al., 1986 : Basic Biology（For Class Ⅸ）, pp. 21. Arya Book Depot
Science Kaleidoscope, 2005 : Key Stage 3, Heinemann Educational, pp. 215Sylvia Mader., et al, 2014 : Inquiry Into Life14/e, pp. 864. Mcgraw-Hill
Stephen Nowicki, et al, 2008 : McDougal Littell Biology, pp. 1052. McDougal Littell
Werner Gruninger., et al., 1979 : Wege in die Biologie Ⅰ, pp. 1936. Ernst Llett Stutt-

gart
自然五年級第一学期（試用本，2008）上海科技教育出版社，13
生命科学初中第一冊（試用本，2007）上海教育出版社，6-7
生命科学初中第一冊（試用本，2007）上海教育出版社，54-65
自然五年級第二学期（試用本，2008）上海科技教育出版社，43-44
科学七年級第一学期（試用本，2007）上海教育出版社，163
劉聴桂主編，2003；地球環境（下），pp. 193，龍騰文化
ジョンヘムン・ユンギョンイル.1985：生物Ⅰ，pp. 295，志學社
ジョンヘムン・ユンギョンイル.1985：生物Ⅱ，pp. 295，志學社
イギテほか（2004），生物Ⅱ，pp. 430，大学書林
楊義賢ほか（1988），精準高中生物，pp. 267，精準出版社
キムソンウォンほか（2009），中学校科学１，pp. 280，ダダコムコミュニケーション（韓国科学創意財団発行）

教科書（日本）

浅島　誠ほか，2011：生物基礎，pp. 222，東京書籍
湯島　誠ほか，2012：生物，pp. 486，東京書籍
有馬朗人ほか，2012：理科の世界３年，pp. 308，大日本図書
細矢治夫ほか，2015：自然の探究 中学校理科１，pp. 282，教育出版
細矢治夫ほか，2015：自然の探究 中学校理科２，pp. 284，教育出版
細矢治夫ほか，2015：自然の探究 中学校理科３，pp. 314，教育出版
磯﨑行雄ほか，2011：地学基礎，pp. 232，啓林館
木川達雄・谷本英一ほか16名，2011：生物基礎，p. 207，啓林館
松田時彦ほか，2003：高等学校地学Ⅱ，pp. 288，啓林館
松田時彦ほか，2007：高等学校地学Ⅰ改訂版，pp. 264，啓林館
毛利 衛ほか，2014a：新編新しい理科３，pp. 162，東京書籍
毛利 衛ほか，2014b：新編新しい理科４，pp. 188，東京書籍
毛利 衛ほか，2014c：新編新しい理科５，pp. 176，東京書籍
毛利 衛ほか，2014d：新編新しい理科６，pp. 214，東京書籍
中村桂子ほか，2011：科学と人間，pp. 182，実教出版
小川勇二郎ほか，2011：地学基礎，pp. 238，数研出版
小川勇二郎ほか，2013：地学，pp. 390，数研出版
小川勇二郎ほか，2012：地学基礎，pp. 222，数研出版

太田次郎ほか，2004：高等学校生物Ⅱ，pp. 300，啓林館
力武常次ほか，2003：高等学校地学Ⅱ　地球と宇宙の探究，pp. 264，数研出版
島崎邦彦ほか，2002：地学Ⅰ　地球と宇宙，pp. 192，東京書籍
嶋田正和ほか，2009：改訂版　高等学校生物Ⅱ，pp. 320，数研出版
嶋田正和ほか，2012：生物基礎，pp. 304，数研出版
庄野邦彦ほか，2014：生物，pp. 406，実教出版
田中隆荘ほか，2012：高等学校 改訂 生物Ⅰ，pp. 288，第一学習社
田中隆荘ほか，2012：高等学校 改訂 生物Ⅱ，pp. 336，第一学習社

Abstract

Study of soil education at school for developing soil literacy

Tadashi Fukuda

Summary

The purpose of the study is to build an educational technique to plan the training of children and students of the next generation in our country. People, more than one, therefore are not interested in soil and viewing the soil crisis which is a serious problem of the earth in the 21st century. Therefore, taking into account the actual situation of soil education and soil researchers' thoughts of foreign countries, I hope for a better development for the way of soil education not only for children and students but also for adults and aim at class planning.

The main subject contains eight chapters; the first half (chapter 1-3) is devoted to the actual circumstances of children and students' soil education and understanding for them, while the latter half (chapter 4-8), to the development of soil teaching materials and soil education based on them, classes in the style of crossing some subjects, and the way of soil education in cooperation with other organizations.

Introduction

I made the purpose and the way of this study very clear. In addition, having already done research, I found a lot of class practice studies or teaching materials studies, but few articles on the soil education to notice the importance of soil. I pointed out the lack of articles on the soil literacy.

Main subject

Chapter 1

I defined soil literacy and clarified the historical progress of soil education. In 1972, at the United Nations Conference on the Human Environment, the decision to promote the environmental education was made, which reflected the creation of soil education. In those days, the environmental disruption and pollution were aggravated and globally spread. The establishment of the Belgrade Charter was a chance to start the environmental education in Europe and America in the mid-1970s and it diffused around the world. At that time, the soil education originated in the United States and it spread out to each country. In our country, Japan, practices and studies of soil education came to be recognized little by little in 1980s. Considering the soil deterioration and worrying about food shortage as a country depending on foreign countries for food and wood, it may be said that the soil education is quite important.

Chapter 2

The questionnaire survey that I did shows the level of interest in the soil among children, students and adults. As a result, it was made quite clear that children and students were not very interested in soil, and that their basic knowledge was poor. Moreover, almost all the science teachers of elementary, junior high, and high school have never studied about soil in their university, neither in their workshops. They had little chance to learn about it.

I received an evaluation report on the importance of environmental quality that Numata (1987) made in the United States. After investigating the situation of Japanese citizens and high school students, it turned out that their soil evaluation was remarkably lower than that of Americans. I clarified the cause of this large gap of recognition between the two countries, and the importance of soil education to develop the soil literacy and raising people's interest in soil.

Chapter 3

In order to search the way of soil education with the aim of developing soil literacy, I carried out the investigation of foreign textbooks and conducted a survey of students and teachers. As a result, two tendencies came out; an American type of Western countries whose interest in soil is high, and Japanese one of Asian countries whose interest is low. In addition, looking into the thought and request of soil experts or of teaching staff, I was able to devise the minimum essentials of contents more advanced soil. Furthermore, investigating the teaching guidelines from postwar to now, I showed the change of contents for soil, of items, and of soil instruction. As a result, it became clear that the teaching guidelines reflected largely by a change of industrial structure of Japanese society, and that there was a big turning point of industrial structure in the background of reducing soil contents and items. In other words, in the middle of postwar reconstruction, our country which advanced the way to the industrialization changed their policy, from practical science education to a serious consideration of technology education, so the description such as agriculture, forestry, or soil was decreased dramatically in the teaching guidelines, science and social studies. Besides, "stones and soil" which had been taught on the third grade of elementary school for a long time, it was taken away because of the careful selection of teaching contents with the promotion of education at ease: the opportunity to learn about soil at elementary school was lost.

Chapter 4

Soil education trial will be to enable children and students interested in soil, and teaching materials to research the soil scientifically. The development of observation and experiment teaching materials succeeded from the qualitative viewpoint to see and judge changes. Particularly, I took up developed teaching materials concerning soil breathing and soil particle, soil adsorption and soil purification, plant transition and soil formation, mini-soil profile monolith (soil specimen) and water penetration, which were popular among children, students and teachers, and I pointed out clearly the superiority of these materials. They were contributed to science society official journals, created a sensation in each place of the whole country and were applied and practiced.

Chapter 5

To raise soil literacy, I tried to make use of children and students' ideas to plan classes based on these themes; that created various subjects rich in their ideas. It was recognized that an intellectual approach crossing over every study domain is indispensable to realize these themes. I practiced classes using the above-mentioned teaching materials, which stimulated and raised children and students' interest in the soil and drew out their original searching subjects. That is exactly what the actual teaching guidelines are aiming to enlighten children and students' creative idea. As a result, they posed problems themselves, made their experiments with hypothesis and got a conclusion through thinking process. They understood and recognized soil, making an active approach to their studies.

Chapter 6

I tried to treat the soil from a viewpoint of all subjects and build the way of teaching which I practiced at high school and concluded my work. Specifically, I built and practiced soil education in a subject-crossing style instead of a conventional subject-concerned one. I clarified the effect of this new style, comparing with the other one. Students' learning result of "subject-crossing style" was better than "subject-concerned style"; their interest and comprehension of the soil increased. As problems to discuss, we still have some issues; setting general problems and meeting time among the persons in charge, common comprehension and recognition of the instruction method, careful preparations, communication and adjustment, data analysis and consideration of children and students, making documents and teaching for presentation, and so on. That needs considerable time for preparing. Especially choosing general problems is important, and the process of this choice draws children and students' interest and motivation, make them recognize the importance of studying and solving problems on their own initiative; that realized "deep learning" with the experience of active learning and evaluation by Rubic. As a result, children and students' feeling of satisfaction, achievement and accomplishment could be raised. In addition, this study planning and practicing, in cooperation with environmental education, industrial education and disaster prevention education, enables development of the 21st century ability as a soil education seeing soil from various angles.

Chapter 7

To get good results of soil education at school, at the age of infancy is proved to be extremely important; that period when touching soil arouses the sensitivity to soil and make a base of soil literacy. After that, for university students or for adults, active practice is demanded to master the soil literacy. I found it to be considered that the students majoring in preschool education or school education lack the way of soil education in their future institutional activities, and participation in soil conservation acting which reflects soil literacy, in spite of their increasing interest or comprehension of soil. And for adults, also, this kind of idea and action are insufficient, so the necessity of establishment of soil education has been recognized.

Chapter 8

The way of soil education which is based on collaboration between schools and other organizations obtained evidently great results through its thinking and practicing. Especially, the idea of children and students about soil has greatly changed and advanced, listening to specialists' lectures, visiting various facilities, and experiencing observations and experiments. Some problems coming from collaborations with other organizations are anticipated and at the same time their solutions are presented. The Japanese society of Soil Science and Plant Nutrition offered soil observation events or traveling classes in collaboration with schools or museums, and that made a success; many generations have got interested in soil, noticed its importance, thought about it, and the number of such people has increased.

Conclusion

The results of my research are concluded as follows; for the development of soil literacy, the soil education has to start in infant days. Infancy is the first period when touching soil gives obviously sensitivity to the soil. The second one is the period of students when the comprehension of the nature and the function of soil is necessary, and thinking about soil from a social point of view is necessary. Particularly it is important to think about the soil issue in connection with various environmental problems of the world. So that is the period when we have to develop consciousness, attitude, and action for the soil conservation, which are necessary for global human resources of the 21st century. And the third one is adulthood when practicing soil education to judge and act with consideration for soil is indispensable to obtain soil literacy. The practice of such a systematic and continuous education demands the cooperation with the administration and various organizations. And at school, practicing subject-crossing style classes enables soil study from various angles and development of the 21st century talent. The cooperation with the administration and other organizations is equally necessary for soil education at school; that is what I also clarified. As a result, children and students have grown more and more interested in soil, and teachers and adults' interest and understanding of soil have been heightened. It is considered as a big effect that the number of people who get strongly interested in various soil problems and act for their solution has increased. As a future problem, we mention the construction of subject-crossing style classes in connection with environmental problems, the simplification of cooperating with other organizations, and the action to get solution of soil problems.

The Earth is a "planet of soil", only one planet in our solar system that has soil. It is necessary not to lose these precious soil resources. The first step to preserve the soil is to get a lot of people interested in soil, learn the nature and the function of soil, and notice the importance of soil. I think that taking an opportunity of the "International Year of Soils" in 2015, we must share the soil crisis of our planet to spread this active practice of soil education all over the world. I hope that this study will give a good chance to let people know the education of soil literacy so that they may share the soil crisis, think and act for the soil protection. I will continue my study of soil education exchanging views with people of the world.

あ　と　が　き

本書は，日本女子大学に提出した学位論文を補訂し，2018年度独立行政法人日本学術振興会科学研究費助成事業・科学研究費補助金（研究成果公開促進費）（学術図書18HP5234）の交付を受けて公刊するものである。

本研究に取り組んだ出発点は，21世紀の深刻な地球課題の一つである土壌危機に鑑み，児童・生徒の土壌リテラシーの育成に向けた土壌教育が不可欠と考えたことであった。世界の耕地土壌は，その四分の一が激しく劣化しており，食糧生産などに支障をきたしていると指摘されている。日本は食料の6割（穀物は7割），木材の7割近くを海外に依存している一方で，食品ロスは世界一であり，熱帯林存続を危うくしている。農山村では農林業の低迷に加えて従事者の高齢化が進み，耕作放棄地や放置林が増大している。これらの状況が，国内外の土壌悪化拡大をもたらしている一因となっていることから，次世代を担う児童・生徒から大学生，成人に至るあらゆる世代において土壌保全の意識や行動の育成が必要と考え，知識，理解，態度，行動を包含する土壌リテラシーの育成に向けた土壌教育の開発に取り組んだ。

博士課程に進んだ理由は，海外講演，国際会議などに出席し，博士取得の意義が大きいと考えたことである。知人の紹介で，日本女子大学教授の田部俊充先生にお会いし，長年取り組んできた土壌教育についてまとめたい旨をお話した。先生から，地理教育には土壌地理の分野があり，土壌を教材として取り上げる場合，地理学にも深く関わることが指摘された。後日受験し，田部先生のご指導を賜ることとなった。

学校教育は，学習指導要領に基づいて実施される。しかし，その変遷から，土あるいは土壌の取扱いは戦後の産業構造の大きな変革に伴い，後退している。筆者は，土壌教育の推進には学習指導要領の精査が重要であることを明らかにするとともに，次期学習指導要領の編成に向けて，土壌を積極的に取り上げる要望書を作成した後，学会長を通して文部科学省に提出された。また，全国各地で，土壌観察会や教員研修会，出前授業などを実践したり，土の絵本や土壌指導書などを編著，出版するなど，土壌教育の普及啓発に努めてきた。さらに，日本と諸外国の土壌教育の実態比較調査（教科書調査，児童・生徒及び教師対象アンケート調査）によって，各国で差異があること，日本の土壌教育内容等がアジアの国々に影響を及ぼしていること，などが明瞭となった。このような様々な体験から，土壌リテラシーを育成するには，幼児期の土体験や学生，成人期の社会体験などが必須であることから，幼児から児童，生徒，さらに学生や成人に至る幅広い発達段階に応じた土壌教育の開発に実証的に取り組んだことが，生涯学習の視点で開発することにつながった。この開発は，カリキュラム編成につながる実証データとなる研究成果であると考えている。

主査の田部俊充先生には，様々な観点から示唆やアドバイスを賜り，不均質で捉えどころがないと考えられている土壌の教材化を図るため，授業における指導方法や簡単な操作で定性的に土壌機能等が理解できる観察・実験方法の開発を行った。また，学際的な範疇の土壌を教科横断的な視点で取り上げる指導あるいは外部諸機関との連携に基づく指導の開発に取り組んだ。そして，開発した教材や指導方法を使って授業実践を行った結果，身近な材料を使ったものづくりの楽しさや子ども達の好奇心を引き出すもので，児童・生徒，教師の評価が高かったことを確認することができた。また，土壌リテラシーの向上に向けた土壌教育の推進を図る諸機関との連携骨子を作り，実践を重ねてきたことから，教育手法の開発として重要な示唆を得ることができた。

筆者が土壌教育の改善として開発に取り組んできた教材及び土壌教育は，世界的に深刻となっている土壌劣化等に対する保全の意識・態度・行動を醸成する幼児～成人に至る生涯学習的視点での土壌教育の開発・構築が達成できたことが明確となった。そして，大学生や成人の土壌リテラシーの育成につながる新しい土壌教育は，21世紀の世界が最も深刻な課題としている地球環境問題に対する意識・態度・高度の醸成に通じると考えている。また，土壌の理解増進と土壌リテラシーの醸成につなげていく取り組みとして，授業だけでなく，自然体験や生活体験あるいは生活，文化，芸術などとの複合的，融合的なアプローチをすることは，重要な視点であることを明らかにすることができた。

本研究を進める上で，多くの先生方のご指導を賜った。主査の田部俊充先生（日本女子大学教授）には，学位論文の審査の機会を与えてくださり，論文構成，研究内容などの全般にわたり，温かいご指導とご助言を賜った。また，副査の田中雅文先生（同教授）には生涯教育学及び社会教育学の視点からご指導を賜った。副査の吉崎静夫先生（同教授）には教育工学の視点からご指導を賜った。

外部副査の平井英明先生（宇都宮大学教授）と田村憲司先生（筑波大学教授）には，それぞれ土壌教育あるいは環境教育の観点からご指導を賜った。また，坂上寛一先生（東京農工大学名誉教授）からは，長年土壌学についてご示唆を賜るとともに，学位論文をまとめることに対して激励して頂いた。

諸先生から多大なるご指導を賜ったことに，心から感謝の意を表したい。また，博士課程修了に際して，日本女子大学より「成瀬仁蔵先生記念賞」，日本女子大学教育学科の会より奨励賞を賜ったことは光栄であるとともに大きな喜びであり，今後の研究の励みとなっている。さらに，武蔵野学院大学・大学院の先生方には，いろいろとご配慮を賜り，感謝の意を表したい。
そして，今後とも一層深刻化していくと推察される土壌危機について，児童・生徒・学生から成人に至る幅広い世代に関心・理解を高め，その保全に貢献する人たちが一人でも多くなっていくように，土壌リテラシーを育む土壌教育の更なる研究を深め，普及啓発に努めていきたい。

末筆になったが，本書の出版を快くお引受けいただいた風間書房社長風間敬子氏に心からお礼を申し上げる。

2019年1月

奥秩父連峰が望める研究室にて

福　田　　直

著者略歴

福田　直（ふくだ　ただし）

東京農工大学農学部卒業，東京農工大学大学院農学研究科修士課程修了，日本女子大学大学院人間社会研究科博士課程後期修了，桐蔭学園高等学校教諭，埼玉県立高等学校教諭，県教育局，教頭，校長，武蔵野学院大学教授を経て西武文理大学・高等学校科学教育研究センター長，武蔵野学院大学客員教授。博士（教育学）。文部科学大臣表彰，日本土壌肥料学会賞などを受賞。日本自然観察指導員，埼玉県環境アドバイザー，環境教育アシスタントとして講演多数。自然観察指導員，筆跡診断士の資格を有する。

主な著書

『図説教材生物』（上・下）（共著），共立出版，1983
『土の世界　大地からのメッセージ』（共著），朝倉書店，1990
『土をどう教えるか』（共著），古今書院，1998
『土の絵本』（第１巻～第５巻）（共著），農山漁村文化協会，2002
『土壌の観察・実験テキスト－土壌を調べよう！－』（共著），日本土壌肥料学会，2006
『土をどう教えるか－新たな環境教育教材』（上巻・下巻）（共著），古今書院，2009
『自然の教育カリキュラム－年少編』，『自然の教育カリキュラム－年中編』，『自然の教育カリキュラム－年長編』３部作（共著），ひとなる書房，2013
『土壌の観察・実験テキスト－自然観察の森の土壌断面集つき－』（共著），日本土壌肥料学会，2014　他多数

土壌リテラシーを育成する土壌教育の開発
—幼少期から成人に至る生涯学習を視点として—

2019年２月25日　初版第１刷発行

著　者　福　田　　直
発行者　風　間　敬　子
発行所　株式会社　風　間　書　房
〒101-0051　東京都千代田区神田神保町 1-34
電話 03(3291)5729　FAX 03(3291)5757
振替 00110-5-1853

印刷　太平印刷社　　製本　高地製本所

NDC 分類：375

ISBN978-4-7599-2266-0　Printed in Japan